光电探测与目标识别技术

张凯 李少毅 杨东升 杨尧 编著

西北工业大学出版社

西安

【内容简介】 本书分为基础篇和应用篇,共 11 章,详细介绍了光电探测技术相关概念、光电探测基础理论、红外辐射源和大气辐射传输、光学系统基础理论、光电探测器基础知识、光电探测系统设计、目标识别基础理论、电视导引系统原理组成与设计、红外导引系统原理组成与设计、紫外告警系统原理与设计以及红外搜索系统与目标识别等内容。

本书可作为高等学校飞行器信息与控制、探测制导与控制、导航制导与控制、兵器科学与技术、电子信息、电子对抗以及相关专业的高年级本科生和研究生相关课程的教材,也可供航空、航天和兵器以及相关领域的研究人员阅读参考。

图书在版编目(CIP)数据

光电探测与目标识别技术 / 张凯等编著. — 西安 ：
西北工业大学出版社,2021.3
ISBN 978 - 7 - 5612 - 7644 - 0

Ⅰ.①光… Ⅱ.①张… Ⅲ.①光电探测-高等学校-教材 ②自动识别-高等学校-教材 Ⅳ.①TN215 ②TP391.4

中国版本图书馆 CIP 数据核字(2021)第 048427 号

GUANGDIAN TANCE YU MUBIAO SHIBIE JISHU
光 电 探 测 与 目 标 识 别 技 术

责任编辑:华一瑾		策划编辑:华一瑾	
责任校对:胡莉巾		装帧设计:李　飞	
出版发行:西北工业大学出版社			
通信地址:西安市友谊西路 127 号		邮编:710072	
电　　话:(029)88491757,88493844			
网　　址:www.nwpup.com			
印刷者:兴平市博闻印务有限公司			
开　　本:787 mm×1 092 mm		1/16	
印　　张:25.125		彩插:2	
字　　数:659 千字			
版　　次:2021 年 3 月第 1 版		2021 年 3 月第 1 次印刷	
定　　价:98.00 元			

前　言

人类感知外部世界主要是通过视觉、触觉、听觉和嗅觉等感觉器官，其中约 80％ 的信息是由视觉获取的。为了弥补人类在征服自然、改造自然和推动社会进步的过程中视觉能力的不足，形成了一门新的学科——机器视觉（Machine Vision，也称计算机视觉或图像分析与理解）。光电探测与识别技术是机器视觉的一个典型应用拓展技术，特别是在军事领域，是一项包括光学成像、传感器、信号采集、图像处理、跟踪控制以及计算机软硬件技术等的综合性技术，是典型的多学科交叉融合，更是人工智能、机器智能的关键环节。

本书是笔者在 20 余年教学实践、科研工作积累的方法和经验的基础上编写而成的。在编写过程中，从教学的普适性出发，兼顾本科生和研究生两个教学层次的需求，确保光电探测知识的系统性和深入性，注重基础知识与实际科研工作的紧密关联。本书围绕导弹精确制导技术展开，重点讲述光电探测与目标识别技术密切相关的基本概念、基本原理、典型设计、应用方法以及有关研究的新成果，力求知识的系统性、基础性和先进性，既要讲清楚是什么，更要讲清楚为什么。本书在融入笔者多年从事光电探测及目标识别工作所形成的方法和经验的基础上，同时力求反应最新技术前沿和工程技术与科研成果，以及光电探测与目标识别的具体应用、存在的问题和发展前景。

本书分为基础篇和应用篇两部分，共 11 章。基础篇包括第 1 章至第 7 章，介绍光电探测技术的基本概念、红外辐射理论、光学系统知识、光电探测器原理、光电系统的设计以及目标识别等基础知识，为学习后面章节提供必需的基础知识；应用篇包括第 8 章至第 11 章，主要介绍紫外、可见光、红外波段的探测识别系统及相关应用。

本书由张凯负责编写第 6，10，11 章，由李少毅负责编写第 7～9 章，由杨东升负责编写第 4 和 5 章，由杨尧负责编写第 1～3 章。全书由张凯负责统稿。

本书的出版得到了西北工业大学本科生教材建设基金的资助，在此表示感谢。另外对西北工业大学出版社华一瑾等编辑的热情帮助和辛勤工作表示感谢。

在本书的编写过程中，参阅了大量的国、内外文献、资料，在此，向其作者表示感谢；林健、付国栋、张策、王田田、魏瑶等多位研究生为本书的样稿编著、制图、校对做了大量的工作，付出了辛勤的劳动，在此表示感谢。

由于水平和经验有限，书中难免有不妥或疏漏之处，恳请广大读者批评指正。

编著者

2020 年 10 月

目　录

基　础　篇

应　用　篇

基 础 篇

第1章　光电探测技术的概念与内涵

人眼是典型的光电探测系统,通过视觉系统感知世界。光电探测技术是根据被探测对象辐射或反射的光波的特征来探测和识别对象的一种技术,这种技术本身就赋予光电技术在军事应用中的四大优点,即看得更清、打得更准、反应更快和生存能力更强。

光电探测技术是现代战争中广泛使用的核心技术,它包括光电侦察、夜视、导航、制导、寻的、搜索、跟踪和识别等多种功能。光电探测包括从紫外光(波长为 $0.2 \sim 0.4 \mu m$)、可见光(波长为 $0.4 \sim 0.7 \mu m$)、红外光(波长分别为 $1 \sim 3 \mu m$, $3 \sim 5 \mu m$, $8 \sim 12 \mu m$)等多种波段的光信号的探测。新一代光电探测技术及其智能化,将使相关武器获得更长的作用距离、更强的单目标/多目标探测和识别能力,从而实现更准确的打击和快速反应,在极小伤亡的情况下取得战争的主动权。同时使武器装备具有很强的自主决策能力,增强了对抗、反对抗和自身的生存能力。实际上,先进的光电探测技术已成为一个国家的军事实力的重要标志。

本章按顺序介绍人类的视觉系统,并由此为介引出光电探测系统的概念与意义;接着介绍光电探测系统的定义、发展历程与技术分类应用;最后对不同种类的光电探测技术,如可见光探测技术、红外探测技术等,分别进行基本介绍及叙述其在军事等方面的应用,并从宏观的角度探讨各个技术的未来前景。

1.1　人类视觉系统概述

人类视觉系统(Human Visual System,HVS)由眼球、神经系统及大脑的视觉中枢构成,是指视觉器官眼睛(或眼球),通过接收及聚合光线,得到对物体的影像,然后接收到的信息付会传到脑部进行分析,大脑对这些信息进行处理和解释,使这些刺激具有明确的实际意义,以作为思想及行动的反映。人的视觉感知是有明确输入和输出信息处理的过程。

要感知外在环境变化,要靠眼睛及脑部的配合得出来,以获得外界的信息。人类视觉系统的感受器官是眼球。眼球的运作犹如一部摄影机[①],可分为聚光和感光两个部分,经多个步骤

[①] 人眼其实是一台像素高达 5.76 亿的"超级相机",如果拿人眼与相机比较,人眼大约等效于一台 50mm 焦距,光圈 F4~F32 可变,400 万像素,感光度 ISO50~ISO6400,快门 1/24 的不停连续拍摄的相机。对焦速度极高(对焦速度:相机位与所拍摄景物之间能确定更加清晰成像的焦距所用时间的快慢),在 0.5s 内就能完成从最远到最近的切换,永不跑焦(跑焦:预期焦平面未与实际成像焦平面重合的一种不良现象)。非近视的情况下,景深极大(景深:是指在摄影机镜头或其他成像器前沿能够取得清晰图像的成像所测定的被摄物体前后距离范围)。影像处理器大约相当于 4 块 Digital3,并行工作,色彩一般是认为在 32 位和 48 位之间。

形成视觉[①]。

1.1.1 人眼的构造

人类眼睛是一个非常灵敏和完善的视觉系统,具体构造如图1-1所示[②]。人眼主要由3部分构成:①由角膜、虹膜、晶状体、睫状体和玻璃体组成的光学系统;②作为敏感和信号处理部分的带有盲点和黄斑的视网膜,是构成人眼视觉的关键部分;③作为信号传输和显示系统的视神经。

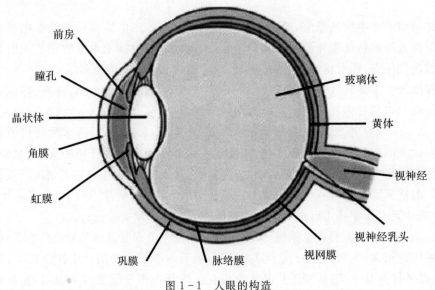

图1-1 人眼的构造

眼球是整个地包裹在一层巩膜(Selear)之内,此层巩膜就如摄影机的黑箱,并分为前、后两段。眼球前段是聚光的部分,由眼角膜(Cornea),瞳孔(Pupil),水晶体(Lens)及玻璃体所组成。它们的功能是调节及聚合外界入射的光线。光线首先穿过眼角膜这片透明薄膜,经由瞳孔及水晶体,将光线屈曲及聚合在眼球的后段。

瞳孔是一个可透光的开口,能因应光度的强弱,调节其圆周的大小。当在暗黑的情况下,瞳孔的直径会扩大,可引入更多的光线。而在光线充足的情况,瞳孔的直径会收缩,令入眼的光量不致太强。瞳孔和水晶体两者配合之下,眼球可接收强、弱、远、近各种不同的光线来源。

眼球内有睫状肌(Ciliary Muscles),它的伸拉作用可使水晶体变形,因而调节屈光度,使光线能聚焦到视网膜上而形成影像。当光线来自近距离对象时,水晶体变得较拱圆,屈光度较大。当光线来自较远的对象时,水晶体变得较扁平,屈光度则较低。以确保在不同的光度下,

---

① 视觉形成过程:光线→角膜→瞳孔→晶状体(折射光线)→玻璃体(支撑、固定眼球)→视网膜(形成物像)→视神经(传导视觉信息)→大脑视觉中枢(形成视觉)。

② 人眼是一个直径大约23mm的近似球状体,由眼球壁和眼球构成。
角膜:具有屈光作用。
晶状体:屈光和调焦作用。
视网膜:感光部分,由锥体细胞和杆体细胞构成。视杆细胞暗视觉细胞,对运动敏感。视锥细胞明视觉细胞,可分辨颜色。

进入眼球的光线水平能形成最高质素的影像。

视网膜是结构复杂的多层网络结构,光线通过玻璃体进入视网膜,视网膜中有视锥细胞和视杆细胞两类含有光敏物质的感光细胞。在光的作用下,感光细胞强烈吸收光,同时发生化学分解作用,引起视觉刺激。视觉刺激以电信号形成经内、外网丛层和神经节细胞层后,在视神经会合传至大脑信息处理系统产生视觉。视网膜的最后面为呈褐色的不透明色素上皮层,能吸收经过前面各层而未被吸收的全部入射光,不使这些光产生散射,并保护感光细胞不受强光的过度刺激。

视网膜上的感光细胞超过 11 000 万个,其中约有 700 万个视锥细胞,视锥细胞和视杆细胞在数量上差异很大,分布也不均匀。视网膜也存在既没有视锥细胞也没有视杆细胞的不感光的盲区。人眼有盲区也具有最高分辨率的黄斑区域,从黄斑向视网膜边缘移动,视锥细胞的密度越来越小,直径越来越大,而且成簇地与视神经联系。视网膜的边缘完全就是视杆细胞。

简化的人眼模型主要光学参数见表 1-1。人眼类似于光学成像系统的原理如图 1-2 所示。

表 1-1 人眼简化模型主要参数

折射率	1.33	物方焦距/mm	−17.1
折射面半径/mm	5.7	像方焦距/mm	22.8
焦距(屈光度)	58.48	视网膜曲率半径/mm	9.7

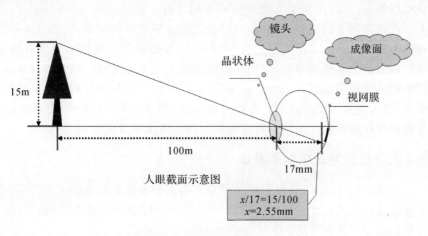

图 1-2 人眼光学成像原理

1.1.2 人眼的视觉特征

人眼能在一个相当大(约 10 个数量级)的范围内适应视场亮度,随着外界视场亮度的变化,人眼视觉响应可分为以下三类。

(1)明视觉响应。在人眼适应大于或等于 $3cd/m^2$ 的视场亮度后,视觉由视锥细胞起作用。[1cd 是指光源在指定方向的单位立体角内发出的光通量,亮度的单位是坎德拉/平方米(cd/m^2)详见第 2 章 2.2.3 节]。

(2)暗视觉响应。在人眼适应小于或等于 $3×10^{-5}cd/m^2$ 视场亮度之后,视觉中只由视杆细胞起作用。由于视杆细胞没有颜色分辨能力,故夜间人眼观察景物呈灰白色。

(3)中介视觉响应。随着视场亮度从 $3cd/m^2$ 降至 $3\times10^{-5}cd/m^2$,人眼逐渐由视锥细胞响应向视杆细胞响应过渡。

人眼是典型的探测成像系统,受神经系统调节。其具有以下特点:①从空间频率域来看,人眼是一个低通型线性系统,分辨景物的能力是有限的。由于瞳孔有一定的几何尺寸和一定的光学像差,视觉细胞有一定的大小,所以人眼的分辨率不可能是无穷的,HVS 对太高的频率不敏感。②人眼对亮度的响应具有对数非线性性质,以达到其亮度的动态范围。由于人眼对亮度响应的这种非线性,在平均亮度大的区域,人眼对灰度误差不敏感。③人眼对亮度信号的空间分辨率大于对色度信号的空间分辨率。④由于人眼受神经系统的调节,从空间频率的角度来说,人眼又具有带通性线性系统的特性。由信号分析的理论可知,人眼视觉系统对信号进行加权求和运算,相当于使信号通过一个带通滤波器,结果会使人眼产生一种边缘增强感觉——侧抑制效应。⑤图像的边缘信息对视觉很重要,特别是边缘的位置信息。人眼容易感觉到边缘的位置变化,而对于边缘的灰度误差,人眼并不敏感。⑥人眼的视觉掩盖效应是一种局部效应,受背景照度、纹理复杂性和信号频率的影响。具有不同局部特性的区域,在保证不被人眼察觉的前提下,允许改变的信号强度不同。

人眼的视觉特性是一个多信道(Multichannel)模型。或者说,它具有多频信道分解特性(Mutifrequency channel decompositon)。例如,对人眼给定一个较长时间的光刺激后,其刺激灵敏度对同样的刺激就降低,但对其他不同频率段的刺激灵敏度却不受影响(此实验可以让人眼去观察不同空间频率的正弦光栅来证实)。视觉模型有多种,例如神经元模型、黑白模型以及彩色视觉模型等等,分别反映了人眼视觉的不同特性。Campbell 和 Robosn 由此假设人眼的视网膜上存在许多独立的线性带通滤波器,使图像分解成不同频率段,而且不同频率段的带宽很窄。视觉生理学的进一步研究还发现,这些滤波器的频带宽度是倍频递增的,换句话说,视网膜中的图像分解成某些频率段,它们在对数尺度上是等宽度的。视觉生理学的这些特征,也被人们对事物的观察所证实。一幅分辨率低的风景照,可能只能分辨出它的大体轮廓;提高分辨率的结果,使人类有可能分辨出它所包含的房屋、树木、湖泊等内容;进一步提高分辨率,使人们能分辨出树叶的形状。不同分辨率能够刻画出图像细节的不同结构。

1.1.3 人眼视觉与光电探测系统

现代人们生活在信息时代,获取图像信息是人类文明生存和发展的基本需要。据统计,通过人眼获取的信息占人类能够获取的信息的 80% 以上。但是由于视觉性能的限制,通过直接观察所获得的图像信息是有限的。

人眼视觉存在天然的局限,大致有以下 4 种限制问题。

(1)光谱响应范围有限。只能分辨可见光,人类之所以能够看到客观世界中斑驳陆离、瞬息万变的景象,是因为眼睛接收物体发射、反射或散射的光。更进一步说法是,这些光是能够激发眼睛视网膜产生视觉的辐射能。我们常说的可见光也是一种电磁波,光谱范围为 380~760nm(400~780nm 表述也正确),可见光的光谱只是电磁光谱中的一部分。那为什么人类看不到光谱在 380~760nm 范围之外的电磁波呢?因为人类肉眼所能看到的可见光只是整个电磁波谱的一部分。人类眼睛之所以只对可见光有反应,是与眼睛视觉神经细胞上的色素分子有关,色素分子的谐振频率在可见光波段,这就是人只能看见可见光的原因。电磁波谱图如图 1-3 所示。

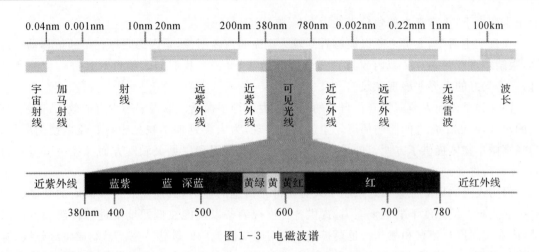

图 1-3　电磁波谱

　　(2)时间响应速度有限。只能分辨静止或运动速度很慢的目标,人眼看东西必须要在视网膜上成像,所成图像通过视神经传到大脑视觉神经中枢,人脑才能辨认出是什么图像。那么,如果物体移动的速度太快,这种图像来不及传到大脑视觉中枢,或大脑视觉中枢来不及分析,所看到的物体移动就变成另一个图了,所以大脑视觉中枢就不能辩认出是什么图像,这也就是"看不清"。这个分辨速度因人而异,大部分人 20～50ms 以下就看不出区别了,从事相关专业的一般能辨别到 3～10ms,再多的就很少有人能做到了。

　　(3)照度动态范围有限。只能在白天或者有照明的情况下才有正常的视力,照度动态范围一般是 10～10^5 lx[照度,简而言之就是灯泡发出的光的数量(光通量)在某一方向以一定的强度(光强)入射到某一表面,此时可测得这一表面的照度,单位为勒克斯(lx)]。晴天阳光直射地面照度约为 10^5 lx,晴天背阴处照度约为 10^4 lx,晴天室内北窗附近照度约为 2×10^3 lx,晴天室内中央照度约为 2×10^2 lx,晴朗月夜照度约为 2×10^{-2} lx,黑夜为 10^{-3} lx。

　　一般光线在 300～750lx 之间,最适宜人眼阅读。超过 800lx 以上都有刺激,超过 10 000lx 以上一般都能致使暂时性失盲。

　　(4)空间分辨能力有限。在光照射在物体上后,会反射并散开。人眼和照相机会将这些分散的光线重新聚合起来,投射在一点上。如果眼睛的视网膜,或者照相机的成像感应器正好处在光聚合的那个点上,我们得到的图像就会是清晰的,否则便会模糊失真。在这方面,人眼与照相机的功能基本一样。毕竟,摄像设备是一种生物眼睛的仿生机器。唯一的不同是,眼球通过肌肉的带动,来改变自身的形状以获得正好的焦距,而照相机靠的则是调节镜头的远近。

　　人的眼睛虽然成像方式与摄像设备毫无差别,但解析的却是真正意义上的"连续画面"。在人眼的视野中,很大一部分其实是自己的鼻子。我们用双眼所看到的景象,是被大脑滤去了两只眼睛中间的"空洞"之后,再"剪切拼合"成的影像,而不是两眼视觉的直接写照。如果视觉等同于视野的话,人们所见的将是两个有重复部分的"圆窟窿",世界将会变得非常别扭。

　　人类眼球的后部内侧有一个很小的凹陷,叫做"小凹"(Fovea)。小凹是视网膜上唯一能够保证 100% 清晰成像的地方。这块区域在真实视域中所占的面积非常小。也就是说,人眼的视野虽然广阔,但是真正能够完美解析,并且保证百分之百分辨率无损的区域只有一小块儿而已。人们在日常生活中对此也深有体会,除了眼前聚焦的一小片儿是清楚的,两边的余光基本上看不清楚。在视网膜上,接收不到足够分辨率来成像的地方被称作"盲点"(Blindspot)。

而正常照度下,正常视力的角分辨能力≥1′(弧度)。

在现实生活中,人类之所以能够看到较为全面的清晰图像,是因为眼球在不断地移动。这样,眼睛就可以在整片区域内收集到高分辨率的视觉信号,我们的大脑再对其进行合成和处理,一个美好的世界才展现在眼前。

而在很早以前人类就为开拓自身的视见能力进行了探索。取得了不少有成效的进展。灯具的出现,改善了夜晚的照明环境。望远镜的出现,为人类延伸了视见距离。显微镜的应用,为观察微小物体提供了方便。可是,在扩展视见光谱范围和视见灵敏度方面却经历了漫长时间,才有所进展。这一进展是由光电技术所开拓的。

因为人眼的局限性大大地限制了人类获得光信息的能力,因而需要扩展人眼的功能。如要扩展人眼在低照度下的视觉能力,提供各种夜视装备以便能在低照度下进行科研和生产活动,或在夜间进行侦察和战斗。也要扩展人眼对电磁波波段的敏感范围。已制成将红外线、紫外线和X射线的光图像转换成可见光图像的直视式或电视式光电子学装置。利用这些原理还可以扩展到观察中子和其他带电粒子所形成的图像。此外,还要扩展人眼对光学过程的时间分辨本领,极短的时间内就可观察到信息的变化。

光电技术为人类有效地扩展了自身的视觉能力。它扩展人眼对微弱光图像的探测能力,可以将超快速现象存储下来,也开拓人眼对不可见辐射的接收能力,捕捉到了人眼无法分辨的细节。

为了弥补人类视觉成像的缺陷,人们发明了各种各样的光电探测系统,可以说光电系统是对人眼系统的拓展! 其目的就是为了解决人眼视觉的四类限制问题,认知世界。

1.2 光电系统概念与定义

1.2.1 光电探测技术的概念

了解光电探测技术的概念需要明确以下几个概念。

(1)探测。它是指探查某物,确定物体、辐射、化学化合物、信号等是否存在,以被量测对象的属性和量值为目的的全部操作。

(2)光电探测。利用光电探测器和信号处理系统,根据被探测对象辐射或反射的光波的特征来探测和识别对象的一种技术。

(3)光电探测器。它是一种能量转换器,将光波所携带的能量转换成为另一种便于量测的电能形式,完成光信息与电信息的变换,如图1-4所示。它是光电子技术[①]的典型应用,誉为现代"火眼金睛"。

---

① 光电子技术:光电子技术是主要研究物质中的电子相互作用及能量相互转换的技术,光源激光化,传输波导化,手段电子化,是研究光电信号的形成、传输、采集、变换及处理的技术学科,现在电子学中的理论模式和电子学处理方法光学化为特征,是光子技术与电子技术相结合而形成的一门新兴的综合性的交叉学科。它某种意义上讲是光波段的电子技术。其中光子技术处理的是空间光信息,具有多维、并行、快速数据处理等能力;电子技术处理的是一维点信息随时间的变化,有较高的运算灵活性和变换精度。它的应用实例有光纤通信、光盘存储、光电显示器、光纤传感器等。

（4）光电探测系统。它是以光波和电子流作为信息和能量载体,通过光电相互变换,综合利用光电学进行信息探测、传输和显示等功能的量测系统,是光机电一体化典型应用。

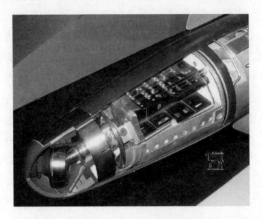

图 1-4 光电探测器

1.2.2 光电探测技术的发展历程

光电探测技术的发展历程大致可以分为三个阶段:第一阶段是人们对光本质与其传播规律的探索与研究。第二阶段对光电效应的思索与探究。随着近代物理学的发展,人们开始关注光电效应。第三阶段对光电探测技术的研究与发展。在成功解释了光电效应后,要将其理论投入到实际应用中,如探测光信号,必然涉及如何将光信号转变为可观测信号,特别是转变为电信号的问题。

光电探测技术是在人类探索和研究光电效应的进程中产生和发展的。光本质的争论由来已久。在研究光本质的过程中,根据光的本质来研究各种光学现象的称为物理光学。而研究光的传播规律和传播现象,称为几何光学。

早在 17 世纪就已出现了关于光是一种"作用"还是一种"实体"的争论。后来逐渐发展成为两种学说,一种是以牛顿为代表的微粒说,简单概括即认为光是直线传播的微粒流,白光是由不同颜色的光组成,光是从光源发出的物质微粒流,质量极小,忽略重力作用,在真空或均匀介质中做惯性运动,并且走的是最快的直线运动路径。此外,还提出了"牛顿环"光学现象,如图1-5 所示。

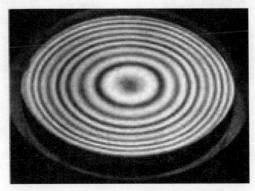

图 1-5 牛顿环

　　另一种是以荷兰物理学家克里斯蒂安·惠更斯(Christiaan Huygens)提出的波动说为代表,认为光是一种振动形式,以波的形式向周围传播。光是在以太中传播的波动,光的传播方式与声音类似,认为光的干涉和衍射现象表明光的确是一种波的证明。

　　在相继的大量研究工作中,伴随着近代物理学的发展,人们开始关注光电效应,1865 年,英国科学家麦克斯韦预言了电磁波的存在,将长期以来相互独立的电学、磁学与光学结合起来。1873 年,英国物理学家 W.R.史密斯发现了硒的光电导性(内光电效应)。1887 年,德国 H.R.赫兹观察到紫外线照射在金属上时,能够使金属发射带电粒子,证明了电磁波的存在。1890 年,P.勒纳通过对带电粒子的电荷质量比的测定,证明它们是电子,外光电效应的实质。

　　随后 1900 年,普朗克在研究黑体辐射时,提出辐射量子论及能量子概念和常数 h(后称为普朗克常量)微观物理学中最基本的概念和极为重要的普适常量;1900 年 12 月 14 日,普朗克在德国物理学会上报告这一结果,成为量子论诞生和新物理学革命宣告开始的伟大时刻;继而在 1905 年,爱因斯坦(见图 1-6a)在解释光电发射现象时提出光量子的概念,解释了光电效应,人类从此揭示了内光电效应的本质。1920 年,康普顿提出康普顿效应(见图 1-6b),它进一步证实了爱因斯坦的光子理论,揭示出光的二象性,从而导致了近代量子物理学的诞生和发展,此外,康普顿效应也阐明了电磁辐射与物质相互作用的基本规律。

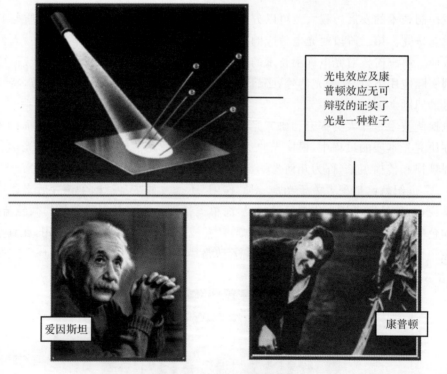

光电效应及康普顿效应无可辩驳的证实了光是一种粒子

爱因斯坦

康普顿

图 1-6　爱因斯坦与康普顿

　　光电效应是物理学中一个重要而神奇的现象。在发现了光子的能量与光的频率成正比,光具有波粒二象性等结论后,经过研究可以发现在高于某特定频率的电磁波照射下,某些物质内部的电子会被光子激发出来而形成电流,即光生电。

　　而要探知一个客观事物的存在及其特性,是通过测量对探测者所引起的某种效应来完成的。从近代测量看,电量测量不仅是最方便,即便直接转换量不是电量,通常也总是把非电量(如温度和体积等)再转换为电量来实施测量。故探测光信号也一样。在光电子学的实际应用中,探测光信号,必然涉及如何将光信号转变为可观测信号,特别是转变为电信号的问题,所以光电探测技术是光电子学中一项非常重要的内容。

最早用来探测可见光辐射和红外辐射的光辐射探测器是热探测器。其中,热电偶早在1826 年就已发明出来。1880 年又发明了金属薄膜测辐射计。1947 年制成了金属氧化物热敏电阻测辐射热计。经过多年的改进和发展,这些光辐射探测器日趋完善,性能也有了较大的改进和提高。从 20 世纪 50 年代开始,人们对热释电探测器进行了一系列研究工作,发现它具有许多独特的优点,一度使这个领域研究很活跃。但是,与光子探测器相比,这些光辐射探测器的探测率仍较低,时间常数也较大。

应用广泛的光子探测器,除了发展最早、技术上也最成熟、响应波长从紫光到近红外的光电倍增管以外,硅和锗材料制作的光电二极管、铅锡、Ⅱ～Ⅴ族化合物、锗掺杂等光辐射探测器,目前均已达到相当成熟的阶段,主要性能已接近理论极限。

19 世纪 80 年代中期,出现了利用掺杂的 GaAs/AlGaAs 材料、基于导带跃迁的新型光探测器——量子阱探测器。这种器件工作于 $8\sim12\mu m$ 波段,工作温度为 77K。

现在,光电探测器的发展主要集中在红外,美国已开始研制第三代红外探测器,并提出了第三代红外热像仪的概念,主要是双色或三色高性能、高分辨率、制冷型热像仪和智能焦平面阵列探测器。因此红外探测技术较长远的发展趋势是开发出第三代。

近年来光电探测器的研究引起人们的重视,光电探测器的发展也呈现逐年上升趋势,光电探测器的的应用范围也在逐步的扩大,为人类以后的研究开发奠定了一定的发展空间。在现在这个注重创新与节能的时代,光电探测器的有着不可替代的作用,在工业及军事等各个领域都有着广阔的发展前景。

1.2.3　光电探测技术的应用

自 20 世纪初以来,光电探测系统在人类生活中扮演了举足轻重的角色。有了光电探测技术,人类首次准确地测量了地月距离;随着光电探测技术的发展,甚至可以操纵单个原子。光电探测技术作为现代信息技术的前端,它的发展依赖新的探测原理,并靠不断创新的工艺和材料来实现。光电探测技术直接推动了光电子材料的发展,促进了先进制造技术的发展,创造了亚微米、深亚微米集成电路,对地球科学和人居环境也有一定的影响。

在过去的 20 年中,光电探测系统在科学研究、工业、农业、国防和军事、资源与环境及林牧渔业等行业中,都取得了长足的发展。尤其在国防应用中,现代光电探测系统的特点有如下几种。

(1)看得更清。星载、机载、地面、水下的侦查设备获取全球、战区和战场的情报和数据,特别是高分辨率图像。

(2)反应更快。利用高速实时传输和光电子信息处理技术、光电探测设备,实现了辅助导航、来袭告警,提高了反应速度。

(3)数字化和智能化程度高。提供的信息量更大,具备超强的信息处理、运算和控制能力。

(4)生存能力强。红外、紫外、可见光等探测器不需要主动产生探测信号照射目标进行探测,属于被动探测,隐蔽性好,可以有效地打击敌人、保护自己。

根据以上的技术特点,光电探测技术针对不同的领域衍生出各种不同的种类,如可见光探测技术、红外探测技术、激光探测技术、紫外探测技术、微光夜视技术、多光谱成像探测技术、偏振成像探测技术、太赫兹探测技术、量子探测技术等。而根据其技术特点光电探测技术的应用也多种多样,如图1-7所示。

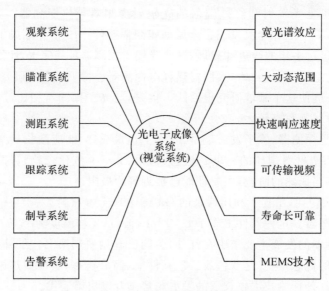

图1-7 光电探测系统应用领域与对应特点

(1)在认知范围上的应用:弥补或克服人眼在空间、时间、灵敏度和响应波段等方面存在的视觉局限性,将人眼不能看见或不易看见的微弱光、红外线、紫外线、X射线、γ射线及其他电磁辐射下的静态的和动态的景物,变换为人眼可识别的信息,扩展人类的认知世界的范围。

(2)在军事方面的应用:①侦察与遥感。光电侦察设备广泛用于从空间到水下的各个领域。②夜视或观瞄。由于红外成像和夜视技术的发展,野战已成为一种重要的作战方式。③火力控制。各种火炮采用光电火控系统,即以红外光电跟踪瞄准目标,以激光测距来获得目标位置和速度信息,经计算机处理后进行火力控制,从而大大提高火炮射击命中率。④精确制导。精确打击是现代高技术战争中最重要的攻击方式。⑤近爆引信。导弹、炮弹和炸弹的近爆引信对能否有效摧毁目标至关重要,必须具有很高的可靠性和安全性。⑥通信。野战光缆两端配以快速连接器。⑦惯性导航。激光陀螺和光纤陀螺将广泛用于飞机、舰船和航天器的惯性导航系统。⑧光电对抗和激光武器。光电制导、光电火控、光电引信等的使用,构成对各种军事目标严重威胁,已成为电子战的不可分割部分。⑨靶场测量。各种新型武器装备都要通过靶场试验来检测、改进和完善。⑩模拟训练。同实弹训练相比,模拟训练可以节省大量的物力财力。

(3)在航天领域上的应用:在地球轨道上围绕地球的"哈勃"太空空间望远镜。其主要探测设备有:广域和行星照相机、戈达德高解析摄谱仪、高速光度计、暗天体照相机、暗天体摄谱仪。再比如中国月球探测工程三个阶段:第一阶段发射中国首颗月球探测卫星;第二阶段进行首次月球软着陆和自动巡视监测;第三阶段首次月球样品自动取样返回探测。其中主要探测设备:红外成像光谱仪、光电探测系统和粒子激发X射线谱仪等都运用到了光电探测技术,如图1-8所示。

第一阶段	第二阶段	第三阶段
2004—2007年	2013年前后	2020年前
研制和发射月球探测	进行首次月球软着陆	进行首次月球样品
卫星，实施绕月探测	和自动巡视勘测	自动取样返回探测

图 1-8　中国月球探测工程

1.3　光电探测技术分类

1.3.1　可见光探测技术

可见光波长在 380~760nm，由红、橙、黄、绿、青、蓝、紫七色混合，不同波长的光在人类的眼睛引起不同颜色的感觉，给我们一个有丰富色彩的外部图像世界。

可见光探测技术是利用在可见光波范围内将景物反射光的空间变化的光强信息经光电、电光转换产生适合人眼观察图像的技术。它利用目标和背景对光的反射特性的差异产生图像，进而进行探测。其主要研究内容包括：目标与背景的光谱特性，可见光的大气传输特性，人眼的视觉特性，成像器件及视频图像信号的处理、传输和存储等。

常见可见光成像器有 CCD 和 CMOS 成像器（见图 1-9），它们由于体积小、重量轻、功耗低、寿命长、可靠和耐冲击等诸多特点，现在已广泛用于军事遥感、侦察、飞机导航、导弹和炸弹的制导等现代军事装备中。下面重点说明一下 CCD 在军事上的应用。CCD 作为军事应用基础器件之一，它和红外、紫外器件相结合实现军事信息的获取、转换、存储、传送、处理和视觉功能的扩展（光谱拓宽、灵敏度范围扩大），给出直观真实、层次多样、内容丰富的信息。它可用于星载和机载遥感、微光夜视、成像制导跟踪、军事目标及战场侦察监视等。

（1）军事遥感。星载和机载遥感技术可以从空间或空中监视空域和地面，获取军事目标图像信息。空间遥感要求摄像系统体积小、重量轻、功耗低、寿命长、可靠性高、耐冲击等，只有 CCD 摄像机是唯一的适合者。

（2）星跟踪器。它是一种高精度、高灵敏度、智能化的航天天设备，它精密跟踪选定的恒星，为飞机、导弹等航天飞行器提供准确的空回方位和基准。CCD 一系列突出的优点使之成为星跟踪器、星扫描器等敏感器件的理想候选者。

图 1-9　CCD 和 CMOS

（3）战术应用。

1）火炮侦察。火炮发射 CCD 摄像系统是一种前沿目标实时侦察的新型系统。它是把微型 CCD 摄像机装于侦察弹中，发射到前沿目标上空，自动弹出进行侦察。

2）电子伏击。电子伏击实际上是把由 CCD 微型摄像机、信号处理电路和发射机组成的装置埋伏于某军事要害处，进行侦察拍摄并实时发往接收站，站内计算机就能自动识别出目标性能，判断出军事目标数量、动向、意图等重要的军事情报。

3）电视制导炸弹。把微型 CCD 摄像机装入空投的炸弹中，成为弹头上的寻的摄像机。该像机把拍得的目标图像，通过发射机送到飞机上的显示器，飞行员根据可视图像发出简单指令、控制炸弹使其向目标降落。这种寻的炸弹，命中率很高，被称为灵巧炸弹。

4）微光夜视。夜视装备是军队实现全天候作战能力的基本条件之一，对军界具有很强的吸引力。随着微光 CCD 性能水平的不断提高，微光夜视装备在海陆空兵种中应用日益广泛，如射击/观察直升机扫描器、可见光/红外坦克搜索扫描器、穿透雾识别目标舰载扫描器攻击型潜艇潜望镜、入侵目标自动定位连续监视扫描器等均有应用。

先进的图像传感器的基本指标是清晰度（光敏元数）、灵敏度（量子效率）、动态范围（满阱电荷数）、信噪比（暗电流等噪声源）等，并与实用中常碰到的光学孔径、拖影、光晕、闪烁、图像滞后等图像性质有关，因此现代的先进技术都是在为进一步提高这些基本指标和改善上述的图像性质而努力。

1.3.2　红外探测技术

由于温度高于绝对零度的任何物体都会辐射红外线，利用适当的对红外线足够灵敏的探测器，即使在夜里没有光照的情况下也能探测到物体的存在，还可得到它的外形图像。一些典型物体的温度和辐射峰值波长见表 1-2。

表 1-2　典型物体的温度和红外辐射的波长

物　体	温度/K	辐射峰值波长/μm
钨丝灯	2 000	1.45
波音 707 飞机喷口	890	3.62
M-46 坦克尾部	473	6.13

续 表

物　　体	温度/K	辐射峰值波长/μm
F-16 战机蒙皮	333	8.70
人体	310	9.66
冰水	273	10.6

由此可见,在战争中碰到的对象所辐射的红外线,大都在 $1\sim12\mu$m 之间。但是,在这个波段区的信号不是都能在大气中传播很远的,实践表明只有 3 个波段区的信号能在大气中传播较远,它们分别称为:短波红外(SWIR,$1\sim3\mu$m)、中波红外(MWIR,$3\sim5\mu$m)和长波红外(LWIR,$8\sim12\mu$m)。通常说的军用红外技术,主要是针对这 3 个红外波段,而且重点还在中波和长波红外。

任何物体都能辐射红外线,也能吸收红外线。辐射与吸收都是能量转换过程。热辐射是热能转换成辐射能的过程,而热吸收则是辐射能转变成热能的过程。高温物体,热辐射强于吸收,所以热能逐渐减少,温度逐渐降低;低温物体,辐射少,吸收多,热能逐渐增加,所以温度逐渐升高;当辐射与吸收相等时,热能不变,温度不变,称为热平衡。不同的物体辐射或吸收本领是千差万别的。假若辐射入射到物体表面,能被物体全部吸收,没有反射和透射,这种物体就称为黑体。黑体能 100% 吸收入射到表面的全部辐射,它的吸收系数是 1,黑体是最好的吸收体,也是最好的辐射体。很显然,当黑体温度恒定时,它的吸收和辐射应当相等,它的吸收系数和辐射系数也应当相等,所以,黑体的辐射系数也是 1。黑体是理想的辐射体,实际物体达不到 100% 吸收。实际物体的吸收与相同温度黑体的吸收之比,称为实际物体的吸收率。当物体温度恒定时,吸收率与辐射率(也称发射率)相等。实际物体辐射红外线的强弱是由其温度和辐射率决定的。

红外技术的奇特优势是有目共睹的,但也有三大环节制约着红外技术探测目标效果:①不同目标有着不同的光谱特性;②目标与探测器之间的环境和距离;③探测系统的性能。在对流层以下,大气对目标红外辐射能量的传输有极大影响,即大气对红外辐射有 3 个窗口,即使是在大气窗口之内的红外辐射也有相当大的衰减。在大气窗口之外,目标发射的各种红外辐射都可以有效地传输。在对流层以上,目标发射的各种红外辐射都能有效地传输。红外辐射传输的这种特性,大致可将红外技术应用分为战术和战略应用两大类。在大气中红外技术的典型探测距离为 10km,故为战术应用为主,如探测飞机、舰艇和车辆等,在大气外探测距离为 1 000km 以上,故作战略应用,如用于侦察卫星、气象卫星、弹道导弹的早期预警卫星等。

红外技术的核心,也就是红外探测器,如图 1-10 所示。一个国家的红外探测器技术水平标志着红外技术的水平,解决了红外探测器的问题,就奠定了发展各种红外系统的基础,红外探测器的发展方向,就是红外技术的发展方向。

红外探测技术是伴随军用需要而迅速发展起来的一门新兴技术。在光电子技术中,红外探测技术是一种无源探测技术,它不需要光源照射目标,而是靠目标自身发射的红外辐射来探测目标,在军用中特别受到重视。所有物体自身都能辐射红外线,红外装备就是靠接收目标自身辐射的红外线而工作的。与雷达相比,红外装备具有结构简单、体积小、质量重、分辨力高、隐蔽性好、抗干扰能力强等优点；与可见光相比，有诱讨烟尘能力强、可昼夜工作等特点。典型的红外应用包括红外夜视、前视红外、侦察、告警、火控、跟踪、定位、精确制导和光电对抗等。它们对取得战场主动权和进行夜战，发挥了突出作用。红外技术在军事应用中主要有：红外侦察、红外夜视、红外制导和红外隐身等。

图 1-10 红外探测器

（1）红外侦察。它包括空间侦察、空中侦察和地面侦察三种。①空间侦察：照相侦察卫星携带红外成像设备可得到更多的地面目标情报信息，并能识别伪装目标和对在夜间的军事行动进行监视；导弹预警卫星利用红外探测器可探测到导弹发射时发动机尾焰的红外辐射并发出警报，为拦截来袭导弹提供一定的预警时间。②空中侦察：利用有人或无人驾驶的侦察机（含直升机）携带红外相机、红外扫描装置等设备对敌方军队的活动、阵地、地形等情况进行侦察和监视。③地面侦察：将无源被动式红外探测器隐蔽地布置在被监视区域或道路附近，用于发现经过被监视地区附近的目标，并能测定其方位。

（2）红外夜视。①用于各种作战飞机：武装直升机的夜间导航瞄准，目标搜索和跟踪；为制导武器及非制导武器提供精确的制导和瞄准、以提高命中精度。②用于舰载观察和火控系统：红外夜视仪器分辨率高，具有探测掠海飞行目标优势。③用于陆上侦察、瞄准、火控和车辆驾驶：红外热像仪可用于夜间的战场侦察和观测；配有红外瞄准具的反坦克导弹和火炮能在夜间对敌方目标进行精确定位、跟踪和射击；在火控系统中配有红外跟踪、电视摄像和高炮防空系统，不怕电子干扰，能有效地对付遥控飞行器和巡航导弹的威胁等。

（3）红外制导。它是利用目标本身的红外辐射来引导导弹接近目标以提高命中率，红外制导是空空、空地、地空、反坦克导弹等普遍采用的工作方式。分为：①红外点源制导：红外点源制导是把敌方目标视为一个点源红外辐射体。红外接收设备，接收敌方目标红外辐射，经聚集和光电转换，解析出制导导弹飞行的控制信号，制导导弹飞向目标。②红外成像制导：红外成像制导是红外成像接收设备接收由于目标体表面温度分布及辐射系统的差异而形成目标体的"热图"。

（4）红外隐身。红外隐身是利用红外抑制器、低发射率涂料等技术，降低目标红外辐射特性，以达到减弱目标红外辐射强度的一种隐身技术。其特点有：①使武器系统的隐身性能增强，增大了敌方防御难度，从而提高武器系统的战场生存能力。②我方武器系统采用红外隐身技术可使敌方的红外探测器失效，可使武器系统在损失最小的情况下，实现较大的空防效益。还可实施高空飞行策略，从而提高其发现和摧毁敌方目标能力。③可降低武器装备的目标特征信号，使其达到较高的杀伤交换比，并提高自身生存能力。④提高武器装备作战的军事效益。

红外技术在未来军事技术中的作用会更加广泛和重要,其战略地位表现在以下三个方面:①红外技术是维护国家安全的主要技术手段,弹道导弹和远程巡航导弹的早期预警、跟踪、识别和拦截对国家战略目标安全至关重要。红外探测器是侦察卫星、资源遥感卫星、气象卫星必备的传感器,对国家的安全和经济利益有着重大影响。②红外技术的局限性将随今后技术的发展会进一步得到克服,还会运用于迅速发展的光电对抗、光通信、定向能武器;红外技术还将成为探测隐身目标重要手段;在雷达被电子干扰不能使用后,红外探测技术还将成为主要的防空探测手段。③红外技术是未来高科技局部战争的主要技术之一,未来高科技局部战争必然是在高强度电子对抗条件下进行的,夜间或恶劣气候下的战斗可能性较大,此时红外系统被动工作的优越性将会更加充分地显示出来,获得战场信息占优势,对夺取战斗的胜利和减少损失具有决定性的作用。

1.3.3　激光探测技术

原子受激辐射的光,故名"激光":原子中的电子吸收能量后从低能级跃迁到高能级,再从高能级回落到低能级的时候,所释放的能量以光子的形式放出。被引诱(激发)出来的光子束(激光),其中的光子光学特性高度一致。因此激光相比普通光源单色性、方向性好,亮度更高。

激光技术是一门跨学科的新技术,是一门既属于电子学又属于光学的光电子技术。激光技术最显著的特征就是它对其他技术的广泛渗透性。

激光探测系统的作用是将接收的激光信号变化变成电信号,也就是说将光信息转换成电信息,并通过不同的信息处理方法来获取不同的信息并实现探测目的。激光探测技术按探测器方式分为直接探测和光外差探测两种。

(1)直接探测就是将激光信号直接转换成电信号。光电探测器输出的电信号幅度正比于接收的光功率,不要求信号具有相干性,因此这种探测方法又称为非相干探测。图1-11为直接探测原理框图。

图1-11　直接探测原理框图

目前绝大多数激光雷达采用直接探测方式,如激光火控测量系统、激光测距系统、激光侦察系统、大气雷达等。这主要是由于直接探测具有以下优点:探测技术简单,较容易获得所需信息;探测系统可靠性、长期稳定性好;工作环境适应性强,环境温度和大气压强对探测系统影响小;结构简单、体积小;等等。

(2)由于激光的单色性很高,其谱线极窄,因而可以利用两个激光信号在光频段进行混频实现光的相干探测,故光外差探测又叫相干探测。光外差原理与电子外差原理相同。图1-12为光外差探测原理框图。

与直接探测方法相比,光外差探测多了一个本振激光器和光束合成器。混频器即光电探测器,具有光电转换和光混频的功能,与直接探测方法所使用的光电探测器相同。

两束光频率相近的激光信号和本振光通过光束合成后,在光电探测器光敏面上相干涉(电子学称为混频)产生干涉条纹,其变化速度取决于信号光与本振光的差频项,光频差为

$$\Delta f = f - f_0 \qquad\qquad (1-1)$$

式中，f 为激光信号频率；f_0 为本振激光频率；Δf 为光频差。

图 1-12　光外差探测原理框图

虽然探测器不响应很高的光频变化，但对差频变化能很好的响应，故能输出光外差信号电流即差频电流，它包含了光信号的幅度、频率和相位信息。与直接探测相比，外差探测不仅能探测光信号的强度，还能探测光频变化。

而激光探测技术在军事上的应用也非常的多，例如激光制导是武器系统精确制导体制之一，也是激光技术在军事上应用的一个重要方面。除此之外，在军事领域应用还有激光测距、通信和模拟器等。

(1)激光测距仪。这类仪器已广泛用来装备部队，如图 1-13 所示。同普通的光学测距仪相比，激光测距仪具有测距精确度高、重量轻、激光束穿过大气环境（尘土、烟雾）的衰减小、与热成像瞄准器配套使用时能在不良的观察条件下大大提高武器系统的有效性等特点。

(2)激光制导。这是激光技术在军事武器系统的一种最重要也是最有成效的应用。激光制导系统能极大地提高投弹的准确度、减少用于摧毁点总目标所需的炮弹数。

(3)激光通信。这类通信最主要的两个优点是频带宽和方向性强。频带宽意味着信息容量大，而方向性强则意味着保密性高和不易受干扰。由于有这两大优点，故激光通信在军事上具有特别重要的意义并得到广泛应用。

(4)激光模拟器。武装部队借助于激光模拟器可进行各种武器的单独和集体的射击训练。为了模拟火力，采用了对人眼不构成危险的小功率脉冲激光器。

图 1-13　激光测距仪

可以预料，随着性能优良的激光辐射源的不断出现，激光技术在军事上将获得愈益广泛的应用，成为现代武器系统的一个重要组成部分。

1.3.4　紫外探测技术

紫外线是阳光中波长为 10～380nm 的光线。英语为 ultraviolet(缩写为 UV),前缀 ultra 意为"高于,超越"。太阳光谱上,紫外线的频率高于可见光线。紫外线可以分为 UVA(紫外线 A,波长 400～320nm,低频长波)、UVB(波长 320～280nm,中频中波)、UVC(波长 280～100nm,高频短波)、EUV(100～10nm,超高频)4 种。波长短于 200nm 的紫外辐射由于强烈地被大气(主要是其中的氧气)所吸收,所以只适于在真空环境中的应用研究,故常被称为真空紫外线或被称为超紫外线。

紫外线是由原子的外层电子受到激发产生的。自然界的主要紫外线光源是太阳,太阳光透过大气层时波长短于 290nm 的紫外线为大气层中的臭氧吸收掉。人工的紫外线光源有多种气体的电弧(如低压汞弧、高压汞弧)。

紫外线与其他光波一样在物理学与应用光学方面具有共性,例如,具有波粒二象性,遵循经典的干涉、衍射公式,符合反射、折射定律等。然而,由于紫外辐射的波段不同,它又有自己的特性,例如荧光效应、辐射效应、光化学效应和生理灭菌效应等。这些效应在民用领域中被广泛利用。例如,公安刑侦和艺术品鉴别采用荧光分析技术来识别物质的真假和优劣,利用生理灭菌效应对水、空气、食物进业学效应合成维生素 D_2 与 D_3,利用辐射效应建立农业的温床与温室,利用紫外线提高光信息存储密度与存储容量,等等。紫外线的粒子性较强,能使各种金属产生光电效应。

近 20 年来,紫外线的军事应用发展十分迅速,导弹的紫外告警、紫外通信、紫外制导、生化战剂的探测、紫外干扰与反干扰和紫外成像侦察等军事技术备受关注,相应的紫外军事装备相继投入应用,并取得了良好的效果。军事应用也带动了紫外成像器件与相关技术的发展,使紫外探测技术成为继红外与激光技术之后发展起来的又一军民两用的光电子技术。

工作在紫外波段的军用光电系统同红外系统相比具有很多不同之处,这是由紫外线特有的大气传输性质决定的。紫外辐射在大气中由瑞利散射造成的光能损失是红外线的 1 000 倍以上。一方面,紫外辐射的强烈散射可使军用紫外通信系统具有立体全方位通信能力和低分辨率的突出优点,同时这也决定了大多数紫外探测系统仅具有较短的工作距离;另一方面,太阳紫外辐射在通过大气层时,不仅由于氧气作用而滤去了其中的真空紫外成分,而且由于在对流层上部的臭氧层对 200～300nm 紫外线有强烈的化学吸收,太阳中的这一波段紫外辐射在近地大气中几乎不存在,形成所谓日盲区,因此在近地大气紫外辐射中只含有 300～400nm 的波段,并且较强的散射使这一波段的近地大气紫外辐射形成均匀散布。对于军事紫外探测系统而言,若系统工作在 200～300nm 的波段,则紫外军事目标就会在全黑的背景上形成亮点;若系统工作在 300～400nm 波段,则此时的近地面军事目标(如直升机)会改变大气散射的太阳紫外线辐射分布,而在均匀的亮辐射背景上形成暗点,这就为实现紫外告警或紫外制导等任务提供了可能。当前,紫外探测技术在军事上的应用研究主要包括以下几方面。

(1)紫外线制导。尽管红外制导是目前导弹制导方案的主流,但随着红外光电对抗技术的日趋成熟,严重地威胁着红外制导导弹的性能。为了增强制导的抗干扰能力,导弹制导技术正向双色制导方向发展,而红外-紫外双色制导即是这一技术的重要代表,如图 1-14 所示。

图1-14   红外-紫外双色制导导弹——FIM-92"毒刺"防空导弹

（2）紫外线告警。紫外经告警系统是一种对对方来袭导弹进行预警的装置，它主要是探测导弹低空飞行时在尾焰的紫外辐射中含有的近紫外和紫外成分，这为导弹来袭预警提供了可能性。

（3）紫外线通信。紫外线通信技术可以说是军用紫外技术中最具有发展潜力的一类。该通信方式具备了许多其他常规通信方式所没有的优点：①由于紫外通信使用紫外线作为通信媒质，所以不会受到各种自然、人为电磁干扰的影响；②紫外线的强散射特性使紫外通信具有良好的全方位性，受周边各类空间障碍影响小，且发射机位置不易为敌方侦察到（即低分辨率）；③紫外通信系统的通信范围在方圆几千米之内，不易被敌方窃听。紫外通信技术的上述特点受到了对通信保密性、机动灵活性要求高的军事、警事部门的高度重视。

通过目前紫外探测技术在民间和军用方面的一些介绍，从中不难看出，虽然紫外技术起步晚，曾经在一个时期内发展缓慢，但随着科技的进步和社会的实际需求，这项技术已经进入一个全新的发展时期，有着巨大的应用潜力。

1.3.5　微光夜视技术

微光夜视技术是研究夜间低照度条件下，用扩展观察者视力的方法，以实现夜间隐蔽观察的一种技术。它又称像增强技术，是通过带像增强管的夜视镜，对夜天光照亮的微弱目标像进行增强，以供观察的光电成像技术。它致力于探索夜间和其他低光照度时目标图像信息的获取、转换、增强、记录和显示，夜光天或能见度低的条件下，通过光-电子转换实现，但作用距离短，复杂天气难以探测，无法识别车在地面留下的热迹轮廓。它的成就集中表现为使人眼视觉在时域、空间和频域的有效扩展。

微光夜视仪（见图1-15）是指利用夜间的微弱月光、星光、大气辉光、银河光等自然界的夜天光作照明，借助于光增强器把目标反射回来的微弱光子放大并转换为可见图像，以实现夜间观察的仪器。微光夜视仪包括强光力物镜、像增强器、目镜和电源4个主要部件，其观察图像效果如图1-16所示。从光学原理而言，微光夜视仪是带有像增强器的特殊望远镜。微弱自然光经由目标表面反射，进入夜视仪；在强光力物镜作用下聚焦于像增强器的光阴极面（与物镜后焦面重合），激发出光电子；光电子在像增强器内部电子光学系统的作用下被加速、聚焦、成像，以极高速度轰击像增强器的荧光屏，激发出足够强的可见光，从而把一个被微弱自然光照明的远方目标变成适于人眼观察的可见光图像，经过目镜的进一步放大，实现更有效的目标观察。以上过程包括了由光学图像到电子图像再到光学图像的两次转换。微光夜视仪的重要部位是光像增强器。微光夜视仪有直接观察的微光夜视仪和间接观察的微光电视两种。

　　因微光夜视仪是利用夜天光进行工作,属被动方式工作,因此能较好地隐藏自己,微光夜视仪对从事特殊工作的部门,如军事、刑侦、缉毒、缉私、夜晚监控、保卫的应用等,它都是最合适的。如在军事上,微光夜视技术已实际用于夜间侦查、瞄准、车辆驾驶、光电火控和其他战场作业,并可与红外、激光、雷达等技术结合,组成完整的光电侦察、测量和警告系统。

图 1-15　微光夜视仪

图 1-16　微光夜视仪观察图像效果图

　　直视微光夜视仪是一种摄像和显示合为一体的直接观察装置。它将夜间或低照度下摄取的微弱的光学图像通过一个称为像增强器的器件转换为增强的光学图像,以实现夜间或低照度下的直接观察。微光夜视仪按所用像增强器的类型,可分为第一代、第二代、第三代、第四代微光夜视仪。第一代微光夜视仪采用级联式像增强器,已经实际用于装甲车辆、轻重武器的微光观察、瞄准和远距离夜视。增益高、成像清晰是其优点,这代夜视仪的缺点是有明显的余晖,在光照较强时,有图像模糊现象,重量较大,体积显得比较笨,分辨率不太高。第二代微光夜视仪与第一代的根本区别在于它采用的是带微通道板的像增强器。从光学性能来说，第二代微光夜视仪成像畸变小，空间分辨力高，图像可视性好，尤其是它们具有自动防强光性能和观察距离远等特点，使之表现出良好的实用优势。现在它们已大量用于武器瞄准镜和各种观察仪，是装备量最大的微光夜视器材。如美国的 9885 型第二代远距微光观察仪，装在三脚架上做远距观察和监视，双目观察，可进行远距夜间拍摄。第三代微光夜视仪的突出标志是采用带负电子亲和势光阴极的像增强器。第三代微光夜视仪由于其性能优势而引起广泛关注，但它工艺复杂，造价昂贵，即使在发达国家，也只有少数几个型号研制成功。第四代新式的夜视仪还采用了自动门控电源和无晕成像技术，可以自动控制光电阴极电压，改善在环境光线过强或有照明的情况下的夜视效果。无晕成像可以极大地减少由电子在像增强管的光电阴极到板的空隙中散射而引起的光晕。军事上的直接应用如夜视眼镜。夜视眼镜给夜间行动的步兵、直升机驾驶员等作战人员提供了极大的便利，新的第四代夜视眼镜不仅增加了夜间的观察距离，而且扩大了徒步士兵和驾驶员使用像增强器的范围，不仅能在云遮星光的极暗条件下有效工作，而且能在包括黄昏和拂晓的各种光照条件下工作。

微光电视是工作在微弱照度条件下的电视摄像和显示装置，它是像增强技术与电视摄像技术相结合的产物。微光电视系统优于直接观察微光夜视仪之处，在于它可以多头摄像，可供多人、多点同时观察，可以远距离传输和遥控摄像，可以进行信息处理改善图像质量，可以录像供事后分析等。

在军事上，微光电视可用于以下场合：①夜间侦察、监视敌方阵地，掌握敌人集结、转移和其他夜间行动情况。②记录敌方地形、重要工事、大型装备，发现某些隐蔽的目标。③借助其远距离传送功能，把敌纵深领地的信息实时传送给决策机关。④与激光测距机、红外跟踪器（或热像仪）、计算机等组成新型光电火控系统。⑤在电子干扰或雷达受压制的条件下为火控系统提供替代的或补充手段。⑥对我方要害部门实行警戒。目前，外军在各兵种都配有微光电视装备。给歼击机、轰炸机、潜艇、坦克、侦察车、军舰等重要武器配上微光电视，则作战性能更加完备。微光电视在扩展空域、延长时域、拓宽频域方面对人类视觉的贡献与微光夜视仪相似。

同时，微光电视又有下述新的特色：①它使人类视觉突破了必须面对景物才能做有效观察的限制。②突破了要求人与夜视装备同在一地的束缚，实现远离仪器现场的观察。③可实施图像处理，提高可视性。④可以实时传送和记录信息，可以对重要情节多次重放、慢放、"冻结"。⑤实现多用户的"资源"共享，供多人多点观察。⑥改善了观察条件。⑦因为可以远距离遥控摄像，隐蔽性更好。

它的缺点是：①价格较高，使大批量装备部队受到限制。②耗电多，体积、重量较大。③操作、维护较复杂，影响其普及应用。

随着微光夜视技术的发展，微光夜视装备越来越体现出集成化的趋势：一方面表现在将微光夜视功能直接集成到武器、观测设备上；另一方面体现在夜视装备本身功能集成上。

对于前者来说，主要体现在夜视瞄准器的发展上。另外，一些光学观测器材，如测距仪也将夜视仪集成进去，成为昼夜观测器材。对于夜视装备本身，除了向更小型化、紧凑化发展外，应该向现代战争的 C^4I 系统靠拢，不仅应具备数字连接接口，更应成为单兵信息系统的显示终端。

总的来说，夜视技术的发展是紧紧跟随现代战争科技的发展趋势的，不仅仅是夜视能力本身的提高，更加趋向于与未来战争的信息化系统融于一体。

1.3.6　多光谱成像探测技术

20 世纪 80 年代以来基于多传感器探测的多波段图像融合技术是目标探测技术领域的一个进步,综合利用可见光/近红外、紫外、中波红外、长波红外、毫米波、合成孔径雷达等各种不同波段的图像信息的组合可以极大地提高目标探测的能力,而在同一个波段实现的多光谱成像探测技术则是在多波段图像融合技术基础上的一个重大飞跃,进一步提高了目标探测的准确度,并且使得许多原本不能克服的目标探测问题的解决成为可能。

多光谱成像与遥感技术分不开,遥感主要是以电磁波作为目标物信息的载体,采用专门的探测器采集电磁波信息,经过处理后与已知的各种光谱特征进行比对、分析最终获取所需的目标物特征信息的技术。遥感技术利用的是整个电磁波谱,而多光谱成像技术主要是紫外、红外与可见光波段的图像信息获取和处理技术,它是整个遥感技术中非常重要的组成部分。

多光谱成像探测技术是新一代光电探测技术,该技术利用具有一定光谱分辨率的多光谱图像进行目标探测,这种光谱图像数据具有"图谱合一"的特性,相比传统的单一宽波段光电探测技术,能够提供更加丰富的目标场景信息,在目标材质识别、异常目标检测、伪装目标辨识及复杂背景抑制等目标探测技术领域都有着极为重要的应用。

多光谱成像技术不同于传统的单一宽波段成像技术,它将成像技术和光谱测量技术结合在一起,获取的信息不仅包括二维空间信息,还包含随波长分布的光谱辐射信息,形成所谓的"数据立方体"。丰富的目标光谱信息结合目标空间影像极大地提高了目标探测的准确性、扩展了传统探测技术的功能,是光电探测技术的一个质的飞跃。该技术最大的特点就是能够将工作光谱区精细划分为多个谱段,并同时在各谱段对目标场景成像探测。由于绝大多数物质都有其独特的辐射、反射或吸收光谱特征,有的文献称之为"指纹光谱特征",因此根据阵列探测器上探测到的目标物光谱分布特征,可以准确地分辨像素所对应的目标成分。

成像光谱图像可以被看成是成像光谱仪在四个层次(空间、辐射能量、时间和光谱)上进行采样所得到的数据。在传感器瞬时视场角不变的条件下,空间采样间隔的大小与飞行高度有关;辐射能量的采样大小决定传感器在不同波段内用多少字节来进行量化(即图像的灰度等级);时间采样大小则是由飞行器连续飞过同一地点的时间间隔确定;而光谱采样则是由传感器的光谱分辨率确定。

光谱成像技术可以根据需要应用在可见/近红外波段($1 \sim 3 \mu m$)、中波红外波段($3 \sim 5 \mu m$)、长波红外波段($8 \sim 12 \mu m$)等不同的光谱范围。可见/近红外波段是太阳反射光谱区,在该波段探测地表物体的反射可以获取土壤类型、水体特性、植被分布以及军事装备、军队部署等信息。中波红外波段的多光谱成像技术可用于探测飞机尾喷气流、爆炸气体等高温物体的辐射光谱特征;长波红外波段则是多种化学物质的吸收特征光谱所在区域,可用于生化战剂的探测。此外,长波红外波段还是实现昼夜战场侦察、监视,识别伪目标、消除背景干扰的主要工作波段。

多光谱成像技术在军事上可用于导弹预警、侦查、海洋监视、制导等多方面。有些应用只需 $3 \sim 5$ 个不连续的波段图像就可达到目的,而有的则需要高光谱分辨力甚至更多波段的图像才行。

(1)导弹预警。国防支援计划(DSP)卫星系统是目前美国唯一能够运行的弹道导弹预警系统,它包括一组地球同步轨道卫星,用于监视全球的导弹发射。考虑到弹道导弹在助推段喷射的高温燃气流中主要是发射光谱中心接近 $4.3 \mu m$ 的 CO_2 和光谐带中心接近 $2.7 \mu m$ 的水蒸气,因此 DSP 卫星传感器选用这两个窄的红外波段。另外其还有一台用于辅助红外探测器辨别真假导弹目标可见光全波段的电视摄像机。经实际使用证明,这种多波段配置令系统在导弹进入大气层外后有良好的探测能力,并能克服云层反射阳光等自然现象造成的虚警等问题。

(2)侦察。实时、准确地获取敌方军事情报是一切军事行动的基础,是掌握战争主动权的先决条件。各种工作波段的光电成像仪器都可用于侦察。可见光成像的空间分辨力最高,但缺点是受天气影响较大,夜间、阴雨天、雾天都不宜工作。红外成像可以昼夜工作,有一定识别伪装的能力,但一定程度上也受沙尘、云雾、季节的影响,分辨力不如可见光。多光谱成像分辨力不及可见光,也受天气影响,但无疑可以获得更多的目标信。因此,对不同的用途、不同的外部环境、不同的分辨力要求可选择单个波段或多个波段进行搭配,以相互弥补不足,从而获得最佳侦察效果。多光谱相机如图 1-17 所示。

(3)海洋监视。海洋监视是用卫星来探测海上舰船和潜艇并对其进行跟踪、定位、识别和监视,以获得敌方海上兵力部署及其动向情报。由于海域广阔,探测的目标多是活动的,因此海洋监视卫星的轨道比较高,并多采用几颗卫星组网的侦察体制,以达到连续监视、提高探测概率和定位精定的目的。红外扫描仪是海洋监视的传感器之一。

(4)制导。多光谱成像制导是重要的发展方向。红外成像制导技术,可为导弹提供更多的目标信息,更有效地抑制背景干扰,具有良好的抗各种红外干扰的能力,提高识别概率和命中精度。成像制导方式可以直接获取目标外形或基本结构,能可靠地确认目标,并在不断接近目标过程中识别目标要害部位,给予致命打击。红外成像导引头工作波段有中波和长波。可见,光成像制导也是一项重要应用。

(5)军事测绘。测地卫星主要用于高精度大地测量。探测设备有多光谱扫描仪(或多光谱相机,见图 1-17)、雷达测高仪等。卫星对重点目标测量精度可达 10m。高精度测绘为提高制导武器的打击精度,减少舰艇、飞机的导航误差提供了保障。

(6)军事气象探测。利用气象卫星可获得全球性的气象资料。探测设备主要有多通道高分辨力辐射计、红外分光计、成像光谱仪、辐射探测仪等。综合探测海洋和陆地的自身热辐射和对太阳光反射的光谱特性及大气中的水蒸气,臭氧、气溶胶的含量,大气环流等,分析气象现状和变化趋势。准确的中长期和短期天气预报,不仅对国民经济的各行各业非常重要,对重大的军事行动更是必不可少的。

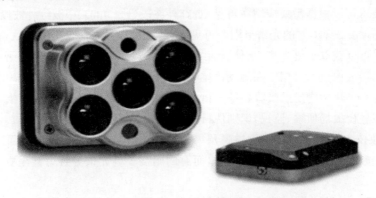

图 1-17 多光谱相机

目前,多光谱成像探测技术领域存在的几个主要问题为:①多光谱成像光谱仪的设计。这是一种将光学、光谱学、精密机械、微电子技术及计算机技术融于一体的新型遥感技术,实现光谱成像的方法多样,系统集成复杂。光谱成像仪的设计不仅取决于元件性能的优劣,更重要的是在于设计者的能力和经验。②大气传输的校正。要得到真实的光谱辐射信息,必需要对大气传输影响进行消除,目前在设计阶段和光谱数据的预处理上,通常采用专业大气传输计算软件 LOWTRAN 或 MODTRAN 来进行透过率计算分析。③光谱数据的分析处理。处理算法多样,主要应用到信号分析领域中二元假设分类算法、相关分析、匹配滤波器、最佳波段选择、亚像素目标判别、CFAR 分类、神经网络分类等诸多算法。④光谱数据库的建立。在有效地运用超光谱成像技术探测目标之前,需要提前对各种特定目标进行光谱特征测定,建立标准目标光谱数据库,这是一个庞大而艰巨的任务。

1.3.7　偏振成像探测技术

干涉和衍射是各种波动都具有的现象,无论是纵波还是横波,都会产生干涉和衍射。因此,人们常常根据干涉或衍射是否能发生来鉴别某种物质或某种运动形式是否具有波动性质。但是,由衍射和干涉的现象无法鉴别某种波动是纵波还是横波。纵波和横波的区别表现在另一类现象上,即偏振现象。

将一根长绳子的一端固定,另一端用手拉紧水平的绳子上下振动,产生横波。波的振动方向和波的传播方向垂直,并且振动方向始终保持在一个平面内。假如让绳子穿过一个栅栏,波的传播就会受到栅栏的限制。如果栅栏缝隙的方向与振动方向一致,波能顺利通过栅栏。如果缝隙方向与振动方向垂直,波就被阻挡而不能继续向前传播。

纵波与此不同。纵波的振动沿着波的传播方向,栅栏或类似的障碍无论在哪一个方向,都不会阻止波的传播。就这方面的性质来看,纵波的振动对于波的传播方向是轴对称的,横波的振动对于波的传播方向不是轴对称的。横波的上述特点就是它的偏振性。

振动方向对于传播方向的不对称性叫做偏振(Polarization),它是横波区别于其他纵波的一个最明显的标志。只有横波才能产生偏振现象,故光的偏振是光的波动性的又一例证。在垂直于传播方向的平面内,包含一切可能方向的横振动,且平均说来任一方向上具有相同的振幅,这种横振动对称于传播方向的光称为自然光(非偏振光)。凡其振动失去这种对称性的光统称偏振光,如图 1-18 所示。

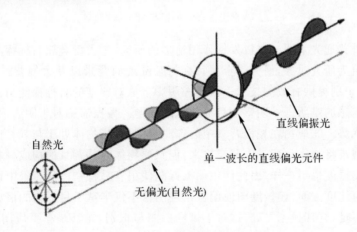

图 1-18　自然光与偏振光

　　光波的信息量是非常丰富的。依据光波的电磁理论,光波包含的信息主要有:振幅(对应于光强)、波长(频率)、相位、偏振态。通常的光辐射成像是获取目标光谱、辐射强度及空间状态等信息,用于反演目标性质参数。但是,从电磁波的横波性质来看,偏振或称极化也是电磁波的重要特征之一。偏振特性与物质性质密切相关,是遥感需要获取的主要信息参数。在光学波段,无论是可见还是红外谱段,不同目标都具有各自一定的偏振特性。偏振参数能够很好地表征被探测目标性质特征。因此,人们将光学遥感与偏振测量技术相结合,促进了偏振成像技术的发展。

　　偏振成像技术是光学领域的一项新技术,国内外十分重视对该技术及其应用的研究。地球表面和大气中的目标在反射、散射、透射及发射电磁辐射的过程中,会产生由它们自身性质决定的特征偏振。由于大气及地物光谱辐射的偏振敏感性,又由于偏振特性与物体的表面状态和固有属性密切相关,加上不同种类的目标具有不同的偏振特性,偏振成像逐步发展成地基、航空和卫星观测的新技术手段。

　　偏振成像探测技术与强度成像、光谱成像、红外辐射成像等技术相比,具有独特的优势:除了获取传统成像信息外,还能够额外获取偏振多维信息。偏振探测可以把信息从三维(光强、光谱和空间)扩充到7维(光强、谱、空间、偏振度、偏振方位角、偏振椭率和旋转方向),作为强度探测的一个有益补充,有助于提高目标探测和地物识别的准确度。因此对于偏振成像探测技术,国内外在不同领域、不同方向、不同层次都开展了相对广泛的研究,涵盖了光学遥感和地球物理、大气及云层探测、水下探测、军事目标探测等方面。偏振相机如图1-19所示。

图 1-19　偏振相机

　　下述列举3种普通光学遥感难以发挥作用情形的研究:①大型金属目标探测与识别,以飞机与人工金属建筑为研究对象,研究了金属目标与杂乱地面背景以及大气背景偏振特性的差异性,为军事目标识别提供有效的技术手段。②阴影下低对比度的目标探测与识别,偏振遥感能解决普通光学遥感的难题——阴影下目标物识别问题。偏振遥感对于阴影下目标物的识别具有天然的技术优势。③地物在相似背景中的探测与识别,当物体处于与其相似的背景中时,普通的光强图像很难将物体从背景中分辨出来,但只要物体与其背景的构成材料不同,那么它们所反射的光的偏振度也不一样,因此使用偏振探测便很容易将物体从背景中识别出来。

　　在增强目标对比度方面,偏振度图或偏振角度图像不仅丰富了目标物的信息,而且弥补了传统强度图像的不足,有其独到之处,这对于目标探测与识别,尤其是军事应用方面具有很大的应用价值与潜力。偏振成像探测技术在军事上呈现出以下发展趋势。

（1）地基空间态势感知偏振成像探测技术。它主要研究白天强背景下空间目标振成像技术，如利用地基大口径望远镜，获取空间目标和导弹尾焰的高分辨率成像信息与偏振信息。关键技术包括：用于在轨卫星、废弃卫星、卫星碎片编目的高分辨率偏振成像技术，临近空间低慢小/高速运动目标偏振特性及实时偏振成像探测识别技术。

（2）对地遥感全偏振成像探测技术。这方面的关键技术主要包括：①轻小型化的偏振探测方法研究。航天、航空对地遥感要求载荷的体积与重量要足够小，因而需要探索从原理上可以实现小型化、结构简捷的偏振成像探测技术。②由于人造目标具有相对于自然目标强的圆偏振特性，因而包含圆偏振信息的全偏振成像探测方式成为目标偏振成像探测的首选。③针对相对运动的目标探测，还要实现对目标准高分辨率成像。

（3）用于隐身伪装目标探测技术：地面目标常常是隐身涂层覆盖、伪装网遮蔽、假目标混淆下的目标。偏振作为独立于强度与光谱的又一物理量，在隐身伪装目标探测与识别方面具有明显优势。为此，需要开展隐身涂层偏振特性研究、伪装网偏振特性研究、空中隐身伪装目标（如无人机、战机、侦察机等）的偏振特性研究、地面隐身伪装目标（如自行武器等）偏振特性研究等。

总结一下，偏振成像探测技术呈现出以下发展趋势：①动态目标偏振探测方面，从"时序型"向"空间型"发展；②偏振遥感遥测方面，从"体积大、结构复杂"向"轻小型、集成化、模块化"发展；③暗弱目标偏振成像方面，从"窄波段"向"宽波段、全波段"发展。

1.3.8 太赫兹探测技术

太赫兹（THz）波是指频率在 $0.1 \sim 10$ THz 范围内，波长在 $0.03 \sim 3$ mm 之间的电磁波，频率介于微波和红外波之间，兼有微波和光波的特性。从能量上看，在电子和光子之间，在电磁频谱上，太赫兹波段两侧的红外和微波技术已经非常成熟，但是太赫兹技术基本上还是一个空白，其原因是在此频段上，既不完全适合用光学理论来处理，也不完全适合微波的理论来研究。太赫兹系统在半导体材料、高温超导材料的性质研究，断层成像技术，无标记的基因检查，细胞水平的成像，化学和生物的检查，以及宽带通信、微波定向等许多领域有广泛的应用。太赫兹技术对现代科技具有引领作用，在国防、气象、军工、医疗、制造、航空航天等高技术领域具有无限的应用潜能和开发前景。研究该频段的辐射源不仅将推动理论研究工作的重大发展，而且对固态电子学和电路技术也将提出重大挑战。

可以预料，太赫兹技术将是 21 世纪重大的新兴科学技术领域之一。

当前，各国纷纷加快了针对太赫兹的探索，掀起一股研究太赫兹的热潮。那么，作为第五维战场空间的"拓展者"，太赫兹在军事领域具体有哪些应用呢？

太赫兹通信技术可用于远距离卫星之间的空间通信，实现卫星互联与星间组网，是天基网络不可或缺的一环。利用太赫兹通信技术，可实现空中机载平台与地面设备和主控平台之间的连接，实现空间与地面的组网；利用太赫兹波，通过空中机载平台，可实现战场士兵与指挥中心的通信；利用太赫兹保密通信技术，在战场环境中实现短近距离的军事保密通信，实现作战设备的随遇接入，保障战场信息的高效安全可靠传递。在战场上，太赫兹技术还可用于雷达探测，进行远程探测成像与爆炸物的检测。

1. 太赫兹军事通信应用

太赫兹波具有高穿透性、吸水性、瞬态性等特性。上述特性使得太赫兹波在通信中具有以下优势：①太赫兹波的频率高，相应的通信能力强；②太赫兹波的波束窄，具备更好的指向性、方向性及抗干扰特性；③太赫兹波的波长短，其通信系统的相关设备结构更简单，更容易生产；④太赫兹波穿透能力强，在沙尘遍布的战场环境与雾霾雨雪的恶劣天气下均能正常工作。

（1）近距离军事保密通信。高频段的太赫兹波在空中传播时，由于受到空气的影响以及水分的吸收，信号衰减异常严重；受制于大气衰减和调制技术，传输速率较低且传输距离相对较短。但是，由于太赫兹波与微波波束相比，具有更强的抗干扰能力，可以用作专门的保密通信，尤其适用于大容量短距离的战场保密通信需求。保密通信主要有两方面的应用：①战时的隐蔽通信，用于配合隐形战车、隐形战机等地面与空中的作战设备，形成空间地面相结合的隐形作战系统；②短距离的定向通信，即战场环境中的 25km 之内的通信，该距离内的通信通常为定向保密通信，主要用于作战设备的群组及编队间的内部通信。

（2）外太空通信。随着人类的探索空间向外太空拓展，研究人员发现，太赫兹波更适用于在太空中传输。太赫兹波在太空中传输的主要优势在于，传输损耗小、所需功率低、频率高、频带宽、通信容量大，这些优点使得外层空间的太赫兹通信具备了传输速率更高、安全性更高、方向性更强、设备尺寸更小等优势。太赫兹数据传输技术，在空间及外太空具有良好的发展前景。卫星编队、星间集群、星间组网等技术的实现，都需要高效高速安全可靠地的星间太赫兹通信技术。

2. 太赫兹军事雷达应用

对于军事雷达而言，分辨能力强与截获概率低是最重要的条件，太赫兹波本身的高频率、宽带宽、窄波束正好符合了上述要求。因而，军事太赫兹雷达近年来受到了全球广泛关注。

（1）远程探测与成像。太赫兹波的高穿透性，使其具备穿透灰尘、浓烟与雾霾的能力，尤其适用于战场环境。利用太赫兹技术，还可穿透墙体对建筑内部进行探测与成像，实现复杂战场环境下的寻敌成像。

（2）爆炸物的探测与鉴别。由于太赫兹波独特的光谱特征，可用于检测多种物质，尤其是化学及危险物品，此用途在安全检测、反恐、战场探测等领域具有重要的地位。最新的研究显示，太赫兹波能够识别的爆炸物质已超过 50 种。在民用领域，专用的爆炸物检测仪器——太赫兹光谱仪已投入使用（见图 1-20），该光谱仪采用光谱测量技术检测爆炸物及化学物品，主要用于安保、反恐、消防等场景。在军事领域，太赫兹波的探测技术主要用于战场地面的探测，用于远距离探测地下雷场和炸弹的分布情况。

图 1-20　太赫兹光谱仪

太赫兹技术在战场上具备特殊的优势地位,是夺取战争胜利的关键。在不远的将来,太赫兹通信技术将应用于联合作战中的近距离保密通信、空间通信、外天空通信,太赫兹雷达技术将用于战场的目标成像与环境探测,二者联手打造陆海空天一体化的战术互联网。

1.3.9　量子探测技术

量子(Quantum)是现代物理的重要概念。即一个物理量如果存在最小的不可分割的基本单位,则这个物理量是量子化的,并把最小单位称为量子。量子探测技术是一个新颖的技术概念,利用量子力学的特性实现对目标探测,具备突破传统探测性能极限的应用潜力。

光子,是光的最小能量量子。单光子探测技术,是近些年刚刚起步的一种新式光电探测技术,其原理是利用新式光电效应,可对入射的单个光子进行计数,以实现对极微弱目标信号的探测。利用单光子探测技术,可极大提高光谱测量的灵敏度和精确性,灵敏度提高 3~4 个数量级。目前,量子探测技术可以实现对非常微弱的信号进行探测,目前的光子探测技术,可以实现将现成的机载光电探测距离从短短的数十千米提升至上千甚至数千千米,这将会引起机载目标变革,此探测技术将会对未来的对空作战有很大的提升。有关专家认为,因单光子探测技术能将现有的机载光电探测距离从数十千米提高到数千千米,这势必带来机载目标探测系统的革命,极大地改变未来空天战场的作战方式。其军事上的应用如下。

1. 空战

空战将从"中距"拉向"远距":配装单光子探测系统的作战飞机,由于对空目标探测距离极远,将使空中作战从目前的中距进一步扩为远距。如:配挂单光子超远程空空导弹,火力攻击距离可达到数百到数千千米之外。空中战争将从传统的数十千米的超视距作战变为间隔数千千米的非接触战争。利用空中平台或临近空间平台配装单光子探测系统,构建单光子探测网络,只需几部单光子探测系统就可实现对领空的全域覆盖。在此基础上用地面或空中远程导弹构建空中地面联合火力网,把单光子探测网络作为网络中心战的目标探测网络系统,可对任何位置发射的导弹进行目标指引,有效攻击全球目标。

2. 量子雷达

量子雷达基于量子力学基本原理,是主要依靠收发量子信号实现目标探测的一种新型雷达。量子雷达在发射端对电磁波进行量子态调控,使其具有更高的信息维度,在接收端通过量子增强接收、量子最优检测等技术手段,优化接收机的性能,因而可以获得比传统雷达更好的探测性能。

量子雷达具有探测距离远、发射功率低、可识别和分辨隐身平台及武器系统、抗干扰能力强等突出特点,未来可进一步应用于导弹防御和空间探测,具有极其广阔的应用前景。量子雷达如图 1-21 所示。

(1)更远的探测距离。传统探测对电磁波的幅度、相位等宏观物理量进行检测,而量子探测通过对光子量子态的检测,实现超高灵敏度的探测。因此,量子探测相比传统的探测手段可以检测到更微弱的信号,理论上其作用距离可以提升数倍甚至数十倍。

(2)更低的发射功率。由于量子探测具有极高的灵敏度,因此相比传统的探测手段,在保持目标检测能力不变的前提下,量子探测所需的发射功率更低,在载荷有限的平台上应用具有较大优势。

(3)更丰富的探测手段。相比传统雷达利用电磁信号在空、时、频域上的特征,量子探测利用量子资源,可以在更高维度上提取目标信息,从而具有更丰富的探测手段。如发现隐形飞机的踪迹:可以借助于单光子超高灵敏度的探测系统,可以在距离数百千米到几千千米内发现隐形飞机的踪迹,使其无处隐形。图 1-22 为量子雷达观测图像。

图 1-21　量子雷达

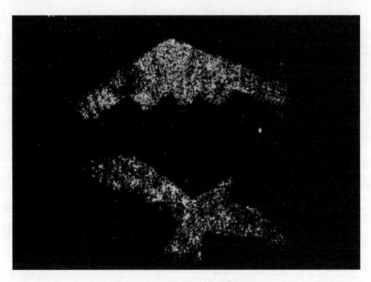

图 1-22　量子雷达观测图像

(4)更强的抗干扰能力。一方面,量子探测的发射功率低,降低了其被截获和侦收的概率。另一方面,量子探测通过对信号进行量子态调制,增强目标和杂波、干扰信号的可区分度,从而提升其在电子对抗环境下的抗干扰能力。抗干扰的量子雷达,利用光子对目标进行成像,由于任何物体在接收到光子信号之后都会改变其量子特性,所以这种雷达能探测到隐形飞机,而且几乎是不可被干扰的。

作为洞察未来战场的"千里眼",量子雷达技术势必掀起各军事强国变革雷达技术的时代潮流。

1.4 本 章 小 结

本章介绍了人类的视觉系统,并由此为介引出光电探测系统的概念与意义;接着介绍了光电探测系统的定义、发展历程与技术分类应用;最后对不同种类的光电探测技术,如可见光探测技术、红外探测技术等分别进行了基本介绍并叙述了其在军事等方面的应用,此外,从宏观的角度探讨了各个技术的未来前景。

第 2 章　光电探测基础

本章首先介绍电磁波谱,并按不同的频率将其分类,概述各自的特点;其次,选出电磁波谱中的红外辐射并描述其基本概念,为后续章节先预设下基础;再次,为了研究红外辐射的相关理论,对辐射能的度量定义一整套物理量,以此引出辐射度学和光度学基础的介绍;最后对热辐射的基本规律进行描述、说明。

2.1　光波谱与特性

2.1.1　电磁辐射

电磁辐射,因为所有的电磁辐射都有波动性,因此电磁辐射又称电磁波,是由同相振荡且互相垂直的电场与磁场在空间中以波的形式传递能量和动量的,其传播方向垂直于电场与磁场构成的平面。

从电磁学理论知道,物质内部带电粒子(如电子)的变速运动都会发射或吸收电磁辐射。电磁辐射在空间传播过程中所携带的能量称为电磁辐射能。由于产生或探测各种辐射的方法不同,人们对不同谱段的电磁辐射冠以不同的名称,然而在本质上它们是相同的,所以把各种辐射统称为电磁辐射,也叫电磁波。

电磁辐射的载体为光子,不需要依靠介质传播,在真空中的传播速度为光速。电磁辐射可按照频率分类,从低频率到高频率,主要包括无线电波、红外线、可见光、紫外线、X射线和伽马射线。

(1)无线电波。波长从 $0.001 \sim 3\,000\mathrm{m}$,一般的电视和无线电广播、手机等的波段就是用这种波。

(2)红外线。波长从 $(7.8 \sim 1\,000) \times 10^{-7}\mathrm{m}$,红外线的热效应特别显著。

(3)可见光。人眼可接收到的电磁辐射,波长在 $380 \sim 760\mathrm{nm}$ 之间,称为可见光。只要是自身温度大于绝对零度的物体,都可以发射电磁辐射,而世界上并不存在温度等于或低于绝对零度的物体。因此,人们周边所有的物体时刻都在进行电磁辐射。尽管如此,只有处于可见光频域以内的电磁波,才可以被人们肉眼看到。

(4)紫外线。波长比可见光短的称为紫外线,它的波长从 $(10 \sim 380) \times 10^{-9}\mathrm{m}$,有显著的化学效应和荧光效应。这种波产生的原因和光波类似,常常在放电时发出。由于它的能量和一般化学反应所牵涉的能量大小相当,因此紫外光的化学效应最强。

(5)X射线(伦琴射线)。这部分电磁波,波长从 $(0.01 \sim 10) \times 10^{-9}\mathrm{m}$。X射线是原子的内层电子由一个能态跳至另一个能态时或电子在原子核电场内减速时所发出的,即X射线是由原子中的内层电子发射的。随着 X 射线技术的发展,它的波长范围也不断朝着两个方向扩展。在长波段已与紫外线有所重叠,短波段已进入 γ 射线领域。

(6)伽马射线(γ 射线)。它是波长小于 10×10^{-9} m 的电磁波。这种不可见的电磁波是从原子核内发出来的,放射性物质或原子核反应中常有这种辐射伴随着发出。γ 射线的穿透力很强,对生物的破坏力很大。

所有电磁波都遵循同样形式的反射、折射、干涉、衍射和偏振定律,且在真空中传播的速度具有同样的数值,称之为真空中的光速,其值为:$c = 3 \times 10^8$ m/s。

电磁波的电场(或磁场)随时间变化,具有周期性。在一个振荡周期中传播的距离叫波长。振荡周期的倒数,即每秒钟振动(变化)的次数称频率。电磁波为横波。振幅沿传播方向的垂直方向作周期性交变,其强度与距离的平方成反比,波本身带动能量,任何位置之能量功率与振幅的平方成正比。其速度等于光速。在空间传播的电磁波,距离最近的电场(磁场)强度方向相同,其量值最大两点之间的距离,就是电磁波的波长 λ,电磁每秒变动的次数便是频率 ν。三者之间的关系为

$$c = \lambda \nu \tag{2-1}$$

电磁波的传播不需要介质,同频率的电磁波在不同介质中的速度不同。

在介质中,同样频率 ν 的电磁波,波长为 λ',速度为 c',则有

$$\lambda' \nu = c' \tag{2-2}$$

由式(2-1)和式(2-2)可得

$$\lambda = \frac{c}{c'} \lambda' = n\lambda' \tag{2-3}$$

式中,$n = c/c'$ 称为介质对真空的折射率。式(2-3)表明,同一频率的电磁波,在介质中的波长是真空中波长的 $1/n$。

不同频率的电磁波,在同一种介质中传播时,频率越大折射率越大,速度越小,且电磁波只有在同种均匀介质中才能沿直线传播,若同一种介质是不均匀的,电磁波在其中的折射率是不一样的,在这样的介质中是沿曲线传播的。通过不同介质时,会发生折射、反射、衍射、散射及吸收等等。电磁波的传播有沿地面传播的地面波,还有从空中传播的空中波以及天波。波长越长其衰减也越少,电磁波的波长越长也越容易绕过障碍物继续传播。机械波与电磁波都能发生折射、反射、衍射、干涉,因为所有的波都具有波动性。衍射、折射、反射、干涉都属于波动性。

由于电磁辐射具有波粒二象性,因此,电磁辐射除了作为一种电磁波而遵守上述的波动规律以外,它还以光量子的形式存在。在考虑电磁辐射的辐射和吸收问题时,必须把电磁辐射看成分立的微粒集合,这种微粒称为光子。一个光子具有的能量为

$$\varepsilon = h\nu \tag{2-4}$$

式中,$h = (6.626\ 176 \pm 0.000\ 036) \times 10^{-34}$ J·s 称为普朗克常量。

光子能量与波长的关系为

$$\varepsilon = \frac{hc}{\lambda} \tag{2-5}$$

即光子的能量与波长 λ 成反比。

本书后续章节主要介绍的电磁辐射有可见光、红外辐射与紫外辐射,下面分别对其进行简

单叙述。

2.1.2 可见光辐射的基本概念

在整个电磁波谱中,能引起人眼视觉的只是一部分。刺激人眼能引起视觉的光辐射称为可见光辐射,简称可见光。1666年,英国科学家牛顿第一个揭示了光的色学性质和颜色的秘密。他用实验说明太阳光是各种颜色的混合光,并发现光的颜色决定于光的频率,见表2-1。可见光由紫、蓝、青、绿、黄、橙、红等7色光组成,其中红光波长最长,紫光波长最短,其他各色光的波长则依次介于其间。可见光是太阳辐射的重要组成部分,它在大气顶占总辐射的比例为39%左右。到达地表面上的可见光辐射随大气浑浊度、太阳高度、云量和天气状况而变化,约占总辐射的45%~50%。

表2-1 可见光频率波长

颜　色	频率/THz	波长/nm
红	385~482	780~622
橙	482~503	622~597
黄	503~520	597~577
绿	520~610	577~492
青	610~667	492~450
蓝	667~690	450~435
紫	690~750	435~400

可见光是电磁波谱中人眼可以感知的部分,可见光谱没有精确的范围。一般人的眼睛可以感知的电磁波的频率在380~750THz(太赫兹),波长在380~760nm之间,但也有一些人能够感知到频率大约在340~790THz,波长大约在380~880nm之间的电磁波。正常视力的人眼对绿光最为敏感。人眼可以看见的光的范围受大气层影响。大气层对于大部分的电磁辐射来讲都是不透明的,只有可见光波段和其他少数如无线电通信波段等例外。不少其他生物能看见的光波范围跟人类不一样,例如包括蜜蜂在内的一些昆虫能看见紫外线波段,对于寻找花蜜有很大帮助。

可见光的主要天然光源是太阳,主要人工光源是白炽物体(特别是白炽灯)。它们所发射的可见光谱是连续的。气体放电管也发射可见光,其光谱是分立的。常利用各种气体放电管加滤光片作为单色光源。

人们看见的可见光一般为复色光,光谱中不能够再进行分解的色光叫做单色光。由单色光混合而成的光叫做复色光。自然界中的太阳、白炽灯和日光灯等发出的光都是复色光。

色光的三原色分别为红色、绿色和蓝色。这三种色光既是白光分解后得到的主要色光,又是混合色光的主要成分,并且能与人眼视网膜细胞的光谱响应区间相匹配,符合人眼的视觉生理效应。这三种色光以不同比例混合,几乎可以得到自然界中的一切色光,混合色域最大,而且这三种色光具有独立性,其中一种原色不能由另外的原色光混合而成,由此,我们称红、绿、蓝为色光三原色。为了统一认识,1931 年国际照明委员会(CIE)规定了三原色的频率 $f_R =$ 428.6THz(红), $f_G = 549.3THz$(绿), $f_B = 688.4THz$(蓝)。在色彩学研究中,为了便于定性分析,常将白光看成是由红、绿、蓝三原色等量相加而合成的。

通过研究发现色光还具有下述特性。

(1)互补色[①]按一定的比例混合得到白光,如蓝光和黄光混合得到的是白光。同理,青光和红光混合得到的也是白光。

(2)颜色环上任何一种颜色都可以用其相邻两侧的两种单色光,甚至可以从次近邻的两种单色光混合复制出来,如黄光和红光混合得到橙光,较为典型的是红光和绿光混合成为黄光,颜色环如图 2-1 所示。

(3)如果在颜色环上选择三种独立的单色光。就可以按不同的比例混合成日常生活中可能出现的各种色调。光学中的三原色为红、绿、蓝。这里应注意,颜料的三原色为青、品红、黄。但是,三原色的选择完全是任意的。

(4)当太阳光照射某物体时,某频率的光被物体吸取了,则物体显示的颜色(反射光)为该色光的补色。如太阳光照射到物体上,若物体吸取了 400～435nm 的紫光,则物体呈现黄绿色。

图 2-1　颜色环

2.1.3　红外辐射的基本概念

红外辐射也称红外线,1666 年,英国物理学家 I. 牛顿发现,太阳光经过三棱镜后分裂成彩色光带——红、橙、黄、绿、青、蓝、紫。1800 年,英国天文学家 F. W. 赫歇耳在用水银温度计研究太阳光谱的热效应时,发现热效应最显著的部位不在彩色光带内,而在红光之外。因此,他认为在红光之外存在一种不可见光。后来的实验证明,这种不可见光与可见光具有相同的物理性质,遵守相同的规律,所不同的只是一个物理参数——波长。这种不可见光称为红外辐射,又称红外光、红外线。

---

① 光学中的互补色有红色与青色互补,蓝色与橙黄色互补,黄绿色与蓝紫色互补,青绿色与品红色互补。在光学中,两种色光以适当的比例混合而能产生白光时,则这两种颜色就称为"互为补色"。

红外线的产生与温度有着密切关系。其辐射能量大小和按波长的分布情况是由物体的表面温度决定的。物体表面辐射能量与物体表面温度的四次方成正比;物体辐射能量最大的波长区间(称为峰值波长)随着温度的升高向波长短的方向移动,温度较低时的峰值波长比温度较高时长。即一个物体温度越高,越能辐射波长较短的近红外线,而温度较低时能辐射波长较长的红外线。

红外线一旦被物体吸收,红外线辐射能量就转化为热能,加热物体使其温度升高。当红外线辐射器产生的电磁波(即红外线)以光速直接传播到某物体表面,其发射频率与物体分子运动的固有频率相匹配时,就引起该物体分子的强烈振动,在物体内部发生激烈摩擦产生热量。所以常称红外线为热辐射线,称红外辐射为热辐射或温度辐射。

红外辐射是一种电磁辐射,相比可见光,红外辐射还有一些不一样的独有特性:

(1)红外辐射对人的眼睛不敏感,所以必须用对红外辐射敏感的红外探测器才能探测到。

(2)红外辐射的光量子能量比可见光的小,如 $10\mu m$ 波长的红外光子的能量大约是可见光光子能量的 $1/20$。

(3)红外辐射的热效应比可见光要强得多。

(4)红外辐射更易被物质所吸收,但对于薄雾来说,长波红外辐射更容易通过。

红外线存在于自然界的每一个角落。事实上,自然界里所有物体,当其温度高于绝对零度(即 $-273.15℃$)时,都会辐射红外线。太阳是红外线的巨大辐射源,整个星空都是红外线源,地球表面不管是高山流水还是冰川雪地都在日夜不停地辐射红外线。军事装备如坦克飞机等,由于它们有高温部位,往往都是强红外辐射源。总之,红外线充满整个空间。

红外线是电磁波的一种,波长范围为 $0.76\sim1\ 000\mu m$,通常将红外线分成两部分:波长小于 $5.6\mu m$,离红色光较近的称为近红外线;波长大于 $5.6\mu m$,离红色光较远的称为远红外线。分近、远红外线是相对的,在红外技术领域中,通常将整个红外辐射光谱区按波长分为四个波段,为近红外线、中红外线、远红外线和极远红外线,见表 2-2。

表 2-2　红外辐射光谱区划分

波　段	近红外	中红外	远红外	极远红外
波长/μm	$1\sim3$	$3\sim5$	$8\sim12$	$15\sim1\ 000$

以上的划分方法基本上是考虑了红外辐射在地球大气层中的传输特性而确定的。例如,前三个波段中,每一个波段都至少包含一个大气窗口。所谓大气窗口,是指在这一波段内,大气对红外辐射基本上是透明的。

需要说明的是,在光谱学中,根据红外辐射产生的机理不同,红外辐射按波长分为以下 3 个区域。

(1)近红外区:$0.75\sim2.5\mu m$,对应原子能级之间的跃迁和分子振动泛频区的振动光谱带。

(2)中红外区:$2.5\sim25\mu m$,对应分子转动能级和振动能级之间的跃迁。

(3)远红外区:$25\sim1\ 000\mu m$,对应分子转动能级之间的跃迁。

2.1.4　紫外辐射的基本概念

紫外辐射是一种非照明用的辐射源。紫外辐射的波长范围为 $10\sim400nm$,其波长在电磁波谱中位于可见光紫光区的外侧。在物理学家赫歇尔(Herschel)发现红外线之后的第二年，德国物理学家 Ritte 发现了紫外线。

由于只有波长大于 200nm 的紫外辐射，才能在空气中传播，所以人们通常讨论的紫外辐射效应及其应用，只涉及 200～400nm 范围内的紫外辐射。目前常说的"日盲"型紫外是指太阳辐射的 200～300nm 波段的紫外光在通过地球大气层到达地球表面时，受大气衰减的影响，紫外辐射被大气层中的臭氧吸收，基本到达不了地球表面，因此，习惯上把 200～300nm 这段太阳辐射到达不了地面的中紫外光谱区称为"日盲"波段。与可见光和红外辐射相比，紫外辐射波长短，光子能量大。

和其他事物一样，紫外辐射会给人类带来有利的方面和不利的方面。经过科学家的研究发现，紫外辐射与物质作用会产生多种效应，并为人们所利用。

为研究和应用之便，科学家们把紫外辐射划分为 A 波段(400～320nm)、B 波段(320～280nm)和 C 波段(280～100nm)，并分别称之为 UVA，UVB 和 UVC。

(1)紫外线 A(UVA)。波长较长，波长介于 320～400nm，可穿透云层、玻璃进入室内及车内，可穿透至皮肤真皮层，会造成皮肤晒黑现象。UVA 可再细分为 UVA－2(320～340nm)与 UVA－1(340～400nm)。

UVA－1 穿透力最强，可达真皮层使皮肤晒黑，对皮肤的伤害性最大，但也是对它最容易忽视的，特别在非夏季时 UVA－1 强度虽然较弱，但仍然存在，会因为长时间累积的量，会造成皮肤伤害。特别是皮肤松弛、失去弹性、黑色素沉淀。

UVA－2 则与 UVB 同样可到达皮肤表皮，它会引起皮肤晒伤、变红发痛、日光性角化症、失去透明感。

(2)紫外线 B(UVB)。波长居中，波长介于 280～320nm，会被臭氧层所吸收，会引起晒伤及皮肤红、肿、热及痛，严重者还会起水泡或脱皮(类似烧烫伤之症状)。

(3)紫外线 C(UVC)。波长介于 100～280nm，但由于 200nm 以下的波长为真空紫外线，故可被空气吸收，因此紫外线 C(UVC)可穿越大气层的波长介于 200～280nm，其波长越短、越危险，但又由于可被臭氧层所阻隔，只有少量会到达地球表面。ISO－DIS－21348 对紫外辐射波段的划分见表 2－3。

表 2－3　紫外辐射分类表

名　称	编　号	波长/(nm)	能量单位/(eV)
长波紫外光，紫外光 A	UVA	400～320	3.10～3.94
近紫外线	NUV	400～300	3.10～4.13
中波紫外光，紫外光 B	UVB	320～280	3.94～4.43
中紫外线	MUV	300～200	4.13～6.20
短波紫外光，紫外光 C	UVC	280～100	4.43～12.4
远紫外线	FUV	200～122	6.20～10.2
真空紫外线	VUV	200～100	6.20～12.4
低能紫外线	LUV	100～88	12.4～14.1
高能紫外线	SUV	150～10	8.28～124
极紫外线	EUV	100～10	10.2～124

紫外辐射的来源有天然来源的紫外线、黑光、紫外线荧光灯、发光二极管紫外线灯、紫外线激光、气体放电灯泡等。

紫外辐射具有以下特点。

(1)穿透能力弱。紫外辐射波长短,当入射到物体表面时,容易被物体吸收。所以紫外辐射的穿透能力比可见光、红外辐射都要弱。尤其是波长在200nm以下的紫外辐射,只能在真空中传输。

(2)紫外辐射荧光效应。汗渍、血液、荧光粉、蛋白质、人造纤维等物质受到紫外辐射照射后,可发射出不同波长和不同强度的可见光(或者紫外光),即紫外辐射的荧光效应,如日光灯中的汞蒸气放电产生的紫外辐射照到管壁上的荧光粉材料时即可激发出可见光,根据管壁所涂荧光粉的成分不同可以呈现暖色、日光色等。

(3)紫外辐射光电效应。材料受到紫外辐射照射后,其电学性能发生变化,如发射光电子、电阻率变化以及产生光伏效应等。

2.2 辐射度学和光度学基础

2.2.1 立体角及其意义

立体角涉及光度学、电磁辐射、球面天文学等许多领域的基本概念,如(热、光或其他电磁波、声音或其他机械波的)辐射通量、星座所占天球区域的"面积"(实际为立体角)大小等等,因此立体角概念本身的重要意义和实用价值不言而喻,可谓理解客观世界的空间形式和许多科学原理的一把钥匙。

理解立体角之前要先理解圆心角(见图2-2),或者说平面角,即圆的弧长与半径之比。之所以采取这样的定义是因为,利用弧长与半径之比,能够在二维尺度下唯一确定这个角的大小。在二维平面上,一个圆的圆弧的微分记为$\mathrm{d}s$(也叫弧微分),半径为r,则圆心角指的是弧微分与半径的比值:

$$\mathrm{d}\theta = \frac{\mathrm{d}s}{r} \tag{2-6}$$

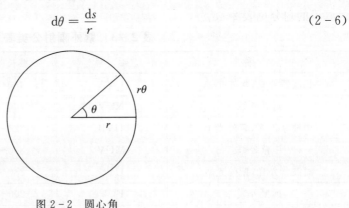

图2-2 圆心角

对式(2-6)做$0\sim2\pi$的积分,显然右边的分子变成了圆周长$2\pi r$,圆心角为2π。但是对于三维的角呢?比如说圆锥的顶角大小。由于它是三维的,显然用度数表达是不合适的。有某些说法将圆锥的顶角大小用度数表达,其实这样的说法是把它投射到二维上才成立,不够严谨。那如何唯一确定三维空间某个"角"的大小呢?这里定义立体角的概念为:投影面积与球的半径平方之比。注意这里的投影面积是球上的投影面积。这样的定义允许我们在三维空间中唯一确定某个三维尺度上"角"的大小。注意到这里用的是投射面积,那么当然是以某个点为"源"进行投射,所以在说立体角时,要具体说明是关于哪一个点的立体角。

那么一个完整球体对于球内任意一点的立体角如何计算呢?立体角与圆心角非常类似。立体角的 ds 的含义是球面上的面积微分(下文用 dA 表示),而分母需要变成半径 r 的平方(1 球面度所对应的立体角所对应的球面表面积为 r^2):

$$d\omega = \frac{dA}{r^2} \tag{2-7}$$

因为球体表面积等于 $4\pi r^2$,所以上面的式子积分到整个球体的话,立体角等于 4π。再换个角度分析。在宏观上看,立体角的定义为

$$\Omega = \frac{A}{r^2}(\text{sr}) \tag{2-8}$$

式中,sr 是单位,叫做球面度(1 球面度是指所切割下来的球体表面的面积等于与该球体半径等边长的正方形所具有的面积时所对应的立体角度,所切割下的表面的顶点处在球体的中心上。立体角的数值等于面积除以球体半径的平方);A 是这个立体角所对应的球表面积,A 被叫做 sphericalcap(球帽),其示意图如图 2-3 所示。

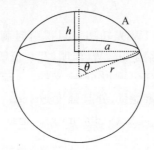

图 2-3　sphericalcap 示意图

sphericalcap 面积等于 $2\pi rh$,则有

$$\Omega = \frac{2\pi rh}{r^2}(\text{sr}) \tag{2-9}$$

当 h 等于 r 时,得到

$$\Omega = \frac{2\pi r^2}{r^2}(\text{sr}) = 2\pi(\text{sr}) \tag{2-10}$$

此时得到的是半球的立体角,那么就可以知道整个球的立体角为 4π,和上述结论一致。

简略的理解可以用上述方法。本质就是弧度制的定义拓展到三维,如果充分理解弧度制的话也很好理解立体角的概念。所以弧度制平面角靠二维平面的单位圆的周长的一部分来定义,最小为 0,最大为 $2\pi r$。立体角靠三维平面的单位球面积的一部分(单位圆周长积分)来定义,最小为 0,最大为 $4\pi r$。

在光辐射测量中,常用的几何量就是立体角。立体角涉及的是空间问题。任光源发射的光能量都是辐射在它周围的一定空间内。因此,在进行有关光辐射的讨论和计算时,也将是一个立体空间问题。与平面角度相似,我们可以把整个空间以某一点为中心划分成若干立体。

2.2.2 光度学

由于最先感知的是可见光,历史上人们首先对可见光的度量进行了比较充分的研究,引入了一些描述人眼对光敏感程度的物理量,并创建了研究光能测量的科学与技术——光度学。光度学是 1760 年由朗伯建立的,且定义了光通量、发光强度、照度、亮度等主要光学光度学参量,并用数学阐明了它们之间的关系和光度学几个重要定律。光度学除了要定义一些物理量并确定相应的测量单位外,还要研究测量仪器的设计、制造和测量方法。对各种光源进行光度的特性测量广泛应用于光学工业、遥感遥测和大气光学等领域。对各种光敏和热敏探测器也需要运用光度的测量技术来确定其灵敏度及响应特性。

光度学通常引进下述物理量来进行描述。

1. 光通量

在光度学中,光通量明确地被定义为能够被人的视觉系统所感受到的那部分光辐射功率的大小的度量。那么,光通量的大小是如何度量的呢?这里引入以下概念。

(1)光视效能。光视效能 K 定义为光通量 Φ_v 与辐射通量 Φ_e 之比,由于人眼对不同波长的光的响应是不同的,随着光的光谱成分的变化(即 λ 的值不同),它的值也在变化,故人们定义了光谱光视效能 $K(\lambda)$,即

$$K(\lambda) = \frac{\Phi_{v\lambda}}{\Phi_{e\lambda}} \tag{2-11}$$

$K(\lambda)$ 值表示在某一波长上没 1W 光功率对目视引起刺激的光通量,它是衡量光源产生视觉效能大小的一个重要指标,量纲是 lm/W(流明/瓦)[流明(lumen,符号 lm]是光通量的国际单位。它是根据坎德拉球面角度(cd 乘以 sr)定义的。1 流明是相当数量光散发在 1 球面角单位,从光源向各个方向发散出等量能量,并且强度是 1cd。人眼对 555nm 的黄绿光最敏感,故光谱光视效能 $K(\lambda)$ 的最大值在波长 $\lambda=555$nm 处。记最大值为 K_m ,一些国家的实验室测得 $K_m=683$lm/W。

(2)视见函数(光谱光视效率)。人眼对不同波长辐射的敏感度不同,敏感度与波长的关系,称作视见函数,用 $V(\lambda)$ 表示,它的表达式为

$$V(\lambda) = \frac{K(\lambda)}{K_m} \tag{2-12}$$

(3)明视觉与暗视觉。当外界视场亮度大于或等于 3cd/m²(发光强度单位,1cd 是指光源在指定方向的单位立体角内发出的光通量,单位名称为坎德拉)时,人眼的锥体细胞起作用,称为锥体细胞视觉,也称为明视觉。当外界视场亮度小于或等于 0.001cd/m² 时,视觉只由杆体细胞起作用,称为杆体细胞视觉,也称为暗视觉。其光谱光视效率曲线如图 2-4 所示。

当外界视场亮度从 3cd/m² 降至 0.001cd/m² 时,这里既有锥体细胞参加又有杆体细胞参加共同起作用。把处在明视觉与暗视觉之间的亮度水平的人眼的响应称为中间视觉响应。

现在定义光通量大小的度量:对某一单色光 λ ,辐射体辐射的能量按视见函数提取的能量,称作光通量,记作 Φ ,则有

$$\Phi = K_m \cdot V(\lambda) \cdot \Phi_e \tag{2-13}$$

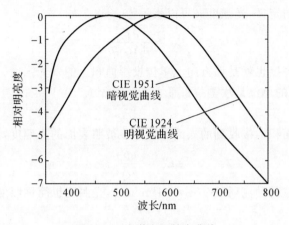

图 2 - 4　光谱光视效率曲线

2. 发光效率

前面讲过，一个光源发出的总光通量的大小，代表了这个光源发出可见光能力的大小。由于光源的发光机制不同，或其设计、制造工艺不同，因此尽管它们消耗的功率一样，但发出的光通量却可能相差很远。例如一个 1kW 的电炉，尽管它很热，看起来却只是暗红，在黑暗中起不了多大作用；而 1kW 的电灯泡，点起来就很亮。发光效率定义为每瓦消耗功率所发出的光通量数，用 η_v 表示，即

$$\eta_v = \frac{\Phi_v}{P} \tag{2-14}$$

发光效率的单位是 lm/W。从蜡烛灯火焰光源的发光效率大约在 0.1～0.3lm/W 之内，到现在低压钠灯的发光效率已经提高到 180lm/W。但理论分析表明，接近白光的发光效率的理论极限是 250lm/W。可见还有很大的发展余地。

3. 发光强度

点光源在包含给定方向上的单位立体角内所发出的光通量，成为该点光源在该指定方向上的发光强度，用 I_v 表示，即

$$I_v = \frac{\partial \Phi_v}{\partial \Omega} \tag{2-15}$$

发光强度在数值上等于在单位立体角内所发出的光通量。

4. 光出射度

它指光源单位面积向半球空间发出的全部光通量，称为光出射度，用 M_v 表示，即

$$M_v = \frac{\partial \Phi_v}{\partial A} \tag{2-16}$$

M_v 的单位是流明每平方米（lm/m²）。

5. 光亮度

光源在给定方向上的光亮度 L_v 是指在该方向上的单位投影面积向单位立体角中所发出的光通量。在与面元 dA 法线成 θ 角的方向上，如果面元 dA 在该方向上的立体角元 dΩ 内发出的光通量为 $\mathrm{d}^2\Phi_v$，则其光亮度为

$$L_v = \frac{\partial^2 \Phi_v}{\partial \Omega \partial A \cos\theta} \tag{2-17}$$

注意到发光强度的定义,光强度又可以表示为

$$L_V = \frac{\partial I_V}{\partial A\cos\theta} \qquad (2-18)$$

即在给定方向上的光亮度也就是该方向上单位投影面积上的发光强度。光亮度简称亮度。在国际单位制中,光亮度的单位是坎德拉每平方米(cd/m^2)。

6. 光照度

被照表面的单位面积上接收到的光通量称为该被照表面的光照度,用 E_v 表示为

$$E_v = \frac{\partial \Phi_v}{\partial A} \qquad (2-19)$$

光照度的国际单位是勒克斯(lx)(1lx=1lm/m²),光照度也简称照度。

7. 光量

它定义为光通量与辐射照射持续时间的乘积,用 Q_v 表示。如果光通量在所考虑的照射时间内是恒定的,则有

$$Q_v = \Phi_v \cdot t \qquad (2-20)$$

光量 Q_v 对于描述发光时间很短的闪光尤其有效。

2.2.3 辐射度学

1. 常用辐射量

辐射度学是一门研究电磁辐射能测量的科学与技术。辐射度学主要建立在几何光学的基础上,基于以下两个假设:①辐射按直线传播,因此辐射的波动性不会使辐射能的空间分布偏离一条几何光线所规定的光路;②辐射能是不相干的,所以辐射度学不考虑干涉效应。

辐射度学中所用到的辐射量较多,其符号、名称也不尽统一。现分别说明光电技术中常用的辐射量。

(1)辐射能。它就是以电磁波的形式发射、传输或接收的能量。太阳辐射以光速($c=3\times10^8 m/s$)射向地球,同时它具有微粒和波动这二者的特性。在自然地理系统中,对于辐射能的接受和贮存,都离不开这些特性。如绿色植物进行光合作用,所吸收的能量就是以光量子的形式进行的。正是由于辐射能的这种量子特性,因此量子能量的大小取决于波长和频率。

辐射能用 Q 表示,单位是 J。辐射场内单位体积中的辐射能称为辐射能密度,用 ω 表示,单位是 J/m^3,其定义式为

$$\omega = \frac{\partial Q}{\partial V} \qquad (2-21)$$

式中,V 为体积,单位是 m^3。

因为辐射能还是波长、面积、立体角等许多因素的函数,所以 ω 和 Q 的关系用 Q 对 V 的偏微分来定义。同理,后面的其他辐射量也将用偏微分来定义。

(2)辐射功率。单位时间内,物体表面单位面积上所发射的总辐射能,也称为辐出度。一种以辐射形式发射、转移,或接收的功率。辐射率用 P 表示,单位是瓦特(W),其定义式为

$$P = \frac{\partial Q}{\partial t} \qquad (2-22)$$

式中,t 为时间,单位为 s。

辐射功率与辐射通量混用。辐射在单位时间内通过某一面积的辐射能称为经过该面积的

辐射通量。

（3）辐射强度。它是描述点辐射源特性的物理量。下述先说明一下什么是点辐射源（简称点源）和扩展辐射源（简称扩展源或面源）。所谓点源，就是其物理尺寸可以忽略不计，理想上将其抽象为一个点的辐射源。否则，就是扩展源。真正的点源是不存在的。在实际情况下，能否把辐射源看成是点源，首先问题不是辐射源的真实物理尺寸，而是它相对于观测者（或探测器）所张的立体角度。

一般来讲，如果测量装置没有使用光学系统，只要在比辐射源的最大尺寸大 10 倍的距离处观测，辐射源就可视为一个点源。如果测量装置使用了光学系统，则基本的判断标准是探测器的尺寸和辐射源在探测器表面上像的尺寸之间的关系；如果像比探测器小，辐射源可看作是一个点源；如果像比探测器大，则辐射源可认为是一个扩展源。换言之，充满光学系统视场的可看作扩展源，而未充满视场的则是点源。

现在来定义辐射强度。辐射源在某一方向上的辐射强度是指辐射源在包含该方向的单位立体角内所发出的辐射功率，用 I 表示。

如图 2-5 所示，若一个点源在围绕某指定方向的小立体角 $\Delta\Omega$ 内发射的辐射功率为 ΔP，则 ΔP 与 $\Delta\Omega$ 之比的极限就是辐射源在该方向上的辐射强度 I，即

$$I = \lim_{\Delta\Omega \to 0} \left(\frac{\Delta P}{\Delta\Omega} \right) = \frac{\partial P}{\partial\Omega} \qquad (2-23)$$

辐射强度就是点源在单位立体角内发射的辐射功率。因此，它是点源所发射的辐射功率在空间分布特性的描述，或者说它是辐射功率在某方向上的角密度的度量。按照定义，它的单位是瓦·球面度$^{-1}$（W/sr）。

辐射强度对整个发射立体角 Ω 的积分，就可给出辐射源发射的总辐射功率 P，则有

$$P = \int_{\Omega} I d\Omega \qquad (2-24)$$

对于各向均匀辐射的辐射源，I 等于常数，则由式（2-24）得 $P = 4\pi I$。对于辐射功率在空间分布不均匀的辐射源，一般来讲，辐射强度 I 与方向有关，因此计算起来比较困难。

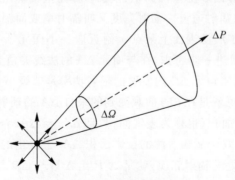

图 2-5　辐射强度示意图

（4）辐射出射度。它是描述扩展源辐射特性的量。辐射出射度又称辐射通量密度，指面辐射源在单位时间内从单位面积上辐射出的辐射能量，即物体单位面积上发出的辐射通量，用 M 表示。例如，太阳表面的辐射出射度是指太阳表面单位表面积向外部空间发射的辐射通量。

如图 2-6 所示，若面积为 A 的扩展源上围绕 x 点的一个小面元 ΔA，向半球空间内发射的辐射功率为 ΔP，则 ΔP 与 ΔA 之比的极限值就是该扩展源在 x 点的辐射出射度，即

$$M = \lim_{\Delta A \to 0} \left(\frac{\Delta P}{\Delta A} \right) = \frac{\partial P}{\partial A} \tag{2-25}$$

辐射出射度是扩展源所发射的辐射功率在源表面分布特性的描述。或者说，它是辐射通量在某一点附近的面密度的度量。按照定义，辐射出射度的单位是 $\mathrm{W/m^2}$。

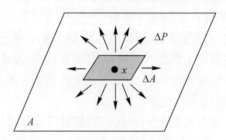

图 2-6　辐射出射度示意图

对于发射不均匀的辐射源表面，表面上各点附近将有不同的辐射出射度。一般来讲，辐射出射度 M 是源表面上位置 x 的函数。辐射出射度 M 对源发射表面积 A 的积分，就是该辐射源发射的总辐射功率，即

$$P = \int_A M \mathrm{d}A \tag{2-26}$$

如果辐射源表面的辐射出射度 M 为常数，则它所发射的辐射功率为 $P = MA$。

（5）辐射亮度。辐射强度 I 只能描述点源在空间不同方向上的辐射功率分布，这个量不能适用于扩展源。这是因为对于扩展源，无法确定探测器对辐射源所张的立体角。为了描述扩展源所发射的辐射功率在源表面不同位置上沿空间不同方向的分布特性，特别引入辐射亮度的概念：辐射亮度表示面辐射源上某点在一定方向上的辐射强弱的物理量，指面辐射源在单位时间内通过垂直面元法线方向 n 上单位面积、单位立体角上辐射出的能量，即辐射源在单位投影面积上、单位立体角内的辐射通量。辐射亮度又叫辐射率或面辐射强度，用 L 表示。

如图 2-7 所示，若在扩展源表面上某点 x 附近取一小面元 ΔA，则该面元向半球空间发射的辐射功率为 ΔP。如果进一步考虑，在与面元 ΔA 的法线夹角为 θ 的方向取一小立体角元 $\Delta \Omega$，那么，从面元 ΔA 向立体角元 $\Delta \Omega$ 内发射的辐射功率是二级小量 $\Delta(\Delta P) = \Delta^2 P$。由于从 ΔA 向 θ 方向发射的辐射（也就是在 θ 方向观测到的来自 ΔA 的辐射），而在 θ 方向上看到的面元 ΔA 的有效面积，即投影面积（也称为表观面积）是 $\Delta A_\theta = \Delta A \cos\theta$，所以，在 θ 方向的立体角元 $\Delta \Omega$ 内发出的辐射，就等效于从辐射源的投影面积 ΔA_θ 上发出的辐射。因此，在 θ 方向观测到的辐射源表面上位置 x 处的辐射亮度，就是 $\Delta^2 P$ 比 ΔA_θ 与 $\Delta \Omega$ 之积的极限值，即

$$L = \lim_{\substack{\Delta A \to 0 \\ \Delta \Omega \to 0}} \left(\frac{\Delta^2 P}{\Delta A_\theta \Delta \Omega} \right) = \frac{\partial^2 P}{\partial A_\theta \partial \Omega} = \frac{\partial^2 P}{\partial A \partial \Omega \cos\theta} \tag{2-27}$$

L 表示面辐射源上某点在一定方向上的辐射强弱的物理量，辐射亮度的单位为 $\mathrm{W/(m^2 \cdot sr)}$。

这个定义描述如下，辐射源在某一方向上的辐射亮度是指在该方向上的单位投影面积向单位立体角中发射的辐射功率。

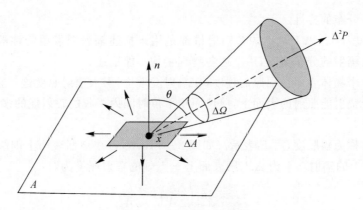

图 2 - 7　辐射亮度示意图

　　一般来说,辐射亮度的大小应该与源面上的位置 x 及方向 θ 有关。既然辐射亮度 L 和辐射出射度 M 都是表征辐射功率在表面上的分布特性,而 M 是单位面积向半球空间的辐射功率,L 是单位表观面积向特定方向上的单位立体角发射的辐射功率,所以,可以推出两者之间的相互关系。

　　由式(2 - 27)可知,源面上的小面元 dA ,在 θ 方向上的小立体角元 $d\Omega$ 内发射的辐射功率为 $d^2 P = L\cos\theta d\Omega dA$,所以,dA 向半球空间(2π 球面度)发射的辐射功率,可以通过对立体角积分得到,即 $dP = \int_{半球空间} d^2 P = \int_{2\pi球面度} L\cos\theta d\Omega dA$,根据辐射出射度 M 的定义式,就得到 L 与 M 的关系为

$$M = \frac{dP}{dA} = \int_{2\pi球面度} L\cos\theta d\Omega \qquad (2 - 28)$$

　　之前提过,辐射强度是描述点源辐射空间角分布特性的物理量。只有当辐射源的面积比较小时,才可将其看成是点源。此时,将这类辐射源称为小面源或微面源。可以说,小面源是具有一定尺度的“点源”,它是联系理想点源和实际面源的一个重要概念。对于小面源而言,它既具有点源特性的辐射强度,又有面源的辐射亮度。

　　对于上述测量的小面源 ΔA ,可得

$$L = \frac{\partial}{\partial A\cos\theta}\left(\frac{\partial P}{\partial \Omega}\right) = \frac{\partial I}{\partial A\cos\theta} \qquad (2 - 29)$$

$$I = \int_{\Delta A} L dA\cos\theta \qquad (2 - 30)$$

　　若小面源的辐射亮度 L 不随位置变化(由于小面源 ΔA 面积较小,通常可以不考虑 L 随 ΔA 上位置的变化),则小面源的辐射强度为

$$I = L\Delta A\cos\theta \qquad (2 - 31)$$

即小面源在空间某一方向上的辐射强度等于该面源的辐射亮度乘以小面源在该方向上的投影面积。

　　辐射亮度在光辐射的传输和测量中具有重要的作用,是光源微面元在垂直传输方向辐射强度特性的描述。例如,描述螺旋灯丝白炽灯时,由于描述灯丝每一局部表面的发射特性常常是没有实用意义的,而是把它作为一个整体,即一个点光源,描述在给定观测方向上的辐射强度;而在描述天空辐射特性时,希望知道其各部分的辐射特性,则用辐射亮度描述天空各部分

辐射功率在空间分布的特性。

(6)辐射照度(E)。以上讨论的各辐射量都是用来描述辐射源发射特性的量。至于对一个受照表面接收辐射的分布情况,用上述各物理量均不能描述。

为了描述一个物体表面被辐照的程度,在辐度学中,引入辐射照度这一新的物理量。辐射照度表示了受辐射能照射的表面上,单位面积单位时间内接收的辐射能的多少,即受照面上的辐射通量密度。

辐射照度简称为辐照度,用 E 表示。如图 2-8 所示,若在被照表面上围绕 x 点取小面元 ΔA,投射到 ΔA 上的辐射功率为 ΔP,则表面上 x 点处的辐射照度为

$$E = \lim_{\Delta A \to 9} \left(\frac{\Delta P}{\Delta A} \right) = \frac{\partial P}{\partial A} \tag{2-32}$$

辐射照度的数值是投射到表面上每单位面积的辐射功率,单位是 W/m^2。

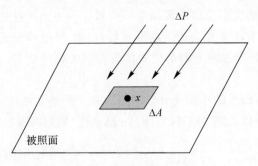

图 2-8　辐射照度示意图

辐照度和辐射出射度具有相同的定义式和单位,但应注意它们的差别。辐射出射度是描述辐射源表面所发射的辐射功率的面密度,它包括了辐射源向整个半球空间发射的辐射功率;而辐照度则是入射到被照表面上辐射功率的面密度,它可以是由一个或数个辐射源投射的辐射功率。

一般来说,辐射照度 E 与 x 点在被照面上的位置有关,而且还与辐射源的特性及被照面与辐射源的相对位置有关。

2. 光谱辐射量

前面所讨论的几个基本辐射量都只考虑了辐射功率的几何分布特征,如在表面上的面密度和空间的角分布等,并没有明确指出这些辐射功率是在怎样的波长范围内发射的。实际上,自任何一个辐射源发出的辐射,或投射到一个表面上的辐射功率,均有一定的波长分布范围。因此,已经讨论过的基本辐射量均应有相应的光谱辐射量,而且,在有关辐射传热、照明及颜色的研究和工程设计中,往往要考虑这些反映光谱特性的光谱辐射量。

前面讨论过的基本辐射量,事实上是被认为包含了波长 $\lambda(0 \sim \infty)$ 的全部辐射的辐射量,因此也可以把它们叫做全辐射量。如果我们关心的是在某特定波长 λ 附近的辐射特性,那么就可以在指定波长 λ 处取一个小的波长间隔 $\Delta\lambda$,在此小波长间隔内的辐射量 X 的增量 ΔX 与 $\Delta\lambda$ 之比的极限值,就定义为相应的光谱辐射量,并记为

$$X_\lambda = \lim \left(\frac{\Delta X}{\Delta \lambda} \right) = \frac{\partial X}{\partial \lambda} \tag{2-33}$$

如光谱辐射功率

$$P_\lambda = \lim_{\Delta\lambda \to 0} \left(\frac{\Delta P}{\Delta\lambda} \right) = \frac{\partial P}{\partial\lambda}$$

它表征在指定波长 λ 处单位波长间隔内的辐射功率,其单位是 $\text{W}/\mu\text{m}$。P_λ 通常是 λ 的函数,即

$$P_\lambda = P(\lambda) \tag{2-34}$$

式中,下标 λ 表示对 λ 的偏微分,而括号中的 λ 表示关于它的函数。

从光谱辐射功率的公式叫得,在波长 λ 处的小波长间隔 $\text{d}\lambda$ 内的辐射功率为

$$\text{d}P = P_\lambda \text{d}\lambda \tag{2-35}$$

只要 $\text{d}\lambda$ 足够小,此式中的 $\text{d}P$ 就可以称为波长为 λ 的单色辐射功率。将式(2-35)从 λ_1 到 λ_2 积分,即可得到在光谱带 $\lambda_1 \sim \lambda_2$ 之间的辐射功率为

$$P_{\Delta\lambda} = \int_{\lambda_1}^{\lambda_2} P_\lambda \text{d}\lambda \tag{2-36}$$

如果 $\lambda_1 = 0$,而 $\lambda_2 \to \infty$,就得到全辐射功率,即为

$$P = \int_0^\infty P_\lambda \text{d}\lambda \tag{2-37}$$

上述几个量的物理意义是有区别的。光谱辐射功率 P_λ 是单位波长间隔的辐射功率,它是表征辐射功率随波长 λ 的分布特性的物理量,并非真正的辐射功率的度量。单色辐射功率 $\text{d}P$ 是指在足够小的波长间隔内的辐射功率。光谱带内的辐射功率 $P_{\Delta\lambda}$ 是指在较大的波长间隔内的辐射功率。全辐射功率 P 是 $0 \sim \infty$ 的全部波长内的辐射功率的度量。$\text{d}P$ 和 $P_{\Delta\lambda}$ 的不同之处在于所占的波长范围不同,而单位都是瓦,都是真正辐射功率的度量。其他各光谱辐射量、单色辐射量、某波长间隔辐射量和全辐射量,仿此就可以加以区别。

3. 光子辐射量

在红外技术中常用的探测器,有很重要的一类属于光子探测器。这类探测器对于入射辐射的响应,往往不是着重考虑入射辐射功率,而是它每秒接收到的光子数目。因此,描述这类探测器的性能和与其有关的辐射时,通常采用每秒接收(或发射、传输)的光子数代替辐射功率来定义各辐射量,这样定义的辐射量叫做光子辐射量。

(1)光子数。光子数是辐射源发出的光子数目,用 N_P 表示。我们可以从光谱辐射能 Q_λ 推导出光子数的表达式为

$$\text{d}N_P = \frac{Q_v}{h\nu}\text{d}\nu \tag{2-38}$$

$$N_P = \int \text{d}N_P = \frac{1}{h} \int \frac{Q_v}{\nu}\text{d}\nu \tag{2-39}$$

式中,ν 为频率;h 为普朗克常量($h = 6.626\ 070\ 15 \pm 0.000036 \times 10^{-34} \text{J} \cdot \text{s}$)。

(2)光子通量。光子通量是指在单位时间内发射、传输或接收到的光子数,用 Φ_P 表示,即

$$\Phi_P = \frac{\partial N_P}{\partial t} \tag{2-40}$$

Φ_P 的单位是 $1/\text{s}$。

(3)光子辐射强度。光子辐射强度是光源在给定方向上单位立体角内所发射的光子通量,用 I_P 表示:

$$I_P = \frac{\partial \Phi_P}{\partial \Omega} \tag{2-41}$$

I_P 的单位是 $(s \cdot sr)^{-1}$。

（4）光子辐射亮度。辐射源在给定方向上的光子辐射亮度是指在该方向上的单位投影面积向单位立体角中发射的光子通量，用 L_P 表示。

辐射源在给定方向上的光子辐射亮度也说成是辐射源单位表观面积向该方向单位立体角内发射的光子通量，即

$$L_P = \frac{\partial^2 \Phi_P}{\partial \Omega \partial A \cos\theta} \qquad (2-42)$$

L_P 单位是 $(s \cdot m^2 \cdot sr)^{-1}$。

（5）光子辐射出射度。辐射源的单位表面积在单位时间内向半球空间 2π 内发射的光子数目，称为光子辐射出射度，用 M_P 表示，即

$$M_P = \frac{\partial N_P}{\partial A \partial t} \qquad (2-43)$$

M_P 的单位是 $(s \cdot m^2)^{-1}$。光子辐射出射度也说成是辐射源单位表面积向半球空 2π 内发射的光子通量，即

$$M_P = \frac{\partial \Phi_P}{\partial A} = \int_{2\pi} L_P \cos\theta d\Omega \qquad (2-44)$$

（6）光子辐射照度。它是指被照表面上某一点附近，单位面积上接收到的光子通量，用 E_P 表示为

$$E_P = \frac{\partial \Phi_P}{\partial A} \qquad (2-45)$$

E_P 单位是 $(s \cdot m^2)^{-1}$。

（7）光子曝光量。光子曝光量是指表面上一点附近单位面积上接收到的光子数，用 H_P 表示为

$$H_P = \frac{\partial N_P}{\partial A} = \int E_P dt \qquad (2-46)$$

光子曝光量还有一个等效的定义，即光子照度与辐射照射的持续时间的乘积。

2.3　热辐射的基本规律

2.3.1　基尔霍夫定律

热辐射是物体由于具有温度而辐射电磁波的现象。根据经典电磁理论，热辐射产生的原因是由于自然界的物质都在不停地发射和吸收电磁波，其本质是物质内部的带电粒子的运动和旋转。它是热量传递的 3 种方式之一。一切温度高于绝对零度的物体都能产生热辐射，温度愈高，辐射出的总能量就愈大，短波成分也愈多。热辐射的光谱是连续谱，波长覆盖范围理论上为 $0 \sim \infty$，一般的热辐射主要靠波长较长的可见光和红外线传播。由于电磁波的传播无需任何介质，所以热辐射是在真空中唯一的传热方式。

当一束辐射透射到物体表面后，都会产生 3 种去向：被物体吸收、反射和穿透物体。根据能量守恒定律，入射功率的组成可以表示为

$$\frac{P_A}{P} + \frac{P_R}{P} + \frac{P_P}{P} = 1 \qquad (2-47)$$

式中，P_A/P 表示物体吸收的辐射功率与入射的辐射功率的比值，成为该物体的吸收率，用 a 表示；同理 P_R/P 称为物体的反射率，用 ρ 来表示；P_P/P 称为物体的透射率，用 τ 表示。当 $a=1,\rho=\tau=0$ 时，表明吸收率为 1，即在任意温度条件下，能全部吸收入射在其表面上任意波长的辐射的物体，定义为黑体。

叙述基尔霍夫定律，需要先介绍一下为表达物体辐射和吸收辐射能的水平定义的两个量：光谱辐射能力和光谱吸收能力。

用光谱辐出度 $M(\lambda,T)$ 描述光谱辐射能力，即在一定温度 T，物体从单位时间、单位面积上属于波长 λ 的单位波长间隔内所辐射出的辐射能。对于不同物体、不同表面状态，$M(\lambda,T)$ 的值是不同的。一切可能波长的辐射能之总和称为总辐射能力，用 $M(T)$ 表示为

$$M(T)=\int_0^\infty M(\lambda,T)\mathrm{d}\lambda \tag{2-48}$$

用光谱吸收率 $a(\lambda,T)$ 描述光谱吸收能力，其定义为：在某一温度 T，物体对某一波长 λ 附近单位间隔内的辐通量的吸收和入射之比，即

$$a(\lambda,T)=\frac{P_{吸收}(\lambda,T)}{P_{入射}(\lambda,T)} \tag{2-49}$$

同样，不同物体、不同表面状态，$a(\lambda,T)$ 的值是不同的。同辐射能力类似，总的吸收能力为 $a(T)$。

而描述热辐射的辐射能力和吸收能力二者之间的关系的定律称为基尔霍夫定律。对基尔霍夫定律进行简单的描述，即：在给定温度下，对某一波长来说，物体的吸收本领和发射本领的比值与物体本身的性质无关，对于一切物体都是恒量。即 $M_{\lambda T}/a_{\lambda T}$ 对所有物体都是一个普适函数，而 $M_{\lambda T}$ 和 $a_{\lambda T}$ 两者中的每一个都随着物体而不同。"发射大的物体必吸收大"，或"善于发射的物体必善于接收"，反之亦然。经过实验 $M_{\lambda T}/a_{\lambda T}$ 对所有物体都是一个普适函数，其值等于黑体的辐射度与黑体的吸收率的比值。

用数学公式的形式来表达为

$$\frac{M_1(\lambda,T)}{a_1(\lambda,T)}=\frac{M_2(\lambda,T)}{a_2(\lambda,T)}=\dots=\frac{M_B(\lambda,T)}{a_B(\lambda,T)}=M_B(\lambda,T)=f(\lambda,T) \tag{2-50}$$

式（2-50）说明物体在相同温度、波长上的辐射和吸收能力之比值与物体的性质无关，对于所有物体这个比值只是波长和温度的函数，等同于同温度波长下的黑体光谱辐射度。其中下角标 B 特指黑体。可得

$$M(\lambda,T)=a(\lambda,T)M_B(\lambda,T) \tag{2-51}$$

式（2-51）就是常用的基尔霍夫定律表达形式。同样，总辐射能力和总吸收能力之间的关系满足：

$$M(T)=a(T)M_B(T) \tag{2-52}$$

总结并加以强调说明如下。

（1）基尔霍夫定律是平衡辐射定律，与物质本身的性质无关（当然对黑体也适用）。

（2）吸收和辐射的多少应在同一温度下比较（温度不同时就没有意义了）。

（3）任何强烈的吸收必发出强烈的辐射，无论吸收是由物体表面性质决定的，还是由系统的构造决定的。

（4）基尔霍夫定律所描述的辐射与波长有关，与人眼的视觉特性和光度量无关。

（5）基尔霍夫定律只适用于温度辐射，对其他发光不成立。

2.3.2 朗伯余弦定律和漫反射源的辐射特性

一般来讲,自然界辐射源的辐通量角分布(辐射功率的空间分布)是很复杂的,因而对辐射量的计算也是很复杂的,甚至是不可能的。但在实际中经常会遇到一类特殊的辐射源——朗伯辐射源(或称为漫反射源),可以使辐射特性的计算变得十分简单。

1. 朗伯源和朗伯余弦定律

下述通过定性和定量两种方式描述朗伯辐射源。在生活实践中,对于一个磨得很光且镀得很好的反射镜,当有一束光入射到它表面时,反射的光线具有很好的万向性。也就是说,当恰好逆着反射光线的方向观察时感到十分耀眼。但是,只要稍微偏离一个不太大的角度观察时,就看不到这个耀眼的反射光了。然而,对于一个表面粗糙的反射器,如毛玻璃,就观察不到上述现象,它对投射到其上的辐射呈一种漫反射的特性,即对于一条入射光线,反射光线四面八方,这类物体统称为朗伯源,也称为漫反射源。

通过对朗伯源的定性描述,可以看出漫反射物体反射的辐射,在空间的角分布与镜面反射器不同,它的辐射量遵循某种新规律——朗伯余弦定律。

因此,对于朗伯源的数学描述采用朗伯余弦定律,对于理想的漫反射源,在任何方向的辐射强度随该方向与表面法线夹角的余弦而变化,即

$$I_\theta = I_0 \cos\theta \qquad\qquad (2-53)$$

式中,I_0 为表面法线方向的辐射强度,θ 为辐射方向与表面法线方向的夹角。朗伯辐射源的辐射强度分布图如图 2-9 所示。

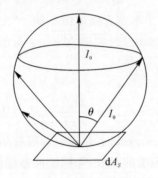

图 2-9 朗伯辐射源的辐射强度分布

2. 朗伯源的辐射特性

下述对朗伯源的辐射特性进行讨论和计算,了解朗伯源各辐射量之间的关系。

(1)朗伯源的辐射亮度和辐射强度。根据朗伯源余弦定律的表达式,朗伯源小面元 dA 上有

$$dI = dI_0 \cos\theta$$

由辐射亮度 L 与辐射强度 I 的关系式可得

$$L = \frac{dI_0 \cos\theta}{dA \cos\theta} = \frac{dI_0}{dA} = L_0 \qquad\qquad (2-54)$$

这表明理想漫反射源的辐射亮度 L 是一个与方向无关的常数。

同样,朗伯源的辐射强度可以写为

$$I_\theta = \int_{A_S} L_\theta \cos\theta dA_S = LA_S \cos\theta \tag{2-55}$$

当 $\theta = 90°$ 时，$I_0 = L \cdot A_S$。由此可得，当辐射源是一个小面积的朗伯源时，辐射源法线方向的辐射强度等于该面辐射源辐射亮度与该面辐射源面积的乘积。

(2)朗伯辐射源的 L 与 M 关系。L 与 M 关系的普遍表达式在之前的章节已经提过。在一般情况下，若不知道 L 与方向角 θ 的明显函数关系，就无法由 L 计算出 M。但是对于朗伯辐射源来说，L 与 θ 无关，于是可得

$$M = L \int_{2\pi球面度} \cos\theta d\Omega$$

式中，$d\Omega$ 是以辐射源为圆心向空间张开的空间立体角，如图 2-10 所示。

因为球坐标的立体角元可以通过几何变换将 $d\Omega$ 描述为方位角 φ 和俯仰角 θ 的形式：$A = rd\theta$，$B = r\sin\theta d\varphi$，则 $dS = rd\theta r\sin\theta d\varphi = r^2 \sin\theta d\theta d\varphi$，所得

$$d\Omega = \frac{dS}{r^2} = \sin\theta d\theta d\varphi$$

故有

$$M = L \int \cos\theta d\Omega = L \int_0^{2\pi} d\varphi \int_0^{\frac{\pi}{2}} \cos\theta \sin\theta d\theta = \pi L \tag{2-56}$$

利用这个关系，可以使辐射量的计算大为简化。

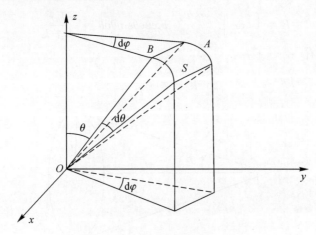

图 2-10　漫辐射角的空间立体角

(3)朗伯小面元的 I、L、M 的相互关系。对于朗伯小面元，由于 L 值为常数，则有

$$I = L\cos\theta\Delta A \tag{2-57}$$

利用 $M = \pi L$，则有

$$I = L\cos\theta\Delta A = \frac{M}{\pi}\cos\theta\Delta A \tag{2-58}$$

$$L = \frac{M}{\pi} = \frac{I}{\Delta A\cos\theta} \tag{2-59}$$

$$M = \pi L = \frac{\pi I}{\Delta A\cos\theta} \tag{2-60}$$

对于朗伯小面元，可利用这些关系式简化运算。

(4)朗伯源向空间发射的总辐射功率：总辐射功率为不同方向上辐射强度 I 对空间立体角的积分，即

$$P = \int_\Omega I_\theta \mathrm{d}\Omega$$

因为 $\mathrm{d}\Omega = \sin\theta\mathrm{d}\theta\mathrm{d}\varphi$，将 I_θ 和 $\mathrm{d}\Omega$ 带入，可得

$$P = \int_\varphi \int_\theta I_0 \cos\theta\sin\theta\mathrm{d}\theta\mathrm{d}\varphi \qquad (2-61)$$

下面对式(2-61)进行讨论：

1)当朗伯源向半球空间发射时，可如图朗伯辐射源的辐射强度分布(见图 2-9)所示，方位角 φ 和俯仰角 θ 的积分限取值分别为 $0 \leqslant \varphi \leqslant 2\pi$ 和 $0 \leqslant \theta \leqslant \pi/2$，于是：

$$P = \int_0^{2\pi} \mathrm{d}\varphi \int_0^{\pi/2} I_0 \cos\theta\sin\theta\mathrm{d}\theta = 2\pi I_0 \left. \frac{\sin^2\theta}{2} \right|_0^{\frac{\pi}{2}} = \pi I_0 \qquad (2-62)$$

由式(2-62)可知，朗伯源向半球空间发射的总辐射功率是辐射源法线方向辐射强度的 π 倍。

2)当朗伯源向某一立体角 Ω 内发射时。如图 2-11 所示：立体角 Ω 为辐射源 S 向距离为 l_0 处半径为 r 的圆盘所展开的空间角，方位角 φ 和俯仰角 θ 的积分限取值为 $0 \leqslant \varphi \leqslant 2\pi$ 和 $0 \leqslant \theta \leqslant \arctan^{-1}(r/l_0)$，于是有

$$P = \int_0^{2\pi} \mathrm{d}\varphi \int_0^{\arctan(r/l_0)} I_0 \cos\theta\sin\theta\mathrm{d}\theta = \frac{\pi I_0 r^2}{r^2 + l_0^2} \qquad (2-63)$$

当 $l_0 \geqslant r$ 时，则有

$$P = \pi I_0 \frac{r^2}{l_0^2} \qquad (2-64)$$

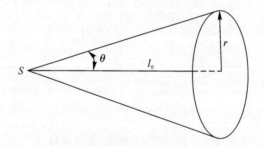

图 2-11　朗伯源向某一立体角 Ω 内发射

归纳上述内容，朗伯源具有以下辐射特性：①辐射强度满足 $I_\theta = I_0 \cos\theta$；②辐射亮度 L_θ 为与方向无关的常数 L；③法线方向的辐射强度满足 $I_0 = L \cdot A_s$；④向半球空间发射的辐射功率满足 $P = \pi I_0$。

2.3.3　黑体及其辐射定律

所谓黑体，是指在任何温度下都能够全部吸收任何波长入射辐射的物体，黑体的反射率和透射率皆为 0，吸收率等于 1。黑体是一个理想化的概念，在自然界中并不存在真正的黑体，然而，一个开有小孔的空腔就是一个黑体的模型，腔孔(为朗伯源)的辐射就相当于一个面积等于腔孔面积的黑体辐射，与空腔的材料性质无关。黑体为朗伯辐射体，故遵守朗伯体的辐射

规律。

下面谈谈黑体辐射:某一温度目标光谱辐射出射度分布曲线、给定波段辐射出射度、总辐射出射度、给定波段辐射出射度与总辐射出射度比、指定波长辐射出射度、峰值辐射波长及峰值辐射出射度等这些光电探测系统设计过程中,对探测对象的热辐射特性的分析计算所必须知晓的参数,是光电探测系统设计中首先要涉及的技术问题。黑体辐射的三大基本定律,即普朗克定律、维恩位移定律和斯蒂芬-玻尔兹曼定律,是分析光源辐射特性的理论基础。下面对它们加以介绍:

1. 普朗克定律

在物理学中,普朗克黑体辐射定律描述为:在任意温度 T 下,从一个黑体中发射出的电磁辐射的辐射率与频率彼此之间的关系。

1896 年,德国物理学家维恩假设黑体辐射能谱分布与麦克斯韦分子速率分布相似,并分析实验数据后得到一个经验公式——维恩公式,即

$$M_B(\lambda, T) = c_1 \frac{\exp(-c_2/\lambda T)}{\lambda^5} \tag{2-65}$$

式中, c_1 和 c_2 为两个经验参数。维恩公式在短波波段与实验符合得较好,但在长波波段却与实验相差悬殊。

1900 年,英国物理学家瑞利建立了黑体辐射的理论模型,后经天文学家金斯纠正其中一个错误因子,得到瑞利-金斯公式:

$$M_B(\lambda, T) = \frac{2\pi c k_B T}{\lambda^4} \tag{2-66}$$

式中, k_B 为玻尔兹曼常量, $k_B = 1.38 \times 10^{-23} J \cdot K^{-1}$; c 为光速; T 为绝对温度,它在长波段与实验曲线相吻合。

德国物理学家普朗克受到以上几位的启发,他认为可以把二者结合起来,首先找到一个与实验结果相符合的经验公式,然后再去寻求理论解释。他依据熵对能量二阶导数的两个极限值(分别由维恩公式和瑞利-金斯公式确定)内推,并用经典的玻尔兹曼统计取代了能量按自由度均分原理,得出一个能够在全波段范围内很好反映实验结果的普朗克公式:

$$M_B(\lambda, T) = \frac{c_1}{\lambda^5} \cdot \frac{1}{e^{c_2/\lambda T} - 1} \tag{2-67}$$

式中, $c_1 = 2\pi hc^2 = 3.7415 \times 10^8 W \cdot \mu m^4 \cdot m^{-2}$; $c_2 = h_c/k_B = 1.438 \times 10^4 \mu m \cdot K$; h 称为普朗克常量。据测验,它与实验结果非常地吻合。在长波段,由于 λ 较大, $\exp\left(\frac{hc}{\lambda k_B T}\right) \approx 1 + \frac{hc}{\lambda k_B T}$,则普朗克公式转化为瑞利-金斯公式。在短波段,由于 λ 较小,因此可以忽略普朗克公式分母中的1,于是普朗克公式就可以转化为维恩公式了。

普朗克得到上述公式后认为这若仅仅是一个侥幸得出的内插公式,其价值只能是有限的,必须寻找这个公式的理论依据。为此,普朗克引入了一个大胆而有争议的假设——能量子假设(普朗克量子假设):对于频率为 ν 的谐振子,其辐射能量是不连续的,只能去最小能量 $h\nu$ 的整数倍,即

$$\varepsilon_n = nh\nu \tag{2-68}$$

式中, n 称为量子数, $n = 1$ 时的能量 $\varepsilon = h\nu$ 称为能量子。普朗克把 h 称为作用量子,它是最基

本的自然常量之一,体现了微观世界的基本特征。由于 h 值非常小,因此能量的不连续性在宏观尺度上很难被察觉。

2.维恩位移定律

1893 年,维恩由经典电磁学和热力学理论得到了能谱峰值对应的波长 λ_m 与黑体温度 T 的维恩位移定律为

$$\lambda_m T = a = 2\,897\mu\text{m} \cdot \text{K} \qquad (2-69)$$

式中,a 称为维恩常量。

维恩位移定理指出,当提高温度 T 时,M_λ 的峰值向 λ 减小的方向移动,如图 2-12 所示。为了确定 M_λ 的峰值在 λ 处的值,若令 $\mathrm{d}M_\lambda/\mathrm{d}\lambda = 0$,则可得 $\lambda_m T = a = 2\,897\mu\text{m} \cdot \text{K}$,$a$ 是个常数。这表明,辐射度 M_λ 的峰值对应的波长 λ_m 与 T 成反比。维恩位移定律表明黑体辐射能力 $M_B(\lambda, T)$ 的最大值所对应的波长 λ_m 与温度 T 成反比。随温度 T 的升高,波长 λ 就向短波方向移动,如图 2-12 所示。这就是定律中"位移"的物理意义。

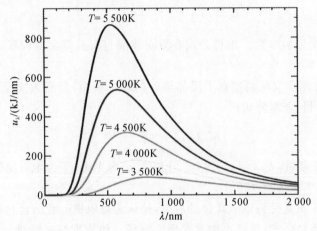

图 2-12　维恩位移定律

维恩位移定律可有普朗克公式对波长求导数,并令导数等于 0 求得,即

$$\frac{\mathrm{d}M_B(\lambda, T)}{\mathrm{d}\lambda} = \frac{\mathrm{d}}{\mathrm{d}\lambda}\left(\frac{c_1}{\lambda^5} \cdot \frac{1}{\mathrm{e}^{c_2/\lambda T} - 1}\right) = 0 \qquad (2-70)$$

由式(2-70)可得 $\left(1 - \dfrac{x}{5}\right) \cdot \mathrm{e}^x = 1$,其中 $x = c_2/\lambda T$。可以用逐次逼近的方法解得:$x = \dfrac{c_2}{\lambda_m T} = 4.965\,114\,2$

由此得到维恩位移定律的最后表达式 $\lambda_m T = a = 2\,897\mu\text{m} \cdot \text{K}$。

由式(2-69)可以算出不同物体辐射的峰值波长。例如,人体(310K)的 $\lambda_m = 9.4\mu\text{m}$,太阳(6 000K)的 $\lambda_m = 0.48\mu\text{m}$。通过计算可知太阳的最大辐射在紫外区,而人体的最大辐射几乎都在红外区($3 \sim 14\mu\text{m}$),据此结果选用对不同波长敏感的红外探测器,即可以发现人体,不必误跟踪上太阳。可见了解辐射体的辐射度的大致分布是合理选择探测器的依据。

若将 $\lambda_m T$ 的值代入普朗克公式,则可以求出黑体光谱辐射度 $M_B(\lambda, T)$ 的峰值,即

$$M_{\lambda m} = B_1 T^5 \qquad (2-71)$$

式中,$B_1 = c_1 a^{-5}(\mathrm{e}^{c_2/a} - 1)^{-1} = 1.286\,7 \times 10^{-11}$。该公式称为维恩最大辐射度定律。

　　维恩位移定理说明的物理意义是,当温度提高以后,物体所发出的辐射能大部分(M_λ 曲线下的面积)来自于频率较高、波长比较短的波段。例如,金属在室温下,向外的辐射能主要集中在红外波段。当金属受到加热后,就会逐渐发出红色的可见光,此时它向外的辐射能就主要来自于比红外波段频率更高的红光波段了。

　　3. 斯蒂芬-玻尔兹曼定律

　　斯蒂芬-玻尔兹曼定律揭示了辐射度随温度的增加而迅速增加的变化规律。1879 年,斯蒂芬从实验总结出一条黑体辐射度与温度关系的经验公式。1884 年,玻尔兹曼把热力学和麦克斯韦电磁理论综合起来,从理论上也导出了相同的结果,即

$$M_B(T) = \sigma T^4 \tag{2-72}$$

式中,$\sigma = 5.670 \times 10^{-8} \, \text{W} \cdot \text{m}^2 \cdot \text{K}^{-4}$,$\sigma$ 称为斯蒂芬-玻尔兹曼常量,故,式(2-72)所反映的黑体辐射规律称为斯蒂芬-玻尔兹曼定律。

　　利用普朗克公式也可以推导出斯蒂芬-玻尔兹曼定律,将普朗克公式的波长从零到无穷大进行积分,可得

$$M_B(T) = \int_0^\infty M_B(\lambda, T) \mathrm{d}\lambda = \int_0^\infty \frac{c_1}{\lambda^5} \cdot \frac{\mathrm{d}\lambda}{\mathrm{e}^{c_2/\lambda T} - 1} \tag{2-73}$$

利用 $\lambda = c_2/(xT)$ 及 $\mathrm{d}\lambda = -c_2 \mathrm{d}x/(Tx^2)$,把式(2-73)变量 λ 换成 x,有

$$M_B(T) = \int_\infty^0 \frac{c_1}{(c_2/(xT))^5} \frac{-c_2 \mathrm{d}x/Tx^2}{\mathrm{e}^x - 1} = \frac{c_1}{c_4} T^4 \int_0^\infty \frac{x^3}{\mathrm{e}^x - 1} \mathrm{d}x$$

查表可知当 $m = 3$ 时,上式中的积分等于 $\pi^4/15$,则有

$$M_B(T) = \frac{c_1}{c_4} T^4 \cdot \frac{\pi^4}{15} = \sigma T^4 \tag{2-74}$$

就可以得到整个波长上的辐射度(全辐射度)为

$$M_B(T) = \int_0^\infty M_B(\lambda, T) \mathrm{d}\lambda = \sigma T^4 \tag{2-75}$$

　　该公式表明黑体辐射的总能量与波长是无关的,仅与绝对温度的四次方成正比,即黑体的温度有很小的变化时,就会引起其辐射度 M 很大的变化。例如,经过计算,氢弹爆炸时,其温度迅速升高,与物质聚合前相比本身温度提高千万倍,可以产生高达 $3 \times 10^7 \text{K}$ 的温度,物体在如此的高温下,从每平方厘米表面向外辐射的能量将是它在常温下辐射能量的 10^{20} 倍,这么大的能量,可以在 1s 内,使得 $2 \times 10^7 \text{t}$ 的 0℃ 的冰水沸腾。

　　在实际应用中,通常利用斯蒂芬-玻尔兹曼定律计算物体的总辐射功率 P,有两种形式:一种是物体的绝对辐射功率,与物体的温度 T、发射率 ε、辐射面积 A 有关,数学描述为 $P = A\varepsilon\sigma T^4$;另一种是物体的相对辐射功率,不仅与物体的温度 T、发射率 ε、辐射面积 A 有关,而且与周围环境温度有关,即 $P = A\varepsilon_T \varepsilon_s \sigma (T_T - T_S)^4$,$T_T$ 是辐射体温度,T_S 是环境温度。后一种形式更能体现物体热辐射具有热平衡性,在辐射能量的同时也在吸收能量。

2.3.4　黑体辐射计算

　　若按普朗克公式进行有关黑体辐射量的计算,往往会很麻烦。为简化计算,可采用简易的计算方式。下面将介绍黑体辐射函数的计算方法。

　　这里介绍两种函数,即 $f(\lambda T)$ 函数和 $F(\lambda T)$ 函数。用这些函数,可以计算在任意波长附近的黑体光谱辐射出射度 M_λ,也可以计算在任意波长间隔内的黑体辐射出射度 $M_{\lambda_1 \sim \lambda_2}$。

1. $f(\lambda T) = M_\lambda / M_{\lambda_m}$ 函数

由之前推导的式 $M_{\lambda m} = B_1 T^5$ 及式 $M_B(\lambda, T) = M_\lambda = \dfrac{c_1}{\lambda^5} \cdot \dfrac{1}{e^{c_2/\lambda T} - 1}$，可得

$$f(\lambda T) = \frac{M_\lambda}{M_{\lambda_m}} = \frac{c_1}{B_1} (\lambda T)^{-5} \cdot \frac{1}{e^{c_2/\lambda T} - 1} \qquad (2-76)$$

若以 λT 为变量，则可以计算出每组 λT 值对应的函数 $f(\lambda T)$ 值。于是可构成 $f(\lambda T) \sim (\lambda T)$ 函数。

当黑体的温度 T 已知时，对某一特定波长 λ，可计算出 λT 值。再由函数 $f(\lambda T)$ 计算出 $f(\lambda T)$ 的值，最后可由下式计算出黑体的光谱辐射出射度，即

$$M_\lambda = f(\lambda T) M_{\lambda_m} = f(\lambda T) \cdot B_1 T^5 \qquad (2-77)$$

2. $F(\lambda T) = M_{0 \sim \lambda} / M_{0 \sim \infty}$ 函数

由式可以写出波长 $(0 \sim \lambda)$ 的辐射出射度为

$$M_{0 \sim \lambda} = \int_0^\lambda M_\lambda \mathrm{d}\lambda = \int_0^\lambda \frac{c_1}{\lambda^5} \cdot \frac{1}{e^{c_2/\lambda T} - 1} = \int_x^\infty \frac{c_1 T^4}{c_2^4} \cdot \frac{x^3 \mathrm{d}x}{e^x - 1} = \frac{c_1 T^4}{c_2^4} \int_{c_2/\lambda T}^\infty \frac{[(c_2/\lambda T)]^3 \mathrm{d}[c_2/\lambda T]}{e^{c_2/\lambda T} - 1}$$

对于给定的一系列 λT 值可以计算出相应的函数值 $F(\lambda T)$。

利用 $F(\lambda T)$ 函数，可以完成以下计算。波长 $0 \sim \lambda$ 之间的黑体辐射出射度 $M_{0 \sim \lambda}$ 为

$$M_{0 \sim \lambda} = F(\lambda T) M_{0 \sim \infty} = F(\lambda T) \cdot \sigma T^4 \qquad (2-78)$$

波长 $\lambda_1 \sim \lambda_2$ 之间的黑体辐射出射度 $M_{\lambda_1 \sim \lambda_2}$ 为

$$M_{\lambda_1 \sim \lambda_2} = M_{0 \sim \lambda_2} - M_{0 \sim \lambda_1} = [F(\lambda_2 T) - F(\lambda_1 T)] \cdot \sigma T^4 \qquad (2-79)$$

3. 计算实例

计算 $T = 1\,000\mathrm{K}$ 黑体的有关辐射特性：①峰值波长 λ_m；②光谱辐射度的峰值 M_{λ_m}；③ $\lambda = 4\mu\mathrm{m}$ 时的光谱辐射度 $M_{\lambda=4}$；④ $0 \sim 3\mu\mathrm{m}$ 波段辐射度 $M_{0 \sim 3\mu\mathrm{m}}$；⑤ $3 \sim 5\mu\mathrm{m}$ 波段辐射度 $M_{3 \sim 5\mu\mathrm{m}}$。

(1)由维恩位移定理 $\lambda_m T = a = 2\,897\mu\mathrm{m} \cdot \mathrm{K}$，可得

$$\lambda_m = \frac{a}{T} = \frac{2\,897}{1\,000\mathrm{K}} = 2.897\,8\mu\mathrm{m}$$

说明：$1\,000\mathrm{K}$ 黑体辐射的能量最大在波长为 $2.897\,8\mu\mathrm{m}$ 处。

(2) $M_{\lambda m} = BT^5 = 1.286\,7 \times 10^{-11} \times 1\,000^5 = 1.286\,7 \times 10^4\,\mathrm{W/m}^2$，此公式也叫维恩最大辐射定律。

(3) $\lambda = 4\mu\mathrm{m}$ 处，$M_{\lambda=4} = B_1 T^5 f(\lambda T)$，又经查询可得 $f(\lambda T) = f(4 \times 1\,000) = 8.002\,9 \times 10^{-1}$，将 B_1 和 T 带入得 $M_{\lambda=4} = B_1 T^5 f(\lambda T) = 1.027\,9 \times 10^4\,\mathrm{W/(m}^2 \cdot \mu\mathrm{m)}$。

(4) $M_{0 \sim 3\mu\mathrm{m}} = [F(\lambda T)]\sigma T^4 = F(3 \times 1\,000) \times 5.669\,7 \times 100\,0^4 = 1.549\,0 \times 10^4\,\mathrm{W/m}^2$。

(5) $M_{3 \sim 5\mu\mathrm{m}} = [F(\lambda T)]\sigma T^4 = [F(5 \times 1\,000) - F(3 \times 100\,0)]\sigma T^4 = 2.044\,2 \times 10^4\,\mathrm{W/m}^2$。

计算黑体及实际物体在某温度下任意波长处光谱辐射度 $M_\lambda(T)$ 的意义是：光谱辐射度表达的是黑体所发出的辐射的波长、温度与该辐射源的单位面积向半球空间发射的辐射功率三者之间的关系。在某一温度曲线上，波长在何处的黑体辐射功率最强，以此可以确定探测设备的工作波长范围。

例如，人的体温是 $36 \sim 37\,℃$，据此可以计算出各波长处人体皮肤辐射的光谱辐射度。由此可以看出其辐射波长的范围主要在 $2.5 \sim 15\mu\mathrm{m}$，峰值波长在 $9.4\mu\mathrm{m}$ 处。其中 $8 \sim 14\mu\mathrm{m}$ 波

段的辐射能占人体总辐射能的 46%，因此，医用或军用热像仪选择 $8 \sim 14\mu m$ 的波段工作，以便能接受人体辐射能的大部分能量。简言之，对于军事目标辐射，研究 $M_\lambda(T)$ 的意义是研制军用光电系统的核心问题。光电系统能否探测到待测目标最重要的因素之一就是目标辐射能的大小及其光谱的分布，同时也依赖于目标与背景的辐射差异和随时间的变化情况，以区分目标和背景。

黑体的辐射具有如下特征：光谱辐射度随波长连续变化，每条曲线只有一个极大值，不同温度的曲线彼此互不相交；在任意波长上，温度越高，光谱辐射度越大，反之亦然；每条曲线下的面积（总辐射能量）为 $M = \int_0^\infty M_\lambda \mathrm{d}\lambda = \sigma T^4$ 随温度 T 的升高，曲线的极值所对应的峰值波长向短波方向移动（维恩位移定律），这表明黑体辐射中短波部分所占的比例在温度升高后，比例增大，长波辐射的比例减小；波长小于峰值波长的部分的能量约占 25%，大于峰值波长的能量约占 75%。强辐射体有 50% 以上的辐射能集中在峰值波长附近。因此，2 000K 以上的热金属的辐射能大部分集中在 $3\mu m$ 以下的近红外区域或可见光区。

2.3.5　发射率和实际辐射

上述讨论了黑体辐射的基本规律。不过黑体只是一种理想化的物体，而实际物体的辐射与黑体的辐射有所不同。为了把黑体辐射定律推广到实际物体的辐射，下面引入一个叫发射率的物理量，来表征实际物体的辐射接近于黑体辐射的程度。

1. 各种发射率的定义

(1)半球发射率。分为全量和光谱量两种。半球全发射率定义为实际物体的辐射出射度与同温度的黑体辐射出射度之比，用 ε_h 表示，数学描述为

$$\varepsilon_h = \frac{M(T)}{M_B(T)} \qquad (2-80)$$

式中，$M(T)$ 是实际物体在温度 T 时的全辐射出射度，$M_B(T)$ 是黑体在相同温度下的全辐射出射度。

半球光谱发射率定义为

$$\varepsilon_{\lambda h} = \frac{M(\lambda, T)}{M_B(\lambda, T)} \qquad (2-81)$$

式中，$M(\lambda, T)$ 是实际物体在温度 T 时的光谱辐射出射度，$M_B(\lambda, T)$ 是黑体在相同温度下的光谱辐射出射度。

这里提一个基尔霍夫定律的推论，由式(2-51)和式(2-81)，可得到 $\varepsilon_{\lambda h} = a(\lambda, T)$，即发射率等于吸收率。所以对于物体的发射率不好测量时，通常就用吸收率来代替之。又因为式 $\rho + \tau + a = 1$，对于不透明体，$\tau = 0$，所以 $\rho = 1 - a$，可见吸收率增大，反射率下降。故好的吸收体也是好的发射体，但不是好的反射体；好的反射体必然不是好的发射体和吸收体。

(2)方向发射率。方向发射率也叫作角比辐射率或定向发射本领。它是在与辐射表面法线成 θ 角的小立体角内测量的发射率。方向全发射率定义为

$$\varepsilon(\theta) = \frac{L(T)}{L_B(T)} \qquad (2-82)$$

式中，L 和 L_B 分别是实际物体和黑体在相同温度 T 下的辐射亮度，因为 L 一般与方向有关，所以 $\varepsilon(\theta)$ 也与方向有关。

方向光谱发射率定义为

$$\varepsilon_\lambda(\theta) = \frac{L(\lambda, T)}{L_B(\lambda, T)} \tag{2-83}$$

因为物体的光谱辐射亮度 L_λ 既与方向有关,又与波长有关,所以 $\varepsilon_\lambda(\theta)$ 是方向角 θ 和波长 λ 的函数。

2. 朗伯辐射体的发射率

前文已经说明,对于朗伯辐射体,其辐射出射度与辐射亮度、光谱辐射出射度与光谱辐射亮度间有关系:$M(T) = \pi L(T)$,$M(\lambda, T) = \pi L(\lambda, T)$;而黑体又是朗伯辐射体,故 $M_B(T) = \pi L_B(T)$,$M_B(\lambda, T) = \pi L_B(\lambda, T)$,由此可得到朗伯辐射体的方向发射率和方向光谱发射率为

$$\varepsilon(\theta) = \frac{L(T)}{L_B(T)} = \frac{\pi L(T)}{\pi L_B(T)} = \frac{M(T)}{M_B(T)} = \varepsilon_h \tag{2-84}$$

$$\varepsilon_\lambda(\theta) = \frac{L(\lambda, T)}{L_B(\lambda, T)} = \frac{\pi L(\lambda, T)}{\pi L_B(\lambda, T)} = \frac{M(\lambda, T)}{M_B(\lambda, T)} = \varepsilon_{\lambda h} \tag{2-85}$$

由以上可知,朗伯辐射体的方向发射率和方向光谱发射率与方向无关,对于朗伯辐射体,三种发射率彼此相等。对于其他辐射源,除磨光的金属外,都在某种程度上接近朗伯辐射体。因而除非需要区别半球发射率和方向发射率时要用脚注,一般统一用 ε 表示发射率。发射率 ε 与材料种类、表面粗糙度有关,随 λ、T 而变化。其物理含义表明实际辐射源接近黑体的程度,也叫黑体系数,其取值范围是 $0 < \varepsilon < 1$。

现实生活中,热绝缘和电绝缘材料往往是很好的发射体,如木材、橡胶、塑料、泥土、陶瓷、纸、混凝土、油漆的表面、建筑材料等,可以放心测量它们的发射率 ε;而金属是很差的发射体,如铜、钢、铁、黄铜、铬、镍、锌、铅、铝等,除了高度氧化的物体,一般金属发射率很少高于 0.25,所以测量它们的发射率时需谨慎,容易引入反射的辐射能。

各种金属化合物(常温至 800℃)的发射率值见表 $2-4$。

表 $2-4$ 金属化合物(常温至 800℃)的发射率值

物 质	ε	物 质	ε
Al_2O_3	0.50	SnO_2	0.70
BeO	0.35	TiO_2	0.60
V_2O_5	0.70	Cr_2O_3	0.70
Fe_2O_3	0.70	Ce_2O_3	0.70
Y_2O_3	0.60	ZrO_2	0.74
Co_3O_4	0.75	Ca_2CO_3	0.40
MgO	0.20	TaC	0.81
Cu_2O	0.70	ZrC	0.46
NiO	0.90	SiC	0.72
ZnO	0.11	Nb_2O_3	0.70
SiO_2	0.83		

3. 影响材料发射率的因素

影响材料反射、透射和辐射性能的有关因素必然会在其发射率的变化规律中反映出来。材料发出辐射是因为其组成原子、分子和离子体系在不同能量状态间跃迁产生的。一般来说，这种发出的辐射，在短波段主要与其电子的跃迁有关，在长波段则与其晶格振动特性有关。因此，组成材料的元素、化学键形式、晶体结构以及存在缺陷等因素都将对材料的发射率产生影响。

影响发射率的因素有很多，常见的有以下几种：

(1) 材料本身的结构。一般地，全属导电体的 ε 值较小，电介质材料的 ε 值较高。存在这种差异的原因与构成金属和电介质材料的带电粒子及其运动特性直接有关。带电粒子的特性不同，材料的电性和发射红外辐射的性能就不一样，而这往往与材料的晶体结构有关。氧化铝、氧化硅等电介质材料属于离子型晶体，碳化硅、硼化硅、氮化硅等材料属于共价晶体，铝等金属晶体的结构是正离子晶格由自由电子把它们约束在一起。

(2) 辐射波长。多数红外辐射材料，其发射红外线的性能，在短波主要与电子在价带至导带间的跃迁有关（绝缘体为 9eV，半导体为 1～3eV），在长波段主要与晶格振动有关。晶格振动频率取决于晶体结构、组成晶体的元素的原子量及化学键特性。

(3) 原材料预处理工艺。同一种原材料因预处理工艺条件不同而有不同的发射率值。例如，经 700℃ 空气气氛处理与经 1 400℃ 煤气气氛处理的氧化钛的常温发射率分别为 0.81 和 0.86。

(4) 温度。电介质材料的发射率较金属大得多，有些随温度的升高而降低，有些随温度的升高而有复杂的变化。

(5) 其他因素。影响材料发射率的因素还有表面状态、材料的本体因素、材料的工作时间等。一般来说，材料表面愈粗糙，其发射率值愈大（暖气片表面不光滑）。红外线在金属表上的反射性能与红外线波长对表面不平整度的相对大小有关，与金属表面上的化学特征（如油脂沾污、附有金属氧化膜等）和物理特征（如气体吸附、晶格缺陷及机械加工引起的衷面结构改变等）有关。而材料的体因素包括材料的厚度、填料的粒径和含量等。对某些材料，如红外线透明材料或半透明的材料，其发射率值还与气体因素有关。

4. 辐射体分类

根据光谱发射率的变化规律，可将热辐射体分为以下三类。

(1) 黑体或普朗克辐射体。黑体或普朗克辐射体的发射率、光谱发射率均等于 1。黑体的辐射特性，遵守以前讨论过的普朗克公式、维恩位移定律和斯蒂芬-玻尔兹曼定律。

(2) 灰体。灰体的发射率、光谱发射率均小于 1 的常数。若用脚注 g 表示灰体的辐射量，则有

$$\left.\begin{aligned}
M_g(T) &= \varepsilon M_B(T) \\
M_g(\lambda, T) &= \varepsilon M_B(\lambda, T) \\
L_g(T) &= \varepsilon(\theta) L_B(T) \\
L_g(\lambda, T) &= \varepsilon(\theta) L_B(\lambda, T)
\end{aligned}\right\} \tag{2-86}$$

当灰体是朗伯辐射体时，它的 $\varepsilon(\theta) = \varepsilon$。于是，适合于灰体的普朗克公式和斯蒂芬-玻尔兹曼定律的形式为

$$M_g(\lambda, T) = \varepsilon M_B(\lambda, T) = \frac{\varepsilon c_1}{\lambda^5}(e^{c_2/\lambda T} - 1) \qquad (2-87)$$

$$M_g(T) = \varepsilon M_B(T) = \varepsilon \sigma T^4 \qquad (2-88)$$

而维恩位移定律的形式不变。

5. 选择性辐射体

选择性辐射体的光谱发射率随波长的变化而变化。

图2-13和图2-14给出了三类辐射体的光谱发射率和光谱辐射出射度曲线。由图可知,黑体辐射的光谱分布曲线是各种辐射体曲线的包络线。这表明,同样的温度下,黑体总的或任意的光谱区间的辐射比其他辐射体的都大。灰体的发射率是一个不变的常数,这是一个特别有用的概念。因为有些辐时源如无动力空间飞行器、人、大地及空间背景等,都可以视为灰体,所以只要知道它们的表面发射率,就可以根据有关的辐射定律进行足够准确的计算。灰体的光谱辐射出射度曲线与黑体的辐射出射度曲线有相同的形状,但其发射率小于1,所以在黑体曲线以下。

选择性辐射体在有限的光谱区间有时也可看成是灰体来简化计算。

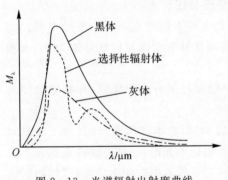

图2-13　光谱辐射出射度曲线

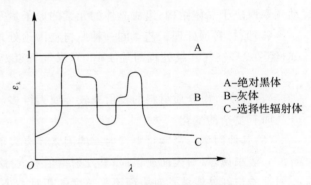

图2-14　光谱发射率与波长的关系

2.4　本章小结

本章先介绍了电磁波谱,并按不同的频率将其分类,概述了各自的特点;接着选出电磁波谱中的红外辐射描述了其基本概念,为后续章节先预设下基础;再接下来,为了研究红外辐射的相关理论,需要对辐射能的度量定义一整套物理量,以此引出了辐射度学和光度学基础的介绍;在初步认识了红外辐射的基本性质和度量标准之后,最后对热辐射的基本规律进行介绍说明。

第3章 红外辐射源和大气辐射传输

本章首先将红外辐射源分为了自然辐射源和人工辐射源分别进行介绍；其次，为了为红外探测系统选择合适的工作波段，对目标和背景的光谱辐射特性进行相关叙述；最后，对大气与大气传输特性相关内容进行说明。

3.1 红外辐射源

就像人们开展可见光探测系统研究时需要用到各种各样的可见光光源一样，为了研究红外探测技术，也需要相应的红外辐射"光源"。原则上说，凡是温度高于绝对零度的物体都是红外辐射源。本节将红外辐射源分为自然辐射源和人工辐射源作下述介绍。

3.1.1 自然辐射源

太阳、地球表面、天空、外层空间和星体等都既可能是辐照源也可能是干扰源。事实上天体、地面景物、大气等自然辐射源等这类辐射源也常称为"背景"和"目标"。具体的内容在后续章节会加以介绍。

1. 天空红外辐射

白天，天空背景的红外辐射是散射太阳光和大气热辐射的组合。图 3-1 给出了白天天空红外光谱辐射亮度，图中显示的光谱被分隔成两个区域：波长小于 $3\mu m$ 的太阳散射区和 $4\mu m$ 以上的热发射区。太阳的散射以明亮的日耀云(指在太阳光照射下的云)反射或交替地用晴空散射的曲线来表示，用 300K 黑体代表热发射区。在 $3 \sim 5\mu m$ 之间，天空红外辐射最小。

夜间，因不存在散射的太阳光，天空红外辐射为大气热辐射。大气热辐射主要与大气中水蒸气、二氧化碳和臭氧等的含量有关。晴朗夜空的红外光谱辐射亮度随仰角的变化情况如图 3-2所示。在低仰角时，大气路程很长，光谱辐射亮度为底层大气温度(图 3-2 中为 $8℃$)的黑体辐射；在高仰角时，大气路径变短，在那些吸收率(即发射率)很小的波段上，红外辐射变小了，但在 $6.3\mu m$ 处的水蒸气发射带和 $15\mu m$ 处的二氧化碳发射带上吸收很厉害，甚至在一短的路程上，发射率基本等于 1，而在 $9.6\mu m$ 处的发射是由臭氧引起的。

有云时，近红外太阳散射和热发射都会受影响。在云层中，近红外辐射呈现出强的正向散射。因此，太阳、观测仪和云覆盖的相对位置就特别重要。对于昏暗的阴天，多次散射会减少这种强烈的正向散射。浓厚云层是良好的黑体。云层的发射在 $8\sim13\mu m$ 波段内，其发射与云的温度有关。由于大气发射和吸收带在 $6.3\mu m$ 和 $15.0\mu m$ 上，因此，在这个波长处看不到云，而该处的辐射由大气温度决定。

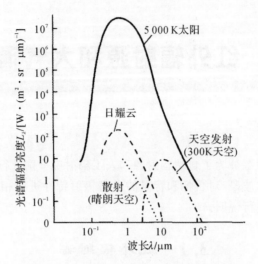

图 3-1　白天天空的红外光谱辐射亮度

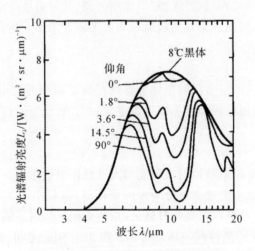

图 3-2　晴朗夜空的红外光谱辐射亮度

2. 地物红外辐射

在白天,波长小于 $4\mu m$ 时,地物红外辐射与太阳光和构成地物物质反射率有关,超过 $4\mu m$ 时,地物红外辐射主要来源于自身的热辐射。地物热辐射与其温度和发射率有关。大多数地物有高的发射率。白天地物温度与可见光吸收率、红外发射率以及与空气的热接触、热传导和热容量有关。夜晚地物温度的冷却速度同热容量、热传导、周围空气热接触、红外发射率以及大气湿度有关。几种地物白天在 $1\sim6\mu m$ 波段的光谱辐射亮度如图 3-3 所示。从图 3-3 中可看到,在波长 $3\mu m$ 以下,由于太阳散射占支配地位,光谱辐射亮度差别较大;超过 $4\mu m$,不同地物光谱辐射亮度差别较小。在波长 $3\mu m$ 以下,雪对太阳光有强的散射,其光谱辐射亮度最大,而草在 $3\mu m$ 以下有最小的太阳光反射率,其光谱辐射亮度最小。

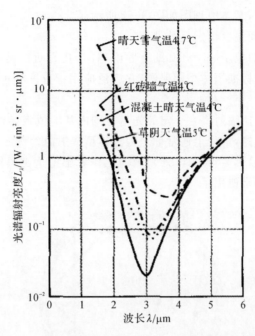

图 3 - 3　几种地物白天在 1～6μm 波段的光谱辐射亮度

3.1.2　人工辐射源

本节将介绍黑体型辐射源和工程用的辐射源,它们都是人工定制的,有很广的通用性。

1. 黑体型辐射源

物理学家们定义了一种理想物体——黑体(Blackbody),以此作为热辐射研究的标准物体。1960 年物理学家基尔霍夫(Kirchuff)提出能够在任何温度下完全吸收所有波长的辐射的物体叫绝对黑体,绝对黑体的辐射称为黑体辐射。它在任何温度下,黑体的光谱比辐射率恒等于 1,既没有反射,也没有透射(当然黑体仍然要向外辐射),对入射的任何波长的辐射全部吸收的物体,是理想的朗伯辐射体。黑体型辐射源作为校准红外辐射测温设备的重要装置,它模拟了符合普朗克定律的标准黑体,其性能直接影响红外辐射测温设备的量值是否准确。

下述介绍空腔式黑体型辐射源,黑体是一种理想物体,在自然界是不存在的。但基尔霍夫提出的理想黑体理论为人们研制人工黑体提供了基本方法,制造出接近于黑体的模型(见图 3 -4)一个内表面吸收比较高的空腔,空腔的壁面上有一个小孔。只要小孔的尺寸与空腔相比足够小,则从小孔进入空腔的辐射能经过空腔壁面的多次吸收和反射后,几乎全部被吸收,相当于小孔的吸收比接近于 1,即接近于黑体。从小孔中发出的辐射近似为黑体辐射,开孔腔体即为"空腔式黑体型辐射源"(黑体辐射腔)。基尔霍夫认为标准的黑体辐射腔必须具备以下两个基本条件:①辐射体的辐射表面温度恒定且处处相等;②辐射体的辐射表面位于一个密闭的空腔内。

如果说恒温且等温的基本条件还可以通过采用温度控制手段来实现,那么第二基本条件要求辐射表面是一个密闭的空腔,则无法实际操作。因为如果辐射体的辐射表面是一个密闭的空腔,那么它所辐射的红外辐射信号也不可能进入外界空间,也就不能作为红外辐射"光源"使用。于是为了实际应用的需要,当时基尔霍夫提出了制造一种光谱比辐射率基本恒定且非常接近 1 的辐射体的方法，基本原理图如图 3-4 所示。

（1）辐射体的辐射表面温度恒定且处处相等。

（2）辐射体的辐射表面位于一个开孔的空腔内，且开孔的面积远远小于空腔内壁的面积。人工黑体型辐射源可作为标准黑体型辐射源，它广泛应用于分度各种辐射温度计和测量各种物质的发射率。

这样的辐射体其光谱比辐射率在一定的光谱范围内基本恒定接近 1，且是朗伯辐射体，这种辐射体本质上应该是灰体，工程上通常称之为黑体型辐射源。例如，基尔霍夫黑体辐射源的基本原理图如图 3-4 所示。多年来，红外领域的工作者都把这类黑体型辐射源称为黑体，结果导致原来的称呼反而不常使用了。

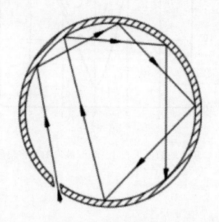

图 3-4　基尔霍夫黑体型辐射源的基本原理图

下述介绍黑体型辐射源的有效比辐射率，根据黑体空腔理论，增加空腔辐射面积，改善空腔内部温度均匀性，提高腔壁材料发射率是提高空腔有效发射率的重要因素。黑体的有效比辐射率可通过计量标定和理论计算得到。

Gouffe 对黑体设计问题作了分析，并于 1954 年提出了一个计算开孔空腔的有效比辐射率的计算公式，这就是黑体型辐射源广泛应用的 Gouffe 理论。虽然他的某些方法的合理性尚有争议，大多数叙述作为校准标准的高精度黑体结构的文章，都利用了 Gouffe 的方法来计算有效比辐射率。主要是因为该公式可以计算球形、圆柱形和圆锥形空腔（见图 3-5）的有效比辐射率。

假定腔体是漫反射体，Gouffe 的有效比辐射率计算公式为

$$\varepsilon' = \frac{\varepsilon(1+k)}{\varepsilon(1-A/S)+A/S} \tag{3-1}$$

$$k = (1-\varepsilon)(A/S - A/S_0) \tag{3-2}$$

式中，ε' 为腔体有效比辐射率；ε 为腔壁比辐射率；A 为开口面积，单位为 cm^2；S 为包括开口面积在内的腔体内壁总表面面积，单位为 cm^2；S_0 为直径等于腔体深度（从开口平面到腔体最深点）的球体表面积，单位为 cm^2。

可见一个黑体型辐射源的有效比辐射率与腔体形状、开孔大小、腔壁的比辐射率及等温精度都有关。设计黑体除要求其有效比辐射率尽量接近于 1 外，开孔大小、等温精度均极其重要。等温精度影响到辐射的定量精度。开孔太小，无法获得一定的辐射能量，开孔过大有效比

辐射率较低,也不易做到等温。

黑体源的腔体结构形式通常有球形、圆柱形或圆锥形等三种,如图 3-5 所示。选择时需要综合考虑各种因素,可对腔体形状作初步分析。

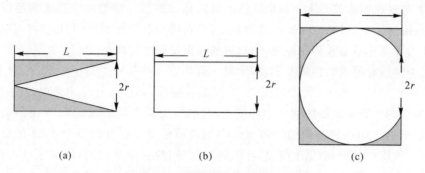

图 3-5　黑体源的腔体结构形式
(a)圆锥形腔体;(b)圆柱形腔体;(c)球形腔体

计算并比较它们的有效比辐射率,可以发现:球形黑体有效比辐射率最高,圆柱次之,圆锥最低。这是因为球形腔体内反射次数最多的缘故。

Gouffe 公式计算得出的结论是:对于给定的 L/r 值,表面积最大的腔体的有效比辐射率最高,其腔体效应是极为明显的。腔体的有效比辐射率总是超过其腔壁的比辐射率,腔壁材料比辐射率较低时,增加腔长/开孔半径之比,可明显改善腔体的有效比辐射率。以 L/r 等于 6 的圆锥腔体为例,不同腔长/开孔半径比和腔壁材料制成圆锥黑体的有效比辐射率见表 3-1。

表 3-1　不同腔长/开孔半径比和腔壁材料制成圆锥黑体的有效比辐射率

腔长/开孔半径(L/r)	腔壁材料比辐射率 ε	腔体有效比辐射率 ε'
6	0.9	0.995
6	0.1	0.53
40	0.1	0.93

对给定 L/r 值,球形腔体有效比辐射率最高,但制作较难,也难以均匀加热。因此,圆柱或圆锥腔体结构还是经常采用的。开孔较小的点源黑体可以把整个腔体做成圆锥状,一些大口径的黑体面源的有效辐射面和附罩加工成同心 V 形槽,V 形槽的深度远大于槽的宽度,即有较大的 L/r 值。

通常黑体型辐射源可以按照腔体形状、腔口尺寸和工作温度的不同进行划分。

(1)按照空腔的形状可以分为球形、圆柱形和圆锥形。

(2)按照辐射腔口的口径尺寸可以分为三种。大型:$\varphi \geqslant 100\text{mm}$;中型:$\varphi \approx 30\text{mm}$;小型:$\varphi \leqslant 10\text{mm}$。

(3)按照黑体工作温度的范围可以分为三种。高温:$3\,000 \sim 2\,000\text{K}$;中温:$900 \sim 500\text{K}$;低温:$400 \sim 200\text{K}$。

在设计制造黑体型辐射源时,应该考虑以下几个问题。

(1)腔形的选择。一般考虑选用圆锥、圆柱或球形腔体。根据 Gouffe 理论,对于给定的

L/r 值,球形腔的有效发射率最大,但是,球形腔体难以加工制作,也不易均匀加热。圆柱和圆锥形腔体,相对球形腔体而言,比较容易制造和均匀加热。大多数黑体型辐射源,取 $L/r \geqslant 6$。增加 L/r 值可以提高有效发射率,但 L/r 值太大就会造成均匀加热困难。

(2)对腔芯材料加热的要求。做成腔体的材料称为腔芯。理想的腔芯应满足以下 3 个要求:①具有高的热导率,以减少腔壁的温度梯度;②在使用温度范围内(尤其在高温时),要有好的抗氧化能力和氧化不易脱落的性能;③材料的表面发射率要高。

能满足上述所有要求的材料并不多,所以一般采取一些折中。对于 1 400K 以上的腔芯,常用石墨或陶瓷制作。在 1 400K 以下,一般用金属制作,其中最好是用铬镍(18-8 系列)不锈钢,它有良好的热导率。加热到 300℃ 则表面变暗,发射率可增加到 0.5;用铬酸和硫酸处理表面,发射率可达 0.6;将表面加热到 800℃,则表面形成一层发射率为 0.85 的稳定性很高又很牢固的氧化层。低于 600K 的腔芯可用铜制作,铜的热导率较高,但应注意,铜表面由于受热而形成的表面发黑的氧化层是不稳定的,高于 600K 时,氧化层就会脱落。

为增加腔壁的发射率,可对其表面进行粗精加工,以形成好的漫反射体。另外,还可在腔壁上涂上某种发射率高的涂层,来增加腔壁的发射率,但是,在温度较高时,涂料层较易脱落,故腔壁涂层的方法只适用于温度不太高的情况。

(3)腔体的等温加热。为了使空腔型黑体辐射源更接近于理想黑体,要求腔体要等温加热。实际上开口处温度总要低一些,所以一般要求其恒温区越长越好,而恒温区做得长是很困难的,通常 1/3～2/3 的恒温区就可满足一般实验室的要求。

对腔体的等温加热,通常是用电热丝加热的,即通过绕在腔芯外围的镍铬丝加热线圈进行加热。为改善腔体温度的均匀性,可以改变腔芯的外形轮廓,使其在任意一点上腔芯的横断面面积相等,以保证每一加热线圈所加热的腔芯体积相等。在腔体开口附近,应增加线圈匝数,以弥补其热损失。质量更高的黑体还可以用热管式加热器或通过高温气体加热,但其成本要高得多。

恒温区的测量通常有两种方法,一种是测腔壁的温度,一种是测腔内沿轴线的温度分布。

黑体辐射源通常用作辐射标准,被广泛用于:①标定各种辐射温度计、热成像系统等辐射测温设备;②标定各种红外辐射源的辐射强度;③标定各种类型的辐射探测器的响应率;④研究各种物质表面的热辐射特性;⑤辅助测量材料表面发射率,光学系统的透射比及物质的透射、反射和吸收等光学性能;⑥研究大气或其他物质对辐射的吸收或透射性能。

2. 工程用辐射源

从前面的分析可以看出,黑体型辐射源的制作工艺复杂、要求高、体积较大、成本高,并不是所有的红外辐射研究领域都需要这样的"光源"。在许多不需要进行辐射定量化测量或定量化要求不高的场合,通常采用简易的通用红外辐射源作为"光源",本书中将这些红外辐射源统称为工程用辐射源。虽然这些辐射源的定量化精度不如黑体型辐射源,但是其使用简单、价格低廉、便于携带,在系统测试和调整以及分光计、通信设备和太阳模拟器等场合被广泛采用。另外,采用黑体型辐射源作为可见光和近红外波段的"光源"时,根据维恩位移定律要求黑体型辐射源的工作温度很高(对于可见光光源要求最佳工作温度达到 6 000K 左右),这是很难实现的,技术难度较大。而本节中介绍的各种工程用辐射源都能在可见光和近红外波段提供较强的辐射功率输出。

常见的工程用辐射源又可以分为传统红外光源和红外激光器两大类。传统红外光源主要用于"照明",产生红外辐射信号,其优点是使用简单、价格低廉、便于携带,但是不能实现红外辐射波段和红外辐射强度的定量化调节。而红外激光器则可以精确控制红外辐射信号的波长,提供各种"单色"的红外光源。

(1)传统红外光源。工程上和实验室常用的传统红外光源,按照其"发光"机理和红外辐射光谱分布情况的不同,通常分为电热固体辐射源和气体放电辐射源两种。

1)电热固体辐射源。顾名思义,电热固体辐射源是采用通电加热和导电的方式使辐射源温度升高,进而发出热辐射。因此,电热固体辐射源是一种热辐射体,其辐射光谱为连续光谱。

a. 能斯特灯。常作为红外分光光度计的红外辐射源,它是一种带一条稀土金属氧化物灯丝的固体辐射器,对红外线光谱学十分重要。其灯丝在室温下是非导体,持续地欧姆加热使得灯丝温度达到 800℃ 以上时,灯丝开始导电,其有效工作温度约为 1 980K。一般尺寸上长约3cm、直径 0.15cm 的能斯特灯,在起始加热后,需要 20V、0.5A 的输入。因为有很大的电阻负温度系数,故需要限流整流器。能斯特灯的比辐射率在 2~15μm 内的平均值约为 0.66。

能斯特灯的优点是:寿命长,工作温度高,黑体特性好,不需要水冷。缺点是:机械强度低,灯丝工作前需要预热到 800°C 以上,空气流动易引起光源温度变化,从而导致其辐射能量的改变。

b. 硅碳棒。它是用碳化硅(SiC)做成的圆棒。一般硅碳棒的直径为 6~50mm,长度为 5~100cm。在空气中的工作温度一般在 1 200~1 400K,寿命约为 250h。

硅碳棒的主要缺点是最高工作温度较低,需要镇流的电源设备。同时,由于碳化硅材料的升华效应,会使材料粉末沉积在光学仪器表面上,因此它不能靠近精密光学仪器附近工作。另外,工作时需要水冷装置,耗电量较大等。

c. 钨丝灯、钨带灯和钨管灯。钨丝灯是近红外测量中常用的辐射源。但由于玻璃泡透过区域的限制,这种灯的辐射波长通常在 3μm 以下。钨带灯是将钨带通电加热而使其发光的光源。钨带常做成狭长的条形,宽约为 2mm,厚约为 0.05mm。钨管灯是由一根在真空或氩气中通电加热的钨管做成的。真空灯的温度可达 1 100℃,充氩灯的温度可达 2 700℃。

d. 乳白石英加热管。乳白石英加热管是一种新型红外加热元件。与碳化硅辐射元件相比,乳白石英加热管用作红外辐射源有如下特点:发射率高,并具有选择性发射,在 4~8μm 和11~22μm 波段内,光谱发射率可达到 0.92。在 8~11μm 内有较强的选择反射光谱带。热容量小,热容量仅为碳化硅及金属管的 1/10。工作温度范围广,通常为 400~500℃,也可制作表面温度为 750℃ 以下、100℃ 以上的加热辐射源。升温降温快,只需 7~10min(碳化硅需 30~35min)。表面纯净洁白,可以用在工艺卫生要求高的场所。

2)气体放电辐射源。气体放电辐射源的基本原理是当电流通过惰性气体、金属或金属化合物的蒸气等气体介质时,会产生放电现象。常见的气体放电现象有辉光放电和弧光放电两种。

气体放电辐射源主要包括以下几部分。

a. 辐射源的外壳。

b. 放电电极。

c. 放电的气体介质,常用的有惰性气体、金属或金属化合物的蒸气等。

大部分气体放电辐射源的辐射是按如下三步完成的:第一级,自由电子被外电场加速;第二级,运动电子与气体的原子碰撞,电子的动能传递给气体原子使其处于激发态;第三级,受激发的原子返回基态,把吸收的能量以辐射的形式释放出来。

气体放电辐射源的光谱与气体或金属蒸气种类及放电条件有关,光谱不连续,是离散的线状谱或带状谱。

a. 水银灯。水银灯是利用水银蒸气放电制成的灯的总称。按水银的蒸气压强不同,水银灯可分为低压水银灯、高压水银灯和超高压水银灯等三种。

b. 氙灯。除了利用金属蒸气放电制成辐射源之外,还可利用高压、超高压惰性气体的放电现象制成辐射源。超高压下的氩、氙、氪等惰性气体放电的光谱分布如图3-6所示。在这些惰性气体中,以氙气放电最为常用,利用氙气放电制成的辐射源叫做氙灯。

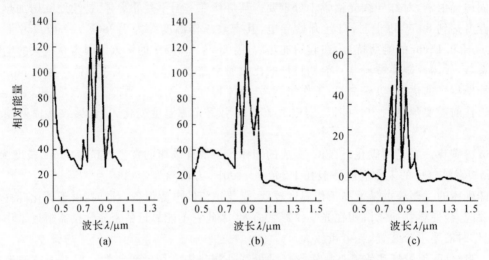

图3-6　超高压下各种惰性气体的放电光谱
(a)Ar;(b)Xe;(c)Kr

c. 碳弧。各种气体放电灯的放电都是在密封的泡壳内进行。碳弧则是开放式放电,电弧发生在大气中的两个碳棒之间。为使电弧保持稳定,阳极做成有芯结构,一般它由外壳和灯芯组成。普通碳弧阳极的外壳和灯芯都是用纯碳素材料(炭黑、石墨、焦炭)制成的,只是灯芯材料较软。由于放电时阳极大量放热,造成碳的蒸发,而灯芯的蒸发又比硬的外壳厉害得多,因此便在阳极中心形成稳定的喷火口(弧坎)。普通碳弧的辐射约有90%是从阳极弧坎发出的,其中主要是热辐射。碳弧的光谱是由炽热电极的连续光谱和气体混合物的特征线、带光谱叠加而成的。

(2)红外激光器。激光器是20世纪60年代发展起来的一种新型光源。与普通光源相比,激光具有方向性好、亮度高、单色性和相干性好等特性。激光器的出现从根本上突破了以往普通光源的种种局限性(如亮度低、方向性和单色性差等),赋予古老光学技术以新的生命力,产生了许多新的分支学科,如全息照相、光信息处理、非线性光学等。

1)激光器的特性。以下简单讨论一下激光器的方向性好、亮度高、单色性好和相干性好的几个特性。

a. 方向性好。通常辐射体的辐射能量是向整个空间范围发出的,会分散到整个 4π 的立体空间内,而激光器则不同,其辐射出的能量集中在很小的一个立体空间范围内,通常激光器的能量可以被约束在 10^{-6} sr 的立体空间范围内,这个空间范围仅为半球空间的不到六百万分之一。所以,与普通光源相比,激光器的方向性很好,其辐射能量在空间是高度集中的。

b.亮度高。前面辐射度学中已经介绍到,辐射体的辐射亮度的公式为

$$N = \frac{\partial^2 P}{\partial A \partial \Omega \cos\theta}$$

对于激光器而言,由于其具有很好的方向性,因此 $\Delta\Omega$ 可以很小;同时激光器通常可使能量集中在很短的时间(约 1ns 内)内发射,这样激光器发出的瞬时功率 P 将很大,那么根据上面的公式可以看出,激光的辐射亮度将比普通光源高很多。

c.单色性好。激光器的另特点就是谱线宽度很窄。这是由于激光是在激励源的激励作用下吸收能量进入激发态,而从激发态跃迁回到基态时,将产生能量等于能级间能量之差的光子,每次激发和跃迁发生在两个相同的激发态和基态之间,能量差相等、因此产生的光子频率也就相等,所以与普通光源相比,激光器具有非常好的单色性。

d.相干性好。通常说两束光具有相干性,是指这两束光的频率相同、相位相等或相位差恒定。光的相干性可以从时间相干性和空间相干性两个方面来考察。所谓时间相干性,是指光束中每个波列持续的时间,用相干长度来度量。光束的相干长度可以用公式表示为

$$l = \frac{\lambda^2}{\Delta\lambda} \tag{3-3}$$

式中:λ 为光束的中心波长;$\Delta\lambda$ 为光束的波谱宽度。可以看出实际上衡量时间相干性的相干长度与光束的单色性密切相关,单色性越好则相干长度越长,时间相干性就越好。所谓的空间相干性,是指在辐射场的空间分布中,波前上各点处的相干性。由于激光中的各个光子均是在相同的激励源的激励下产生的受激辐射,各个光子的频率相同,初相位也一样,所以激光具有很好的空间相干性。

任何种类的激光器,其基本结构必然包括以下 3 个主要组成部分。

a.工作物质:用来在特定能级间实现粒子数反转并产生受激发射。

b.抽运(泵浦)装置:用来激励工作物质,使其产生并维持特定能级间的粒子数反转和相应的受激发射。

c.光学谐振腔:其作用是保证受激发射光子在腔内产生持续的激光振荡,此外还对振荡光子的特征(频率、方向等)加以限制,以保证激光输出的高定向性和高单色性。

2)激光器的分类。可对激光器进行以下不同的分类。

a.按工作物质分,可分为固体(含半导体)、液体(含燃料)、气体(含分子的、原子的、离子的)激光器。

b.按泵浦方式分,可分为光泵、电泵、化学反应式等激光器。

c.按工作状态分,可分为脉冲式、重复脉冲式、连续式和 Q 突变式等激光器。

d.按输出波长,可分为紫外、可见、红外和远红外等激光器。

3.2　目标和背景的光谱辐射特性

目标与背景的红外辐射特性的研究,对于红外系统的设计,红外技术的使用是十分重要的。例如,若已知目标一些特性,比如温度、尺寸、结构、发射率、反射比等,如何求得整个目标辐射能量的数值,这是系统设计中首要考虑的问题。

所谓目标就是红外系统对其进行探测、定位或识别的对象,而背景就是从外界到探测装置的可以干扰对目标进行探测的一切辐射功率。任何一个红外系统都是针对某一种具体的目标和背景而使用的,因此,通常目标与背景是相对而言的。例如,当从空中红外系统侦察地面的军事设施时,该军事设施就是它的目标,周围的工厂、树木与山河均属于背景;反之,如果目的是做森林资源勘探,则周围的其他物体全是背景。

目标与背景都是红外辐射体,都遵从热辐射的基本定律,这是二者的共同特点。但人们更关注二者之间的差异,以便区别它们,这才是红外系统探测目标基础。正是由于目标与背景具有不同的红外辐射特性,这就为目标和景物的探测、识别奠定了客观基础。

3.2.1　目标光谱辐射特性

这里所说的目标是与系统探测应用有关的物体,如火箭、飞机、地面车辆和人体等。

1. 火箭

火箭的红外辐射信号来源主要有以下几种:①火箭发动机喷口(尾喷管)等高温部件表面的红外辐射;②发动机喷气流(尾焰/羽流)的红外辐射;③气动加热的飞行器表面的尾迹和热空气红外辐射;④再入大气层时高速摩擦烧蚀形成的尾迹以及冲击波层内的热空气的红外辐射。随着火箭的飞行方式和飞行阶段不同,这些辐射源的红外辐射信号的重要程度会发生变化,相应探测火箭需要采用的探测波段和探测方式也会不同。

这里简单介绍一下火箭尾焰的红外辐射特性。各种气体火焰(发动机、炉子燃烧室等)的红外辐射可以分为以下3种情况。

(1)无光火焰辐射。其主要特点是具有光谱选择性,即红外辐射的光谱分布为线状光谱或带状光谱,主要是由燃烧产生的气体(如二氧化碳、水蒸气等)发出的。

(2)发光火焰辐射。它主要是由燃烧产生的各种细微粒子(包括各种金属氧化物颗粒和不完全燃烧的产物等)发出的,这里粒子的温度与其所处的尾焰气体温度相近,这部分红外辐射的特点是红外辐射的光谱分布为连续谱。

(3)尘流辐射。所谓尘流是指承载悬浮固体粒子(尺寸大大超过辐射波长)的气流,烟气中含有灰尘粒子或煤灰的平均尺寸为 $5\sim130\mu m$,其辐射也主要是连续谱。

火箭的发动机通常进行富燃烧的,也就是说其排出的尾流中还有相当一部分没有完全燃烧的物质,这些物质在被喷出后,与大气中的氧气混合会发生二次燃烧从而在尾焰中形成一个后燃区。尤其是当火箭飞行高度较低、大气比较稠密时,这种二次燃烧现象特别明显,通常二次燃烧会使尾焰的温度增加500K左右。图3-7是一个典型的低高度飞行时液体火箭发动机的尾焰结构示意图。

需要指出的是,要确定尾焰红外辐射需要精确计算尾流场中各点处的温度、压力、密度及各种组分的浓度分布情况等,这种计算是一个十分复杂的流体问题。

典型的火箭尾焰红外辐射光谱分布曲线如图3-8所示。可以看出其红外辐射主要由两大部分组成:燃烧产生的各种气体的红外辐射和尾焰中各种粒子的红外辐射。其中燃气的红外辐射属于分子光谱,是离散的带状谱,也就是说燃气属于选择性辐射体,而粒子的红外辐射是连续谱。图3-8中的火箭尾焰红外辐射信号在 $2.7\mu m$ 和 $4.3\mu m$ 附近有两个峰值,这分别是由燃气中的水蒸气和二氧化碳产生的。

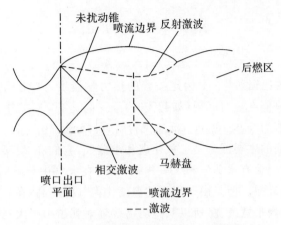

图 3-7　低空火箭尾焰的结构示意图

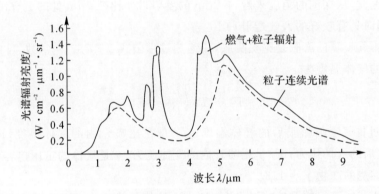

图 3-8　固体推进器(加金属)火箭尾焰的辐射特性曲线

需要指出的是,随着其高度的变化,由于大气压强的减小,火箭尾焰的尺寸会大幅度增加,这也给火箭尾焰红外辐射信号的建模仿真分析带来了很大的难度。例如休斯公司的一个通信卫星在其远地点(高度为 36.280km)火箭发动机的尾焰尺寸达 106km 长和 53km 宽。

2. 飞机

喷气式飞机的红外辐射来源于被加热的金属尾喷管热辐射、发动机排出的高温尾喷焰辐射、飞机飞行时气动加热形成的蒙皮热辐射,及对环境辐射(太阳、地面和天空)的反射。

喷气式飞机因所使用的发动机类型、飞行速度、飞行高度以及有无加力燃料(发动机在达到最大状态后继续增加推力所用燃料)等因素,其辐射情况有很大的区别。

涡轮喷气发动机有两个热辐射源:尾喷管和尾焰。从无加力燃烧室发动机的后部来看,尾喷管的辐射远大于尾焰辐射。但有加力燃烧室后,尾焰就成为主要辐射源了。

(1)尾喷管。尾喷管是被排出气体加热的圆柱形腔体,可把喷尾管看作是一个长度与半径比 $L/r=3\sim8$ 的黑体辐射源,利用其温度和喷管面积可计算它的辐射出射度。在工程计算时,往往把涡轮气体发动机看作是一个发射率(比辐射率)为 0.9 的灰体,其温度等于排出气体的温度,而面积等于排气喷嘴的面积。于是可以根据普朗克黑体辐射公式计算尾喷管红外光谱辐射特性:

$$N_{喷管} = \frac{\varepsilon}{\pi} \int_{\lambda_1}^{\lambda_2} W_\lambda(T) \mathrm{d}\lambda \tag{3-4}$$

$$J_{喷管} = N_{喷管} A \tag{3-5}$$

式中，ε 为尾喷管的有效比辐射率；T 为尾喷管的热力学温度；A 为尾喷管的有效辐射面积。就现在的发动机而言，只能在短时间内(如起飞时)经受高达 700℃ 的排出气体温度；在长时间飞行时，能经受的最大值为 500～600℃；低速飞行时，可降到 350℃ 或 400℃。

(2)尾焰。由于尾焰的主要成分是二氧化碳和水蒸气，它们在 2.7μm 和 4.3μm 附近有较强的辐射。同时大气中也含有水蒸气和二氧化碳，辐射在大气中传输时，在 2.7μm 和 4.3μm 附近往往容易引起吸收衰减。但是由于尾焰的温度比大气温度高，在上述波长处，尾焰辐射的谱带宽度比大气吸收的谱带宽度宽，所以某些弱谱线辐射就越出了大气强吸收范围，在大气强吸收范围外，其传输衰减比大气吸收谱带内小得多、这个现象在 4.3μm 处的二氧化碳吸收带内最为显著。因此，从探测的角度来看，4.3μm 的发射带要比 2.7μm 处的更有用(可以减少太阳光线干扰，同时具有较好的大气透射)。

由于通过排气喷嘴的膨胀是绝热膨胀，用绝热过程公式 $T^{-\gamma} P^{\gamma-1} =$ 常数，可以得到通过排气喷嘴膨胀后的气体温度为

$$T_2 = T_1 \left(\frac{P_2}{P_1}\right)^{\frac{\gamma-1}{\gamma}} \tag{3-6}$$

式中，T_2 是通过排气喷嘴膨胀后的气体温度；T_1 是在尾喷管内的气体温度(即排出气体温度)；P_2 是膨胀后的气体压力；P_1 是尾喷管内的气体压力；γ 是气体的定压热容量与定容热容量之比。对于燃烧的产物 $\gamma = 1.3$。

对于现代亚音速飞行的涡轮喷气飞机，P_2/P_1 的值约为 0.5。如果假定膨胀到周围环境压力，则式(3-6)变为

$$T_2 = 0.85 T_1 \tag{3-7}$$

因此，喷嘴处尾焰的绝对温度约比尾喷管内的气体温度低 15%。

很明显，尾焰的辐射亮度与排出气体中气体分子的温度和数目有关，这些值取决于燃料的消耗，它是飞机飞行高度和节流阀位置的函数。

涡轮风扇发动机就是在涡轮喷气发动机上装置风扇。风扇位于压缩机的前面，叫前向风扇；风扇位于涡轮的后面，叫后向风扇。涡轮风扇发动机将吸取更多的空气，而产生附加的推力。

涡轮风扇发动机比涡轮喷气发动机的辐射要低一些。这是由涡轮风扇发动机的排出气体温度较低所致。涡轮风扇发动机的尾焰形状和温度分布，与涡轮喷气发动机大不相同。具有前向风扇时，过量的空气相对于发动机以轴线同心地被排出，在羽状气柱周围形成了一个冷套，其发动机的尾焰比一般的涡轮喷气发动机的尾焰小得多。在后向风扇发动机中，一些过量的空气与尾喷管中排出的热气流相混合，其发动机的尾焰和尾喷管的温度都降低了。

飞机的红外辐射信号主要来源除了发动机尾焰、发动机尾喷管，还有飞机机身蒙皮的红外辐射以及飞机反射或散射的来自太阳光和地气系统红外辐射。

(3)机身蒙皮。飞机机身蒙皮的红外辐射可以视为灰体辐射，要计算其辐射强度关键是要获取机身蒙皮的温度、蒙皮材料的比辐射率和蒙皮的形状尺寸。

飞机在平流层飞行时,其机身蒙皮会受到大气层的气动加热作用而导致其温度高于环境温度。气动加热造成的温度变化可以用公式表示为

$$T_s = T_0 \left[1 + k \left(\frac{\gamma - 1}{2} \right) Ma^2 \right] \tag{3-8}$$

式中,T_s 为飞机蒙皮温度;T_0 为周围大气温度;k 为恢复系数,其值取决于飞机所处的大气层的气流流场,层流取值约为 0.82,紊流取值约为 0.87;γ 为空气的定压热容量和定容热容量之比,通常取值约为 1.3;Ma 为以马赫数表示的飞机飞行速度,$1Ma$ 的速度即为声音在空气中的传播速度,约为 340m/s。

在典型的工程计算中,机身蒙皮的温度通常可以采用以下经验公式计算,即

$$T_s = T_0 \left[1 + 0.164 Ma^2 \right] \tag{3-9}$$

(4)反射或散射的来自太阳光和地气系统的红外辐射:因太阳光是近似 6 000K 的黑体辐射,所以飞机反射的太阳光谱类似于大气衰减后的 6 000K 黑体辐射光谱。飞机反射的太阳光辐射主要是在近红外 $1 \sim 3\mu m$ 和中红外 $3 \sim 5\mu m$ 波段内。而飞机对地面和天空热辐射的反射主要在远红外 $8 \sim 12\mu m$ 和中红外 $3 \sim 5\mu m$ 波段内。

3. 地面车辆和火炮

典型地面目标如坦克的红外辐射能 60% 来自发动机和传动齿轮,发射率平均为 0.9。重型坦克经过长时间的开动后表面平均温度达 300K(27℃),有效辐射面积为 $1m^2$,全部辐射功率为 1 300W,峰值波长为 $7.24\mu m$;火炮的红外辐射主要来自炮口的闪光、燃烧的气体、炮体的发射热等。例如,155mm - M2 型火炮,28℃时以每秒 1 发连射 57 发炮弹后,炮体的温度可高达 124℃,主要来自炮弹与膛线摩擦以及火药气体燃烧对炮身的加热。

4. 人体

人的皮肤的发射率是很高的,波长大于 $4\mu m$ 以上的平均值为 0.99,而与肤色无关。

皮肤温度是皮肤和周围环境之间辐射交换的复杂函数,并且与血液循环和新陈代谢有关。当人的皮肤剧烈受冷时,其温度可降低到 0℃。在正常温室环境下,当空气温度为 21℃时,裸露在外部的脸部和手的皮肤温度大约是 32℃。假定皮肤是一个漫辐射体,有效辐射面积等于人体的投影面积(对于男子,其平均值可取作 $0.6m^2$)。在皮肤温度为 32℃时,裸露男子的平均辐射强度为 93.5W/sr。如果忽略大气吸收,在 305m 的距离上,则他所产生的辐照度为 10^{-3} W/m²,其中大约有 32% 的能量处在 $8 \sim 13\mu m$ 波段,仅有 1% 的能量处在 $3.2 \sim 4.8\mu m$ 波段。

3.2.2　环境光谱辐射特性

空中目标背景包括太阳、月亮、大气和云团等。对于地面目标来说,背景是指大地、建筑和森林等。背景辐射进入红外装置后会产生背景干扰,使红外装置不能正常工作。因此,设计红外装置时总是设法去除或减弱背景干扰。为了研究背景辐射对目标探测和跟踪的影响,以及寻求抑制背景干扰的方法,需要对背景的辐射特性进行分析研究。

1. 太阳、月球及太阳系内行星的辐射

太阳是距离地球最近的恒星,其辐射能量相当稳定,各种遥感仪器在可见光和红外波段的辐射定标都是利用太阳作为标准辐射源的。太阳是位于太阳系中心的恒星,它几乎是热等离子体与磁场交织着的一个理想球体。从化学组成来看,现在太阳质量的大约四分之三是氢,剩下的几乎都是氦,包括氧、碳、氖、铁和其他的重元素质量少于 2%,采用核聚变的方式向太空

释放光和热。太阳的中心部分是一个处于剧烈核反应、温度高达 $1.5\times10\ 000\ 000$℃的区域，是维持太阳辐射能的源泉，这就是太阳辐射源。在这一高温区之外，是宽广的辐射区和对流层；再向外，则是人类能直接观测到的太阳大气层了，这些气层依次为光球层、色球层和日冕层。光球层是一个厚度约为 $500\ km$ 的气层，通常被称为太阳的表面，其平均温度约为 $6\ 000$℃。太阳辐射能基本上是由光球发出的，日冕的温度大约为 5×10^6℃，总辐射功率大约为 $3.83\times10^{26}\ W$，地球接收 $1.7\times10^{16}\ W$。

在粗略的计算中，常把太阳的光谱辐射特性看成与温度为 $6\ 000K$ 的黑体等效。可见，太阳辐射和目标辐射的不同点在于太阳的温度比目标温度高得多，因此太阳辐射的最大值对应的波长在 $0.48\mu m$ 处，显然比目标辐射最大值对应的波长要短。太阳的辐射能绝大部分都集中在 $0.15\sim4\mu m$ 波长范围内。太阳垂直入射到地表面上的辐射照度约为 $880\sim900W\cdot m^{-2}$，由于太阳的辐射主要集中在 $4\mu m$ 以下，因此 $3\mu m$ 以上的红外辐射在地球表而上的辐射照度远低于 $880\sim900W\cdot m^{-2}$。太阳直径大约是 $1\ 392\ 000\ km$，相当于地球直径的 109 倍，体积大约是地球的 130 万倍，其质量大约是 $2\times10^{30}\ kg$（地球的 330 000 倍），日地平均距离约为 1.5×10^8km。因而其视角为 $3'59''$，据此可以计算太阳在红外装置中成像面积的大小。实际测得的结果是太阳对红外装置的影响是比较大的，尤其在与太阳垂直入射方向成 $0°\sim50°$ 范围内影响更大。因此，红外仪器不能正对着太阳工作。

月球主要靠反射太阳的辐射，这部分辐射光谱与太阳相同。此外，月亮表面温度在 $-183\sim127$℃变化，因而也会产生一定的自身辐射，其辐射光谱最大值之波长约为 $12.6\mu m$。

在太阳系内还分布着大量的相对较冷的天体，如图 3-9 所示，它们自身的红外辐射以及其反射的太阳光的辐射能量也是各种空间红外探测系统的背景辐射源之一。对于这些温度较低的行星而言，其辐射信号主要由两部分组成：自身辐射和反射的太阳光。由于这些行星的温度一般较低，根据维恩定律它们的自身辐射主要集中在长波红外波段，由于不同行星的温度不同，所以它们的自身辐射的光谱分布曲线是有差别的。在短波尤其是可见光波段，这些行星的辐射信号主要来自其对太阳光的反射，由于都是反射的太阳光，所以这些行星在这部分的辐射光谱分布基本一致，仅仅由于反射率和到地球的距离不同而导致其能量的绝对值有所不同而已。

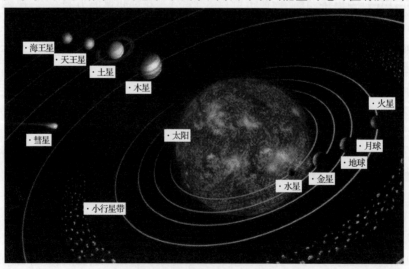

图 3-9　太阳系内的各种天体分布示意图

2. 天空辐射

天空辐射主要来自于大气。大气辐射对于对空工作的红外系统是十分重要的,它往往决定着系统的性能和背景噪声的水平。

大气辐射波长在 $3\mu m$ 以下,主要由大气中所含水蒸气、二氧化碳等气体分子及悬浮物对太阳光的散射构成;在 $3\mu m$ 以上,主要由大气自身的热辐射所构成。

散射太阳光主要存在于白天。而大气自身的热辐射无论白天或夜晚均存在,但由于大气温度很低,在 $3\mu m$ 以下的自身热辐射相对于散射的太阳辐射可以忽略。图 3 - 10 为晴朗的白天及夜晚,天空辐射光谱的分布曲线。在晴朗的白天时, $3\mu m$ 以下为散射太阳辐射,大于 $3\mu m$ 的辐射为大气自身的热辐射;晴朗夜晚天空辐射就只有大气自身的热辐射。

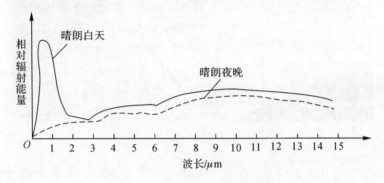

图 3 - 10　天空辐射光谱分布曲线

3. 云团辐射

云团的辐射有反射太阳的辐射($3\mu m$ 以下)、自身的辐射,光谱分布与晴朗的天空相近,辐射的波长在 $6\sim 15\mu m$。其有效面积、反射系数、发射率等随气象条件、高度、地区等差异比较大,辐射的随机性也比较大。由于小块的云团或云团的边缘和目标辐射面积比较接近,与大气辐射相比更容易使红外系统受到干扰。

目标辐射与背景辐射的共同点是都有一定的温度,向外辐射红外线;不同点是辐射的分布规律、峰值辐射波长及辐射能集中的波段不同。工程中常采用色谱滤波的办法,利用目标峰值辐射波长与背景的峰值辐射波长和辐射能集中的波段不同,适当选择红外装置的工作波段,使之对目标敏感,而对背景不敏感,达到抑制背景干扰的目的。也可以采用空间滤波的方法,即利用背景与目标辐射面积大小不同来达到抑制背景干扰的目的。尽管采用了类似上述抑制背景干扰的措施,并不能完全消除背景的干扰,但往往能保证红外系统的正常工作。

3.3　光谱辐射大气传输特性

3.3.1　大气基本组成和气象条件

地球大气是指包围在地球表面并随地球旋转的空气层,如图 3 - 11 所示。它是地球生命的重要保证,为地球生物免受宇宙辐射(尤其是太阳紫外线)的伤害提供了一道天然屏障;地球大气还像一件可以随季节气候变换的外衣一样,维持地表的温度在适于生命生存的范围内,为地球上的生物提供了一个舒适的生存环境;同时地球大气还参与地球表面的各种活动,如风、雨、雷、电、化学和物理风化等,可以说地球大气还是地球的一个技艺超群的雕刻家,通过各种活动塑造着地球上千变万化的地貌特征。

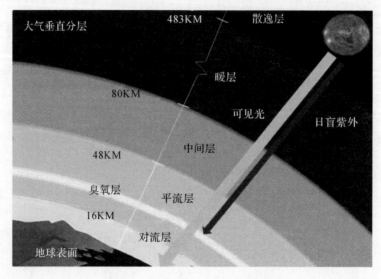

图 3-11　地球大气垂直分层

地球表面的大气平均压强约为 1 个大气压(1atm=1.013 25×10⁵ Pa),即约 0.1MPa,相当于每平方厘米的地球表面包围的空气质量约为 1 034g。而地球的总表面积约为 510km²,100km²,934km²,所以大气总质量约为 5.28×10¹⁵ t,相当于地球质量的百万分之一。地球大气随海拔的增加变得越来越稀薄,其 75% 的质量集中在 20km 以下的范围内,高度 100km 以上的空气质量仅为整个地球大气层质量的百万分之一。

1. 大气基本组成

红外辐射通过大气所导致的衰减主要是因为大气分子的吸收、散射,以及云、雾、雨、雪等微粒的散射所造成的,要想知道红外辐射在大气中的衰减问题,首先必须了解大气基本组成。

包围着地球的大气层,每单位体积中大约有 78% 的氮气和 21% 的氧气,另外还有不到 1% 的氩(Ar)、二氧化碳(CO_2)、一氧化碳(CO)、一氧化二氮(N_2O)、甲烷(CH_4)、臭氧(O_3)、水蒸气(H_2O)等成分。除氮气、氧气外的其他气体统称为微量气体。

除了上述气体成分外,有些气体成分相对含量变化很小,称为均匀混合的气体,例如氧气、氮、二氧化碳、一氧化二氮等。有些气体含量变化很大,如水蒸气和臭氧。大气气体成分在 60km 以下大都是中性分子,自 60km 开始,白天在太阳辐射作用下开始电离,在 90km 之上,则日夜都存在一定的离子和自由电子。低空的固态、液态悬浮物按微粒的尺寸大小又划分为大气气溶胶和固态降水粒子。

(1)大气气溶胶。半径小于数微米的微粒,进一步细分又分为 3 种:半径小于 0.1μm 的叫爱根核;半径在 0.1~1.0μm 的叫大粒子;半径大于 1μm 的叫巨粒子。在不同地区,这些粒子的浓度有很大差别。

霾、雾、云均是由大气气溶胶的构成成分。例如,组成霾的细小微粒,是由很小的盐晶粒、极细的灰尘或燃烧物等组成的,半径为 0.1~0.5μm,可作为凝聚核;当凝聚核增大为半径超过 1μm 的水滴或冰晶时,就形成了雾。云的成因同雾,只是雾接触地面,而云不能。

气溶胶按其来源可分为：一次气溶胶（以微粒形式直接从发生源进入大气）、二次气溶胶（在大气中由一次污染物转化而生成），而气溶胶的消除主要靠大气降水、小粒子间的碰并、凝聚、聚合和沉降过程。

（2）固态降水粒子。半径大于 $100\mu m$ 的微粒，分别称为雾滴、云滴、冰晶、雨滴以及冰雹和雪花等。

如果把大气中的水蒸气和气溶胶粒子除夫，这样的大气称为干燥洁净大气。在 $80km$ 以下干燥洁净大气中的含量见表 $3-2$。

表 3 - 2　海平面大气成分表

气　体	相对分子质量	容积百分比/（%）
氮（N_2）	28.013 4	78.084
氧（O_2）	31.998	20.947 6
氩（Ar）	39.948	0.934
二氧化碳（CO_2）	44.009 95	0.032 2
氖（Ne）	20.183	0.001 818
氦（He）	4.002 6	0.000 524
氪（Kr）	83.80	0.000 114
氢（H_2）	2.015 94	0.000 05
氙（Xe）	131.30	0.000 008 7
甲烷（CH_2）	16.043	0.000 16
一氧化二氮（N_2O）	44	0.000 028
一氧化碳（CO）	28	0.000 007 5

通常把氮、氧、二氧化碳等体积比较恒定的气体成分称为大气中的永久气体或大气中的不变成分，而把水蒸气、臭氧等变动很大的气体成分称为大气可变成分。由表 $3-2$ 可知，氮、氧、氩三种气体成分在大气中含量最多。由于它们都是由相同原子组成的双原子分子，没有固有电偶极矩，因此都不吸收红外线，但它们的含量最大，是构成大气压强的主要因素，所以它们是影响其他组分红外吸收谱线宽度的主要因素，而且又是使可见光产生瑞利散射的主要散射源。

2. 大气气象条件

所谓大气气象条件，是指大气各种特性，如大气温度、压强、湿度、密度等，以及它们随时间、地点、高度的变化情况。一般说来，大气气象条件是很复杂的，尤其地球表面附近的大气更是经常变化的，这就给人类详细研究大气特性带来了很大的困难。在本节中我们介绍大气主要和典型的气象条件，即地球大气温度、压强和密度的变化情况。

（1）大气温度。按温度、成分和电离状态，地球大气可以分成对流层、平流息、中间层、热成层（暖层）和散逸层 5 个层次。如图 $3-12$ 所示为大气层结构分层和温度分布图（散逸层在热成层以上,范围很大,本图未绘出),其中带箭头的横线表示在该大气层高度处的温度分布范围。

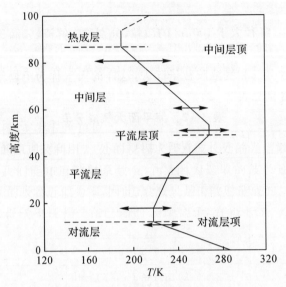

图 3-12　气层结构分层和温度分布图

1)对流层。大气层的最底层,也是各层中最薄的一层。然而整个大气圈质量的 3/4 和 90% 以上的水蒸气及主要的天气现象都集中在这一层内,此层也是和人类活动关系最密切的一层。由于不同纬度的地球表面受太阳辐射加热的程度不同,不同季节时地球表面的受辐射加热的情况也有所不同,与之相应,大气垂直运动也会不同,因而对流层的厚度会随纬度和季节而变化。对流层的厚度在热带平均为 17~18km,温带平均为 10~12km,在寒带则只有 8~9km。夏季的厚度通常要大于冬季的厚度。

对流层的特征是,它有强烈的对流运动,在高、低层之间有质量和热交换,这就使近地面的水蒸气向上输送,形成云雨;在层内的大气温度随着高度而线性地降低,其温度递减率为 0.65℃/100m。显然,对流层厚度大的低纬度区域的对流层顶部的温度要比高纬度区域的对流层顶部的温度低。

2)平流层。平流层也称同温层,是从对流层顶至 55km 高度之间的大气层。平流层的特征是,它没有强烈的上下对流运动,因此气流平稳,远程的喷气式客机通常在此层内飞行;在平流层的下部,温度随高度的变化很小,从 30km 左右的高度开始,温度随高度的增加而增加,到此层的顶部可达 -17~-3℃。这主要是由臭氧对太阳辐射的强烈吸收而造成的。此层内水蒸气和尘埃的含量均很少,气溶胶粒子可以在平流层停留较长时间,因而较丰富,因此,空气透明度很好。

3)中间层。从平流层顶以上到 80~85km 称为中间层。该层内温度随高度递减很快,到中间顶层温度已降到 -80℃ 以下,有利于对流和垂直混合作用的发展。平流层和中间层又统称为中层大气,它约为大气总质量的 1/4。在中层大气以上,大气质量就不到大气总质量的 1/100 000。

通常在 0~85km 高度的地球大气层内,通过长期的实验数据统计积累,大气温度可用 7 个连续的线性方程组成的经验公式来描述为

$$T = T_b + L_b(H - H_b) \tag{3-10}$$

式中,脚标 b 的值为 $0 \sim 6$,用于区分不同的高度的大气层,第一层为 0,第二至第七层分别为 $1 \sim 6$,表 3-3 列出了 H_b 和 L_b 的值。

表 3-3 大气温度经验公式系数值

b	高度 H_b/km	温度梯度 L_b/(K·km^{-1})
0	0	-6.5
1	11	0
2	20	1.0
3	32	2.8
4	47	0
5	51	-2.8
6	71	-2.0

4)热成层。热成层是从中间层顶部向上直至 800km 高度之间的一层大气。此层大气温度随高度的增加而迅速上升,到 300km 高度时,温度可接近 1 000℃左右。由于受强烈的太阳紫外线和宇宙射线的照射,该层大气已被离解为电子和离子,所以又称为电离层。电离层的存在,使得短波无线电的远距离传输成为可能。

5)散逸层。自热成层以上直到 2 000~3 000km 是大气最外层,为大气圈与星际空间的过渡地带,称为散逸层。在该层中空气极端稀薄,粒子的热运动自由路程较长,受地球引力又较小,就有一些动能较大的粒子摆脱地球重力场,逃逸到宇宙空间。

需要说明的是,在任何高度上,温度值只是一个代表值,因为无论采用何种方法各次测量的结果都是有很大的差异的。即使是在同一时刻,由于地理位置不同,在同一高度处大气温度也会有一定差异。在指定的地理位置,大气温度也会随时间变化,当然它只围绕平均值起伏。

(2)大气压强。大气压强等于它上面的所有空气质量所施加的压力与面积的比值,所以随着高度的增加大气压强必然会逐渐降低,通常经验上认为海拔平均每升高 16km,大气压强就降低一个数量级。这就像潜水一样,潜到越深的地方受到的水压就越大,只不过对于地球大气层而言,人类所在的地球表面位于其底部,所以地表的大气压强是最大的,随着海拔的增加,实际上大气"深度"变浅了,因此大气压强也就减小了。

地球大气压强随海拔呈指数变化,通常可以采用以下经验公式计算不同高度处的大气压强,即

$$p(z) = p(z_0)e^{-\frac{z-z_0}{h(z)}} \tag{3-11}$$

式中,$p(z_0)$ 为海拔 z_0 处的大气压强;$h(z)$ 称为高度 z 处的大气标高,可以用以下公式计算:

$$h(z) = \frac{K_B \cdot T}{m_0 \cdot \overline{M} \cdot g(z)} \tag{3-12}$$

式中,m_0 为原子的质量单位,$m_0 = 1.657 \times 10^{-24}$ g;$\overline{M}$ 为空气的平均相对分子质量,约为 29;K_B 为玻尔兹曼常数 $K_B = (1.380\ 54 \pm 0.000\ 18) \times 10^{-23}$ (J·K^{-1})。

在实际大气中,重力加速度 $g(z)$ 随高度的增加而缓慢减少,尤其是在 100km 以下的大气中,大气温度随高度的增加而有所变化,在高空中的大气组分自身发生变化。所有这些因素必然会导致标高值发生变化。因为标高 $h(z)$ 与绝对温度成正比,而与大气平均相对分子质量和重力加速度之积成反比,所以就造成不同高度处有着不同的标高值。100km 以下的不同温度的标高值见表 3-4。

表 3-4　大气标高

高度/km	标高/km	高度/km	标高/km
0	8.5	40	7.8
5	7.8	45	8.1
10	6.8	50	8.1
15	6.2	60	7.6
20	6.6	70	6.5
25	6.6	80	6.2
30	6.8	90	6.5
35	7.2	100	7.3

(3)大气密度。地球大气密度与大气压强和大气温度直接相关,根据热力学定律,同一种气体在温度恒定的情况下,压强越大,体积越小,密度就越大;而同一种气体在压强恒定的情况下,温度越高,体积越大,密度就越小。因此,可以想见,大气密度也将随着海拔的增加而减小。

如果已知高度 z 处的大气压强 $p(z)$ 和大气温度 $T(z)$,由理想气体状态方程可知,高度 z 处的大气密度 $n(z)$ 为

$$n(z) = \frac{p(z)}{K_B T(z)} \qquad (3-13)$$

式中,K_B 为玻尔兹曼常数;在标准状态下 $p_0 = 1$ 大气压,T_0 为 0℃对应的热力学温度,即 273.16K,大气数密度(单位体积大气中含有的分子数目,单位是立方米)n_0 为

$$n_0 = \frac{p_0}{K_B T_0} \qquad (3-14)$$

由式(3-14)可得

$$n(z) = n_0 \frac{p(z)}{p_0} \cdot \frac{T_0}{T(z)} \qquad (3-15)$$

若将式(3-15)两边同乘以 $m_0 \overline{M}$,并且空气的质量密度 $p(z) = m_0 \overline{M} n(z)$,则可得到高度 z 处的大气密度为

$$\rho(z) = \rho_0 \frac{p(z)}{p_0} \cdot \frac{T_0}{T(z)} \qquad (3-16)$$

式中,$\rho_0 = m_0 \overline{M}$,为标准状态下的大气密度。

式(3-16)可以看出,在对流层内 $T(z)$ 变化不大,$p(z)$ 随高度的增加而呈指数减小,所以大气密度值也随高度的增加而呈指数减小。一般说来当高度在 20km 或 25km 以上时,大

气密度已经很小,故可在很多情况下忽略大气影响。

3.3.2　大气衰减

大气衰减是指电磁波在大气中传播时发生的能量衰减现象。各种波长的电磁波在大气中传播时,受大气中气体分子(水蒸气、二氧化碳、臭氧等)、水蒸气凝结物(冰晶、雪、雾等)及悬浮微粒(尘埃、烟、盐粒、微生物等)的吸收和散射作用,形成了电磁波辐射能量被衰减的吸收带,也称大气消光。大气衰减的表现形式主要为两类衰减:大气吸收衰减和大气散射衰减。它们有何不同?下面首先从经典电子论角度进行定性分析,然后再做定量研究。

(1)大气衰减的成因。从经典电子论的角度来看,构成大气成分的各种物质,其原子或分子内的带电粒子被准弹性力保持在其平衡位置附近振动,并且有一定的固有振动频率。在入射辐射的作用下,原子或分子发生极化并依入射光频率作强迫振动,此时可能产生以下两种形式的能量转换过程:

1)入射光频率≠电子固有振动频率。入射辐射转换为原子或分子的次波辐射能。在均匀介质中,这些次波相互叠加,其结果使光只沿原传播方向继续传播下去,在其他方向上由于次波的干涉而相互抵消,所以没有衰减现象;在非均匀介质中,由于不均匀质点破坏了次波的相干性,除了入射方向外,在其他方向将出现散射光。

在散射情况下,原波的辐射能不会变成其他形式的能量,而只是由于辐射能向各方向的散射,使沿原方向传播的辐射能减少。简而言之即大气中的气体分子、尘埃和水滴等质点将来自某方向的辐射散射到四面八方,从而减弱了天体辐射的强度。

2)入射光频率=电子固有振动频率。若入射辐射频率等于电子固有频率,则电子与入射光子发生共振,入射辐射被强烈吸收而变为原子或分子间碰撞的平动能,即热能,从而使原方向传播的辐射能减少。

在吸收情况下,原波的辐射能发生了部分转变,转变为共振子的热能。简而言之即大气中各种分子和原子吸收辐射,使辐射能转变为其他形式的能量。

(2)布格尔-比尔定律。通过定性分析,可以看出辐射通过介质时的衰减作用与入射辐射功率、衰减介质密度、所经过的路径相关。设 $P(\nu,s)$ 为 s 处的光谱辐射功率, ρ 为衰减介质密度(g/m^3),则从 s 处开始经过 ds 路径后的光谱辐射功率 $dP(\nu,s)$ 可以表示为

$$dP(\nu,s) = -k(\nu,s)P(\nu,s)\rho ds \qquad (3-17)$$

式中, $k(\nu,s)$ 为比例系数; ν 为波数(即波长 λ 的倒数),则有

$$\nu = \frac{1}{\lambda}(cm^{-1})$$

对式(3-17)求解的辐射衰减规律为

$$P(\nu,s) = P(\nu,0)e^{-\int_0^s k(\nu,s)\rho ds} \qquad (3-18)$$

式中, s 为传输距离, $P(\nu,0)$ 为初始光谱辐射功率, $P(\nu,s)$ 为传输距离 s 后的光谱辐射功率。若介质具有均匀的光学性质,则式(3-18)可进一步简化为

$$P(\nu,s) = P(\nu,0)e^{-k(\nu)\rho s} \qquad (3-19)$$

式(3-19)称为布格尔-比尔定律(又称朗伯-比尔定律),式中 $k(\nu)$ 定义为光谱质量衰减系数,描述了辐射能量的总衰减特征。若定义 $\omega = \rho s$ 为光程上单位截面中的介质质量, $l_\tau = k(\nu)\rho s$ 为介质的光学厚度,则布格尔-比尔定律又可以写为

$$P(\nu,s) = P(\nu,0)^{-k(\nu)_w} \tag{3-20}$$

或

$$P(\nu,s) = P(\nu,0)^{-l_\tau} \tag{3-21}$$

理论与实践表明:大气中不同成分与不同物理过程造成的衰减效应应具有线性叠加特性,即总衰减特征量 $k(\nu)$ 可以写成各分量之和,即

$$k(\nu) = \alpha(\nu) + \beta(\nu) \tag{3-22}$$

式中, $\alpha(\nu)$ 和 $\beta(\nu)$ 分别表示吸收的衰减系数和散射的衰减系数。

$k(\nu)$ 描述了辐射能量的衰减特征,在实际应用中,人们经常用大气对辐射能的透射性来描述辐射能量的衰减。于是,根据布格尔-比尔定律,进一步定义了大气透过率 $\tau(\upsilon)$,用以描述辐射通过大气时的透射特性,即

$$\tau(\upsilon) = \frac{P(\nu,s)}{P(\nu,0)} = {}^{-k(\nu)\rho s} = {}^{-[\alpha(\nu)+\beta(\nu)]\rho s} = \tau_a(\upsilon) \cdot \tau_\beta(\upsilon) \tag{3-23}$$

可见 $\tau(\upsilon)$ 是波数 υ 、大气厚度 s 和介质密度 ρ 的函数,且总透射比 $\tau(\upsilon)$ 为各单项透射比 $\tau_a(\upsilon)$ 和 $\tau_\beta(\upsilon)$ 之积。各单项透射比还可以进一步分解,例如大气吸收的透射比 $\tau_a(\upsilon)$ 可分解为 H_2O 、CO_2 、O_3 等的吸收,即 $\tau_a(\upsilon) = \tau_{H_2O}(\upsilon) \cdot \tau_{CO_2}(\upsilon) \cdot \tau_{O_3}(\upsilon)$ 。分别求出各因素的大气透射比后,相乘就可以得到整体透射比。

1. 大气吸收衰减

介绍大气吸收衰减之前先介绍大气主要吸收气体。大气中的主要吸收气体有水蒸气,二氧化碳等,下面重点介绍一下水蒸气与二氧化碳。

(1)水蒸气。在大气中,水表现为气体状态就是水蒸气。水蒸气在大气中,尤其是低层大气中含量较高,是对红外辐射传输影响较大的一种大气组分。水是唯一一种以固态、液态和气态 3 种形式共存于大气层中的成分。固态的水指的是大气中的雪花和微细的冰晶体等,而液态的水指的是大气中的云雾和雨等,这些固态和液态的水在大气中对辐射传输主要起到散射的作用。而对红外辐射产生及收的主要是以气态形式存在的水,即水蒸气。

1)水蒸气的含量描述。通常大气中水蒸气的含量可以用以下几个物理量来描述。

a. 水蒸气压。大气中水蒸气所产生的分压强叫水蒸气压(vapour pressure)。单位和气压一样,用 Pa(帕)来表示。水蒸气压强的大小和空气中水蒸气含量的多少有关,当空气中的水蒸气含量增多时,水蒸气压就相应地增大,反之,水蒸气压强减小。所以,用水蒸气压的大小可表示空气中水蒸气含量的多少,用 p_w 表示。

b. 饱和水蒸气压。空气中所能容纳的水蒸气量,是随温度的增高而增大的。在一定温度条件下,单位体积的空气中所能容纳的水蒸气数量有一定的限度,如果水蒸气含量达到该限度,空气呈饱和状态。此时空气中的水蒸气压叫做饱和水蒸气压(saturation vapour pressure),也可以说是在饱和空气中,水蒸气在某一温度下开始发生液化的压强。如果空气中的水蒸气含量未达到这个限度的,这时的空气叫做未饱和空气;如果空气中的水蒸气含量超过这个限度这时的空气叫做过饱和空气。在一般情况下,超过的那一部分水蒸气就要发生凝结。饱和水蒸气压用 p_s 表示。

实验和理论证明:在温度改变时,饱和水蒸气压也随着改变,温度越高饱和水蒸气压越大,温度越低饱和水蒸气压越小。饱和水蒸气压除与温度有关外,还与物态、蒸发面形状和溶液浓度等因子有关。

　　c. 饱和水蒸气量。某一空气试样中，处于某一温度时，单位体积内所能容纳最大可能的水蒸气质量用 ρ_s 表示，单位是 g/m³。饱和空气中所含的水蒸气量，即饱和水蒸气密度，只与温度有关。

　　d. 绝对湿度。绝对湿度（absolute humidity）是指单位体积空气中所含水蒸气质量的多少。通常以 1m³ 的空气中所含水蒸气的克数来表示，单位是 g/m³，又称水蒸气密度，用 ρ_w 表示。

　　绝对湿度只表示空气中水蒸气的绝对含量，多用于理论计算。在一定温度下，单位容积空气能容纳的最大水蒸气含量称为饱和水蒸气密度。饱和水蒸气密度也随温度的升高而迅速增大。

　　e. 相对湿度。空气的实际水蒸气压与同温度下饱和水蒸气压之百分比，称为相对湿度（relative humidity），用 RH 表示。其表达式为

$$\text{RH} = \frac{\rho_w}{\rho_s} = \frac{p_w}{p_s} \tag{3-24}$$

　　相对湿度的大小直接反映空气距离饱和的程度。由式（3-24）可知，如果已知大气相对湿度，就可以用相对湿度乘以同温度下的 ρ_s 值，得到绝对湿度。

　　f. 露点温度。当空气中的水蒸气含量和气压不变时，降温使水蒸气压达到饱和时的温度称为露点温度（dewpoint temperature），简称露点。其形式上是温度，实质上是表示湿度情况的一个物理量。当气压一定时，露点的高低只与空气中水蒸气含量有关，即水蒸气含量越多，其露点越高，反之越低。

　　空气温度降低到露点温度及其以下，是导致水蒸气凝结的重要条件之一。

　　2）可凝结水量。由于水蒸气在大气层中的含量随着海拔和天气条件的变化都有很大的变化，在描述水蒸气的吸收衰减作用时，不能简单地用大气传播路径长度作为变量，但是辐射吸收是路程中吸收分子数目的函数，因此可以选择表示辐射传输路程上水蒸气分子数量的物理量作为特征量。这一物理量可以等效为可凝结水量，又称为可降水量，是沿辐射传播方向上的水蒸气在具有辐射传输相同截面积的容器内凝结成液态水的厚度。要注意的是：可凝结水量指空气中以水蒸气状态存在的，可以凝结成水的蒸气被折合成液体水的数量，而不应该包括已经凝结的以及悬浮在空气中的微小水滴等。

　　可凝结水量可以根据以下计算公式计算，则有

$$W = \frac{1}{\rho_{水}} \int_0^X \rho_w(x)\,\mathrm{d}x \tag{3-25}$$

式中，$\rho_{水}$ 为水的密度；$\rho_w(x)$ 为绝对湿度，即为水气密度；X 为辐射传播路径长度。如果水蒸气密度是均匀的，即 $\rho_w(x) = \rho_w$，与 x 无关，则有

$$W = \frac{1}{\rho_{水}} \rho_w X \tag{3-26}$$

　　通常，路程的单位是 km，而水蒸气的密度单位取 g/m³，所以 $\rho_{水} = 1 \times 10^6 \text{g/m}^3$，故结合式（3-25）和式（3-26）可得到以毫米为单位表示的可凝结水为

$$W = \int_0^X \rho_w(x)\,\mathrm{d}x \tag{3-27}$$

若水蒸气是均匀分布的，则有

$$W = \rho_w X \tag{3-28}$$

根据式(3.28)可知,在均匀分布的大气传输路径内,单位长度的大气路径(1km)内的可凝结水量(mm)在数值上正好等于大气绝对湿度(g/m³):

$$\omega = \rho_w \tag{3-29}$$

这里需要强调指出的是,不能将给定厚度的可凝结水量的吸收等同于相同厚度的液态水的吸收。事实上,10mm 厚的液态水层,在波长大于 $1.5\mu m$ 的波段上,吸收率几乎达到了 100%,辐射完全不能透过;而在任意大气窗口内,含有 10mm 可凝结水量的路程的透射率都超过了 60%。

3)水蒸气的分布。水蒸气是由地面水分的蒸发后送到大气中的气体。由于大气中的垂直交换作用,水蒸气向上传播,而随着离蒸发源距离的增大,水蒸气的密度变小。此外,低温及凝结过程也影响大气中水蒸气的含量。由于这些因素的作用,大气中水蒸气的密度随着高度的增加而迅速地减少。大气平均每增加 16 km 的高度,大气压强要降低一个数量级。水蒸气大约每增加 5 km 高度,其分压强就降低一个数量级。几乎所有的水蒸气都分布在对流层以下。总之,水蒸气压强随高度的变化规律类似于大气压强随高度的变化规律。

(2)二氧化碳。二氧化碳属于干燥大气一种成分,是大气中的固定组分之一,通常从海平面一直到 50km 左右的高度,二氧化碳的浓度基本保持不变,二氧化碳是重要的红外吸收分子中唯一一种在大气中近似均匀混合的气体,其在大气中的平均含量体积比为 0.032 2%。因此,二氧化碳的分布和大气压强一样,高度每增高 16km,其分压强就降低一个数量级。和水蒸气相比,二氧化碳含量随高度的减少要比水蒸气慢得多。因此,在低层大气中水蒸气的吸收对红外辐射的衰减起着主要作用;而在高层大气,水蒸气的吸收退居次要地位,二氧化碳的吸收变得更重要了。

在描述传输路径上吸收气体分子数量时,与水蒸气采用可凝结水量这一物理量不同,二氧化碳以及其他在大气中不凝结的气体组分,通常采用辐射传输路径上的大气厘米数(atm · cm)来表示。其定义为:假想一圆筒形大气,其长度为辐射在大气层中传输的距离为 X,以 cm 为单位来表示,其截面积为 ΔS。把在圆筒体内所有的二氧化碳分子都取出来置于一底面积也是 ΔS 的圆筒形容器内,使其压强达到标准大气压,这时二氧化碳的厚度 D 就称为二氧化碳的大气厘米数,单位为 (atm · cm)。

二氧化碳的大气厘米数可以采用以下公式计算,即

$$D = \frac{1}{\rho_{0CO_2}} \cdot \int_0^X \rho_{CO_2}(x) \mathrm{d}x \tag{3-30}$$

式中,ρ_{0CO_2} 为标准状态下的二氧化碳密度;$\rho_{CO_2}(x)$ 为 x 点处的二氧化碳的密度。

而实际应用中,由于在通常考虑大气红外辐射吸收衰减的高度范围内,二氧化碳在大气中的体积百分比基本保持不变,所以也可以直接采用辐射在大气中的传输路径长度来表征传输路径上二氧化碳气体分子的多少。

介质中的辐射场强度与介质的透过率密切相关。因此,研究因大气对辐射产生的衰减是非常重要的。之前章节说过大气衰减的表现形式主要为两类衰减:大气吸收衰减和大气散射衰减。这小节先介绍大气吸收衰减:

大气吸收衰减的主要原因可以分为以下两点。

(1)原子的共振吸收。它的产生原因是因为电子跃迁,也称原子能跃迁,是指原子中的电子在电子基态和电子激发态之间的跃迁。电子跃迁的能级之间的能量差一般在 $1 \sim 20\mathrm{eV}$,电

子跃迁所产生的辐射波长为 $62.5 \sim 1\,250\text{nm}$，涵盖了大部分紫外线、全部可见光和近红外部分。因此原子的共振吸收主要发生在紫外及可见光谱区域内。

(2)分子的带吸收。它的产生原因是因为分子的振动和转动跃迁。分子的振动跃迁是指组成分子的各个原子产生的相对振动运动。分子振动跃迁的能级之间的能量差一般在 $0.05 \sim 1\text{eV}$，分子振动跃迁产生的辐射波长为 $1.25 \sim 25\mu\text{m}$，全部属于红外辐射。分子转动跃迁是指组成分子的各个原子产生的相对转动运动。分子转动跃迁的能级之间的能量差一般小于 0.05eV，产生的辐射波长大于 $25\mu\text{m}$，覆盖了大部分红外波段，还包含了部分微波波段。红外光谱也被称为分子振动-转动光谱，因此大气中气体分子的振动能级跃迁或转动能级跃迁都会对红外辐射产生较为强烈的吸收。这些分子包括水蒸气（H_2O）、二氧化碳（CO_2）、臭氧（O_3）、一氧化二氮（N_2O）、甲烷（CH_4）以及一氧化碳（CO）等，其中水蒸气、二氧化碳和臭氧对红外辐射的吸收作用最强，这是因为它们均具有强烈的吸收带，而且它们在大气中都具有相当高的浓度。对于一氧化碳、一氧化二氮和甲烷这一类的分子，只有辐射通过的路程相当长或通过很大浓度的空气时，才能表现出明显的吸收。

以水分子为例，大气分子吸收辐射能量转变为分子平动、振动和转动能量以及内部电子的振动、转动能量。其中电子吸收的光谱集中在紫外和可见光区域，大气分子吸收的光谱集中在红外光区域。

量子学说指出，并非任意两个能级间都能进行跃迁，这种跃迁需要遵循一定的规律，即所谓选律。大气中的气体分子要对红外辐射进行吸收，必须同时满足以下两个基本条件：①分子振动或转动的频率与红外光谱段内某一谱线的频率相等（$E = h\nu$）；②对红外光谱，分子振动/转动过程中，必须引起分子电偶极矩的变化，分子才能在两种能级间跃迁，进而吸收红外辐射。

下述简要解释一下上面提到的新概念——分子电偶极矩。

任何物质的分子就其整个分子而言，是呈电中性的，但由于构成分子的各原子因价电子（指原子核外电子中能与其他原子相互作用形成化学键的电子）得失的难易，而表现出不同的电性，分子也因此而显现不同的极性。通常用分子的电偶极矩 μ 来描述分子极性的大小：

$$\mu = q \cdot d \qquad\qquad (3-31)$$

式中，q 为分子中正电性原子的电量总和或负电性原子的电量总和；d 为分子的正负电荷原子以电荷量为权重的重心间的距离。

地球大气层中含量最丰富的氮、氧、氩等气体分子是对称的，它们的振动或转动不引起电偶极矩的变化，故而不会吸收红外辐射。大气中含量相对较少的水蒸气、二氧化碳、臭氧、甲烷、氧化氮、一氧化碳等非对称分子，其某些形式的振动或转动会引起电偶极矩变化，从而对红外辐射产生强烈的吸收。

图 3-13 表示出了太阳辐射的大气吸收光谱。图中横坐标为波长，纵坐标为大气吸收率。偏上半边指至地面的大气吸收光谱，下半边指至 11km 高度的大气吸收光谱。大气分子吸收光谱本是许多单条谱线的集合，但由于自然加宽、多普勒（温度）加宽和碰撞（压力）加宽的线形谱线的集合，使吸收谱表现为带形吸收光谱和连续吸收光谱。

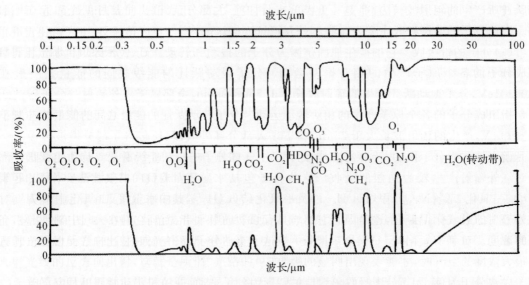

图 3 - 13　太阳辐射的大气吸收光谱

图 3 - 13 还显示了水蒸气、二氧化碳、臭氧、氧化氮、一氧化碳和甲烷等产生的红外吸收带。其中,二氧化碳在 $2.7\mu m$、$4.3\mu m$ 和 $15\mu m$ 产生强烈吸收;甲烷、一氧化氮由于含量很小,对红外吸收的影响也小;水蒸气是大气中的可变成分,在海平面极潮湿的大气中,水蒸气含量很高,而干燥地区则很低,故不同区域水蒸气对大气吸收程度是不同的。可见气体对红外辐射的吸收具有明显的波长选择性,表 3 - 5 列出了大气不同分子的主要红外吸收带的中心波长。

表 3 - 5　大气不同分子红外吸收带的中心波长

吸收分子	红外吸收带的中心波长 $/\mu m$
H_2O	$0.72,0.82,0.94,1.1,1.38,1.87,2.70,3.2,6.27$
CO_2	$1.4,1.6,2.0,2.7,4.3,4.8,5.2,9.4,10.4$
O_3	$4.8,9.6,14$
N_2O	$3.9,4.05,4.5,7.7,8.6$
CH_4	$3.3,6.5,7.6$
CO	$2.3,4.7$

此外,图 3 - 13 还显示了氮气、氧气和臭氧的原子在紫外区有吸收带,尤其波长小于 $0.3\mu m$ 的紫外光被大气中的氧和臭氧强烈吸收,因此,地球表面的紫外辐射在 $0.22\sim0.28\mu m$ 光谱区内被称为"太阳光谱盲区",利用此盲区可以进行紫外告警研究。

从图 3 - 13 中可以看出,大气对可见光,在 $1\mu m$、$3\sim5\mu m$、$8\sim12\mu m$ 附近红外光吸收很少,有很高的透过率,相应波长辐射的"透明度"很高,这些波段被称为"大气透过窗",简称大气窗。在图 3 - 13 中,横坐标为波长,纵坐标为大气吸收透过率 τ_a,图 3 - 13 中显示可以粗略划分为三个窗口,分别为 $1\sim3\mu m$、$3\sim5\mu m$、$8\sim14\mu m$;进一步细分,可分为 $0.70\sim0.92\mu m$、$0.92\sim1.1\mu m$、$1.1\sim1.4\mu m$、$1.5\sim1.8\mu m$、$1.9\sim2.7\mu m$、$2.9\sim4.3\mu m$、$4.3\sim5.5\mu m$、

$5.8\sim14\mu m$;在 $15\mu m$ 以上大气透过性很差。

　　大气窗最显著的特点是对红外辐射没有强吸收,在大气窗口内大气对红外辐射的衰减主要由大气散射造成。因此,大气窗的划分对红外装置的设计和使用是有重要意义的,红外装置的工作波段范围必须选在 $15\mu m$ 以下,并选在某一大气窗内,才可以减小大气吸收的影响,从而提高系统的作用距离。

　　为了确定给定大气路程上分子吸收所决定的大气透射率,可以有如下几种方法:①根据光谱线参数的详细知识,一条谱线接一条谱线地做理论计算;②根据带模型,利用有效的实验测量或实际谱线资料为依据,进行理论计算;③在实验室内模拟大气条件下的测量。

　　以下对上述方法进行简单介绍。

　　(1)光谱线的展宽。由量子力学可知,分子的红外光谱包括纯转动光谱带和转动-振动光谱带。而且分子的纯转动光谱带由一系列的转动光谱线组成,转动-振动光谱带则由一系列转动结构线组成。在理想情况下,每一条光谱线只具有一个确定的频率。也就是说,某一光谱轮廓只用一条没有宽度的几何线来表示。但在实际情况下,任何一条光谱线都不可能具有一个确定的频率,而是以某一频率为中心,按某一方式在一定频率范围内的连续分布。这样就使得实际的光谱线不可能用一条没有宽度的几何线来表示,而只能是一定宽度的光谱轮廓。

　　谱线轮廓是指谱线强度根据频率的变化形成的几何曲线。使用一定强度的光束照射等离子体原子蒸气,通过测量穿过蒸气的光判断光的吸收强度。人们总结出光吸收定律,即投射光强和入射光强满足指数衰减规律,衰减快慢与原子蒸汽厚度和吸收系数有关。

　　从光吸收定律可以看出,原子蒸气对不同频率的光吸收不同,对中心频率吸收最大,而对两侧频率吸收逐渐减小,因此吸收光谱呈现倒钟形,称为吸收谱线的展宽。

　　影响谱线展宽有两个因素:一是由原子结构所决定的,比如自然展宽;二是外界条件影响所引起的,比如多普勒展宽。

　　1)自然展宽。按照玻尔的原子模型,原子的核外电子处在不稳定、不连续的分立能级中,当一个电子从激发态向基态或低能级跃迁时会发出一个光子,其辐射的光子频率与电子跃迁的两能级差的关系满足玻尔跃迁规则,即在原子(或分子)系统的能级 E_m 和 E_n 之间发生跃迁时,能产生一条光谱线。发生光谱线的自然宽度与原子的能级成正比。原子处的能级越大,谱线自然越宽;原子能级越小,谱线越小。经推导,光谱线的自然展宽为

$$\Delta v = \frac{1}{2\pi\tau_m} \tag{3-32}$$

式中,τ_m 为粒子在能级 E_m 上的平均时间,即平均寿命。

　　经典电磁场理论认为,原子和分子都可以看成带有等量异号电荷的电偶极子,原子和分子的辐射可以看成是由于这些电偶极子阻尼振动的结果。由经典电磁场可知,对于特征频率为 ν_{ml} 的电偶极子,在频率 ν 处,单位频率范围内所辐射的谱线强度为

$$I(\nu) = I_0 \frac{\gamma_{ml}}{4\pi^2 (\nu - \nu_{ml})^2 + \gamma_{ml}^2/4} \tag{3-33}$$

式中,I_0 为总强度,γ_{ml} 为 m 和 l 两个激发态能级阻尼系数之和。

　　把光谱线强度 $I(\nu)$ 随频率的分布叫做谱线的线型函数,它可也表明光谱线强度随频率分布的外形轮廓。

　　谱线几率分布函数 $P(\nu)$ 可以写为

$$P(\nu) = \frac{1}{\pi} \frac{\alpha}{(\nu - \nu_{ml})^2 + \alpha^2} \tag{3-34}$$

式中，α 为光谱线的半宽度（半峰宽是色谱峰高一半处的峰宽度，又称半宽度），等于 $\gamma_{ml}/4\pi$。而且可以证明 $P(\nu)$ 满足归一化条件，即

$$\int_{-\infty}^{\infty} P(\nu)\mathrm{d}\nu = 1 \tag{3-35}$$

因此，又经常把 $P(\nu)$ 称为归一化线型函数，因为这一函数形式是洛伦兹型的函数形式，所以把自然展宽的谱线形状称为洛伦兹型。

2）多普勒展宽。多普勒展宽又称高斯展宽。原子沿任意一个方向随机的运动是影响多普勒展宽的根本原因。在光源中，将任何一个发光原子认为是一个随意运动的微光源。因为原子运动是随意的，所以通过检测器测得的频率较没有任何运动的原子产生的频率有一些细微的差别。因为谱线的频率出现了细微的出入，所以谱线会加宽和变形。由于辐射粒子（原子或分子）的热运动，有的粒子是朝着接收器运动的，有的粒子是背离接收器运动的，因此，观测到的光谱线就不可能具有一个频率 ν_0，而是以 ν_0 为中心，在一定频率范围内的分布，这就是多普勒展宽的物理起因。一般来说，沿着两个相反方向运动的原子的数量基本相同，所以谱线在两翼的加宽基本是一致的，称为对称变宽类型。然而在谱线中心处的频率一般不会发生变化，但谱线中心处的频率强度会有所下降。变宽程度与元素的质量成反比，相对原子质量较大的元素，变宽效果较轻；相对原子质量排在周期表前面的元素，变宽效果就比较大。一般多普勒展宽约为数量级。

经推导，多普勒展宽的半宽度为

$$a_D = \frac{\nu_0}{c}\sqrt{\frac{2K_B T \ln 2}{m}} \tag{3-36}$$

令 a_D 表示谱线多普勒展宽的半宽度（半峰宽是色谱峰高一半处的峰宽度，又称半宽度），c 为光速，K_B 为玻尔兹曼常数，T 为温度，m 为原子（分子）的质量。

谱线的总强度 I_0 为

$$I_0 = \int_{-\infty}^{\infty} I(\nu)\mathrm{d}\nu = I_{\max} a_D \sqrt{\frac{\pi}{\ln 2}} \tag{3-37}$$

由此得到线形函数的极大值为

$$I_{\max} = \frac{I_0}{a_D}\sqrt{\frac{\ln 2}{\pi}} \tag{3-38}$$

其物理意义是：一个给定辐射源，不论谱线的宽度如何，其强度 I_0 是不变的，因此 a_D 和 $I_{\max}$ 成反比，即谱线越宽，其极大值越小。

多普勒线型函数为

$$I(\nu) = \frac{I_0}{a_D}\sqrt{\frac{\ln 2}{\pi}}\exp\left[-\frac{\ln 2}{a_D^2}(\nu - \nu_0)^2\right] \tag{3-39}$$

（2）吸收带模型。通常在一个很窄的吸收带内可能含有数十条或数百条吸收线，虽然每条吸收线都有确定的参数，但要找出谱带总吸收的解析形式是极困难的，因为光谱线有明显的重叠，在计算吸收率时，必须考虑到这种效应。而且，当谱线重叠时，吸收率总是小于同样数目相互孤立谱线所预期的结果。解决的方法之一是逐线积分，所得值与实测值之间相差 5% ～ 10%，这种计算工作量大且不方便，于是提出了吸收带模型。最常用的有爱尔撒司（Elsasser）

模型、统计(Goody)模型和随机模型。

爱尔撒司模型亦称为规则模型。它假设光谱带是由等同强度、同等光谱间隔和同等半宽度的光谱线组成的。对于二氧化碳、一氧化二氮、一氧化氮等线型分子,其谱带是由比较规则的谱线组成的,一般用爱尔撒司模型处理。

统计模型又称 Goody 模型,这种模型假设谱线的位置和强度可以用一种概率函数来表示。它适用于水蒸气的吸收带,因为在水蒸气的谱带中,光谱线的分布是无规则的。

随机模型假设谱带中有几种爱尔撒司模型的谱带,这几种谱带具有不同的强度、不同的宽度、不同的光谱间隔,而且这几种爱尔撒司谱带是无规则地叠加在一起的,这种模型比较接近于真实的光谱结构。它适用于 $2.7\mu m$ 的光谱带,因为在 $2.7\mu m$ 处,既有比较规律的二氧化碳的吸收带,又有无规则水蒸气吸收带。在许多情况下,用随机的爱尔撒司模型可得出比较精确的结果。

(3)表格法计算大气吸收。谱带模型法中如线强、线宽、线距这些随温度压强变化的参数并不容易获得,一种简洁的方法是利用红外和大气光学工作者编制的大气透过率表格,可以方便地计算大气吸收。表格与使用方法请读者自行查阅。

任意波长上的透射率的值是从表中查到的水蒸气和二氧化碳透射率的乘积,即

$$\tau = \tau_{H_2O}\tau_{CO_2} \tag{3-40}$$

需要强调的是,这些表格只适用于海平面上的水平路程。在高空,由于大气压强随着高度的增加而下降,大气温度也要下降,因此谱线的宽度变窄。可以预料,通过同样的路程时,吸收变小,所以大气透射率就要增加。温度对透射率的影响较小,通常可不予考虑,只要考虑压强降低对透射率的影响就行了。若做些简单的修正,这些表格就可适用于高空。在高度为 h 的水平路程 x 所具有的透射率等于长度为 x_0 的等效海平面上水平路程的透射率,用数学表达式可表示为

$$x_0 = x\left(\frac{p}{p_0}\right)^k \tag{3-41}$$

式中,p 为高度 h 处的大气压强;p_0 为海平面的大气压强;k 为常数,对水蒸气是 0.5,对二氧化碳是 1.5。

高度修正:设海拔高度 z(单位为 km)的水平路径长度为 L,则等效路程长度为

$$L_0 = \begin{cases} L\ (p/p_0)^{0.5} \approx L\exp(-0.059\ 38z) & H_2O \\ L\ (p/p_0)^{1.5} \approx L\exp(-0.178z) & CO_2 \end{cases} \tag{3-42}$$

斜程修正:在斜程问题中,通常实在知道传感器位置处的温度、海拔、相对湿度等量的情况下,求斜程的大气透射比。由于传输路径是变吸收体,通过积分推得发现海拔 z_1 至 z_2,天顶角为 θ 的路径上 H_2O 的等效海平面可降水分量为

$$\omega_e = \omega_e(z_1)\frac{1-\exp[-(\beta+0.059\ 38)](z_2-z_1)}{(\beta+0.059\ 38)(z_2-z_1)} \tag{3-43}$$

式中,$\omega_e(z_1)$ 为海拔 z_1 上与斜程同样长路径的 H_2O 等效海平面可降水分量。同样,对于 CO_2 等效径路长度为

$$L_e = L_e(z_1)\frac{1-\exp[-0.178(z_2-z_1)]}{0.178(z_2-z_1)} \tag{3-44}$$

式中,$L_e(z_1)$ 为海拔 z_1 上与斜程同样长路径的 CO_2 等效海平面路径长度。

2.大气散射衰减

(1)大气主要散射粒子。光线通过有尘土的空气或气溶胶等媒质时,部分光线向多方面改变方向的现象,叫做光的散射。

太阳辐射通过大气时遇到空气分子、尘粒、云滴等质点时,都要发生散射。主要的散射粒子如空气分子、气溶胶和云雨滴等。

气溶胶是指悬浮在气体介质中的固态或液态颗粒所组成的气态分散系统。这些固态或液态颗粒的密度与气体介质的密度可以相差微小,也可以悬殊很大。气溶胶颗粒大小通常在 $0.01\sim10\mu m$ 之间,但由于来源和形成原因范围很大,例如:花粉等植物气溶胶的粒径为 $5\sim100\mu m$、木材及烟草燃烧产生的气溶胶,其粒径为 $0.01\sim1\,000\mu m$ 等。颗粒的形状多种多样,可以是近乎球形,诸如液态雾珠,也可以是片状、针状及其他不规则形状。从流体力学角度,气溶胶实质上是气态为连续相,固、液态为分散相的多相流体。

有时将尺度为 $0.01\sim1\mu m$ 的气溶胶称霾,尺度为 $10^{-3}\sim10^{-2}\,\mu m$ 的气溶胶称为爱根核(Aitken nuclei)。霾是悬浮在大气中的大量微小尘粒、烟粒或盐粒的集合体,使空气浑浊,水平能见度降低到10km以下的一种天气现象。霾一般呈乳白色,它使物体的颜色减弱,使远处光亮物体微带黄红色,而黑暗物体微带蓝色。组成霾的粒子极小,不能用肉眼分辨。在湿度大的地方,潮湿的水蒸气在这些微粒上凝结,可使它变得很大,并把这种粒子叫做凝聚核。当大气凝聚核由于各种原因长大时也能形成霾。通常在工业区看到蓝灰色的上空,就是霾对太阳光散射的结果。进一步凝结可能使霾演变成轻雾、雾和云。由于盐粒自然地吸收潮气,因此它是非常重要的凝聚核。当凝聚核逐渐增大成为半径超过 $1\,\mu m$ 的水滴或冰晶时,就形成了雾。云的成因与雾相同,二者以习惯感觉来区分,即接触地面的称为雾,不接触地面的称为云。按照国际上通用的说法,雾的能见度小于 $1\,km$,而云的能见度大于 $1\,km$。形成雾和云的小水滴半径一般在 $0.5\sim80\,\mu m$ 之间,而大部分在 $5\sim15\,\mu m$ 之间。以水滴形式落到地面的沉降物叫做雨,半径尺寸约为 $0.25\,mm$,被工业废物污染的雾叫做烟雾。

(2)大气散射衰减。从本章之前的介绍可以知道,大气对辐射传输的衰减除了大气吸收之外,大气中各种悬浮的粒子也会通过改变辐射传输方向的方式使辐射传输方向上的能量减弱,从而对辐射造成衰减,这就是大气散射衰减。

量子力学中,散射也称为碰撞,其实质可视为辐射光子与散射元的弹性碰撞。也就是散射元吸收了辐射能,又把这个能量以新的空间分布发射出去。从经典电磁理论的角度来看,可以认为就是电磁辐射引起散射元做强迫振动,强迫振动的频率不等于散射元固有振荡频率,散射元的强迫振动就形成了次波,不断向外发射。由于散射元微粒大小、运动不同,所以散射光谱不同。

一般而言,在红外波段,吸收是大气衰减的主要原因,散射比分子吸收作用弱,但是在吸收很小的大气窗口波段,散射就是辐射衰减的主要原因。

本节只简单介绍散射理论及其影响,用以确定由散射引起的大气透射率的计算。

由布格尔比尔定律知经过路程 s 的散射透射比为

$$\tau_\beta(v) = e^{-\beta(v)\rho s} \tag{3-45}$$

式中, $\beta(v)$ 为散射衰减系数。

大气中包含着多种散射元,如大气分子、大气中悬浮微粒等。大气散射规律,即散射衰减系数 $\beta(v)$ 的变化规律随散射元大小的不同而不同。在散射中通常采用一个尺寸因子对大气

散射衰减进行分类。尺寸因子定义为

$$\chi = \frac{2\pi r}{\lambda} \tag{3-46}$$

式中，r 为散射粒子的半径，λ 为入射光波长。

按尺寸因子取值不同分为以下三类散射元。

1）若 $\chi < 2.0$（χ 较小时），则微粒的尺寸远小于被吸收光波的波长，如大气分子，散射遵循瑞利定律，称为分子散射；

2）若 $\chi = 2.0 \sim 20$ 时，则微粒的尺寸比较大，与入射辐射的波长较接近，例如一些大气气溶胶颗粒，进入米氏散射的范围；

3）若 $\chi > 20$（散射粒子很大时），则属于几何光学的大颗粒散射范围。

根据以上分类，以下介绍不同的散射定理方法。

1）瑞利散射。1871 年瑞利首先提出一种理论来描述散射元的线度比被散射的波长小得多的散射。这就是众所周知的瑞利散射。

瑞利散射是指散射粒子的尺寸远远小于入射辐射波长的情况，散射服从瑞利散射规则，其散射的效率因素 Q_{sca} 满足：

$$Q_{sca} = \frac{128\pi^4 r^4}{3\lambda^4} \left(\frac{n^2 - 1}{n^2 + 1} \right)^2 \tag{3-47}$$

若用尺寸因子 χ 表示，则

$$Q_{sca} = \frac{8\chi^4}{3} \left(\frac{n^2 - 1}{n^2 + 1} \right)^2 \tag{3-48}$$

式中，n 为与散射粒子的折射率，r 是散射粒子的半径，λ 是入射光的波长。瑞利散射的散射元主要是气体分子，故又称为分子散射，大气分子对太阳光的散射主要是在可见光范围内。

由式（3-48）可见散射强度与入射辐射的波长的四次方成反比，因此瑞利散射具有很强的光谱选择性，且入射辐射的波长越长，散射强度越小，即分子对短波的散射远强于对长波的散射，所以大气分子散射主要发生在可见光范围及其以下（比可见光短的波长），对中远红外区域的衰减可以忽略。随着波长的增加，Q_{sca} 减小，大气衰减的瑞利散射成分减少，因此，波长增加，传播距离增加。这就是红外光比可见光传播距离远，而无线电波又比红外光传播远的原因之一。

瑞利散射只适用于粒子尺寸较小的情况。对可见光的频率范围，粒子半径应小于 $0.05\mu m$ 左右。瑞利散射式中的四次方反比关系可以解释为什么晴朗的天空是蓝色的，那是因为它的短波散射远大于长波散射。那为什么天空不是紫色的呢？原因之一是，人眼对紫光的视敏度远小于对蓝光的视敏度。

一般情况下散射光是偏振的。自然光在瑞利散射后，散射光的总强度为

$$I_{sca} = \frac{\lambda^2 E_0 N r^2}{16\pi^2} \chi^4 \left(\frac{n^2 - 1}{n^2 + 1} \right) (1 + \cos\theta) \tag{3-49}$$

式中，E_0 为入射光的照度。

根据相函数的概念，可以求出：

$$2 \int_0^{\pi/2} \int_0^{2\pi} \frac{1}{4\pi} (1 + \cos^2\theta) \sin\theta d\varphi = \frac{4}{3} \tag{3-50}$$

为了使相函数归一化，用 3/4 乘以 $(1 + \cos\theta)$ 即为瑞利散射的相函数，即

$$\varphi_s(\cos\theta) = \frac{3}{4}(1 + \cos^2\theta) \tag{3-51}$$

2）米氏散射。当粒子尺度参数 χ 大于上面讨论的瑞利散射适用的范围时，许多有实际意义的散射问题通常都发生在 $\chi = 2.0 \sim 20$ 的范围，这个范围可以理解为散射元的尺寸与辐射波长接近，此时瑞利散射公式不再适用，要用米氏散射理论来描述。

这种散射问题需要把麦克斯韦方程用于散射粒子之内和之外的介质中，并使其解在粒子的界面上相一致。对球形粒子，折射率 n 的粒子在折射率为 1 的介质中的衰减效率因素的解为

$$\left.\begin{aligned}
Q_{\text{ext}} &= \frac{2}{\chi^2}\sum_{m=1}^{\infty}(2m+1)\,\mathrm{Re}(a_m+b_m) \\
a_m &= \frac{\varphi'_m(n\chi)\varphi_m(\chi) - n\varphi_m(n\chi)\varphi'_m(\chi)}{\varphi'_m(n\chi)\xi_m(\chi) - n\varphi_m(n\chi)\zeta'_m(\chi)} \\
b_m &= \frac{n\varphi'_m(n\chi)\varphi_m(\chi) - \varphi_m(n\chi)\varphi'_m(\chi)}{n\varphi'_m(n\chi)\xi_m(\chi) - \varphi_m(n\chi)\zeta'_m(\chi)} \\
\varphi_m &= \sqrt{\frac{\pi\chi}{2}}\,\mathrm{J}_{m+\frac{1}{2}}(\chi) \\
\zeta_m &= \sqrt{\frac{\pi\chi}{2}}\left[\mathrm{J}_{m+\frac{1}{2}}(\chi) - \mathrm{i}\,(-1)^{m+1}\mathrm{J}_{-(m+\frac{1}{2})}(\chi)\right]
\end{aligned}\right\} \tag{3-52}$$

式中，Q_{ext} 为包括粒子的吸收和散射在内的衰减系数。若折射率 n 为实数，则 $Q_{\text{ext}} = Q_{sca}$。方程组（3-52）中的 J 表示第一类贝塞尔函数，m 为散射粒子的复折射率，Re 表示取复数的实部。

米氏散射的角分布是不对称的。为描述此不对称性，可以引入一个非对称因素 $\langle\cos\theta\rangle$：

$$\langle\cos\theta\rangle = \frac{1}{4\pi}\int_{4\pi}\varphi_s(\cos\theta)\cos\theta\mathrm{d}\Omega \tag{3-53}$$

$\langle\cos\theta\rangle$ 的值可以从 -1 变化至 $+1$。很显然，对瑞利散射，其前后散射是对称的，所以 $\langle\cos\theta\rangle = 0$。在粒子尺寸进入米氏区后，如图 3-14 所示，非对称因素 $\langle\cos\theta\rangle$ 将随尺寸因子 χ 的变化而变化。

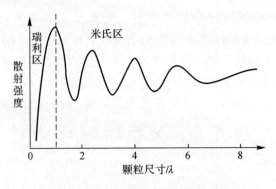

图 3-14　散射粒子半径与波长之比

可见，米氏散射的散射强度与入射辐射的波长的二次方成反比，因此米氏散射也具有光谱

选择性,但其光谱选择性比瑞利散射小,同样入射辐射的波长越长,散射强度越小。

对于红外辐射而言,大气中许多气溶胶粒子尺寸均与其波长相近。例如,组成云和雾的球形气溶胶粒子,其半径通常在 $0.5\sim80\mu m$,特别是 $5\sim15\mu m$ 的球形气溶胶粒子最多,其尺寸与人们常探测的红外辐射波长 ($\lambda<15\mu m$) 很接近,因此,云雾的米氏散射是影响红外大气衰减的主要因素。

3)无选择散射。当散射粒子半径远大于辐射波长时,粒子对入射辐射的反射和折射占主要地位,形成宏观上的散射。这种散射与波长无关,故称为无选择性散射。散射系数等于单位体积内所含半径 r 的 N 个粒子的截面积总和,即

$$\beta = \pi \sum_{i=1}^{N} r_i^2 \tag{3-54}$$

对于可见光,在云和雾中出现无选择性散射 ($r\gg\lambda$),所以雾呈白色,透过雾看太阳也呈现白色圆盘形状。对于雨来说,$r=0.25\sim3mm$,则对 $\lambda<15\mu m$ 的红外辐射满足 $r\gg\lambda$ 的条件,所以是无选择性散射,此时红外系统仍能继续工作。

可以看出大气对入射辐射的散射类型取决于散射粒子与入射辐射波长的相对尺寸大小。可见光主要受气体分子和爱根核(半径 $0.005\sim0.1\mu m$ 的气溶胶粒子)的瑞利散射作用;红外辐射则主要受气溶胶粒子的米氏散射作用。气体分子和爱根核对可见光表现为强烈的瑞利散射,对红外辐射则无明显激射作用;气溶胶对可见光表现为无选择性散射,对红外辐射表现为较强的米氏散射;大气污染物对可见光和红外辐射均表现为无选择性散射。

4)散射衰减的工程计算法。之前提到的瑞利散射、米氏散射等要计算散射系数需要知道大气中悬浮粒子的资料,但这些资料不好获取,测量也困难。因此,气象学中采用一种工程方法来处理散射问题,就是利用气象视距来处理散射问题。

a.气象视程与视距方程式。目标与背景的对比度随着距离的增加而减少到 2% 时的距离,称为气象视程 V,简称为视程或视距。人们可以在可见光谱区的指定波长 λ_0 处(通常取 $\lambda_0=0.6\mu m$ 或 $\lambda_0=0.55\mu m$)测量目标和背景的对比度,以背景亮度为标准定义目标对比度 C,则

$$C = \frac{L_t - L_b}{L_b} \tag{3-55}$$

式中,L_t 为目标亮度;L_b 为背景亮度。

对于同一目标来说,当它距观察点的距离为 x 时,那么观察者所看到的目标与背景的对比度为

$$C_x = \frac{L_{tx} - L_{bx}}{L_{bx}} \tag{3-56}$$

式中,L_{tx} 为观察者所看到的目标亮度;L_{bx} 为背景亮度。

人眼对两个目标亮度的差异的区别能力是有限的,这种限制的临界点称为亮度对比度阈。亮度对比度阈通常以 C_V 表示,对于正常的人眼来说,其标准值为 0.02。

当 $x=V$(气象视程)处的亮度对比度 C_V 与 $x=0$ 处的对比度亮度 C 的比值恰好等于 2% 时,这时的距离 V 称为气象视距,在实际测量中,总是让特征目标亮度远远大于背景的亮度,即:$L_t\gg L_b$,则有

$$\frac{C_V}{C_0} = \frac{L_{tV}}{L_{t0}} = 0.02 \tag{3-57}$$

若从 $x=0$ 到 $x=V$ 之间的大气,在波长 λ 处,对大气透射率的影响仅仅是由散射造成

的,其透射率为

$$\tau_s(\lambda_0, V) = \frac{L_{tV}}{L_{t0}} = e^{-\mu_s(\lambda_0)V} \tag{3-58}$$

则

$$\ln\tau_s(\lambda_0, V) = -\mu_s(\lambda_0)V = \ln 0.02 = -3.91 \tag{3-59}$$

所以可以得到在波长 λ 处,散射系数和气象视程的关系为

$$V = \frac{3.91}{\mu_s(\lambda_0)} \tag{3-60}$$

式(3-60)称为视程方程,V 是长度单位。

b. 测量 λ_0 处视程的原理及利用 λ_0 处的视程求任意波长处的光谱散射系数。

按照视程方程式,我们能知道散射系数 μ_s。又因为选取的波长通常是 $\lambda = 0.61\mu m$ 或 $0.55\mu m$,在这些波长处的吸收近似为零,因此,衰减只是由散射造成的。这样就可以由透射率和散射系数的关系,求得气象视程。在已知的 x 距离上,在波长 λ_0 处,测得大气透射率为 $\tau_s(\lambda_0, x)$,则有

$$\tau_s(\lambda_0, x) = e^{-\mu_s(\lambda_0)x} \tag{3-61}$$

$$\ln\tau_s(\lambda_0, x) = -\mu_s(\lambda_0)x \tag{3-62}$$

如果已知距离 x 在 $0 \sim V$ 之间,由于在整个视程内的 μ_s 都是一样的,因此,可以将此式中的 $\mu_s(\lambda_0)$ 代入视程方程中,得到视程与已知距离处的透射率之间的关系为

$$V = \frac{3.91x}{\ln\tau_s(\lambda_0, x)} \tag{3-63}$$

由式(3-63)可知,只要测得已知距离 x 及透射率 $\tau_s(\lambda_0, x)$,就可以求得视距。

而经过推导可以得到任意波长 λ 处的散射系数 $\mu_s(\lambda)$ 与气象视距及波长的关系式为

$$\mu_s(\lambda) = \frac{3.91}{V}\left(\frac{\lambda_0}{\lambda}\right)^q \tag{3-64}$$

把式(3-64)代入由纯散射衰减导致的透射率公式,有

$$\tau_s(\lambda) = \exp\left[-\frac{3.91}{V}\left(\frac{\lambda_0}{\lambda}\right)^q x\right] \tag{3-65}$$

式中,q 为经验常数。当大气能见度特别好时,$q = 1.6$;中等视见度,$q = 1.3$;如果大气中的霾很浓厚,以致能见度很差可取 $q = 0.585V^{1/3}$,其中 V 是以 km 为单位的气象视程。

3.3.3 大气辐射传输模型

1. 大气辐射传输原理

电磁辐射在介质中传输时,通常因其与物质的相互作用而减弱。辐射强度的减弱主要是由物质对辐射的吸收和物质散射所造成的,有时也会因相同波长上物质的发射以及多次散射而增强,多次散射使所有其他方向的一部分辐射进入所研究的辐射方向。当电磁辐射为太阳辐射,而且忽略多次散射产生的漫射辐射时,光谱辐射强度的变化规律可以表述为

$$\frac{dI_\lambda}{k_\lambda\rho ds} = -I_\lambda \tag{3-66}$$

式中,I_λ 为辐射强度,s 为辐射通过物质的厚度,ρ 为物质密度,k_λ 表示对波长 λ 辐射的消光截面(消光截面等于反射截面加吸收截面,散射截面是入射光照度与粒子散射的光通量之比,或

者说,粒子散射的能量等于照射在散射界面上的能量,是抽象面积。吸收截面是吸收通量与入射光照度之比。散射截面和吸收截面并不是散射粒子的实际截面,当吸收为零时,散射截面就是消光截面)。

令在 $s = 0$ 处的入射强度为 $I_\lambda(0)$,则在经过一定距离 s_1 后,其出射强度可由式(3-66)积分得

$$I_\lambda(s_1) = I_\lambda(0)\exp\left(-\int_0^{s_1} k_\lambda\rho\mathrm{d}s\right) \tag{3-67}$$

若假定介质是均匀的,则 k_λ 与距离 s 无关,因此定义路径长度为

$$\mu = \int_0^{s_1}\rho\mathrm{d}s \tag{3-68}$$

则式(3-68)可表示为

$$I_\lambda(s_1) = I_\lambda(0)\exp(-k_\lambda\mu) \tag{3-69}$$

式(3-69)就是比尔定律,也称朗伯定律。它指出,通过均匀消光介质传输的辐射强度按简单的指数函数减弱,该指数函数的自变量是质量消光截面和路径长度的乘积。它不仅适用于强度量,而且也适用于通量密度和通量。

根据式(3-69)可以定义单色透过率 T_λ 为

$$T_\lambda = \frac{I_\lambda(s_1)}{I_\lambda(0)} = \exp(-k_\lambda\mu) \tag{3-70}$$

一般在大气辐射传输实际应用中,假定局域大气为平面平行的,因此只允许辐射强度和大气参数(温度和气体分布廓线)在垂直方向(即高度和气压)上变化,这种假定在物理意义上是适当的。如果用 z 表示距离,则定义的普遍辐射传输方程可化为

$$\cos\theta\frac{\mathrm{d}I(z;\theta,\varphi)}{k\rho\mathrm{d}z} = -I(z;\theta,\varphi) + J(z;\theta,\varphi) \tag{3-71}$$

式中,θ 为天顶角(光线入射方向与天顶方向的夹角),φ 为方位角(从某点的指北方向线起依顺时针方向至目标方向线间的水平夹角),J 是源函数(发射系数和吸收系数的比值)。

当考虑多次散射问题时,引进由大气上界向下测量的垂直光学厚度(光学厚度表征的是透明度。为了便于形象化地理解,可以类比为雾,在观测者和物体之间的雾会阻隔物体反射向观测者的光线,物体在观测者面前时光学厚度为 0,当物体远离时,光学厚度将会增大,直到该物体远至不能被看见为止)为

$$\tau = \int_z^\infty k\rho\mathrm{d}z \tag{3-72}$$

于是可得描述平面平行大气中多次散射问题的基本方程为

$$\frac{\mu\mathrm{d}I(\tau;\mu,\varphi)}{\mathrm{d}\tau} = I(\tau;\mu,\varphi) - J(\tau;\mu,\varphi) \tag{3-73}$$

2. 大气辐射传输模型

(1)6S 模型。6S(Second Simulation of the Satellite Signal in the Solar Spectrum)模型估计了 $0.25\sim4.0\mu\mathrm{m}$ 波长电磁波在晴空无云条件下的辐射特性,是在 Tanre 等人提出的 5S(Simulation of the Satellite Signal in the Solar Spectrum)基础上发展而来的。它在假设均一地表的前提下,描述了非朗伯反射地表情况下的大气影响理论,而后 Vermote 又将其改进为 6S 模型。大气校正算法利用 6S 模型来计算大气校正函数,一般是通过解近似的辐射传输方

程来求得所需要的各种直射、散射透过率、大气程辐射和大气半球反照率等参数。大气校正是指传感器最终测得的地面目标总辐射亮度并不是地表真实反射率的反映,其中包含了由大气吸收,尤其是散射作用造成的辐射量误差。大气校正就是消除这些由大气影响所造成的辐射误差,反演地物真实的表面反射率的过程。其基本公式可以写为

$$\rho(\theta_s, \theta_v, \varphi_s - \varphi_v) = T_g(\theta_s, \theta_v) \left[\rho_{r+a} + T(\theta_s) T(\theta_v) \frac{\rho_s}{1 - S\rho_s} \right] \tag{3-74}$$

式中,ρ_t 为传感器测得的表观反射率;ρ_s 为地表漫反射率;S 为大气半球反照率;ρ_{r+a} 为由分子散射和气溶胶散射所构成的大气路径辐射反射率;$T_g(\theta_s, \theta_v)$ 为大气吸收所构成的透过率;$T(\theta_s)$ 与 $T(\theta_v)$ 分别代表太阳-目标与目标-传感器路径上的直线透过率;ρ_t 为大气上界的总反射率。

6S 模型主要包括以下 5 个部分:太阳、地物与传感器之间的几何关系,大气模式,气溶胶模式,传感器的光谱特性和地表反射率,它考虑了太阳的辐射能量通过大气传递到地表,再经地表反射通过大气传递到传感器的整个传播过程。对于吸收系数的计算公式,采用了吸收线的随机指数分布统计模式,这对于宽带传感器是一种很好的近似。为了考虑多次散射及分子散射与气溶胶散射及其相互作用,6S 采用最新近似(state - of - the - art)和连续散射 SOS (Successive Order of Scattering)方法来求解辐射传输方程。

(2)LOWTRAN 模型。LOWTRAN 模型是由美国空军地球物理实验室开发的单参数、谱带模式的大气传输模型,是计算大气透过率及辐射的软件包,其原意是"低谱分辨率大气透过率计算程序",适用于从紫外、可见、红外到微波乃至更宽的电磁波谱范围,包括云、雾、雨等多种大气状况的大气透过率及背景辐射。LOWTRAN7 版本它以 20cm^{-1} 的光谱分辨率的单参数带模式计算 $0 \sim 50\,000 \text{cm}^{-1}$ 的大气透过率、大气背景辐射、单次散射的阳光和月光辐射亮度、太阳直射辐照度。程序考虑了连续吸收,分子、气溶胶、云、雨的散射和吸收,地球曲率及折射对路径及总吸收物质含量计算的影响。大气模式包括 13 种微量气体的垂直廓线,六种参考大气模式定义了温度、气压、密度、及水蒸气、臭氧、甲烷、一氧化碳和一氧化二氮的混合比垂直廓线。程序用带模式计算水蒸气、臭氧、一氧化二氮、甲烷、一氧化碳、氧气、二氧化碳、一氧化氮和二氧化硫的透过率。多次散射参数化计算使用二流近似和累加法,用 k -分布与带模式透过率计算衔接。对于水蒸气、氮气连续吸收以及紫外和可见波段的臭氧吸收,其平均透过率用朗伯定律计算,对其他气体吸收,则采用了双指数经验公式。

(3)MODTRAN 模型。MODTRAN 模型是 LOWTRAN 模型的改进模型,其程序的基本结构和框架保持原样。它覆盖了 $0 \sim 22\,600 \text{cm}^{-1}$(即波长 $0.44\mu m \sim \infty$)的光谱范围,具有 2cm^{-1} 的光谱分辨率。它利用二流(two steams)近似模型考虑大气多次散射效应。MODT-RAN 是一个中分辨率大气辐射传输模型,吸收带模式参数用最新 HITRAN5,HITRAN6 数据库计算而得,采用 Curtis - Godson 近似将多层的分层路径近似为等价的均匀路径,而且可以计算热红外的辐射亮度、辐照度等。

(4)FASCODE 模型。FASCODE 是一个全世界公认的、以完全的逐线 Beer - Lambert 算法计算大气透过率和辐射的软件,它的分辨率很高,提供了"精确"透过率计算,并且考虑了非局地热力平衡状态的影响,原则上它的应用高度不受限制。因此,FASCODE 模型通常用作评估遥感系统或参数化带模型的标准,也常用于大气精细化结构的研究。

有许多大气校正模型就是在以上几个模型的基础上发展起来的,如 SMAC(Simplified

Method for the Atmospheric Correction)、ATREM（Atmospheric Removal）、HATCH（The High Accuracy Atmospheric Correction for Hyperspectral data）、ATCOR（Atmospheric and Topographic Correction mode1）、ACORN（Atmospheric CORrection Now）和 FLAASH（Fast Line – of – sight Atmospheric Analysis of Spectral Hypercubes）模型，PcLnWin 和 DISORT 软件等。

此外，还有 SHARC，UVRAD（Ultraviolet and Visible Radiation），TURNER，UCSB 的 SBDART、SAMM、SERTRAN 模型，三维辐射传输模型（MOD3D）等大气辐射传输模型。

3.3.4　大气透过率计算与工具软件

1. 大气透过率计算步骤

在实际大气中，尤其是在地表附近几千米的大气中，吸收和散射是同时存在的，因此大气吸收和散射所导致的衰减都遵循比尔-朗伯定律。由此，可以得到大气光谱透射率为

$$\tau(\lambda) = \tau_a(\lambda)\tau_s(\lambda) \tag{3-75}$$

式中，$\tau_a(\lambda)$，$\tau_s(\lambda)$ 分别为与吸收和散射有关的透射率。由此可见，只要分别计算出 $\tau_a(\lambda)$ 和 $\tau_s(\lambda)$ 就可由式（3-75）来计算大气透射率。

然而，大气中并非只有一种吸收组分。假设大气中有 m 种吸收组分，因而与吸收有关的透射率应该是这几种吸收组分的透射率的乘积，即

$$\tau_a(\lambda) = \prod_{i=1}^{m} \tau_{ai}(\lambda) \tag{3-76}$$

式中，$\tau_{ai}(\lambda)$ 为与第 i 种组成的吸收有关的透射率。故可得大气透射率为

$$\tau(\lambda) = \tau_s(\lambda) \prod_{i=1}^{m} \tau_{ai}(\lambda) \tag{3-77}$$

由此，可以将计算大气透射率的步骤归结如下。

（1）按实际的需要规定气象条件、距离和光谱范围。

（2）按式（3-65），也就是由气象视程的方法计算出在给定条件下的 $\tau_s(\lambda)$。

（3）按给定条件，依次计算出各个吸收组分的 $\tau_{ai}(\lambda)$，其办法有以下 2 种。

1）按照大气透射率表，计算水蒸气和二氧化碳的吸收所造成的透射率。

2）按照带模型，计算在给定条件下和指定光谱范围内的各吸收带的吸收率，从而求得透射率。这种方法虽然较为准确，但也较复杂。

（4）利用所求得的 $\tau_s(\lambda)$ 和 $\tau_{ai}(\lambda)$，根据式（3-75）可以算出大气透射率。

2. 计算举例

例：在海平面水平路程长为 11.4 km，气温为 20℃，相对湿度 RH 为 51%，气象视程 V 为 60km，根据上述条件试求在 1.4～1.8μm 光谱区间的平均大气透过率（取 $\lambda_0 = 0.55\mu$m）。

解：（1）先求 $\tau_s(\lambda)$。因为 $V = 60$km，故取 $q = 1.3$，$\lambda_0 = 0.55$，在 1.4～1.8μm 这样一个狭窄的范围内，由散射而导致的透射率随波长的变化较慢，可以取该光谱范围内的中心波长 $\lambda = 1.6\mu$m 处的 $\tau_s(\lambda)$ 作为平均值，则可得

$$\bar{\tau}_s(1.6) = \exp\left[-\frac{3.91}{60}\left(\frac{0.55}{1.6}\right)^{1.3} \times 16.1\right] = 0.77$$

（2）再求 $\bar{\tau}_a$。这里只取两个组元的吸收，即水蒸气和二氧化碳吸收的透射率，则有

$$\bar{\tau}_a = \tau_{H_2O}\tau_{CO_2}$$

1)先求水蒸气的透射率 τ_{H_2O}。可由大气中的饱和水蒸气量表查得 20℃的饱和水蒸气密度为 $\rho_s = 17.22\text{g/m}^3$，绝对湿度为

$$\rho_w = \rho_s\text{RH} = 17.22 \times 0.51 = 8.78\text{g/m}^3$$

全路程的可凝结水的毫米数可由式(3-28)求得，即

$$\omega = \rho_w x = 8.78 \times 11.4 = 100.092\text{mm}$$

当 $\omega = 100\text{mm}$，可查海平面上水平路程水蒸气的光谱透过率表查得各波长对应的透过率，并列于表 3-6。

表 3-6　各波长对应的透射率

波长/μm	$\tau_{H_2O}(\lambda)$	$\tau_{CO_2}(\lambda)$	$\tau_a(\lambda)$
1.4	0.005	0.964	0.005
1.5	0.874	0.993	0.868
1.6	0.937	0.964	0.903
1.7	0.937	0.998	0.935
1.8	0	1	0

2)同理，求二氧化碳的透过率 τ_{CO_2}。因为 $x = 11.4\text{km}$，可取近似值 $x = 10\text{km}$，可查海平面上水平路程二氧化碳的单色透过率表，将相应透过率列于表 3-6 中，可得到 $1.4 \sim 1.8\mu$m 区的平均透射率 $\bar{\tau}_a$。此时，整个光谱区域的带宽为 $\Delta\lambda = 1.8 - 1.4 = 0.4\mu$m，而光谱间隔 $\text{d}\lambda = 0.1\mu$m，其边缘上的两个波长只有间隔的一半，即为 $\text{d}\lambda/2$，则平均透射率为

$$\bar{\tau}_a = \frac{1}{\Delta\lambda}\left[\tau_a(\lambda_0)\frac{1}{2}\text{d}\lambda + \tau_a(\lambda_1)\text{d}\lambda + \cdots + \tau_a(\lambda_{m-1})\text{d}\lambda + \tau_a(\lambda_m)\frac{1}{2}\text{d}\lambda\right]$$

式中，λ_0 和 λ_m 分别为该光谱带边界上的两个波长，所以，对 $1.4 \sim 1.8\mu$m 有

$$\bar{\tau}_a = \frac{0.1}{0.4}\left[\frac{0.964+1}{2} + 0.993 + 0.964 + 0.998\right] = 0.98$$

可求得

$$\bar{\tau} = \bar{\tau}_a\bar{\tau}_s = 0.98 \times 0.77 = 0.75$$

3. 大气传输特性计算软件

(1)低频谱分辨率传输(LOWTRAN)。LOWTRAN 是美国空军地球物理实验室开发的大气效应计算分析软件，用于计算低频谱分辨率(20cm^{-1})系统给定大气路径的平均透过率和路程辐射亮度。LOWTRAN7 是最新型码，于 1988 年初完成，1989 年由政府公布。它把 LOWTRAN6 的频谱扩充到近紫外到毫米波的范围。根据修正的模型和其他方面的改进，LOWTRAN7 比 1983 年公布的 LOWTRAN6 更为完善。

LOWTRAN7 的主要优点是计算迅速，结构灵活多变，选择内容包括大气中气体或分子的分布及大型的粒子。后者还包括大气气溶胶(灰尘、霾和烟雾)以及水蒸气(雾、云、雨)。由于 LOWTRAN 中所用的近似分子谱带模型的限制，对 40km 以上的大气区域，精度严重下降。LOWTRAN 主要作为工作于下层大气和地表面战术系统的辅助分析工具。

(2)快速大气信息码(FASCODE)。FASCODE 利用美国空军地球物理实验室开发的算法,为单个种类的大气吸收线形状的计算建立模型,进行逐线计算。所有谱线数据存于 HIT-RAN 数据库。FASCODE 是一套实用的精确编码,比 LOWTRAN 有更高的精度。但是,用于需要复杂的逐线计算,其计算速度远低于 LOWTRAN。FASCODE 可用于要求预测高分辨率的所有系统。

(3)中频谱分辨率传输(MODTRAN)。MODTRAN 包括的谱带范围与 LOWTRAN 一致,且有 LOWTRAN 的全部功能。与 LOWTRAN7 相同,它包括一系列分子的谱带模型,但精度可达 $2cm^{-1}$。与 FASCODE 不同的是它拥有自己的光谱数据库。由于它既包括了直接的太阳辐射亮度,也包括了散射的太阳辐射亮度,所以适合于低大气路径(从地表到 30km 高度)和中等大气路径。当路径大于 60km 时,运用 MODTRAN 要谨慎。

(4)高频谱分辨率传输(HITRAN)。HITRAN 是国际公认的大陆大气吸收和辐射特性的计算标准和参考,其数据库包含了有 30 种分子系列的谱参数及其各向同性变量,包括从毫米波到可见的电磁波谱。除作为独立的数据库外,HTRAN 还可用作 FASCODE 的直接输入以及谱带模型码如 LOWT-RAN 和 MODTRAN 的间接输入。在解决输入的情况,分子谱带以逐线模式计算,递降到谱带模型特定的分辨率,然后再进行相应的参量化。

3.4　本章小结

本章接上章,在介绍了辐射的相关概念理论后,为了研究红外探测技术,就像人们开展可见光探测系统研究时需要用到各种各样的光源一样,也需要相应的红外辐射源,以此为目的将红外辐射源分为了自然辐射源和人工辐射源分别进行了介绍;接着为了给红外探测系统选择合适的工作波段,需要充分掌握目标和背景的红外辐射特性,故对目标和背景的光谱辐射特性进行了相关叙述;而对于目前大多数红外光电探测系统,要么探测的对象位于大气层内或穿行于大气层外,要么探测系统本身位于大气层内,这样目标红外辐射在进入探测系统之前都必须通过地球大气层的传输,因此为了研究红外光电探测技术,最后对大气与大气传输特性相关内容进行了描述。

第4章 光学系统基础

光学系统是光电探测系统的重要组成部分,其作用类似人眼的晶状体,用于将观察物体成像在探测器上。本章关于光学系统,重点介绍几何光学,基本不涉及物理光学。几何光学是以光线为基础,研究光的传播和成像规律的一个重要的实用性分支学科。几何光学中只考虑光的粒子性,把光源或物体看成由许多几何点组成,并把由这种点发出的光抽象成几何线一样的光线,光线的方向代表光能传播的方向。本章主要介绍光学基本概念和基本定律、理想光学系统、光学成像系统、光线追迹方法、光学系统中光束的限制、光学系统设计分析方法,最后给出一个光学系统设计实例。

4.1 光学基本概念和基本定律

4.1.1 光学的基本概念

1. 发光点

发光点是本身发光或被其他光源照明后发光的几何点。它既无大小又无体积,但能辐射能量。

2. 光线

光源发出的光波实际上是一种电磁波,可以采用描述电磁波的基本参数(例如:波长、相位等)来描述光波。实际光源发射的光波包括多种频率的成分,成为复色光。在一般情况下,为了简化光波问题的研究,主要研究单一频率的光波,即单色光(简谐电磁波)。对于由同一光源发出的单色波,在同一时刻由相位相同的各点所形成的曲面称为该光波的波面。光波沿波面的法向方向前进,将该方向定义为光波的方向,通常用波矢量描述,它与波面垂直。

光波传播过程实际是光能量的传播过程,光能量在空间的传播可以用能流密度矢量来描述。在各向同性介质中,能流密度矢量和波矢量方向相同,光线方向即代表了能量的流动方向,也表示光波传播的波矢量方向。光源发出的光场在空间任一点的光线和相应的波面垂直,光波波面法线就是几何光学中的光线。

3. 光束

同一波面的光线束称为光束。如果光束中光线能够直接相交一点或各光线的反向延长线能够相交于一点,这样的光束称为同心光束。球面波对应于会聚或发散的同心光束,平面波对应于平行光束,有时和同一波面对应的光束沿两个相互垂直的方向分别会聚成位于不同位置的两条线段,称为像散光束,如图 4-1(c)所示。

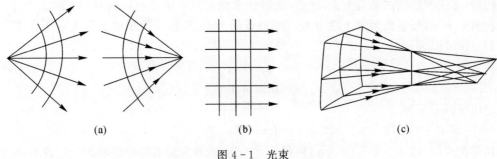

图 4-1　光束

(a)同心光束；(b)平行光束；(c)像散光束

4.1.2　光线传播的基本定律

几何光学理论把光的传播规律归结为四个基本定律：光的直线传播定律、光的独立传播定律、折射定律和反射定律，这是研究光的传播和成像的基础。

1．光的直线传播定律

在各向同性的均匀介质中，光沿着直线传播，这就是光的直线传播定律。这是一种常见的普遍规律。光波在均匀介质中传播时，如果遇到的障碍物大小或通过孔径的大小比长大得多，衍射可以忽略，就可以基于光的直线传播定律分析光波的传播。例如，利用光的直线传播定律可以很好地解释影子的形成、日蚀、月蚀等现象。

2．光的独立传播定律

从不同光源发出的光线，以不同的方向通过介质某点时，各光线彼此互不影响，好像其他光线不存在似地独立传播，这就是光的独立传播定律。利用这条定律，可以使我们对光线传播规律的研究大为简化，因为当研究某一条光线的传播时，可不考虑其他光线的影响。

3．光的折射定律和反射定律

光波在传播过程中遇到两种不同介质构成的界面时，在界面上将部分反射，部分折射，如图 4-2 所示。反射光线和折射光线的传播方向可以由光的反射和折射定律确定。它实质上反映了入射光波、反射光波和折射光波的波矢量在界面上的切向分量连续。

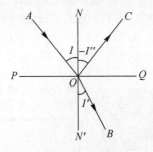

图 4-2　折射与反射

在图 4-2 中，光滑界面两侧介质的折射率分别为 n 和 n'，入射光线在界面上入射点为 O，虚线为垂直于光滑界面的法线，入射面为入射光线与该法线所确定的平面，则反射光线和折射光线均在入射面内。入射光线、折射光线和反射光线的方向可以利用其与法线的夹角表征（入射角、折射角和反射角），夹角依次为 I, I' 和 I''。进一步规定由光线沿锐角转向法线，如果顺时针转动,光线和法线的夹角为正,反之,逆时针夹角为负。按照这样的规定,图4-2中入射角和折射角为正,反射角为负。图中表示的角度的大小,所以反射角的大小表示为 $-I''$。这时折射定律可以表示为

$$\Delta = ct \tag{4-1}$$

$$n\sin I = n'\sin I' \tag{4-2}$$

反射定律可以表示为

$$I = -I'' \tag{4-3}$$

如果在式(4-2)中,令 $n' = -n$,则得 $I = -I'$,此即为反射定律的形式。这表明,反射定律可以看作是折射定律的特殊情况。

从折射定律和反射定律的数学表达式(4-2)和式(4-3)可以看出,两个等式两边完全等价,这说明在图4-2中,当光线沿折射光线的反方向入射到界面经过折射后,折射光线沿原来入射光线的反方向出射;或光线沿反射光线反方向入射到界面经过反射后,反射光线也沿原来入射光线的反方向出射,这就是所谓"光路的可逆性"。

光的反射和折射定律是在平面波入射到无限大的几何平面的界面上,基于电磁波在介质界面上的边值关系严格推导出来的。实际上,当界面的大小和曲率半径比入射光波的波长大得多时,反射和折射定律在界面的局部也近似成立。实际几何光学元件表面的大小和曲率半径都是宏观尺寸,将光波分隔为许多细小的光管,每个光管的极限——光线在界面上传播时,光的反射和折射定律是成立的。正因为如此,光的反射和折射定律是借助光线研究光通过几何光学元件构成的光学系统传播的一个基本定律。

4.1.3 费马原理

费马原理从光程的观点来描述光的传播规律,它具有更普遍的意义。

费马原理:光沿光程为极小、极大或常量的路径传播。

所谓光程 Δ,是光在介质中所经过的几何路程 s 与该介质的折射率 n 的乘积,即

$$\Delta = ns \tag{4-4}$$

又由于 $n = c/v$, $s = vt$,则

$$\Delta = ct \tag{4-5}$$

故光程相当于光在介质中走过 s 这段路程的时间 t 内在真空中所走过的几何路程。显然,当光在折射率为 n_1、n_2… 的各介质中行程各为 $s_1,s_2\cdots,s_m$,则光程为 $\Delta = n_1 s_1 + n_2 s_2 + n_3 s_3 + \cdots n_m s_m$,如图4-3所示。

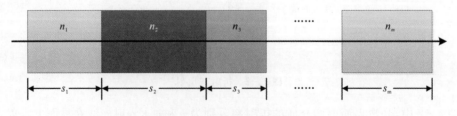

图4-3 光在介质中传播

不失一般性,设光在非均匀介质中传播,则光在非均匀介质中以曲线传播如图4-4所示,

此时从 A 点到 B 点的总光程为

$$L = \int_A^B \mathrm{d}\Delta = n\int_A^B \mathrm{d}s = 极值 \qquad (4-6)$$

则

$$\frac{\mathrm{d}\int_A^B n\,\mathrm{d}s}{\mathrm{d}s} = 0 \qquad (4-7)$$

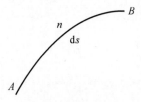

图 4-4　光在非均匀介质中传播

　　费马原理是几何光学中的一条重要原理,由此原理可证明光在均匀介质中传播时遵从的直线传播定律、反射和折射定律,以及傍轴条件下透镜的等光程性等。光的可逆性原理是几何光学中的一条普遍原理,该原理说,若光线在介质中沿某一路径传播,当光线反向时,必沿同一路径逆向传播 。费马原理规定了光线传播的唯一可实现的路径,不论光线正向传播还是逆向传播,必沿同一路径。因而借助于费马原理可说明光的可逆性原理的正确性。光在任意介质中从一点传播到另一点时,沿所需时间最短的路径传播。

　　费马原理更正确的版本应是"平稳时间原理"。对于某些状况,光线传播的路径所需的时间可能不是最小值,而是最大值,或甚至是拐值。例如,对于平面镜,任意两点的反射路径光程是最小值;对于半椭圆形镜子,其两个焦点的光线反射路径不是唯一的,光程都一样,是最大值,也是最小值;对于半圆形镜子,如图 4-5 所示,其两个端点 Q,P 的反射路径光程是最大值;又如图 4-6 所示,对于由 1/4 圆形镜与平面镜组合而成的镜子,同样这两个点 Q,P 的反射路径的光程是拐值。

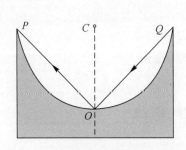

图 4-5　光线在半椭圆形面的反射

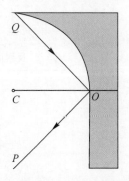

图 4-6　光线在四分之一圆面的反射

　　根据费马原理证明光的反射定律,设 A 为光源,发出的光线经过反射面上的 P 点反射到接收器 B 点,其坐标分别记为 $A(x_1,y_1,z_1),B(x_2,y_2,z_2),P(x,y,0)$,反射面位于 $z=0$ 的平面。AP 与 BP 与反射面垂线的夹角分别为 θ_1,θ_2,AP 与 BP 的长度分别为 R_1 和 R_2。如图 4-7 所示,光线从 A 到 B 传播的总光程为

$$L = n(R_1 + R_2) = n\left(\sqrt{(x_1 - x)^2 + (y_1 - y)^2 + z_1{}^2} + \sqrt{(x_2 - x)^2 + (y_2 - y)^2 + z_2{}^2}\right)$$

$$(4 - 8)$$

其中，n 为介质折射率，根据费马原理，若 $\dfrac{\partial L}{\partial x} = 0, \dfrac{\partial L}{\partial y} = 0$，则有

$$\left. \begin{aligned} \frac{\partial L}{\partial x} &= \frac{1}{2}\left(\frac{x - x_1}{R_1} + \frac{x - x_2}{R_2}\right) = 0 \\ \frac{\partial L}{\partial y} &= \frac{1}{2}\left(\frac{y - y_1}{R_1} + \frac{y - y_2}{R_2}\right) = 0 \end{aligned} \right\}$$

$$(4 - 9)$$

$$\left. \begin{aligned} x - x_1 &= \frac{R_1}{R_2}(x_2 - x) \\ y - y_1 &= \frac{R_1}{R_2}(y_2 - y) \end{aligned} \right\}$$

$$(4 - 10)$$

又有

$$\sin\theta_1 = \frac{\sqrt{(x - x_1)^2 + (y - y_1)^2}}{R_1} = \frac{\sqrt{\left(\dfrac{R_1}{R_2}\right)^2\left[(x_2 - x)^2 + (y_2 - y)^2\right]}}{R_1} =$$

$$\frac{\sqrt{(x_2 - x)^2 + (y_2 - y)^2}}{R_2} = \sin\theta_2$$

$$(4 - 11)$$

$$\sin\theta_1 = \sin\theta_2 \qquad (4 - 12)$$

得

$$\theta_1 = \theta_2 \qquad (4 - 13)$$

这就是反射定律。

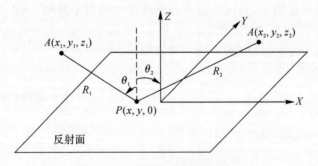

图 4 - 7　光线反射传播示意图

4.2　理　想　光　学　系　统

4.2.1　理想光学系统的基本特性

实际的光学系统一般要求能对有限大小的物体以宽光束成像。由于单个折射球面的不完善性，实际系统要由若干透镜组成，而且要经过严格、精细的设计来校正其成像缺陷，使成像尽量接近理想状况。因此，有必要建立一套理想光学系统的概念和理论。

所谓理想光学系统，就是能对任意宽空间内的点以任意宽的光束完善成像的光学系统，这

种系统完全撇开具体的光学结构，是一个能与任何具体系统等价的抽象模型。我们依据理想光学系统的原始定义导出有关公式。理想光学系统的原始定义表述如下：

（1）点成点像。即物空间的每一点，对应于像空间唯一的一点，这两个对应点称为物像空间的共轭点。

（2）线成线像。即物空间的每一条线对应于像空间唯一的一条直线，这两条对应直线称为物像空间的共轭线。

（3）平面成平面像。即物空间的每一个平面，对应于像空间唯一的一个平面，这两个对应平面称为物像空间的共轭面。

由该定义可知，物空间的任一个同心光束必对应于像空间的一共轭的同心光束；若物空间中的两点与像空间的两点共轭，则物空间的两点的连线与像空间两点的连线也一定共轭；若物空间任意一点位于一直线上，则该点在像空间的共轭点必位于该直线的共轭线上。

共轴理想光学系统的理论是在 1841 年由高斯建立的，因此称为高斯光学，它适用于任何结构的光学系统。需要指出，上述定义是理想光学系统的基本假设，在均匀透明介质中，除平面反射镜具有上述理想光学系统性质外，任何实际的光学系统都不能绝对完善成像。

研究理想光学系统成像规律的实际意义是用它作为衡量实际光学系统成像质量的标准。通常把由理想光学系统导出公式（近轴光学公式）计算出来的像，称为实际光学系统的理想像。另外，在设计实际光学系统时，用它近似表示实际光学系统所成像的位置和大小，即实际光学系统设计的初始计算。

4.2.2　理想光学系统的基本概念

（1）焦点与焦面。根据理想光学系统的原始定义，如果物空间有一平行于光轴的光线入射于理想光学系统，不管其在系统中真正的光路如何，在像空间总有唯一的一条光线与之共轭，它可以和光轴平行，也可以与光轴交于某一点。

如图 4-8 所示为一理想光学系统，O_1 和 O_k 两点分别是第一面和最后一面的顶点，FF' 为光轴。在物空间有一条平行于光轴的光线 AE_1 经光组各面折射后，其折射光线 G_kF' 交光轴于 F' 点。另一条物方光线 FO_1 与光轴重合，其折射光线 O_kF' 仍沿光轴方向射出。由于物方两平行入射线 AE_1 和 FO_1 的交点（于左方无穷远的光轴上）与像方共轭光线 G_kF' 和 O_kF' 的交点 F' 共轭，所以 F' 是物方无穷远轴上点的像，称为理想光学系统的像方焦点（或后焦点、第二焦点）。因此，任何一条平行于光轴的入射线经理想光学系统后，出射线必过 F' 点。

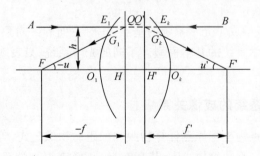

图 4-8　理想光学系统

同理，有一物方焦点 F（或前焦点、第一焦点），它与像方无穷远轴上的点共轭。任一条过

F 的入射线经理想光学系统后,出射线必平行于光轴。

通过像方焦点 F' 且垂直于光轴的平面称为像方焦平面;通过物方焦点 F 且垂直于光轴的平面称为物方焦平面。显然,像方焦平面的共轭物面也在无穷远处,任何一束入射的平行光,经理想光学系统后必会聚于像方焦平面的某一点,如图 4-9 所示。同样,物方焦平面的共轭像面在无穷远处,物方焦平面上任何一点发出的光束,经理想光学系统后必为一平行光束。

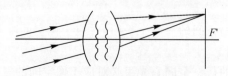

图 4-9 平行光束的聚焦

必须指出,焦点和焦平面是理想光学系统的一对特殊的点和面。焦点 F 和 F' 彼此之间不共轭,两焦平面彼此之间也不共轭。

(2)主点和主面。延长入射光线 AE_1 和出射光线 G_kF' 得到交点 Q';同样延长光线 BE_k 和 G_1F ,可得交点 Q 。若设光线 AE_1 和 BE_k 入射高度相同,且都在子午面内,则由于光线 AE_1 与 G_kF' 共轭,BE_k 和 G_1F 共轭,共轭线的交点 Q' 与 Q 必共轭。并由此推得,过 Q 和 Q' 点作垂直于光轴的平面 QH 和 $Q'H'$ 也互相共轭。位于这两个平面内的共轭线段 QH 和 $Q'H'$ 具有同样的高度,且位于光轴的同一侧,故这两面的垂轴放大率 $\beta=+1$,我们称这对垂轴放大率为 +1 的共轭面为主平面。其中,QH 称为物方主平面,$Q'H'$ 称为像方主平面。物方主平面与光轴的交点 H 称为物方主点,像方主平面与光轴的交点 H' 称为像方主点。

主点和主平面也是理想光学系统的一对特殊的点和面。它们彼此之间是共轭的。

自物方主点 H 到物方焦点 F 的距离称为光学系统的物方焦距(或前焦距、第一焦距),以 f 表示。自像方主点 H' 到像方焦点 F' 的距离称为光学系统的像方焦距(或后焦距、第二焦距),以 f' 表示。焦距的正负是以相应的主点为原点来确定的,如果由主点到相应的焦点的方向与光线传播的方向一致,则焦距为正,反之为负。其中,$f<0$,$f'>0$ 。由三角形 $Q'H'F'$ 可以得到像方焦距 f' 的表达式为

$$f' = \frac{h}{\tan u'} \tag{4-14}$$

同理,物方焦距 f 的表达式为

$$f = \frac{h}{\tan u} \tag{4-15}$$

一对主点和一对焦点构成了光学系统的基点,一对主面和一对焦平面构成了光学系统的基面,它们构成了一个光学系统的基本模型。不同的光学系统,只表现为这些点和面的相对位置不同而已。

4.2.3 理想光学系统的成像关系

(1)牛顿公式。以焦点为坐标原点计算物距和像距的物像公式,叫牛顿公式。

如图 4-10 所示,有一垂轴物体 AB ,其高度为 y ,经理想光学系统后成一倒像 $A'B'$,像高为 y' 。物方焦点 F 到物点的距离称为焦物距,用 x 表示;像方焦点 F' 到像点的距离称为焦像距,用 x' 表示。由相似三角形可得

$$xx' = ff' \qquad (4-16)$$

这就是最常用的牛顿公式。如果光学系统的焦平面和主平面已定,知道物点的位置和大小 (x,y),就可算出像点的位置和大小 (x',y')。

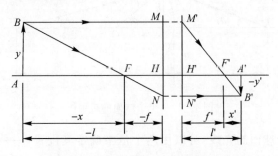

图 4 - 10　理想光学系统物像关系图

(2)高斯公式。以主点为坐标原点计算物距和像距的物像公式,叫高斯公式。

l 和 l' 分别表示以物方主点为原点的物距和以像方主点为原点的像距。由图 4 - 8 可知,焦物距、焦像距与物距、像距有如下关系

$$x = l - f ，x' = l' - f'$$

代入牛顿公式,整理后可得

$$\frac{f'}{l'} + \frac{f}{l} = 1 \qquad (4-17)$$

这就是常用的高斯公式。

(3)理想光学系统的拉赫公式为

$$ny\tan u = n'y'\tan u' \qquad (4-18)$$

此式对任何能成完善像的光学系统均成立。

(4)物方焦距与像方焦距的关系。根据拉赫公式与理想光学系统的物像关系,可以得到光学系统物方和像方两焦距之间关系的重要公式,即

$$\frac{f'}{f} = \frac{n'}{n} \qquad (4-19)$$

此式表明,光学系统的两焦距之比等于相应空间介质折射率之比。绝大多数光学系统都是处于同一介质中,一般是在空气中,即 $n' = n$,则两焦距绝对值相等,符号相反:$f' = -f$。

此时,牛顿公式可以写成:

$$xx' = -f^2 = -f'^2 \qquad (4-20)$$

高斯公式可以写成:

$$\frac{1}{l'} - \frac{1}{l} = \frac{1}{f'} \qquad (4-21)$$

4.3　光学成像与光线追迹

4.3.1　概念与符号法则

如图 4 - 11 所示是一条在纸平面上的光线经球面折射的光路。对于单个球面,凡过球心

的直线就是其光轴,光轴与球面的交点称为顶点,球面的半径用 r 表示。

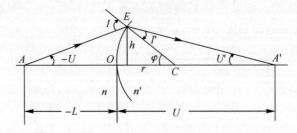

图 4 – 11　单个球面的折射图

在含轴面内入射于球面的光线,可以用两个量来确定其位置,一是从顶点 O 到光线与光轴交点 A 的距离 L,称为截距;另一是入射光线与光轴的夹角 U,称为倾斜角。这条光线经球面折射仍在含轴面内,其位置相应地用 L' 和 U' 来表示。但为了区分,L 和 U 称为物方截距和物方倾斜角,L' 和 U' 称为像方截距和像方倾斜角。为使确定光线位置的参量具有确切的含义,并推导出普适于所有可能情况的一般公式,必须对这些量以及其他有关量给出某种符号规则。本书采用的符号规则如下:

(1)沿轴线段。如 L,L' 和 r,以界面顶点为原点,如果由原点到光线与光轴的交点和到球心的方向与光线的传播方向相同,其值为正,反之为负。光线的传播方向规定自左向右。

(2)垂轴线段。如 h,在光轴之上为正,之下为负。

(3)光线与光轴的夹角 U 和 U'。以光轴为始边,从锐角方向转到光线,顺时针转成者为正,逆时针转成者为负。

(4)光线和法线的夹角 I,I' 和 I''。以光线为始边,从锐角方向转到法线,顺时针者为正,逆时针者为负。

(5)表面间 d。由前一面的顶点到后一面的顶点,其方向与光线方向相同者为正,反之为负。在纯折射系统中,d 恒为正值。

4.3.2　单个折射球面的近轴区成像

在图 4 – 11 中,如果限制 U 角在一个很小的范围内,即从 A 点发出的光线都离光轴很近,这样的光线称为近轴光。由于 U 角很小,其相应的 I、I'、U' 等也很小,这时这些角的正弦值可以近似地用弧度来代替,以小写字母 u、i、u'、i' 来表示;同样,物方截距 L、像方截距 L' 也以小写字母 l、l' 来表示。

当这些角度小于 $5°$ 时,这种近似代替的误差大约为 1%,在光学里叫作近轴近似。近轴光的光路计算公式可直接得到,即

$$\left.\begin{aligned} i &= \frac{1-r}{r}u \\ i' &= \frac{n}{n'}i \\ u' &= i + u - i' \\ l' &= r + r\frac{i'}{u'} \end{aligned}\right\} \qquad (4-22)$$

由方程组(4-22)中可以看出,当 u 角改变时,l' 表达式中的 i'/u' 保持不变,即 l' 不随 u 角改变而改变。这表明由物点发出的一束细光束经折射后仍交于一点,其像是完善的像,称为高斯像。高斯像的位置由 l' 决定,通过高斯像点垂直于光轴的像面,称为高斯像面。构成物像关系这一对点称为共轭点。显然,对于近轴光,有以下关系式:

$$h = lu = l'u' \tag{4-23}$$

式(4-23)即为近轴光线光路计算的校对公式,将式(4-22)中的第一、第四式 i 和 i' 代入第二式,并利用式(4-23),可以导出以下三个重要公式:

$$n\left(\frac{1}{r} - \frac{1}{l}\right) = n'\left(\frac{1}{r} - \frac{1}{l'}\right) = Q \tag{4-24}$$

$$n'u' - nu = \frac{n' - n}{r}h \tag{4-25}$$

$$\frac{n'}{l'} - \frac{n}{l} = \frac{n' - n}{r} \tag{4-26}$$

式(4-24)~式(4-26)只是一个公式的 3 种不同表示形式,以便于应用于不同的场合。

4.3.3　反射球面成像

光学系统经常要用到球面反射镜。前面曾经指出,反射定律可由折射定律当 $n' = -n$ 时导出。因此,在折射面的公式中,只要使 $n' = -n$,便可直接得到反射球面的相应公式。

(1)球面反射镜的物像位置公式。将 $n' = -n$ 代入式(4-26),可得球面反射镜的物像位置公式为

$$\frac{1}{l'} - \frac{1}{l} = \frac{2}{r} \tag{4-27}$$

其物像关系如图 4-12 所示,其中图 4-12(a)为凹面镜对有限距离的物体成像,图 4-12(b)为凸面镜对有限距离的物体成像。

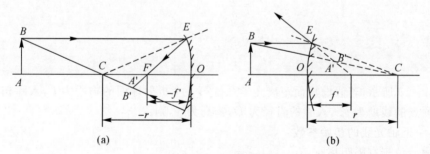

图 4-12　球面反射镜成像

(a)凹面镜成像;(b)凸面镜成像

(2)球面反射镜的焦距。将 $n' = -n$ 代入式(4-27),可得球面反射镜的焦距为

$$f = f' = \frac{r}{2} \tag{4-28}$$

该式表明球面反射镜的两焦点重合,而且对凹球面反射镜 $r < 0$,$f' < 0$,具有实焦点,能使光束会聚;对凸球面反射镜,$r > 0$,$f' > 0$,具有虚焦点,对光束却起发散作用。

4.3.4　近轴光线追迹

近轴光线的光路计算主要是确定近轴区成像的高斯像面和各物点的高斯像点的位置。近轴光线一般分为两类,分别称为第一近轴光线和第二近轴光线,如图 4-13 所示,第一近轴光线是指由物面上位于光轴上物点发出的经过入瞳边缘的光线。该光路的出射光线与光轴的交点就是高斯像面与光轴的交点。它用于确定高斯像面的位置。

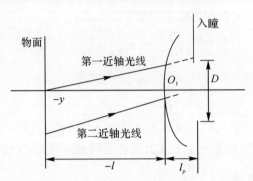

图 4-13　光路计算的近轴光线

第二近轴光线是指由轴外物点发出的主光线。该光路的出射光线和高斯像面的交点就是物点的高斯像点。它用于确定轴外物点和高斯像点。

对于球面系统,只要知道了入射光线经过第一个球面的近轴区光路计算公式,就可以确定出射光线,即可求解整个光路。在此主要给出光路计算的初始参数,即入射光线经过第一个折射球面时的物方截距 l_1 和物方孔径角 u_1,则有

$$\left.\begin{array}{l} i = \dfrac{l-r}{r}u \\[2mm] i' = \dfrac{n}{n'}i \\[2mm] u' = i + u - i' \\[2mm] l' = r + r\dfrac{i'}{u'} \end{array}\right\} \tag{4-29}$$

如图 4-13 所示,若假设物面距离光学系统第一个折射球面的物距为 l,入瞳相对第一个折射球面顶点的线度为 l_p,入瞳的直径为 D,物高为 y,则:

(1)第一近轴光线的初始参数:

1)当物面位于有限距离时,有

$$l_1 = l, \quad u_1 = \arctan \dfrac{D/2}{l - l_p} \tag{4-30}$$

2)当物面位于无限远时,入射光线为平行光轴,光线参数为光线的高度,即

$$h_1 = \dfrac{D}{2} \tag{4-31}$$

(2)第二近轴光线的初始参数:

1)当物面位于有限距离时,有

$$l_1 = l_p, \quad u_1 = \arctan \dfrac{-y}{l - l_p} \tag{4-32}$$

2）当物面位于无限远时，有

$$l_1 = l_p, \quad u_1 = w \tag{4-33}$$

式中，w 为物点相对于入瞳中心的张角。

4.3.5　子午光线追迹

包含物点和光轴的平面称为子午面，其上的光线称为子午光线。

光学系统中的人部分像差叮以由子午光线的光路计算结果求出，因此，必须进行大量的子午光线计算。

为计算各种像差，需对从物面中心点和若干个轴外点发出的数量较多的子午光线进行光路计算，它们的初值各不相同。以下分两种情况讨论之。

1. 当物在无穷远时

图 4-14 为轴上点 A 和轴外点 B 发出的光线入射于系统第一面时决定其初值的简图。ξ、η 是入瞳面坐标，因系子午光线，$\xi = 0$。

因系无穷远点，故轴上点 A 发出的光线需离光轴的高度 h_1 来确定其初值，即

$$h_1 = \eta = K_\eta \cdot a = K_\eta \cdot \eta_{max} \tag{4-34}$$

式中，η_{max} 是坐标 η 的最大值，等于入瞳半径；K_η 称孔径取点系数，由于轴上点发出光线关于光轴对称，所以只算光轴之上的光线即可，故有 $0 \leqslant K_\eta \leqslant 1$。例如当 $K_\eta = 1$ 时，表示算的是边缘光线；当 $K_\eta = 0.707$ 时，算的是 0.707 带光线。

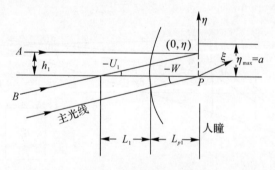

图 4-14　初值的简图

轴外点 B 发出的光线，由图 4-14 可见，其初值为

$$\left.\begin{array}{l} U_1 = K_w \cdot W_{max} = W \\[2mm] L_1 = L_{p1} + \dfrac{\eta}{\tan U_1} = L_{p1} + \dfrac{K_\eta \cdot \eta_{max}}{\tan U_1} \end{array}\right\} \tag{4-35}$$

式中，K_w 是视场取点系数，也满足 $0 < K_w \leqslant 1$，W 是视场角。对于轴外点光线，一般 U 角取负值。如 $K_w = 1$，表示算的是光轴以下边缘物点发出的光线；如 $K_w = 0.707$，表示光轴以下 0.707 带视场的光线。必须指出，由于主光线并非轴外点光束的对称轴，对称光线经系统后不能保持对称，因此主光线以上和以下的光线都要算，即 K_η 应在 -1 到 $+1$ 的范围内取值。

2. 物在有限距时

物在有限距时按照同样的确定方法，可得出此时的光路计算初值。

对于轴上点光线，其初值可直接获得

$$
\left.\begin{array}{c}
L_1 = 1 \\
\sin U_1 = K_\eta \cdot \sin U_m
\end{array}\right\} \tag{4-36}
$$

式中，U_m 为最大孔径角，K_η 为孔径取点系数。

对于轴外点发出的光线，可参照图 4-14 另行作图，为与轴上点区别采用 $\overline{L_1}$，$\overline{U_1}$ 符号，有

$$
\left.\begin{array}{l}
\tan \overline{U_1} = \dfrac{y - \eta}{L_{p1} - L_1} = \dfrac{K_w \cdot y_{\max} - K_\eta \cdot \eta_{\max}}{L_{p1} - L_1} \\[3mm]
\overline{L_1} = L_{p1} + \dfrac{\eta}{\tan \overline{U_1}} = L_{p1} + \dfrac{K_\eta \cdot \eta_{\max}}{\tan \overline{U_1}}
\end{array}\right\} \tag{4-37}
$$

式中，y 为物面纵坐标，表示线视场，$y_{\max}$ 是边缘视场半径，K_w 为视场取点系数。根据式(4-37)请读者同样写出计算光轴以下的视场边缘点 B 发出的上、下光线和主光线的初值。

4.3.6　沿轴外点主光线的细光束像点的计算

为了求出细光束像散和像面弯曲，须计算沿主光线的细光束像点位置。首先考虑轴外点细光束经单个球面折射后所形成的像散光束及其结构特征。

如图 4-15 所示，$BM_1 M_2$ 是由轴外物点 B 发出的一束子午细光束，BM 为主光线。对于单个球面来说，B 点可看成是在辅光轴 BC 上。该子午细光束经球面折射以后会聚于 B' 点，即子午像点。若亦包含主光线并与子午面垂直的平面为弧矢平面，则沿主光线的弧矢细光束的会聚点 B'_s 为弧矢像点，显然它就是主光线与辅轴的交点。图 4-16 表示出了弧矢细光束的成像情况。

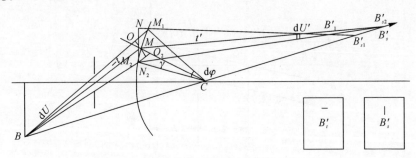

图 4-15　子午细光束

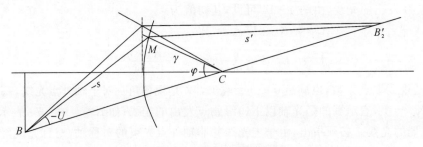

图 4-16　弧矢光束的成像

由于子午像点和弧矢像点并不重合，实际上弧矢细光束在 B'_t 处将截得一条垂直于子午平向的短线，即为子午焦线；子午细光束在 B'_s 处也将截得一条弧矢焦线。该二焦线之间的距离 $B'_t B'_s$，就是像散。

因为子午像点和弧矢像点均位于主光线上,故它们的位置均沿主光线度量。分别用 t' 和 s' 表示从主光线在球面上的折射点 M 到 B'_t 和 B'_s 的距离。对应地,用 t 和 s 表示从 M 到 B_t 和 B_s 的距离,如图 4-15 和图 4-16 所示。在图 4-15 中,B 为无像散的实际物点,应有 $t=s$。这些量的正负,以主光线在球面上的入射点为原点来确定。图中所示情况为 $t=s<0,t'>0,s'>0$。

下述推出由 t 求 t' 和由 s 求 s' 的公式。

在图 4-15 中,分别以 B 和 B'_t 为中心,以 t 和 t' 为半径作圆弧 Q_1Q_2 和 N_1N_2。考虑到 M_1M_2 的弧长为 $r \cdot \mathrm{d}\varphi$,有

$$t' \cdot \mathrm{d}U' = r\cos I' \cdot \mathrm{d}\varphi, t \cdot \mathrm{d}U = r\cos I \cdot \mathrm{d}\varphi \tag{4-38}$$

按 $\varphi = U + I = U' + I'$ 写出 s' 和 $\mathrm{d}U$,代入式(4-38),并消 $\mathrm{d}\varphi$ 得

$$\frac{t' - r\cos I'}{t'\mathrm{d}I'} = \frac{t - r\cos I}{t\mathrm{d}I} \tag{4-39}$$

由微分折射定律可得 $n'\cos I'\mathrm{d}I' = n\cos I\mathrm{d}I$ 并与式(4-39)相乘,稍作整理得

$$\frac{n'\cos^2 I'}{t'} - \frac{n\cos^2 I}{t} = \frac{n'\cos I' - n\cos I}{r} \tag{4-40}$$

这就是由 t 求 t',即求子午像位置的公式。

为推出 s 和 s' 之间的关系,需根据图 4-16。从图 4-16 中的 △BMC 和 △B'_sMC 可得

$$\left.\begin{array}{l} \dfrac{r}{s} = \dfrac{\sin U}{\sin\varphi} \\[3mm] \dfrac{r}{s'} = \dfrac{\sin U'}{\sin\varphi} \end{array}\right\} \tag{4-41}$$

方程组(4-41)第一式乘以 n,第二式乘以 n',两式相减,并利用 φ 将 $n'\sin U' - n\sin U$ 转换成 $(n'\cos I' - n\cos I)\sin\varphi$,可导出

$$\frac{n'}{s'} - \frac{n}{s} = \frac{n'\cos I' - n\cos I}{r} \tag{4-42}$$

这就是由 s 求 s',即求弧矢像位置的公式。

计算细光束像散用的式(4-41)和式(4-42)称杨氏公式。如果在该两式中,令 $I = I' = 0$,那么两公式将相同,并得到与轴上点近轴光线的球面成像公式完全相同的形式。它说明主光线与入射点法线重合的细光束经球面折射以后,不会产生像散。

由式(4-41)和式(4-42)可知,为计算细光束的子午像和弧矢像的位置,必须知道主光线经球面折射前后的入射角和折射角,所以需事先做主光线的光路计算。

为对整个系统进行像散光束的计算,需应用沿主光线的转面过渡公式。图 4-17 画出了光学系统的头两个折射面。从图 4-14 显见,有 $t_2 = t'_1 - D_1$,类似地有

$$t_i + 1 = t'_i - D_i, i = 1,2,\cdots,k-1 \tag{4-43}$$

对于弧矢光束,同样可得

$$s_i + 1 = s'_i - D_i, i = 1,2,\cdots,k-1 \tag{4-44}$$

式(4-43)和式(4-44)中的 D 是相邻表面之间沿主光线的距离。由图 4-17 中易得

$$D_i = \frac{h_i - h_{i+1}}{\sin U'_i} \tag{4-45}$$

或

$$D_i = \frac{d_i - x_i + x_i + 1}{\cos U'_i} \qquad (4-46)$$

式中，h_i 和 x_i，可按以下公式计算，即

$$\left.\begin{array}{l} h_i = r_i \sin\varphi_i = r_i \sin(U_i + I_i) \\[2mm] x_i = \dfrac{PA_i^2}{2r_i} \end{array}\right\} \qquad (4-47)$$

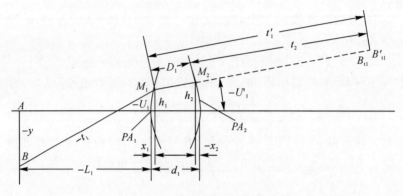

图 4-17 光学系统的头

为计算 h_i 和 x_i 所需要的量均可从主光线的光路计算表格中直接查取。

在计算之初，首先必须确定初值。显然，对于自实际物点发出的细光束而言，t_1 和 s_1 是相等的。当物体位于无穷远时 $t_1 = s_1 \rightarrow \infty$；而当物体位于有限距离时，则从物点 B 沿主光线到第一面入射点 M 的距离可从直接得出，有

$$t_1 = s_1 = \frac{h_1 - y}{\sin U_1} \qquad (4-48)$$

或

$$t_1 = s_1 = \frac{L_1 - x_1}{\cos U_1} \qquad (4-49)$$

式中，物距 L_1、物高 y 和角度 U_1 均为已知，而 h_1 或 x_1 可按式（4-47）求得。

4.4 光学系统中光束的限制

4.4.1 概述

任何成像用的光学系统，均须满足一系列根据使用要求提出的条件。首先，使物体在给定共轭距上成要求倍率的像，由此决定了光学系统的轴向尺寸，这就是我们前面所讨论的。其次，系统还要具有要求的成像范围，所成的像还应具有一定的光度水准，并能反映物体的微细结构。前者规定了成像的线视场或视场角，后者与成像光束的孔径角有关。亦即：光学系统应对于要求成像范围内的物点，以要求孔径角的光束成像。这实质上是一个如何确定光学零件的横向尺寸或通光孔径，从而给通过光学系统的光束以合理限制的问题。

光学零件的通光孔径决定了能通过该零件的光束直径或立体角的大小，故光学系统中光学零件的镜框就是限制光束的光孔。此外，为了某些特殊需要和限定成像范围，还需在光学系

统中设置一些被称为光阑的光孔。这些光孔在多数情况下是圆形的,并与整个系统同轴。

有不同作用的几种光阑。限制成像光束立体角的光阑称为孔径光阑,它决定了轴上点成像光束中最边缘光线的倾斜角,称其为光束的孔径角。这种光阑在任何光学系统中都存在。限制物平面或物空间能被系统成像的最大范围的光阑称为视场光阑,它决定了光学系统的视场。另一类光阑以减小轴外像差为目的,使物空间轴外点发出的、本来能通过上述两种光孔的成像光束只能部分通过,称渐晕光阑。还有一类光阑,只对那些从视场外射入系统的光能和由镜头内部的,光学表面、金属表面及镜座内壁的反射和散射所产生的杂散光起部分限制作用,称为消杂光光阑。在成像系统中,杂散光若通过系统,将在像面上产生一个杂光背景,危害像质。大型光学仪器,尤其是天文仪器中的望远镜系统和折反射系统等必须专门设置消杂光光阑。一般的光学仪器通常只将镜筒内壁车成螺纹,并涂以黑色无光漆或发黑来减少杂散光的影响。对于强激光系统,多次反射杂光会严重影响光束质量,如果会聚在系统内部关键元件附近还可能会损坏元件,危害极大,必须加以全面分析并设法消除。

在光学系统中,视场光阑的位置是固定的,它总设置在系统的实像平面或中间实像平面上。若系统没有这种实像平面,则不存在视场光阑,此时必有渐晕光阑。当然,有视场光阑时也可能有渐晕光阑。而孔径光阑的位置则随系统而异,有些系统对其位置有特定的要求,如目视光学系统和远心光学系统等。除此之外,孔径光阑的位置是可选择的。不同的孔径光阑位置就等于从物点发出的宽光束中挑选不同部分的光束参与成像。如图 4-18 所示,当光阑在位置 1 时,轴外物点 B 以光束 BM_1N_1 成像,而当光阑在位置 2 时,则以光束 BM_2N_2 成像。故合理选择光阑的位置有助于改善轴外点的成像质量,可阻拦偏离于理想成像要求较远的光束。此外,对于目视光学系统,须把眼瞳也作为系统中的一个光孔来考虑,并且一般都假定系统对光阑是理想成像的。

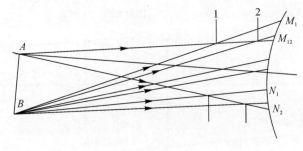

图 4-18 光阑成像

4.4.2 孔径光阑、入射光瞳和出射光瞳

在一个光学系统的若干通光孔中,一定有一个光孔起着限制成像光束的作用。如图 4-19 所示的系统,它由两个透镜组(为方便计,画成薄镜组)及其之间的一个专设光阑 Q 所组成,共有 3 个光孔 Q_1,Q 和 Q_2。图中画出了自物体中心,即轴上点 A 发出的与光轴成不同角度的 3 条光线,分别经过 3 个光孔的边缘,其中经光阑 Q 边缘 Q_1 点的 1 光线与光轴的夹角最小,这表明,由 A 点发出的光束中,只有比此角小的光线才能通过系统参与成像。所以在这个系统中,光阑 Q 起着限制成像光束的作用,是系统的孔径光阑(以下简称孔阑)。

在图 4-19 中,画出了孔阑被其前面的镜组 O_1 所成的像 P_1PP_2,同样也易于画出光孔

O_2 被其前而的镜组所成的像。显然,在所有光孔被其前面的镜组在物空间所成的像中,孔径光阑的像 P_1PP_2 对轴上物点 A 的张角仍为最小。可见,只要找出所有光孔被其前面的镜组成在物空间的像,并求出它们对轴上物点的张角就能做出判断。即,与对轴上物点 A 张角最小的那个像相对应的光孔就是孔阑。那个光孔像,即孔阑被其前面的镜组在物空间中所成的像称为光学系统的入射光瞳(简称入瞳)。在图 4-19 中,入瞳就是 P_1PP_2。图 4-20 对同一系统画出了轴上点 A 和轴外点 B 的成像光束经过系统的情况,由此可以看出,入瞳决定了物点成像光束的最大孔径,并且是物面上各点成像光束的公共入口。同样,孔阑被其后面的镜组在系统像空间中所成的像 $P_1'P'P_2'$,也是所有光孔在像空间的像中对轴上点的像 A' 张角最小的一个。这个像称为光学系统的出射光瞳(简称出瞳)。出瞳是物面上各点的成像光束自系统出射时的公共出口,并且是入瞳经整个系统所成的像。

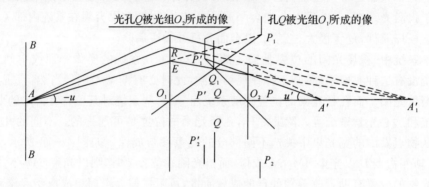

图 4-19 孔阑所成的像

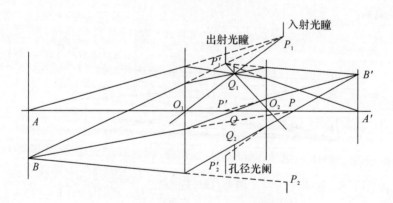

图 4-20 成像光速经过系统的情况

上述是孔阑位于系统之间,因而是与入瞳和出瞳各不重合的一般情况。当然,孔阑也常位于系统之前、系统之后,有时也与镜组重合。相应地,孔阑或与入瞳重合,或与出瞳重合,或与入瞳、出瞳皆重合。

轴上物点发出的过入瞳边缘的光线与光轴的夹角 U 称为物方孔径角;由出瞳边缘射至轴上像点的光线与光轴的夹角 U' 称为像方孔径角。过入瞳中心的光线称为主光线。由于共轭关系,主光线也通过孔阑和出瞳的中心。主光线是物面上各点成像光束的中心光线,它们构成了以入瞳中心为顶点的同心光束,这一光束的立体角决定了光学系统的成像范围。同时,过入瞳的光线也必过孔阑的边缘和出瞳的边缘。

在大多数情况下,轴外点发出并充满入瞳的光束会受到远离孔阑的透镜的通光孔径的限制,被部分遮拦而不能全部通过系统,这种现象称为轴外光束的渐晕。

必须指出,光学系统中的孔阑只是对一定的物体位置而言的。如果物体位置发生了变化,原来的孔阑将可能会失去限制光束的作用,成像光束将被其他光孔所限制。这是因为光孔在物空间的像对轴上物点的张角与物体位置有关。如果一个光学系统对无穷远物体成像,则要看系统中的所有光孔被其前面的镜组在物空间所成的像中何者直径最小,这个像就是入瞳,它所共轭的光孔就是孔阑。

4.4.3　视场光阑、入射窗和出射窗

在光学系统中,起限制成像范围作用的光孔称为视场光阑(以下简称视阑)。显然,如果有接收面,则接收面的大小直接决定了物面上有多大的范围能被成像。因此,在成实像或有中间实像的系统中必有位于此实像平面上的视阑,此时有清晰的视场边界。视阑被其前面的镜组成在系统物空间的像称为入射窗,被其后面的镜组成在系统像空间的像称为出射窗。显然,入射窗必与物面重合,出射窗必与像面重合,且出射窗是入射窗经整个系统所成的像。

物方视场边缘点,即入射窗的边缘对入瞳中心的张角称为物方视场角,像方视场边缘点,即出射窗的边缘对出瞳中心的张角称为像方视场角。如果物位于无穷远处,则物方视场的大小以物方视场角来表示。而如果物位于有限距离处,通常以线视场来表征物方视场的大小。

在某些情况下,系统中没有实像面,也没有中间实像面,此时则不存在视场光阑,视场也就没有清晰的边界。但是,是否在此情况下视场就不受任何限制呢? 不是的。如图 4 - 21 所示的入瞳为无限小的特殊情况。此时可认为物面上各点只有一条主光线通过。在物平面光轴以下的一边取 B ,C 两点,使其主光线 BP 和 CP 分别经过镜组 O_1 和 O_2 的边缘。可以看出,过镜组 O_2 边缘的那条主光线 BP 与光轴的夹角最小,即只有在 B 点以内的物点才能被系统成像,在 B 以外的物点,虽然其主光线能通过镜组 O_1 但却被镜组 O_2 的镜框所拦。可见此时镜组 O_2 是决定物面上成像范围的光孔,它就是在像空间中,对出瞳中心张角最小的那个光孔像(或在物空间中,对入瞳中心张角最小的那个光孔像)所共轭的光孔。

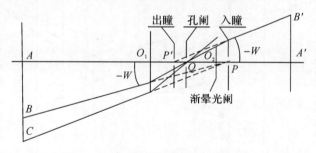

图 4 - 21　入瞳为无限小的特殊情况

然而,这只是假定入瞳为无限小的情况。实际上,入瞳总有一定大小,情况将复杂一些。这时上述那个光孔在不同位置时将阻拦光束的上面部分或下面部分,使成像光束不能全部通过系统,即造成轴外光束的渐晕。因而称此光孔为渐晕光阑。为清楚起见,略去透镜和其他光孔,仅画出物平面、入瞳平面和渐晕光阑在物空间的像来说明这一问题,如图 4 - 22 所示。显然,物面上以为 AB_1 半径的圆形区域内物点发出的光束都能通过系统,B_1 以下区域发出的能通过入瞳的光束将部分地被渐晕光阑所阻拦,B_2 点发出的光束只有主光线以下的一部分可以通过,而 B_3 点只有一条光线可以通过。物面上 A,B_1,B_2,B_3 四点被系统成像时能通过的光束

截面示于图 4-22(b)的 4 个图形中。显然,只有阴影部分的光线才能通过系统参与成像。因此,当视场逐渐增大时,首先拦截轴外光的光孔即为渐晕光阑。

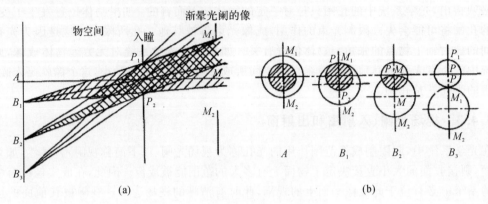

图 4-22 渐晕光阑成像
(a)物空间的像;(b)光束截面

4.4.4 景深和焦深

1.景深

在实际生活中,有许多光学仪器要求对整个空间或部分空间的物点成像在一个像平面上,例如,普通的照相机物镜和望远镜就是这一类。对一定深度的空间在同一像平面上要求所成的像足够清晰,这就是光学系统的景深问题。

图 4-23 中,P 为入瞳中心,P' 为出射光瞳中心,A' 所在的平面就是要求成像的平面,譬如照相机胶卷所在的平面,称为景像平面,在物空间与景象平面共轭的平面,即 A 所在的平面称为对准平面。现在分析在距光学系统入瞳面不同的距离的两个物面上的两个物点 B_1,B_2 的成像。

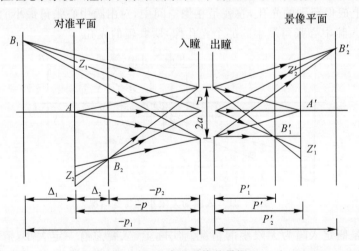

图 4-23 光学系统的景深

考虑入瞳有一定大小,由于 B_1 和 B_2 不在对准平面上,因而它们发出并充满入瞳的光束在景像平面前后形成两个像点 B'_1 和 B'_2,而在景象平面上形成两个弥散斑 Z'_1 和 Z'_2。实际中,物体经过光学系统所成的像是用探测器或眼睛来接收的,而探测器或眼睛都有一定的分辨率,例如,人眼角分辨率约为 $1'$,因此,并不需要物点必须在景像平面上成一个像点,只要物点在景像平面上成像得到的弥散斑的大小不大于探测器或眼睛在景像平面上要求的线分辨率，就可以认为物点在景像平面上成了一个清晰的像。由此可见，考虑到像的探测或观察的实际情况，允许在景像平面上成像为一个有限大小的弥散斑，这时对准平面前后一定范围内的物体均可以在景像平面成清晰像。这种能够在像平面上获得足够清晰像的物空间的深度，称为光学系统的景深。其中能成足够清晰像的最远平面（如物点 B_1 所在的平面）称为远景，能成清晰像的最近平面（如物点 B_2 所在的平面）称为近景。它们离对准平面的距离以 Δ_1 和 Δ_2 表示，称为远景深度和近景深度。光学系统的景深就是远景深度与近景深度之和，即 $\Delta = \Delta_1 + \Delta_2$。

下述推导景深的解析表达式。如图 4-23 所示，在物方和像方分别以入瞳面和出瞳面作为参考面度量轴向线度。物方的对准平面、远景和近景相对入瞳面的线度分别表示为 p, p_1 和 p_2。它们的像面相对出瞳面的线度分别表示为 p', p'_1 和 p'_2。景像平面上的弥散斑 Z'_1 和 Z'_2 可以看作对准平面上弥散斑 Z_1 和 Z_2 在像空间的共轭像，设对准平面和景像平面间的垂轴放大率为 β，则有

$$Z'_1 = |\beta|Z_1, Z'_2 = |\beta|Z_2 \tag{4-50}$$

对于给定像面的接收系统，它有一定的空间分辨率，设在像面上允许的弥散斑的直径为 Z'_0，则在物面上允许的弥散斑为 $Z_0 = Z'_0/\beta$。设入瞳和出瞳的直径分别为 D 和 D'，从图 4-23 中相似三角形关系可得

$$\frac{D}{Z_0} = \frac{-p_1}{\Delta_1} = \frac{\Delta_1 - p}{\Delta_1}, \quad \frac{D}{Z_0} = \frac{-p_2}{\Delta_2} = \frac{-\Delta_2 - p}{\Delta_2} \tag{4-51}$$

用对准平面上的弥散斑作为变量，远景和近景位置可以表示为

$$p_1 = \frac{D_p}{D - Z_0}, \quad p_2 = \frac{D_p}{D - Z_0} \tag{4-52}$$

远景深度和近景深度可以表示为

$$\Delta_1 = \frac{-pZ_0}{D - Z_0}, \quad \Delta_2 = \frac{-pZ_0}{D + Z_0} \tag{4-53}$$

光学系统的景深为

$$\Delta = \Delta_1 + \Delta_2 = \frac{-2pZ_0 D}{D_2 - Z_0^2} \tag{4-54}$$

由式（4-54）可知，光学系统的景深与入瞳大小 D，入瞳相对对准平面的距离 p 以及对准平面上允许的弥散斑大小 Z_0 有关。在 Z_0 和 p 一定的条件下，光学系统的入瞳直径越小，这时的景深越大。

2. 焦深

在实际中经常会碰到另外一种情况，对于一个物面经过光学系统成像后，如果要用屏或者探测器接收像时，最为理想的情况就是在物面的高斯像面上接收，但是由于接收器存在一定的空间分辨率，实际上物面的高斯像面前后一定范围内都能够接收到清晰的像，这时能够接收到清晰像的像面的范围称为光学系统的焦深。如图 4-24 所示，对准平面上物点成像在景像平面上，如果接收面上允许弥散斑的大小为 Z'_0，这时，景像平面前后在景像平面上形成弥散斑大小为 Z'_0 的两个像点所在

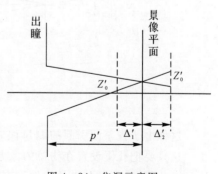

图 4-24　焦深示意图

的平面距离景像平面的距离为 Δ'_1 和 Δ'_2。从图 4-24 的关系有

$$\frac{Z'_0}{D'} = \frac{\Delta'_1}{p'} = \frac{\Delta'_2}{p'} \tag{4-55}$$

则焦深为

$$\Delta' = \Delta_1' + \Delta_2' = \frac{2p'Z_0'}{D'} \tag{4-56}$$

由式(4-56)可见,焦深与允许弥散斑直径、理想像距 p' 即出瞳口径 D' 有关。在 Z'_0 和 p' 一定的条件下,焦深和景深一样,也是随着入瞳或出瞳的增加而减小的。

景深和焦深能够获得清晰成像的一段空间范围,景深指的是物空间的深度,焦深则指像空间的深度。这两个概念都与像面允许有一定的分辨率相联系,都与孔径光阑有关。随着孔径光阑尺寸减小,光学系统中被限制光束的口径减小,从而使景深和焦深都相应加大;反之,孔径光阑加大,将使景深和焦深都变小。

4.4.5 远心光学系统

有相当一部分光学仪器是用于测量物体长度的,如工具显微镜、投影仪等计量仪器。其原理是在物镜的实像平面上置一刻有标尺的透明分划板标尺的格值已考虑了物镜的放大率。当被测物体成像于分划板平面上时,按刻尺读得的物体像的长度即为物体的长度。使用时应保证标尺分划板与物镜之间的距离固定不变,以确保按设计规定的物镜的放大率为常值。同时通过调焦(整体移动光学系统或移动工作台)使被测物体的像重合于分划板的刻尺平面,以免产生测量误差。但由于存在景深,很难精确调焦到物体的像与分划平面重合,这就难免要产生误差。在图 4-25 中,如能将物 $B_1 B_2$ 调焦到正确位置 A_1,将测得物体的精确长度为 $M_1 M_2$。而当调焦不准,例如在位置 A_1 之前 A_2 时,其像应在刻尺之后而不与之重合。此时,像点 B'_1,B'_2 在刻尺面上反映成觉察不出其不清晰的弥散斑,实际读得的长度是像点 B'_1,B'_2 的主光线与刻尺面的交点间距离 $N_1 N_2$,显然它比 $M_1 M_2$ 略长。反之,当调焦于正确位置之后时,所测长度偏短。像面与分划刻线面不重合的现象称为视差,视差越大,光束与光轴的倾斜角越大,测量误差也越大。

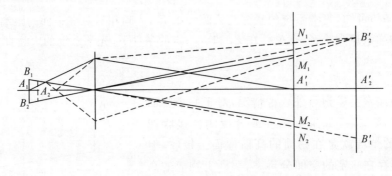

图 4-25 误差示意图

这种由于视差而引起的测量误差,如果给主光线的方向以适当的控制,就可以消除或减小。这只要把孔阑设置在物镜的像方焦面上即可。显然,它也是物镜的出射光瞳,如图 4-26 所示。此时,物面上各点的成像光束经物镜后,其主光线都通过像方焦点。相应地,物方主光

线均平行于光轴。如果调焦准确,自然获得精确长度 $M_1 M_2$;如果由于调焦不准,物体不在位置 A_1 而在 A_2,它的像 $B'_1 B'_2$ 将偏离于刻尺,在刻尺平面上得到的是一投影像斑。但由于物体上同一物点的成像光束的主光线并不随物体位置而变,过投影像斑中心的主光线仍然通过 M_1 和 M_2,读出的长度仍为 $M_1 M_2$。这就是说,上述调焦不准并不影响测量结果。这种光学系统,因为物方主光线平行于光轴,相当于其会聚中心在物方无穷远,故称为物方远心光路。

也有把孔阑设置在物方焦平面上的光学系统,如大地测量仪器。这类仪器是通过测量已知物(如远处的标尺)的像高,求得放大率,从而得出物距的。因此标尺不动,分划板相对于物镜将有移动,同样存在视差导致的测量误差。为消除或减小视差的影响,宜将孔阑设置于物方焦平面上,使像方主光线平行于光轴。这种光学系统称为像方远心光学系统。读者可参照图 4 - 26 画出像方远心光学系统的光路图。

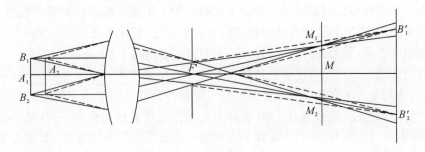

图 4 - 26　出射光瞳示意图

4.4.6　物面与瞳面的转化与匹配

由以上关于光阑的讨论可知,光学系统中的每一个透镜都是透光孔,但在许多情况下并不拦光。对成像光束起限制作用的当属孔径光阑、视场光阑和渐晕光阑。成像光束要通过整个光学系统,必须通过所有这些光阑。从光信息传输的角度来说,这些光阑都是对信息量的限制。孔径光阑限制了能够进入系统参与成像的光束立体角,视场光阑限制了成像范围;而如果从入瞳到出瞳的成像关系来看,由入瞳发出的每一条光线又必须通过视场光阑才能成像到出瞳,因此入射窗和出射窗又成为入瞳到出瞳成像时的"光瞳"

据此可以进一步理解拉氏不变量的物理意义。由公式 $J = nyu = n'y'u'$,左边包括物的大小和物方孔径角,被入射窗和入瞳所限制;右边是像的大小和像方孔径角,决定于出射窗和出瞳。这就是说当光学系统理想成像时,由入射窗进入入瞳的光信息都能通过光学系统并经由出瞳到达出射窗。经过精心设计的实际光学系统也可认为满足这一条件。所以说,拉氏不变量的大小表征光学系统能够传输的信息量的大小。拉氏不变量越大,传输的信息量越大,可对较大的物面以较大的孔径角成像,具有更高的成像分辨率,设计难度也就越大。

如果一个系统由若干子系统构成,能够通过系统到达像面的光必须能够通过每个子系统的所有光阑,而不能被任一个子系统的任一个光孔所拦。设两个子系统分别具有各自的孔径光阑和视场光阑,要使通过第 1 个子系统的光完全通过第 2 个子系统,那么只可能有两种情况:①两个子系统的孔径光阑互为共轭关系,视场光澜也互为共轭关系;②子系统 1 的孔径光阑与子系统 2 的视场光阑共轭,子系统 1 的视场光阑与子系统 2 的孔径光阑共轭。

第 1 种常被称为瞳对瞳、窗对窗,第 2 种也叫瞳对窗、窗对瞳。这就是光学系统组合中必须要考虑的两种光瞳匹配关系。

通常物面总是具有一定的光照强度分布,当物经光学系统成像时,由于物点与像点的共轭关系,任一像点总是得到物面上共轭点发出的光,因而也呈现同样的明暗分布,于是人们看到了物的共轭像。如果要利用光源通过照明光学系统照明某个表面,而光源本身是明亮程度均匀的面光源,易于想到的方案是把光源成像于被照明的表面上。根据以上光瞳匹配的要求,这应当属于第 1 种匹配关系。如果光源本身是不均匀的,例如有灯丝,采用这种方案会在被照明的表面上看到灯丝像,这种照明就是不均匀的。考虑到入瞳是物面上所有各点发出的光的公共入口,即不论亮处还是暗处发出的光都充满入瞳,因而入瞳面或孔阑面必是光照均匀的。如果把这个面成像于被照明的表面,就会得到均匀的照明。这时采用的就是上述第 2 种匹配关系。

有时两个子系统匹配时是将第 2 个子系统插入第 1 个子系统当中的某个位置,例如带有透镜转像系统的望远镜就是这样,此时按照以上分析方法,转像系统的孔径光阑和视场光阑必需和望远镜系统匹配,采用的方法是瞳对瞳、窗对窗。

具有有限孔径的实际光学系统总是对入射光具有衍射作用。有了孔径光阑、入瞳和出瞳的概念以后,我们知道所有的成像光必须通过入瞳这一公共入口并由出瞳这一公共出口出射才能成像。对于轴上点,能够通过入瞳、出瞳的光不会受到其他光孔的限制;对于轴外点可能存在渐晕,投影到瞳上来看,相当于在瞳上再施加一个上下不均等的限制。因此在设计光学系统和进行像质评价中,没有必要考虑光通过每个光孔的衍射,只要考虑通过受渐晕光调康制的孔阑上造成的衍射,这种近似就足够了。相应地,由于所有的成像光都必须由出瞳出射,实际处理时只考虑出瞳到像面的衍射。

4.5 光学系统设计与分析

4.5.1 常见光学系统

1. 眼睛

眼睛作为显微镜和望远镜的等目视光学仪器的接收器,它的构造及有关特性应在设计这类仪器时予以考虑。

2. 放大镜

肉眼观察时,要能看清物体的细节,该细节对眼睛的张角须大于眼睛的极限分辨角,一般不小于 1′。当物体移到眼睛的近点附近而其细节对眼睛的张角仍小于 1′ 时,眼睛就无法辨别它了,只能借助于放大镜或显微镜将其放大后再行观察,才能了解其细微结构。

对于目视光学仪器,其放大作用不能简单地以横向放大率来表征,而应代之以视觉放大率。因此,放大镜的放大率应该是:通过放大镜看物体时,其像对眼睛张角的正切与直接看物体时,物体对眼睛张角的正切之比。如图 4 - 27 所示,放大镜将位于焦点以内的物 AB 在镜前明视距离处形成虚像 A′B′,它对眼睛张角为 W′,有

$$\tan W' = \frac{y'}{-x' + a} \tag{4-57}$$

而当眼睛直接于明视距离 250mm 处观察物体时,对眼睛的张角为 W,有

$$\tan W = \frac{y}{250} \tag{4-58}$$

以 $\tan W'/\tan W$ 表示放大镜的放大率 M ，并以 $\beta = -x/f'$ 代替 y'/y ，得

$$M = \frac{250}{f'} \frac{x'}{x'-a} \tag{4-59}$$

由式 (4-59) 可知，放大镜的放大率除与角距有关外，还与眼睛的位置有关。由于使用放大镜时，眼睛总是位于像方焦点附近，a 相对于 x' 是一小量，于是

$$M = \frac{250}{f'} \tag{4-60}$$

即放大镜的放大率仅由其焦距决定。焦距越短，放大率越大。

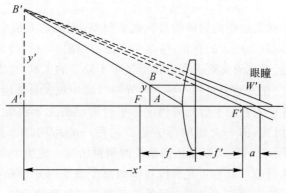

图 4-27　虚像示意图

3. 显微镜及照明系统

借助放大镜可用来观察不易为肉眼看清的微小物体，但如果是更微小的观察对象或其微观结构，则须依赖显微镜才能观察和分析。因此，显微镜是一种应用广泛的重要光学仪器。

显微镜的主光学系统由物镜和目镜两部分组成，图 4-28 即为显微镜的成像原理图。位于物镜物方焦点以外与之靠近处的物体 AB ，先被物镜成一放大、倒立的实像 $A'B'$ 于目镜的物方焦面上或之后很靠近处，然后此中间像再被目镜成一放大虚像 $A''B''$ 于无穷远或明视距离处，供眼睛观察。目镜的作用与放大镜一样，但它的成像光束是被物镜限制了的。相应地，眼睛就不能像使用放大镜那样自由，而必须有一个固定的观察位置。

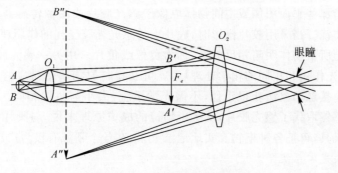

图 4-28　显微镜成像原理图

这里

$$M_o = \beta = -\frac{\Delta}{f'} \tag{4-61}$$

$$M_e = \frac{250}{f'} \tag{4-62}$$

即

$$M = M_o M_e = -\frac{250\Delta}{f'_o f'_e} \tag{4-63}$$

式中，$\Delta = F'_o F_e$ 称为光学筒长。显然，显微镜的放大率与光学筒长成正比，与物镜和目镜的焦距成反比，且 $M<0$，即对物体成倒像。如果将物镜和目镜组合起来看成一个系统，则可得到与放大镜的放大率完全相同的公式，表示显微镜实质上就是一个复杂的放大镜。

4. 望远镜系统

望远镜是一种用于观察远距离物体的目视光学仪器，能把物方很小的物体张角按一定的倍率放大，使之在像空间具有较大的张角，使本来无法由肉眼看清或分辨的物体变得清楚可见或明晰可辨。所以，望远镜是天文观察和天体测量中不缺少的工具，在军事上指挥、观察、瞄准和测距等方面无不需要，在大地测量和一些其他光学仪器中也大量地应用望远镜系统。

望远镜系统是一种使入射的平行光束仍保持平行射出的光学系统。据此，最简单的望远镜系统须由两个光组组成，前一光组的像方焦点与后一光组的物方焦点重合，即光学间隔 $\Delta = 0$。如图 4-29 所示是可能实现望远镜系统的两种情况。光组 L_1 朝向物体，称望远镜的物镜；另一个光组 L_2 称目镜。具有正光焦度目镜的那个系统叫开普勒望远镜，具有负光焦度目镜的那个系统叫伽利略望远镜。实际应用的几乎都是开普勒望远镜。

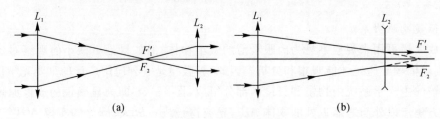

图 4-29　望远镜系统
(a)系统 1;(b)系统 2

5. 摄影光学系统

摄影系统是指那些平面图像或空间物体成像于感光胶片或图像传感器上的光学系统，通常称它们为摄影物镜。当采用胶片摄影时，底片上的感光乳胶受光的作用获得了潜像，经化学处理后即显现出与所摄物体明暗相反的像，称为负像或负片。用另一感光胶片或感光纸与负片接触，经再一次光作用和相同的化学处理后，就可获得与原物明暗对应的正片或正像，即所谓影片和照片。用接触印象法获得正像，不需光学系统，大小与负像相同。CCD 摄像机与数码相机以图像传感器取代了感光胶片，从摄影物镜的成像原理来说，与胶片摄影仍是一致的。应用摄影系统和机具，可把各种事物真实地记录下来，在各个领域有极为广泛的用途。

6. 投影及放映光学系统

放映光学系统是指那些将物体或影片经照明后放大成像于屏幕，以供观察的系统。它由照明物体的聚光镜系统和对物体成像的放映物镜两部分合理配置而成。

放映仪器有两类，一类是用透射光成像的透射放映仪器，如电影放映机、幻灯机和放大照片的放大机等;另一类是对非透射图片成像的反射放映仪器。

4.5.2　光学系统的像差

在实际的应用中,要求光学系统有一定大小的相对孔径和视场,这时成像往往超出了近轴区的范围,使得理想成像的物像共轭遭到破坏,给成像带来缺陷。这种实际光路和理想光路的差别引起的成像的缺陷,称为光学系统的像差。光学系统像差是影响光学系统成像质量最主要的因素,像差分析是光学系统设计中的一个重要环节。

光学系统中,描述像差的方法主要有两种:波像差法和几何像差法。波像差法基于光的电磁波理论,借助波面进行研究。如果光学系统成完善像,则任一物点发出的球面波经过光学系统后在像空间应该是以高斯像点为球心的球面波。实际上,由于光学系统成像的缺陷,像空间成像光波的波面偏离了球面,且偏离球面的程度体现了光学系统成像缺陷的大小。因此,可以以成像光波在像空间实际波面偏离成完善像等光程的球面的多少来衡量光学系统的成像缺陷,这种描述光学系统像差的方法称为波像差法。

光学系统像差的研究,也可以以高斯像作为成像的参考,以物体发出的光线经过光学系统后其出射光线相对于高斯像的偏差来衡量光学系统成像缺陷,这种方法称为几何像差法,这时的偏差称为几何像差。为了定量表示几何像差,可以在高斯像面上以实际光线和高斯像面的交点相对于高斯像点的相对偏离量来表示,称为横向几何像差。有时也以物点发出的部分成像光线的交点相对于高斯像面的轴向线度表示几何像差,称为轴向像差。本节主要基于光线,讨论光学系统的几何像差。

单色波成像时,依据像差对于像面缺陷的影响方式不同,分为五种单色像差:球差、彗差、像散、场曲和畸变。

如果成像光波为复色光时,由于介质的色散,介质对不同颜色的光波的折射率不同,从而同一物点发出的沿同一方向不同波长的光线在界面上折射角不同,从而传播方向不同,这时不同颜色光波的几何像差也不同,从而也影响光学系统的成像质量,这种像差称为色差。色差又可以分为位置色差和倍率色差。定量地讨论光学系统的像差比较复杂,读者可以参考相关的光学系统设计的书籍。

4.5.3　光学系统像质评价方法

光学设计必须校正光学系统的像差,但既不可能也无必要把像差校正到完全理想的程度,因此需要选择像差的最佳校正方案,也需要确定校正到怎样的程度才能满足使用要求,即确定像差容限。这两方面都属于光学系统质量评价问题,它对光学设计者具有重大指导意义。

1. 斯特列尔判断

斯特列尔于 1894 年提出了判断小像差光学系统像质的标准。光学系统有像差时,衍射图样中中心亮斑(艾里斑)占有的光强度要比理想成像时有所下降,两者的光强度比称为 Strehl 强度比,又称中心点亮度,以 S. D. 表示。Strehl 判断认为,中心点亮度 S. D. $\geqslant 0.8$ 时,系统是完善的。根据惠更斯-菲涅尔原理,点光源 S 对 P 点的作用,如图 4 - 30 所示,可以看成是 S 与 P 之间的任一个波面上一个点所发出的次波在 P 点的叠加结果。基尔霍夫(Kirchhoff)从波动方程出发,由场论推导出求 P 点振幅的比较严格的公式。

$$\psi_P = \frac{i\psi_Q}{\lambda} \iint_\Sigma \frac{1+\cos\theta}{2} \cdot \frac{e^{-ikl}}{l} d\sigma \qquad (4-64)$$

式中，ψ_Q 为波面 Σ 上点 Q 处的复振幅，$d\sigma$ 为波面元，$k = 2\pi/\lambda$，其他符号含义如图 4-30 所示。

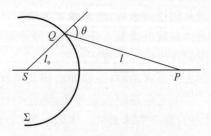

图 4-30　次波叠加示意图

这里可以将 Σ 看作是有 S 点光源发出的光经过出瞳时的波面，当出瞳通光口不是很大时，可以认为 $\cos\theta \approx 1$。若以 Σ 面上发出的光振动为一个单位，即 $\psi_Q = 1$，并设像面坐标为 x，y,z，出瞳极坐标为 r,p，令 z 轴与光轴重合，并对一般具有圆形通光孔的光学系统，取通光孔半径为 1，则式（4-64）可表示为

$$\psi_P = \psi(\Delta x, \Delta y, \Delta z) = \frac{i}{\lambda} \int_0^1 \int_0^{2\pi} \frac{e^{-ikl}}{l} r dr d\varphi \qquad (4-65)$$

式中，l 为 Q,P 之间的光路长度。P 点的坐标改变时，该点的振幅也随之改变。

物点发出的波面经过理想光学系统后，在出射光瞳处得到的是球面波，而实际光学系统的像差使像方的波面不再是球面波。像差的影响就是通过这种位相的变化而反映为衍射图样的变化。若像差引起的光程差，即波像差为 W，则只需将式（4-65）中的 e^{-ikl} 变为 $e^{-ik(l+W)}$，即可计算有像差存在时的 ψ_P 值。相应的中心点亮度可表示为

$$\text{S. D.} = \frac{|\psi_{P \cdot W \neq 0}|^2}{|\psi_{P \cdot W=0}|^2} = \frac{1}{\pi^2} \left| \int_0^1 \int_0^{2\pi} e^{-ikl} r dr d\varphi \right|^2 \qquad (4-66)$$

当像差很小时，可把积分中指数函数在 $x=0$ 处展开为马克劳林级数。若 $|W| < l/k$，则取前 3 项即可，由此得

$$\text{S. D.} = \frac{1}{\pi^2} \left| \int_0^1 \int_0^{2\pi} \left(1 + ikW - \frac{k^2}{2}W^2\right) r dr d\varphi \right|^2 \approx 1 - k^2(\overline{W}^2 + \overline{W^2}) \qquad (4-67)$$

式中，$\overline{W}$ 为波相差的平均值，$\overline{W^2}$ 为波相差的平方平均值。有

$$\overline{W} = \frac{1}{\pi} \int_0^1 \int_0^{2\pi} W r dr d\varphi \qquad (4-68)$$

$$\overline{W^2} = \frac{1}{\pi} \int_0^1 \int_0^{2\pi} W^2 r dr d\varphi \qquad (4-69)$$

由于计算波像差 W 时，参考球面的半径是可以任意选择的，故 W 中可以有常数项。适当选择常数项总可以使 $\overline{W} = 0$。作此选择后，S. D. 就只与波像差的平方平均值有关了。即

$$\text{S. D.} = 1 - k^2 \overline{W^2} \qquad (4-70)$$

可见，一个像差很小的光学系统，中心点亮度与波像差之间有相对简单的关系。利用这关系和上述 S. D. $\geqslant 0.8$ 的判据，就可以决定像差的最佳校正方案和像差的公差。为此，必须将 W 表示为积分域中的正交多项式，使积分式中各交叉项的积分为零，从而使波像差的平方平

均值为各正交多项式的系数平方和。其中各项对中心点亮度 S. D. 的影响是相互独立的,任意一项系数的增加均使 S. D. 降低。

斯特列尔提出的中心点亮度 S. D. $\geqslant 0.8$ 的判据是评价小像差系统成像质量的一个比较严格而又可靠的方法,但是计算起来相当复杂,不便于实际应用。

2. 瑞利判断

这是早在 1879 年瑞利(Rayleigh)在观察光谱仪成像质量时,所提出的一个简单判断,即"实际波面与参考球面之间的最大偏离量,即波像差不超过 1/4 波长时,此实际波面可认为是无缺陷的"。它被称为瑞利判断。

该判断提出两个标准,即:有特征意义的是波像差的最大值,波像差最大值的容许量不超过 $\lambda/4$。但瑞利判断是不够严密的,它只考虑了波像差的最大值,而未考虑波面上缺陷部分在整个面积中所占的比重。透镜中的一个小气泡或透镜表面的一条很细的刻痕,都会引起好几个 λ 的波像差,但这种缺陷只占波面上极小的局部区域,对成像质量并无显著影响。

瑞利判断的要点是波差的最大值小于 $\lambda/4$。光学系统的结构参数确定以后,与某一物点的成像光束对应的实际波面也就随之确定,但一方面波像差将随参考球面或参考点的选择而异;另一方面,在最佳参考点时,波像差最大值的数值大小还随像差的平衡方案而异。利用瑞利判断作为评价指标时,应该寻求与之相应的像差最佳平衡方案。

瑞利判断的优点是便于实际应用。由于波像差与几何像差之间的关系比较简单,其值易于计算。对于同时存在几种像差的轴外点,也可以按综合的波像差曲线做出判断,无需过多地追究个别像差。根据波像差情况还能判断像差的校正是否已处于最佳状态,并以此来指导像差的校正方向。由波像差与几何像差的关系,利用瑞利判断可以得出几何像差的公差,这对光学设计是十分有用的。瑞利判断的另一优点就是对通光孔不必作任何假定,只要计算波像差曲线,便可据以评价。

表 4-1 根据点像的衍射图样中光能分布情况,对瑞利判断和斯特列尔判断作了比较。可见,瑞利的波像差小于 $\lambda/4$ 的判据与斯特列尔的中心点亮度 S. D. $\geqslant 0.8$ 的判据是一致的。

表 4-1　点像的衍射图样中的光能分布

波像差	0	$\lambda/16$	$\lambda/8$	$\lambda/4$
中心亮斑所占能量	84	83	80	68
S. D.	1.0	0.99	0.95	0.81

对于小像差系统,例如望远镜和显微物镜,可利用瑞利判断与斯特列尔判断来评价其成像质量。瑞利判断由于计算方便,是大家广为采用的。

3. 分辨率

能被光学系统分辨开的两个物点(或像点)之间的最小距离,称为光学系统的分辨率或分辨本领。对大部分光学系统都应有分辨率的要求,它反映了光学系统分辨物体细微结构的能力,是评价光学系统的质量指标之一。它比较容易测量,被广泛应用于光学仪器质量检验中。

瑞利指出:"能分辨的两个等亮度点间的距离对应艾里斑的半径",即一个点的衍射图样中心与另一个点的衍射图样的第一暗环重合时,正好是这两个点能分辨开的界限,如图 4-31 所示。这时两个衍射图样的合成光强分布曲线中,两个极大值与中间极小值之比为 1:0.735,与光能接收器(如眼睛或照相底板)能分辨的亮度差别相当。

根据衍射理论,远处物点被理想光学系统形成的衍射图样中,第一暗环的半径对出瞳中心所张的角度由下式决定,即

$$\varphi = \frac{1.22\lambda}{D} \tag{4-71}$$

式中,φ 为光学系统的最小分辨角,D 为入射光瞳直径。式(4-71)是计算光学系统理论分辨率的基本公式。对不同类型的系统可以由它导出不同的表示方法,已分别在有关章节叙述,此处不予重复。

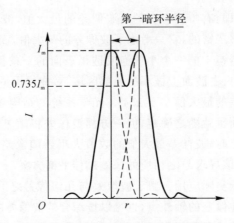

图 4-31　两个点能分辨开的界限

分辨率作为成像质量指标并不是一种完善的方法。虽然光学系统的分辨率与像差有一定关系,但是更深入的研究表明,小像差系统(如望远物镜、显微物镜)的实际分辨率几乎只与入瞳直径或数值孔径有关,受像差影响很小,所以它不适宜用来评价高质量的小像差系统,而只能用于如照相物镜等大像差系统。但用它作为大像差系统的像质指标也不甚适宜。因为像差主要导致能量分散,直接影响线条的清晰度,对分辨率的影响则并不显著。因分辨率与成像清晰度之间并无必然的联系,有时甚至会出现矛盾的情况。这是因为测试用的分辨率板是高对比的,而实际的景物常常是低对比的。而且分辨率检验时,有时会出现"伪分辨"现象,即高于截止频率的图案出现对比度反转,这是无意义的。此外,实际检验条件常瑞利原始条件不符,使瑞利规定的分辨率不能很好地反映光学系统的质量。首先,各种光能接收器分辨亮度对比度的能力有差别,如人眼在照度良好、界线清楚的情况下能分辨 1:0.95 的亮度差别;其次,瑞利的规定是对两个相等亮度的自身发光点而言的,并且除两个发光点外是没有背景亮度的,这也与实际情况不符。所以分辨率是一个不很确定的量,对同一个光学系统,随着测试条件的不同,结果也不相同。实际研究表明,当用低对比分辨率板来检验照相物镜等大像差系统时,检验结果是与像质相一致的。

4. 点列图

由一点发出的许多光线经光学系统后,因像差使其与像面的交点不再集中于同一点,而形成了一个散布在一定范围的弥散图形,称为点列图。点列图忽略了衍射效应。实验和实用结果表明,在大像差系统的点列图中,点的分布能近似地代表点像的能量分布。因此,用点列图中点的密集程度可以衡量系统成像质量的优劣。

为用点列图来评价成像质量,必须计算大量光线的光路,且选择计算的各条光线在瞳面上应有合理的分布。通常是把光学系统入瞳的一半(因光束总对称于子午面)分成大量等面积的网格元,从物点发出,通过每一网格元中心的光线,可代表过入瞳面上该网格元的光能量。所以,点列图中点的密度就代表了点像的光强度分布。追迹的光线越多,点子越多,就越能精确地反映点像的光强分布。一般总要计算上百条甚至数百条光线。

可以将光瞳面划分为等面积的扇形网格,如图 4-32(a)所示,也可以是正方形网格。轴外点光束有渐晕时,应根据轴外渐晕瞳的实际形状来划分网格,如图 4-32(b)所示。

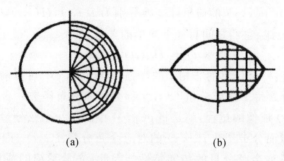

(a)　　　　　　(b)

图 4-32　扇形网格
(a)扇形网格;(b)实际形状网格

用点列图来评价大像差系统的像质是一种方便易行的方法。有人认为,集中 30% 以上的点或光线的圆形区域是实际有效的弥散斑,它的直径倒数即为系统能分辨的线条数。

5. 光学传递函数

前面所述的像质评价方法是多年来光学设计和产品检验中实际应用的方法,但它们各有其适用范围和局限性,这里不再重复。总之,上述方法是把物点看作是发光点的集合,并以一点成像的能量集中程度来表征光学系统成像质量的。但对物体结构还可采用另一种分解方法,即分解为各种频率的谱,也就是将物的亮度分布函数展开为傅里叶级数(对周期性物函数)或傅里叶积分(对非周期性物函数)。于是光学系统的特性就表现为它对各种频率的正弦光栅的传递和反应能力,从而建立了另一种像质评价指标,称为光学传递函数。这是目前认为较好的一种像质评价方法,它既有明确的物理意义,又和使用性能有密切联系,可以计算和测量,对大像差系统和小像差系统均可适用,是一种有效、客观而全面的像质评价方法。1946 年法国的 P. M. Duffieux 首先应用傅氏积分方法研究光学成像问题,认为非相干光学成像系统可看作是一个低通线性滤波器,并提出了光学传递函数的概念;1948 年美国的 Schade 第一次应用光学传递函数来评定电视摄影系统的成像质量。现在,它不仅能用于光学系统设计结果的评价,还能用于控制光学系统设计过程、光学镜头检验和光学信息处理等各方面。

所谓线性系统是指能够满足"叠加原理"的系统,即对系统输入 N 个激励函数,则系统输出 N 个响应函数;如果把 N 个激励函数相叠加后输入系统中,由系统输出的是与之相应的 N 个响应函数的叠加。而光学系统的空间不变性是指物面上不同的物点在像面上有相同形状的光能分布。虽然光学系统在不同视场会有不同的像差,但对经过像差校正的光学系统,像差随视场的变化是缓慢的,像面上总可以划出许多称为"等晕区"的小区域,在每个等晕区内光学系统为空间不变线性系统。若物面分布函数为 $O(x_0, y_0)$,并假定物面上各亮点是非相干的。若各个亮点经光学系统后的光强分布,即点扩散函数为 $h(x_0, y_0; x, y)$,且

$$\iint h(x_0, y_0; x, y) dx dy = 1 \qquad (4-72)$$

按照空间不变性有 $h(x_0, y_0; x, y) = h(x - x_0, y - y_0) dx_0 dy_0 = O * h$，则像面上的光能分布为

$$i(x, y) = \iint O(x_0, y_0) h(x - x_0, y - y_0) dx_0 dy_0 = O * h \qquad (4-73)$$

式(4-73)称为卷积。由于点扩散函数非常复杂，物体光强分布又不可能用显函数来表示，所以上述卷积积分难以实现。

设 $i(x, y)$，$h(x, y)$，$o(x, y)$ 的傅里叶变换分别为 $I(s, t)$，$H(s, t)$，$O(s, t)$。根据傅里叶变换理论中的 Parslrval 定律，它们之间有如下简单的关系，即

$$I(s, t) = H(s, t) \cdot O(s, t) \qquad (4-74)$$

这一结果的意义是：一个任意的非相干的光强分布 $o(x, y)$，可以看作是各种空间频率的余弦光强度分布的组合。每个余弦分量 $O(s, t)$ 称为物面分布函数 $o(x, y)$ 中频率为 (s, t) 的谱。光学系统对 $o(x, y)$ 成像的过程，就是将 $o(x, y)$ 中的每一余弦分量 $O(s, t)$ 乘上一个相应的因子 $H(s, t)$，构成像面分布函数 $i(x, y)$ 的对应余弦分量 $I(s, t)$，即像 $i(x, y)$ 的谱。$H(s, t)$ 反映了光学系统对各种余弦分量的传递特性。因此，光学系统的成像特性完全由 $H(s, t)$ 反映出来，称为光学传递函数 OTF(Optical Transfer Function)。显然，它也是一个复数，即

$$H(s, t) = T(s, t) \exp[-i\theta(s, t)] \qquad (4-75)$$

式中，$T(s, t)$ 为传递函数 MTF(Modulation Transfer Function)，$\theta(s, t)$ 为相位传递函数 PTF (Phase Transfer Function)。

4.5.4 光学系统设计软件——ZEMAX

Zemax 产自美国 ZeMax Development Corporation 的光学设计软件，公司前身是 Focus Software Inc.，成立于 1990 年。同前两个软件相比，Zemax 软件的历史比较短，但是由于它一出现就是基于 Windows 操作系统，因此 Zemax 软件界面和有关操作更自如的采用了 Windows 的特性。从技术发展来看，在几个软件中，Zemax 软件的更新速度最快，相比 CODE V 和 OSLO 软件，Zemax 软件价格非常便宜，其最大特点在于其方便的可操作性和程序的开放性，因此 Zemax 成为目前光学设计行业中最为普及的设计软件。在以下几方面 Zemax 软件更加突出。

1. 主要特色

(1)分析。提供多功能的分析图形，对话窗式的参数选择，方便分析，且可将分析图形存成图文件，例如：＊.BMP，＊.JPG...等，也可存成文字文件＊.txt。

(2)优化。表栏式 merit function 参数输入，对话窗式预设 merit function 参数，方便使用者定义，且多种优化方式供使用者使用，诸如 Local Optimization 可以快速找到佳值，Global-Hammer Optimization 可找到最好的参数。

(3)公差分析。表栏式 Tolerance 参数输入和对话窗式预设 Tolerance 参数，方便使用者定义。

(4)报表输出。多种图形报表输出，可将结果存成图文件及文字文件。

2. 应用领域

应用领域包括 Projector，Camera，Scanner，Telescope，光纤耦合，照明系统，夜视系统等。

3. Zemax 软件界面

Zemax 软件默认工作窗口如图 4 - 33 所示。

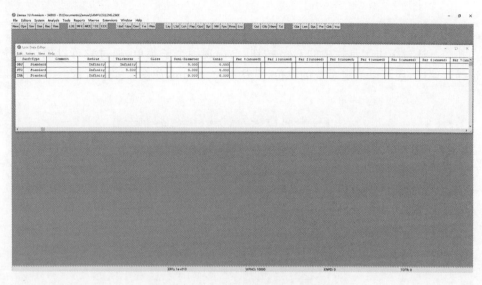

图 4 - 33 Zemax 软件默认工作窗口

4. Zemax 透镜数据编辑器(LED)

(1)表面类型。Zemax 软件在标准面型下有平面、球面和二次曲面等选项。

LDE 的 Surface Type (表面类型)栏分为两列,左边一列分为 OBJ,STO 和 IMA 三行,它们分别对应物面、光阑面和像面;右边一列的三行是左边 3 种表面的类型。默认的表面类型是标准型,用 Standard 表示。OBJ 即物面被默认为 0 面。不同表面的二次曲面系数见表 4 - 2。

表 4 - 2 不同表面的二次曲面系数

表面类型	二次曲面系数
球面	0
抛物面	-1
双曲面	<-1
长椭球面	$-1 < K < 0$
扁椭球面	> 0

(2)表面曲率半径。Zemax 软件中面的曲率半径有正负之分。Zemax 软件规定,所有线段一律以自左向右和自下向上为正,反之为负。曲率、曲率半径及曲面与对应主面间的间隔均以曲面顶点为计算起点。如果某一曲面的曲率中心位于该曲面顶点的右侧,那么该曲面的曲率半径和曲率都取正号,反之为负。

(3)厚度 。厚度是指前、后表面顶点间的距离。

(4)玻璃类型。在 Zemax 软件中确定透镜的玻璃材料,直接用玻璃的名称,通过键盘输入。例如,要用 BK7 当玻璃材料,就在 Glass 栏输入 BK7。如果某一表面的 Glass 栏设置为空白,表示该面的材料为单位折射率的空气,对反射镜,可在 Glass 栏输入"MIRROR"。

输入的玻璃材料确定的是指从这一面开始到下一面之间的介质。

(5)半口径。半口径是指透镜口径沿径向(与光轴垂直方向)允许光线通过的实际尺寸的一半。

5. Zemax 软件的基本对话框

(1)孔径。通过单击工具栏中的 Gen 按钮,会出现一个子菜单,通过它可以确定系统的孔径值,选择玻璃库,还可以给定系统的单位,默认单位是 mm,如图 4-34 所示。

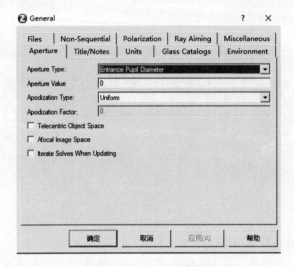

图 4-34　孔径对话框

(2)视场。单击工具栏中的 Fie 按钮,会出现一个确定视场的对话框。可以在 Y-Field 栏里输入视场角,默认的单位为度,如图 4-35 所示。

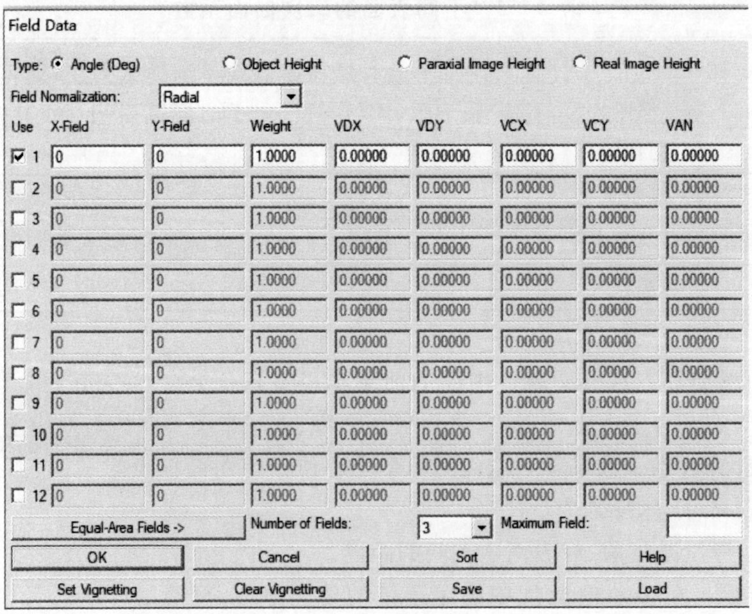

Use	X-Field	Y-Field	Weight	VDX	VDY	VCX	VCY	VAN
☑ 1	0	0	1.0000	0.00000	0.00000	0.00000	0.00000	0.00000
☐ 2	0	0	1.0000	0.00000	0.00000	0.00000	0.00000	0.00000
☐ 3	0	0	1.0000	0.00000	0.00000	0.00000	0.00000	0.00000
☐ 4	0	0	1.0000	0.00000	0.00000	0.00000	0.00000	0.00000
☐ 5	0	0	1.0000	0.00000	0.00000	0.00000	0.00000	0.00000
☐ 6	0	0	1.0000	0.00000	0.00000	0.00000	0.00000	0.00000
☐ 7	0	0	1.0000	0.00000	0.00000	0.00000	0.00000	0.00000
☐ 8	0	0	1.0000	0.00000	0.00000	0.00000	0.00000	0.00000
☐ 9	0	0	1.0000	0.00000	0.00000	0.00000	0.00000	0.00000
☐ 10	0	0	1.0000	0.00000	0.00000	0.00000	0.00000	0.00000
☐ 11	0	0	1.0000	0.00000	0.00000	0.00000	0.00000	0.00000
☐ 12	0	0	1.0000	0.00000	0.00000	0.00000	0.00000	0.00000

图 4-35　视场对话框

（3）波长。单击工具栏的 Wav 按钮，出现一个设置波长的对话框。它最多可以输入 24 个波长值，它的单位是 μm。最后要确定透镜的主波长，主波长是指在对透镜的所有一级及三级特性进行分析计算时所采用的参考波长，如图 4-36 所示。

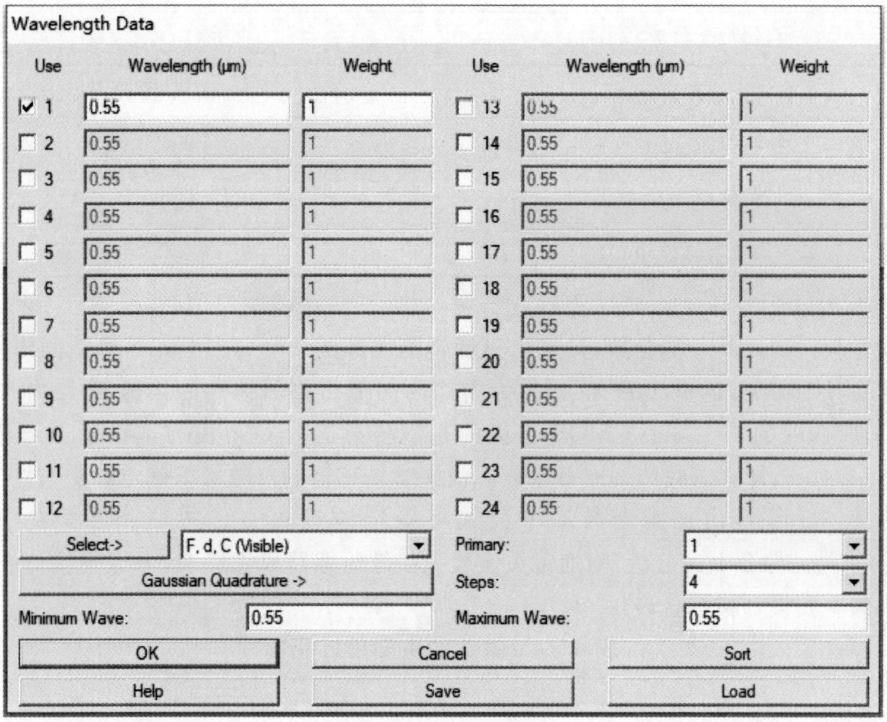

图 4-36　波长对话框

4.6　光学系统设计实例

显微镜是观察和测量肉眼看不清的细小物体或细小物体的微小结构时使用频率较高的工具。据其技术发展和观察方式主要可分为传统人工观察的目视显微系统和利用现代光学传感技术的数码显微系统。数码显微系统相对于传统的显微系统主要是用电子目镜完全替换了传统显微目镜，并将显微镜的成像传输到电脑等终端设备上，以便观看。而在某些情况，比如在显微镜成像的演示中，需要给多人呈现显微镜中的成像情况，而不影响仪器本身的完整的光学系统结构。鉴于这种需求，需要一款图像传感器成像镜头将光学显微镜中的像成像到光学传感器（CCD 或者 CMOS）上，从而输出到电脑终端，呈现完毕后又可以方便地拆卸。这种需求主要存在于与光学相关的实验教学的场合。基于此设计了一款针对已知参数的读数显微镜的附加镜头，此镜头可以随时装备和拆卸，而不影响显微镜的光学系统的结构。

4.6.1　设计指标

所涉及的读数显微镜的具体光学系统性能参数和光学参数见表 4-3。

表 4-3　显微镜的光学参数

参　　数	数值
物镜放大倍数/NA	3×0.07
目镜放大倍数	10×
显微镜工作距离/mm	54.06
物镜焦距/mm	41.47
目镜焦距/mm	24.99
显微镜视场直径/mm	4.8

根据显微镜的光学性能参数,计算出显微镜的出瞳为 $D' = 1.16$ mm,目镜的出射光束的出射角为 $\omega' = 16.07°$,这里的 D' 和 ω' 作为附加的图像传感器镜头的入瞳 D 和物方视场角。此外,我们所选取的 1/1.8in[①]CMOS 相机的光学传感芯片对角线为 9 mm,其像素大小为 $4.4\mu m \times 4.4\mu m$,像素总数约 200 万像素。由光学传感器的参数可以确定镜头与之匹配的成像尺寸为 4.5mm,且由奈奎斯特频率公式可确定该镜头与传感器相匹配的分辨率为 111 lp·mm^{-1}。综合上述分析,附加镜头实质为图像传感器成像镜头,考虑到接口的问题,该附加镜头的主要设计指标见表 4-4。

表 4-4　镜头的主要设计指标

参　　数	数　值
全视场 2ω	32°
入瞳 D/mm	1.16
波长范围 /μm	0.486～0.656
像高 $2y'$/mm	9
BFL$_{min}$/mm	＞9
奈奎斯特频率/(lp·m m^{-1})	111

4.6.2　牛顿望远镜初始结构

根据设计指标,需要选定合适的初始结构。初始结构的建立有计算法和缩放法两种方法。计算法是利用初级像差理论进行初始结构的计算,称之为 PW 法,但是 PW 法的计算量过大,且对计算者的理论要求较高。因而,本研究采取缩放法。所谓缩放法就是从已有大量镜头专利中选择合适的初始结构,然后根据自己的设计参数去进行镜头的缩放,从而完成初始结构的建模。本研究设计的附加镜头其实质就是图像传感器的成像镜头,其与照相物镜基本相同。据本研究设计指标,全视场为 32°,是视场较一般的镜头,所以一般的结构即可满足设计需要,

---

① 1in＝2.54cm。

这里选取《光学系统设计》(第 4 版)中一款镜头作为初始结构,系统的初始结构如图 4 - 37 所示。此初始结构全视场为 43.6°,F 数为 2.8,焦距为 10mm,像面直径为 8mm。

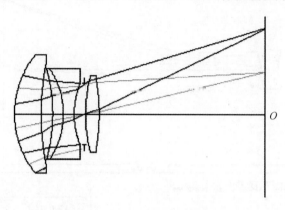

图 4 - 37　系统的初始结构

4.6.3　优化设计过程

(1)根据计算出的设计指标,在建模好的初始结构基础上,输入设计指标中的视场、入瞳直径、波长,得到了一个入瞳直径为 1.16 mm、全视场 32°、工作波长在 $0.486 \sim 0.656 \mu m$ 之间的初始结构,然后需要用 Zemax 软件进行优化,得到各项指标到符合要求的结构。

(2)首先构建默认评价函数,对空气厚度和玻璃厚度进行适量控制。在此基础上,用 REAY 控制成像像面上的成像尺寸,以匹配 CMOS 光传感器芯片的尺寸。

(3)用 TTHI、OPGT、OPLT 控制后截距。OPGT 控制后截距大于 9mm,OPLT 控制后截距小于 15mm。

用 AXCL 控制轴上点 0.707 孔径处的轴向色差。

(4)用 DIMX 控制各个视场的最大畸变值。

整个优化过程先将曲率半径和面厚度设为变量进行 Optimization 优化,然后逐步增加厚度变量反复进行 Optimization 优化,最后在此基础上为了进一步改善弥散斑的尺寸和畸变的值,加入了玻璃变量,进行 Hammer 优化,此过程据设计经验反复进行直至得到符合设计目标的结构。

4.6.4　优化设计结果

经过优化设计后的镜头结构如图 4 - 38 所示,全视场为 32°,入瞳直径 1.16 mm,后截距为 11.497mm,成像面上的像高为 4.5 mm,与 1 /1.8 in CMOS 相机的光学传感芯片相匹配 。

4.6.5　像质评价分析

根据最终设计,利用软件的分析功能,对其弥散斑大小、场曲和畸变、轴向像差、横向色差、中心亮斑能量、光学传递函数等方面进行了成像品质的评价。图 4 - 39 为点列图,点列图中的弥散斑的密集情况是判断成像质量的一种依据。

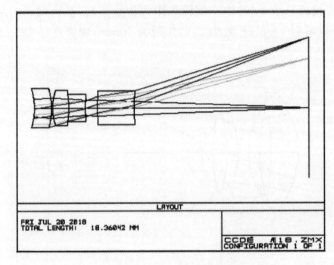

图 4-38　经过优化设计后的镜头结构

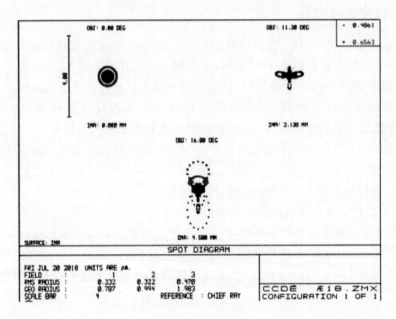

图 4-39　点列图

从图 4-39 中点列图看,Scale Bar 只有 $4\mu m$,在此比例尺下各像差得到有效地控制,且 $0\omega,0.707\omega,1.0\omega$ 各视场弥散圆半径为 $0.332\mu m$、$0.332\mu m$、$0.470\mu m$,能与 CMOS 的光敏的像素尺寸 $4.4\mu m \times 4.4\mu m$ 相匹配。

图 4-40 为场曲与畸变曲线,图 4-41 为场曲与相对畸变曲线(镜头的场曲控制在 0.05mm 以内,d 光的最大场曲绝对值为 0.024mm)的对应情况。

图 4-41(a) 中镜头的场曲控制在了 0.05mm 以内,d 光的最大场曲绝对值只有 0.024mm。由右侧的畸变图可看出相对畸变的绝对值控制在 0.10% 以内,这远小于 4%,视觉上看不出成像的变形的。所以场曲和畸变得到了很好的控制。

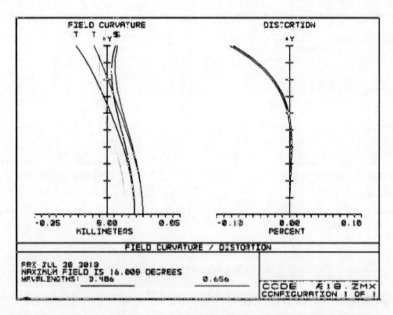

图 4-40 场曲与畸变曲线

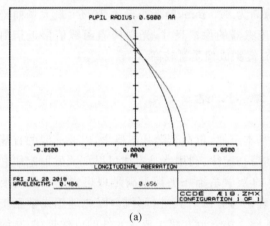

(a)

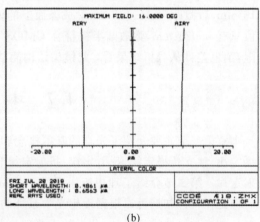

(b)

图 4-41 场曲与相对畸变曲线

(a)轴向像差；(b)横向色差

图 4-41(b)是轴向像差图，由图可知本设计的位置色差在 0.707 孔径处消色差，且由设计数据可知色球差为 5.244×10^{-3} mm。图 4-41(b)为横向色差图，最大控制在了 0.3μm，远小于一个像素的大小 4.4μm，且其都控制在艾里斑范围内，满足成像要求。

图 4-42 为系统能量分布与光学传递函数。图 4-42(a)是能量分布，可见各视场不同包围圆内的能量分布都接近衍射极限。图 4-42(b)是光学传递函数 MTF 曲线，虽然在奈奎斯特频率处 MTF 值不太高，这是由于显微镜的各项参数是确定的，因而计算出的附加镜头设计参数受到限制，但是在奈奎斯特频率的一半 561lp·mm^{-1} 处，各视场的 MTF 值都可以达到 0.4 以上，并且各视场的 MTF 曲线十分接近衍射极限，这说明设计达到了此参数要求下的较高设计质量。

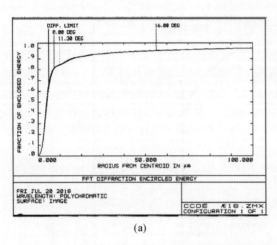
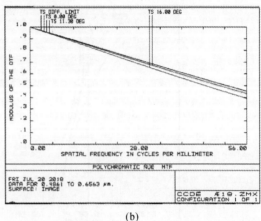

(a)　　　　　　　　　　　　　　　(b)

图 4-42　系统能量分布与光学传递函数
(a)能量分布;(b)光学传递函数

　　通过对一款确定参数的读数显微镜的计算,得到了显微镜附加镜头的设计参数,然后通过选取合适的初始结构,并用 Zemax 软件对初始镜头进行建模设计和优化,最终得到了与此款读数显微镜相匹配的附加图像传感器镜头的设计。此附加镜头为全视场 32°,入瞳直径为 1.16 mm,后截距为 11.497 mm,成像面上的像高为 4.5 mm,畸变小于 0.10%,最大场曲绝对值只有 0.024 mm,弥散圆半径符合 CMOS 传感器的像素尺寸,光学传递函数值接近衍射极限,消色差。从分析结果看,此镜头结构简洁,镜头成像质量较高。

4.7　本 章 小 结

　　本章第一节主要介绍了光学的基本概念和基本定律,包括光学基本概念,以及光线的直线传播定律、独立传播定律、反射定律、折射定律和费马定律,利用费马定律可以证明发射定律和折射定律。第二节介绍了理想光学系统。实际的光学系统几乎都不满足理想光学系统的要求。但是在设计初期可以根据理想光学系统的理论与方法对其进行分析,因此理想光学系统是对复杂光学系统进行设计、分析的重要理论基础。第三节介绍了成像元件的成像规律,从简单的单折射球面开始,介绍了实际光线在实际光学系统中的传播规律合成像公式,并介绍了实际光学系统中光线传播的计算方法。第四节介绍光学系统中的光束限制,主要介绍了孔径光阑和视场光阑及其在光学系统中的作用,还介绍了景深和焦深的概念。第五节介绍光学系统的设计与分析,介绍了几种常见的光学系统,以及光学系统的评价方法。第六节介绍光学系统设计实例,选择某一光学系统,利用 Zemax 软件开展光学系统设计,并分析了其像差。

第5章 光电探测器基础

光电探测器的作用类似于人眼的黄斑。人眼的黄斑可以将光信号转换为微弱的电信号，然后经由神经元传递到大脑。光电探测器也是将光信号转换为电信号，转换为电信号以后就可以借助强大的电子计算机对信号进行处理。相比于人眼而言，光电探测器具有更宽的光谱响应范围，可以感应可见光、紫外光、红外光，更高的灵敏度，可以探测更加微弱的光线。借由哈勃望远镜上的光电探测器，人们在看似黑暗的夜空，发现大量之前未能观察到的星系。本章重点介绍光子探测器和热成像探测器，以及 CCD、CMOS 两种成像器件，最后给出评价光电探测器性能的主要技术指标。

5.1 光电探测器基本原理及分类

5.1.1 光电探测器发展历程

最早用来探测可见光辐射和红外辐射的光辐射探测器是热探测器。其中，热电偶早在 1826 年就已发明出来。1880 年又发明了金属薄膜测辐射计。1947 年制成了金属氧化物热敏电阻测辐射热计。1947 年又发明了气动探测器。经过多年的改进和发展，这些光辐射探测器日趋完善，性能也有了较大的改进和提高。从 20 世纪 50 年代开始人们对热释电探测器进行了一系列研究工作，发现它具有许多独特的优点，一度使这个领域研究很活跃。但是，与光子探测器相比，这些光辐射探测器的探测率仍较低，时间常数也较大。

应用广泛的光子探测器，除了发展最早、技术上也最成熟、响应波长从紫光到近红外的光电倍增管以外，硅和锗材料制作的光电二极管、铅锡、Ⅱ～Ⅴ族化合物、锗掺杂等光辐射探测器，目前均已达到相当成熟的阶段，主要性能已接近理论极限。

1970 年以后又出现了一种利用光子牵引效应制成的光子牵引探测器。其主要用于 CO_2 激光的探测。20 世纪 80 年代中期，出现了利用掺杂的 GaAs/AlGaAs 材料、基于导带跃迁的新型光探测器——量子阱探测器。这种器件工作于 $8\sim12\mu m$ 波段，工作温度为 77K。

现在，光电探测器的发展主要集中在红外领域，美国已开始研制第三代红外探测器，并提出了第三代红外热像仪的概念，主要是双色或三色高性能、高分辨率、制冷型热像仪和智能焦平面阵列探测器。因此红外探测技术较长远的发展趋势是开发出第三代。由于红外探测器技术的不断完善，从探测器芯片上提升技术已相当困难。为进一步提高性能，人们现在把注意力转到红外探测器的信号读出集成电路（ROIC）上。随着计算机技术和集成电路的发展，ROIC 已有很大的进展，中规模的红外焦平面阵列和相应的读出电路在 20 世纪 90 年代已形成生产规模。现在发达国家正在研制用于大规模焦平面阵列（三代器件）、有多种功能的 ROIC 和智能化焦平面阵列。智能化焦平面阵列是片上处理系统,在光敏芯片上模仿动物的视网膜功能,对光-电转换后的信号做预处理,然后再输出数据。这个过程虽然不属于直接接收光信号的过程,但对光电探测器的综合性能有极大影响。

近年来,光电探测器的研究引起人们的重视,在标准 CMOS 工艺下的 Si 光电探测器的发展更是取得了瞩目的结果。经过分析相关文献得出结论:2005—2015 年是 CMOS 发表的量较大的时期,同时在这一阶段的光电探测器的发展也呈现逐年上升趋势,光电探测器的应用范围也在逐步地扩大,为我们以后的研究开发奠定了一定的发展空间。在现在这个注重创新与节能的时代,光电探测器的有着不可替代的作用,在工业及军事等各个领域都有着广阔的发展前景。

5.1.2 光电探测器工作原理

1. 光电子发射效应

根据光的量子理论,频率为 ν 的光照射到材料表面时,材料中的电子将吸收 $h\nu$ 的光子能量。若电子所增加的能量除了克服与晶格或其他电子碰撞损失的能量外,尚有一定的能量足以克服材料表面的势垒 w,那么该电子将逸出材料表面进入空间。逸出表面的光电子最大动能可由爱因斯坦方程描述,即

$$E_k = h\nu - w \tag{5-1}$$

式中,$E_k = 1/2mv^2$ 为光电子动能,m 为光电子质量;v 为光电子离开材料表面的速度;W 为材料的逸出功。

光电子的动能与光照强度无关,仅随入射光的频率增加而增加,临界情况下,$E = 0$ 即光电子刚能到达材料表面。此时的入射光频率称为极限频率 $\nu_0 = \nu = w/h$。当光频 $\nu < V_0$ 时,无论光强多大都不能产生光电子。但是当材料能产生光电流,则光电流的大小随光强的增加而增加。

利用光子发射效应的探测器有:真空光电管、充气光电管、光电倍增管。其中,应用最广的是光电倍增管,它的内部有电子倍增系统,因而有很高的电流增益,能检测极微弱的光辐射信号。

2. 光电导效应

入射光与材料相互作用,使束缚态的电子变成自由态,产生自由电子或空穴,这时在外电场作用下,流过材料的电流会增加,相当于电导增加。

光电导效应可分为两类:本征光电导和杂质光电导。本征光电导:电子吸收光子能量后,由价带跃迁到导带,同时价带中产生空穴,在外电场的作用下,电子-空穴对参与导电,使材料的光电导增加。要产生电子-空穴对,光子的能量至少要和禁带一样宽,即

$$h\nu \geqslant E_g \rightarrow \lambda_0 = \frac{hc}{E_g} = \frac{1.24}{E_g}(\mu m/eV) \tag{5-2}$$

式中,λ_0 为长波限,亦即截止波长;E_g 为禁带宽度。

杂质光电导:光子使施主能级中的电子或者受主能级中的空穴跃迁到导带或价带,从而使材料的光电导增加。此时,长波限由杂质的电离能 E_i 决定,即

$$\lambda_0 = hc/E_i \tag{5-3}$$

利用光电导效应的探测器有光敏电阻。

3.光生伏特效应

在无光照时,P-N结内多数载流子的漂移形成内部自建电场 E,当有入射光照照射在 P-N结及其附近时,结区及其附近产生少数载流子,在内建电场作用下,少数载流子漂移,电子漂移到 N 区,空穴漂移到 P 区,结果使 N 区带负电荷,P 区带正电荷,产生了附加电动势,又称为光生电动势。如果加上反向偏压,则入射辐射会使反向电流增加,这时观测到的光电信号是光电流。加偏压工作的探测器也常称作光电二极管。

利用光伏效应的探测器有光电池、光电二极管、光电三极管、PIN 和 APD。

4.光磁电效应

磁场可以将光生正负载流子分离。将半导体样品放入磁场中,能量足够的光子入射到样品上,通过本征吸收产生电子-空穴对,其中光生载流子的浓度呈梯度分布,浓度高的地方向浓度低的地方扩散,在扩散过程中受到洛伦兹力偏向两端,由此形成电势差。

5.温差电效应

当由两种不同材料制成的器件的两个结点出现温差时,在这两点间产生电动势,两点间的闭合回路有电流流过,这就是温差电效应。温差电效应包括塞贝克效应、柏耳贴效应和汤姆逊效应。

利用温差电效应的探测器有热电偶。另外,为了增加信号电压,热电偶可串联构成热电堆。虽然热电偶和热电堆的光电信号比许多光子探测器的弱,但是它们坚固耐用,不需要电压偏置,也不需要制冷,因此还有一些应用。

6.热释电效应

某些晶体,其自发电极化强度随温度的升高而下降的现象称为热释电效应。当温度升高时,自发电极化强度减小,到达一特定温度 T_c 时,晶体的自发电极化强度为零,称晶体发生相变。T_c 称为居里温度。外加电场能改变介质自发极化矢量的方向,使无规则的极化矢量趋于同一方向,形成单畴极化。移去外加电场后,介质仍能保持单畴极化。这样的介质就是热释电介质。当强度调制过的光入射到热释电晶体时,引起自发电极化强度的变化,结果在垂直于极化方向的晶体两个外表面之间出现微小变化的信号电压,因此可测定所吸收的光辐射功率。

5.1.3　光电探测器分类

1.第一种分类

按照光电探测器件的物理效应可分为两类:一类是利用各种光电效应的光子探测器,另一类是利用温度变化效应的热探测器。

(1)光子探测器。光子探测器的工作原理是基于光电效应,入射的光子和材料中的电子发生相互作用。若产生的光电子逸出材料表面,则称为外光电效应;若产生了被束缚在材料内的自由电子或空穴,则称为内光电效应。

(2)热探测器。热探测器的工作原理是光热效应,材料吸收光辐射后可以产生温差电效应、电阻率变化效应、自发极化强度的变化效应、气体体积和压强的变化效应等等,利用这些效应可制作各种热探测器。常用的光热效应有:热释电效应、温差效应、测辐射热效应。

2.第二种分类

按照光电探测器件的空间分辨率也可分为成像器件和非成像器件两类。

(1)成像器件。利用光电探测器件,构成图像传感器,对可见光或者红外光谱进行测量,形成光学图像以供处理。成像器件主要有 CCD 和 CMOS，广义上，眼睛也属于这类探测器。

（2）非成像器件。所有除成像器件以外的光电探测器件均可称为非成像器件，各种热探测器和大部分光子探测器均属于这一类。

5.2　光子探测器

5.2.1　光子探测器发展现状

过去的几年内，量子信息技术得到了飞速的发展，并且已经成为物理学和信息学关注的焦点。在这项技术中，光子探测器又是关键中的关键。光子探测器是利用光电效应制成的器件，典型的光子探测器有光电导探测器、光伏探测器和电子发射探测器等。这类器件吸收光子直接将非传导电荷变为传导电荷输出信号。

光子探测技术在高分辨率的光谱测量、非破坏性物质分析、高速现象检测、精密分析、大气测污、生物发光、放射探测、高能物理、天文测光、光时域反射、量子密钥分发系统等领域有着广泛的应用。由于光子探测器在高技术领域有着重要的地位，它已经成为各发达国家光电子学界重点研究的课题之一。

5.2.2　光子探测器工作原理

1. 光电导探测器

如图 5-1 所示，探测器吸收红外光子，产生自由载流子，进而改变了敏感元件的电导率。可以采用相应的测量电路对其电导率变化进行测量。敏感元件吸收红外光子，使其电导率增加，电阻减小，这是因为电阻与电导率之间有以下关系，即

$$R_d = \frac{l}{\sigma_e A_c} \tag{5-4}$$

式中，l 为长度；A_c 为横截面积 wd；σ_e 为敏感元件的电导率。

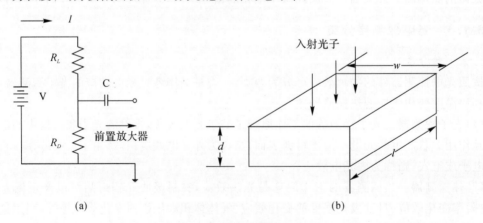

图 5-1　光电导探测器示意图

(a)电路图；(b)探测器

敏感元件电阻的变化产生一个信号电压，并输给前置放大器，该信号电压可表示为

$$v_s = I\Delta R_d + R_d \Delta I \tag{5-5}$$

式中，I 为流过电路的电流。如果电路工作在恒流条件下，即 $\Delta I = 0$，且 $R_L \gg R_d$，则公式可以简化为

$$v_s = I\Delta R_d \left(\frac{R_L}{R_L + R_d}\right) \approx I\Delta R_d \tag{5-6}$$

进一步可以改写为

$$v_s = \frac{V\Delta R_d}{(R_L + R_d)} = \frac{V_B \Delta R_d}{(R_L + R_d)} \frac{\Delta N}{N} \tag{5-7}$$

式中，R_d 为 $l/\sigma_e wd$；l 为探测器长度；w 为探测器宽度；d 为探测器厚度；n 为单位体积内自由载流子浓度；N 为无红外光子入射时，敏感元件内自由载流子总数，$N = nlwd$；ΔN 为有红外光子入射时，敏感元件内自由载流子总数的增量；V_B 为偏压。在小信号情况下，有

$$\frac{\mathrm{d}}{\mathrm{d}t}\Delta N = A_d \eta E_q - \frac{\Delta N}{\tau_c} \tag{5-8}$$

$$\Delta N = N(t) - N \tag{5-9}$$

式中，η 为入射红外光子转换成自由载流子的效率；A_d 为探测器面积，wl；E_q 为入射光子通量密度，光字数·$\mathrm{cm}^{-2}\mathrm{s}^{-1}$；$\tau_c$ 为自由载流子平均寿命。

当调制频率 $f_c = \omega_c/2\pi$，式中 $E_q = E_{q,0} + E_{q,s}\cos\omega_c t$ 时，正弦输入速率 E_q,s 的解为

$$|\Delta N(f)| = \frac{A_d \eta E_{q,s}\tau_c}{(1 + \omega^2 \tau_c^2)^{1/2}} \tag{5-10}$$

由此得

$$\frac{|\Delta N(f)|}{N} = \frac{\Delta N}{N} = \frac{A_d \eta E_{q,s}\tau_c}{N(1 + \omega^2 \tau_c^2)^{1/2}} \tag{5-11}$$

根据式（5-11）可以得出光电导信号电压的表达式为

$$v_s = \frac{V_B R_d}{(R_L + R_d)} \frac{A_d \eta E_{q,s}\tau_c}{N(1 + \omega^2 \tau_c^2)^{1/2}} \tag{5-12}$$

当输入光通量为正弦波形时，光电导探测器输出电压的数值可以用式（5-12）表达。对于更复杂的波形和任意调制频率，应用上式时，允许用线性系统的叠加定理。

2. 光伏探测器

P-N 结受到光照时，可在结的两端产生电势差。这种观象则称为光伏效应，如图 5-2 所示。

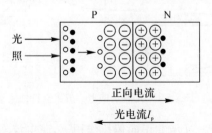

图 5-2　PN 结光伏效应

设入射光照射在 P-N 结的光敏而 P 区。当入射光子能量大于材料禁带宽度时，P 区的表面附近将产生电子-空穴对。电子与空穴均向 P-N 结区方向扩散。光敏面一般很薄，其厚度小于载流子的平均扩散长度（L_p，L_n），以使电子和空穴能够扩散到 P-N 结区附近。由于

结区内建电场的作用,空穴只能留在 P-N 结区的 P 区一侧,而电子则被拉向 PN 结区的 N 区一侧。这样,就实现了电子-空穴对的分离,如图 5-2 所示。结果是,耗尽区宽度变窄,接触电势差减小。这时的接触电势差和热平衡时相比,其减小量即光生电势差,入射的光能就转变成了电能。当外电路短路时,就有电流流过 P-N 结。这个电流称为光电流 I,其方向是从 N 端经过 P-N 结指向 P 端。对比图 5-2,光电流 I_p 的方向与 P-N 结的正向电流方向相反。结合式基尔霍夫定律($\varepsilon(\lambda,T)=\dfrac{M_e(\lambda,T)}{M_{eb}(\lambda,T)}$),可得到光照下 P-N 结的电流方程为

$$I = I_0(e^{eU/kT}-1)-I_p \qquad\qquad (5-13)$$

由此可见,光伏效应是基于两种材料相接触形成内建势垒,光子激发的光生载流子(电子、空穴)被内建电场拉向势垒两边,从而形成了光生电动势。因为所用材料不同,这个内建势垒可以是半导体 P-N 结 PIN 结、金属和半导体接触形成的肖特基势垒以及异质结势垒等、它们的光电效应也略有差异,但基本原理都是相同的。

按照式子(5-13)可画出光伏探测器在不同照度下的伏安特性曲线,如图 5-3 所示。当光照 $E=0$ 时,伏安特性曲线与一般二极管的伏安特性曲线相同;随光照增强到 E_1,E_2,E_3,曲线将沿电流轴向下平移,平移的幅度与光照的变化量成正比。

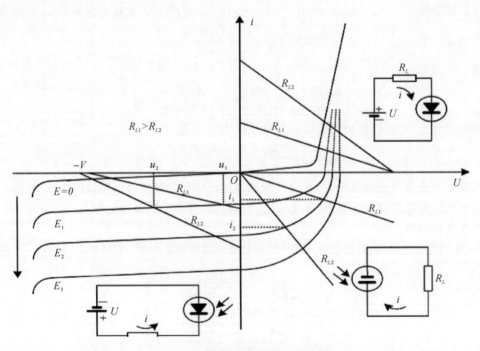

图 5-3 光照下的 PN 结伏安特性

在图 5-3 第一象限中,P-N 结在正向偏压作用下,暗电流随着外加电压增大而呈指数急剧增大,且远大于光电流。此时,光伏探测器和普通二极管一样呈现单向导电性,而表现不出它的光电效应。因此,作为光伏探测器工作在这个区域是没有意义的。

在图 5-3 第三象限中,P-N 结在反向偏压作用下,暗电流为 $-I_0$,它是普通二极管中的反向饱和电流,其值远小于光电流;而光电流几乎与反向电压的高低无关。所以,总电流 I

$\approx -I_p$ 与光照的变化成正比。从表面上看,无光照时光伏探测器的电阻很大,因而电流很小;而有光照时,电阻变小,电流就变大,而且流过它的电流随照度变化而变化。这一特性与光电导探测器的工作机理类似,因此这种工作模式称为光电导模式。光电二极管的工作模式大多属于这种类型。

在图 5-3 第四象限中,P-N 结无外加偏压。流过光伏探测器的电流仍为反向电流,但随着光照变化,其电流与电压出现明显非线性。该电流流过外电路负载电阻产生的压降就是它自己的正向偏压,故称为自(生)偏压。自偏压源自于光生电动势,所以这种工作模式通常称为光伏模式。光电池模式属于这种类型。

5.2.3　典型光子探测器及应用

1. 光电导探测器

(1) $Hg_{1-x}Cd_xTe$ 光电导探测器件。$Hg_{1-x}Cd_xTe$ 系列光电导探测器件是目前所有红外探测器中性能最优良最有前途的探测器件,尤其是对于 $4\sim8\mu m$ 大气窗口波段辐射的探测更为重要。$Hg_{1-x}Cd_xTe$ 系列光电导体是由 HgTe 和 CdTe 两种材料的晶体混合制造的,其中 x 标明 CdTe 元素含量的组分。在制造混合晶体时选用不同 CdTe 的组分 x,可以得到不同的禁带宽度 E,便可以制造出不同波长响应范围的 $Hg_{1-x}Cd_xTe$ 探测器件。一般组分 x 的变化范围为 $0.18\sim0.4$,长波长的变化范围为 $1\sim30\mu m$。

(2) InSb 光电导探测器。InSb 光敏电阻是 $3\sim5\mu m$ 光谱范围内的主要探测器件之一。InSb 材料不仅适用于制造单元探测器件,也适宜制造阵列红外探测器件。InSb 光敏电阻在室温下的长波长可达 $7.5\mu m$,峰值波长在 $6\mu m$ 附近,比探测率 D^* 约为 1×10^{11} cm·Hz·W^{-1}。当温度降低到 77K(液氮)时,其长波长由 $7.5\mu m$ 缩短到 $5.5\mu m$,峰值波长也将移至 $5\mu m$,恰为大气的窗口范围,峰值比探测率 D^* 升高到 2×10^{11} cm·Hz·W^{-1}。

(3) CdS 光敏电阻。CdS 光敏电阻是最常见的光敏电阻,它的光谱响应特性最接近人眼光谱光视效率,它在可见光波段范围内的灵敏度最高,因此,被广泛地应用于灯光的自动控制照相机的自动测光等。Cds 光敏电阻的峰值响应波长为 $0.52\mu m$,CdSe 光敏电阻为 $0.72\mu m$,一般调整 S 和 Se 的比例,可使 Cd(SSe)光敏电阻的峰值响应波长大致控制在 $0.52\sim0.72\mu m$ 范围内。

(4) PbS 光敏电阻。PbS 光敏电阻是近红外波段最灵敏的光电导器件。PbS 光敏电阻在 $2\mu m$ 附近的红外辐射的探测灵敏度很高,因此,常用于火灾的探测等领域。

PbS 光敏电阻的光谱响应和比探测率等特性与工作温度有关。随着工作温度的降低其峰值响应波长和长波长将向长波方向延伸,且比探测率 D^* 增加。例如,室温下的 PbS 光敏电阻的光谱响应范围为 $1\sim3.5\mu m$,峰值波长为 $2.4\mu m$,峰值比探测率 D^* 高达 1×10^{11} cm·Hz·W^{-1}。当温度降低到(195K)时,光谱响应范围为 $1\sim4\mu m$,峰值响应波长移到 $2.8\mu m$,峰值波长的比探测率 D^* 也增高到 1×10^{11} cm·Hz·W^{-1}。

2. 光伏探测器

(1) 光电池。光电池是一种无需外加偏压就能将光能转换成电能的光伏探测器。光电池可以分为两大类:太阳能光电池和测量光电池。太阳能光电池主要用作电源,对它的要求是转换效率高、成本低,由于它具有结构简单、体积小、重量轻、可靠性高、寿命长、在空间能直接利用太阳能转换电能的特点,因而不仅仅成为航天工业上的重要电源,还被广泛地应用于供电困难的场所和人们日常生活中。测量光电池的主要应用是作为光电探测用,即在不加偏置的情况下将光信号转换成电信号,对它的要求是线性范围宽、灵敏度高、光谱响应合适、稳定性好、寿命长,被广泛应用在光度、色度、光学精密计量和测验试中。

(2)光电二极管。随着光电子技术的发展,光信号在探测灵敏度、光谱响应范围及频率特性等方面要求越来越高。光电二极管的工作原理同光电池一样,都是基于 P-N 结的光伏效应工作的。但是,它与光电池相比有所不同:掺杂浓度较低、电阻率较高、结区面积小,通常多工作于反偏置状态。因此,光电二极管的内建电场很强,结区较厚,结电容小,因而频率特性比光电池好,但其光电流比光电池小得多,一般多为微安级。

(3)光电三极管。利用雪崩倍增效应可获得具有增益的半导体光电二极管(APD),而采用一般晶体管放大原理,可得到另一种具有电流内增益的光伏探测器,即光电三极管。它与普通的双极晶体管十分相似,都是有两个十分靠近的 P-N 结——发射结和集电结构成,并均具有电流放大作用。为了充分吸收光子,光电三极管则需要一个较大的受光面,所以,它的响应频率远低于光电二极管。

5.3 热探测器

利用光热效应制作的器件称为热探测器。目前,常用的热探测器主要有测辐射热计、热电偶和热电释探测器等 3 种。

5.3.1 热探测器的基本原理

某些材料因吸收光辐射能量产生温升,导致与温度有关的参量发生变化的现象,称为光热效应。对于热探测器,这些变化的参量可以是它的电阻值、电动势或表面电荷等电学参量;检测其电学参量的变化,就可探知光辐射的存在或其强弱程度。值得指出的是,光热效应的特点是入射光辐射与物质中的晶格相互作用,晶格因吸收光能而增加振动能量,这又引起物质的温度上升,从而导致与温度有关的电学参量发生变化。这与光子将能量直接转移给电子的光电效应有着本质的不同。

1. 热流方程

图 5-4 为热深测器的热力学分析模型。设 Φ 为入射到热探测器上的辐射通量,若热探测器元敏材料对光辐射的吸收系数为 α,则热探测器吸收的辐射通量为 $\alpha\Phi$。这些被吸收的光能一部分转化为探测器的内能,另一部分通过热探测器与周围环境热交换而从热探测器流向周围环境。

图 5-4 热探测器的热力学分析模型

根据能量守恒定律,热探测器吸收的辐射通量应等于单位时间内热探测器内能的增量与热探测器通过热传导向周围环境散热所散失的功率之和。设热探测器的温度分布是空间均匀

的,它满足的热流方程为

$$\alpha\Phi = C_H \frac{d(\Delta T)}{dt} + G \cdot \Delta T \tag{5-14}$$

式中,C_H 为热探测器的热容,定义为热探测器的温度每升高 1K 所需要吸收的热量,单位为 J/K;G 为探测器的热导,表征热探测器与周围环境的热交换程度,与热探测器的周围环境、器件的封装情况、电极以及引线尺寸等诸多因素有关,单位为 W/K;ΔT 为热探测器的温升。图 5-4 中所标识的 T_0 为热探测器在无光照情况下的热平衡温度或环境温度。

2. 热探测器的温升

假设入射光辐射通量是通过调制的,即 $\Phi = \Phi_0 + \Phi_m \exp(j\omega t)$,其中 Φ_0 是与时间 t 无关的直流部分,$\Phi_m \exp(j\omega t)$ 为交变部分,ω 为角频率,$\Phi_0 \geqslant \Phi_m$,将 Φ 代入式(5-14),并利用初始条件($t=0$, $\Delta T = 0$),可得温升随时间变化的表达式为

$$\Delta T = \Delta T_d + \Delta T_\omega(t) =$$
$$\frac{\alpha\Phi_0}{G}[1 - \exp(-t/\tau_T)] + \frac{\alpha\Phi_m\exp(i\varphi)}{G(1+\omega^2\tau_T{}^2)^{1/2}}[1-\exp(-t/\tau_T)]\exp(j\omega t) \tag{5-15}$$

式中,$\tau_H = C_H/G$,是热探测器的热响应时间常数,表示温升 ΔT 由 0 上升到稳态值 $\alpha\Phi_m/G$ 的 63.2% 所需的时间;$\varphi = -\arctan(\omega\tau_T)$,是温升 ΔT 与辐射通量 Φ 之间的相位差,表征热探测器的温升滞后于辐射通量变化的程度。

式(5-15)说明:热探测器的温升由两部分组成,其中第一项对应辐射通量中的直流部分,第二项应对交变部分。这两项都有一个与时间常数 τ_T 有关的增长因子 $[1-\exp(-t/\tau_T)]$,这说明:从 $t=0$ 时刻开始,随着时间的推移,被吸收的光能将导致热探测器的热积累,温升的幅值将增大。最后经过一定的时间 t_0 ($t_0 \gg \tau_0$)后,达到热平衡,此时直流温升 $\Delta T \to \alpha\Phi_m/G$,而交变温升及其幅值分别为

$$\left.\begin{array}{l}\Delta T_\omega(t) = \dfrac{\alpha\Phi_m\exp(i\varphi)}{G(1+\omega^2\tau_T{}^2)^{1/2}}[j(\omega t + \varphi)] \\[4mm] |\Delta T_\omega| = \dfrac{\alpha\Phi_m\exp(i\varphi)}{G(1+\omega^2\tau_T{}^2)^{1/2}}\end{array}\right\} \quad (t \gg \tau_t) \tag{5-16}$$

在实际中,一般只需考虑交变辐射的平衡态相应情况,所以式(5-16)是分析各种热探测器工作原理的基础。

5.3.2　测辐射热计

1. 测辐射热计的结构和原理

图 5-5 为测辐射热计的结构示意图,其光敏面是一层由金属导体或半导体热敏材料制成的薄片,厚度约为 0.01mm,黏合在导热能力高的电学绝缘衬底上,衬底再黏合在一个热容很大、导热性能良好的金属导热基体上。测辐射热计的两端用蒸发金属电极与外电路相连。光辐射透过探测窗口投射到热敏元件上,热敏元件因温升而引起电阻变化。实际中为了提高热敏元件对光辐射的吸收系数,常常将热敏元件的表面进行黑化处理。

早期的测辐射热计是单个的,应用时将其作为惠更斯电桥的一个臂。现在,通常把两个规格相同的测辐射热计安装在一个金属管壳内,形成如图 5-6 所示的测辐射热计。其中一个用于接收光辐射,另一个用硅橡胶封装而被屏蔽(不能接收光辐射,用于环境温度的补偿)。两者

靠得很近,分别作为电桥的两个臂,这种结构可以使电桥的平衡状态不受周围环境温度缓慢变化的影响。

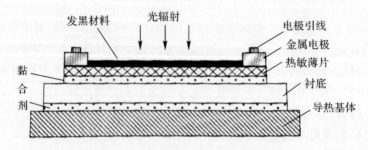

图 5-5   测辐射热计的结构示意图

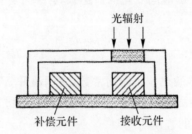

图 5-6   带补偿元件的测辐射热计

测辐射热计的工作原理:热敏材料吸收光辐射,产生温升,从而引起材料的电阻发生变化。将辐射热计与负载电阻等构成闭合回路,测量负载电阻两端的电压变化,就可探知光辐射的状况。

2.测辐射热计的应用

测辐射热计通过对电阻变化量(从而输出电压信号)的测量得到温度,响应率较高,可用于温度测量。现阶段,主要发展硅基微测辐射热计焦平面阵列器件。如 240×360 像素双层微测辐射热计阵列,其 D^* 已提高到$10^9 \, \mathrm{cm \cdot Hz^{1/2} / W}$,用于凝视型红外成像系统。

5.3.3   热电偶和热电堆

热电偶是利用温差效应来制作的一种热探测器,也称温差电偶;热电堆则由热电偶串联而成,如图 5-7 所示。

1.热电偶的结构和工作原理

温差电效应。在由两种不同的金属导体(或半导体)材料构成的结点处,可以产生接触电动势。这是由于不同的金属自由电子密度不同,当两种金属接触在一起时,在结点处会发生电子扩散,浓度大的向浓度小的金属扩散。浓度高的失去电子显正电,浓度低的得到电子显负电。当扩散达到动态平衡时,得到一个稳定的接触电势。

如图 5-8 所示,设将 A、B 两种不同的金属连接成具有一对结点 1,2 的闭合回路,并使结点 2 接收光辐射温度升高到 T(热端),而结点 1 的温度(T)保持不变(冷端)。那么,冷端和热端的接触电势分别为

$$E_1 = \frac{kT_0}{e}\ln\frac{N_A}{N_B}(\text{冷端})$$
$$E_2 = \frac{kT}{e}\ln\frac{N_A}{N_B}(\text{热端})$$

$$(5-17)$$

式中，k 为玻尔兹曼常数；e 为电子电量；N_A 和 N_B 分别是 A，B 材料的电子浓度。这样，在两种不同的金属连接成的闭合回路中，由于两个结点之间的温度差，导致它们的接触电动势不同，从而在闭合回路中产生电流，这种现象称为塞贝克(Seebeck)效应或温差电效应，产生的电动势称为温差电动势。热电偶和热电堆即利用这种效应来测量光辐射。

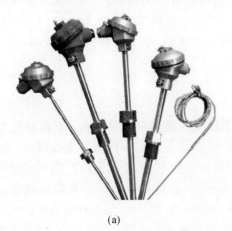

(a)　　　　　　　　　　　　　　　　(b)

图 5-7　热电偶和热电堆

(a)几种常见的热电偶；(b)TPS43G9 型热电堆

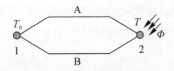

图 5-8　温差效应原理图

温差电动势的大小和方向，与两种不同材料的性质及两个结点之间的温度差有关。例如，由铋和锑所构成的一对结点之间的电动势约为 $100\mu\text{V/K}$，这是金属材料中最大的温差电动势；由半导体材料制作的热电偶，其温差电动势率可高达 $500\mu\text{V/K}$。

2. 热电偶和热电堆的应用

由于温差电动势与热电偶冷、热端的温差成正比，所以热电偶可用于绝对温度 T 的测量。但是这种测量是通过测量温差电动势来反推出待测温度 T，而温差电动势与冷端温度 T_0 有关。因此，为了保证测量信号的正确性与准确性，首先需要保持冷端温度 T_0 固定不变，这就需要对热电偶的冷端进行温度补偿。温度补偿的方法有很多种，如冰点法、恒温迁移补偿法、热电势修正法、电桥补偿法、二极管补偿法、集成温度传感器补偿法等：①冰点法是将冷端置于冰水混合物中，此时，$T_0=0℃$，温差电动势＝MT，对于 M 选定的热电偶，待测温度 T 可由电压信号方便得到；②集成温度传感器补偿法是利用高性能半导体温度传感器实现温度测量与补偿。如美国 MAXIM 公司生产的 K 型温度补偿器 MAX6675，其内部自带冷端温度补偿、线性校正、A/D 转换、SPI 串口输出、热电偶断线检测等功能，它能将温度测量值转换为单片机能识别的 16 位二进制数字温度读数,测温范围为 0～1 023.75℃,转换精度为 0.25℃,冷端温度的补偿范围为－20～＋85℃,工作电压为 3.0～5.5V。当冷端温度波动时,MAX6675 仍能精确检测热端的温度变化。

热电堆已广泛应用于光谱、光度探测等仪器中,尤其是在高/低温空间探测和激光测量等领域中的应用,是其他探测器件无法取代的。在民用方面,已利用热电堆对空调、微波炉、烘干机和干衣机等家用电器进行非接触式温度测量(如利用 A2TPMI334 型热电堆温度传感器测量电磁炉中的温度);在红外遥感方面,利用 TS－76 型薄膜热电堆探测器进行高精度红外光学定标;在热成像方面,薄膜型热电堆在很宽的波长范围内有均匀的响应,使用时不需制冷和电源,这使它适合于制作非制冷红外焦平面阵列成像器件。美国等发达国家在 1990 年初就研制出了 336×240 像素的多晶硅热电堆红外焦平面阵列探测器,用于凝视型红外成像,现在正发展更大规模的阵列器件。

5.3.4　热释电探测器

热释电探测器(Pyroelectric Detector)是一种利用某些晶体材料自发极化强度随温度变化所产生的热释电效应制成的新型热探测器。图 5－9 为红外热释电探测器实物照片。因为热释电探测器输出的电信号正比于探测器温度随时间的变化率,不像其他热探测器需要有个热平衡过程,所以其响应速度比其他热探测器快得多,一般热探测器的时间常数典型值为 0.01～1s,而热释电探测器的有效时间常数低达 $3×10^{-5}～3×10^{-4}$ s。虽然目前热释电探测器在比探测率和响应速度方面还不及光子探测器,但由于它还具有光谱响应范围宽、较大的频响带宽、在室温下工作无需制冷、可以有大面积均匀的光敏面、不需偏压、使用方便等特点,而得到日益广泛的应用。

图 5－9　红外热释电探测器

1.热释电探测器的工作原理

介质材料中存在不同的电偶极矩,其中之一是由于分子间正负电荷中心不重合而产生的,这种偶极矩称固有电偶极矩。具有这种偶极矩的材料叫热释电材料。热释电材料同普通的热探测器材料不同,它们有自极化效应,即使在没有外电场的情况下,也存在电偶极矩。热释电材料温度单一变化时,偶极子之间的距离和链角发生变化,使极化强度发生变化,极化强度的大小等于单位体积的偶极矩,它与出现在晶体电极表面单位面积内的面电荷成正比。当晶体温度不变时,晶体表面的电荷被来自外部的自由电荷中和。晶体温度变化越大,极化强度变化就越大,表示大量的电荷聚集在电极。电流为单位时间电荷的变化,所以,当热释电材料温度单一变化的时候便产生电流。若 dt 时间内,热释电材料吸收热辐射,温度变化 $d\Delta T$,极化强度变化 dP,则材料单位面积产生的电流可表为

$$J = \frac{dP}{d\Delta T} \cdot \frac{d\Delta T}{dt} \tag{5-18}$$

$dP/d\Delta T$ 称为热电系数,用 p 表示。$d\Delta T/dt$ 为温度变化率。热释电材料的自极化强度与温度有关,图 5-10(a)(b)分别是 $NaNO_2$ 材料自极化强度、热电系数同温度的关系曲线。表 5-1 列出了几种热释电材料的热电系数及一些其他特性。很明显,热电系数在居里温度处有最大值。

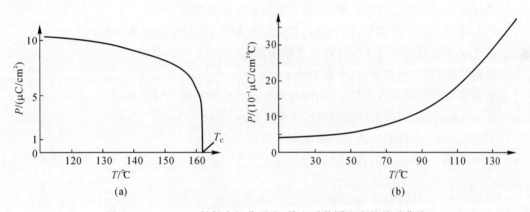

图 5-10　$NaNO_2$ 材料自极化强度、热电系数同温度的关系曲线

(a)自极化强度-温度关系曲线;(b)热电系数-温度关系曲线

表 5-1　一些热释电材料的特性参数

热释电材料	热电系数 p^*	体比热 c'^*	热电系数 p^{**}	居里温度 T_c
	$nC/(cm^2 ℃)$	$J/(cm^3 ℃)$	$\mu C/cm^2$	℃
$LiTaO_3$	19.00	3.19	50.00	620
TGS	30.00	1.70	2.80	49
PVF_2	3.00	2.40	22.00	59
$BaTiO_3$	20.00	3.01	26.00	135

注:标 * 者为室温值(27℃)、标 ** 者为居里温度值。

热释电探测器由热释电材料、电极、衬底、吸收层、FET 及负载电阻组成,如图 5-11 所示。图中热释电材料上方的硅窗口材料只允许特定波段的红外辐射入射到吸收层。为得到较高的吸收系数,通常吸收层做成黑色。热释电晶体相当于一个电容器,当温度发生变化时,晶体表面出现自由电荷。因晶体有很高的电阻,积累的电荷并不能通过晶体释放。若用外部电路连接两电极,电路中将有电流通过,该电流与温度变化率成比例。当晶体温度恒定时,没有电流流过。

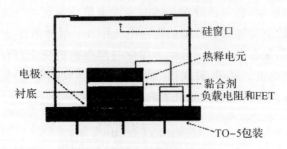

图 5-11　热释电探测器的结构

2.热释电探测器的应用

(1)材料特性。与热释电探测器应用相关的材料特性主要有以下几种。

1)热释电材料对其温度变化响应,而不是对温度本身响应。

2)它们几乎可探测任何波长的辐射,从软性 X 射线到远红外线,甚至粒子。

3)用光学滤波器可设计不同工作波长的探测器。

4)材料呈电容性,热损极小,不需制冷。

5)介质本身的热噪声占主导地位,因此有些热释电材料的信噪比较低。

6)用 Czocharlski 方法可制出廉价的热释电晶体。

(2)应用范围。热释电探测器目前应用于以下几方面。

1)红外探测,包括火灾报警、气体分析、入侵报警、污染探测、位置传感太阳能电池研究和工程分析。

2)图像装置,包括森林火警探测、热释电光导摄像管、生物医学图像及自然资源监控。

5.4　成 像 器 件

5.4.1　CCD 成像器件

1.线阵 CCD 摄像器件

线阵 CCD 摄像器件如图 5-12 所示。

线阵 CCD 可分为双沟道传输与单沟道传输两种结构。两种结构的工作原理相仿,但性能略有差别,在同样光敏元数情况下,双沟道转移次数为单沟道的一半,故双沟道转移效率比单沟道高,光敏元件之间的最小中心距也可比单沟道的小一半。双沟道传输唯一的缺点是两路输出总有一定的不对称。

为了叙述方便,以单沟道传输器件为例说明工作原理。图 5-12(a)是一个有 N 个光敏元的线阵 CCD 器件,由光敏区、转移栅、模拟移位寄存器(即 CCD)、电荷注入电路信号读出电路等几部分组成(见图 5-13)。

光敏区的一个光敏元件排成一列,光敏元件主要有两种结构:MOS 结构和光电二极管结构(CCPD)。由于 CCD 无干涉效应、反射损失以及对短波段的吸收损失等,在灵敏度和光谱响应等光电特性方面优于 MOS 结构光敏元,所以目前普遍采用光电二极管结构。转移栅位于光敏区和 CCD 之间,它是用来控制光敏元势阱中的信号电荷向 CCD 中转移。模拟移位寄存器(即 CCD)通常有二相、三相等几种结构。这是以两相结构为例:Φ_1 相为转移相,即光敏元下的信号电荷先转移到第一个电极下面,排列上 N 位 CCD 与 N 个光敏元一一对齐,每一位 CCD 有两相。最靠近输出端的那位 CCD 称为第一位,对应的光敏元为第一个光敏元,依次及远。各光敏元通向 CCD 的各转移沟道之间有沟阻隔开,而且只能通向每位 CCD 中的第一相。电荷注入部分,主要用来检测器件的性能,在表面沟道器件中则用来注入"胖零"信号,填充表面态,以减小表面态的影响,提高转移效率。

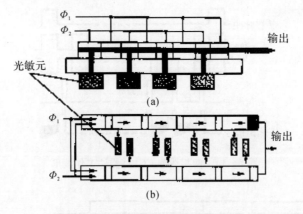

图 5 - 12　线阵 CCD 摄像器件

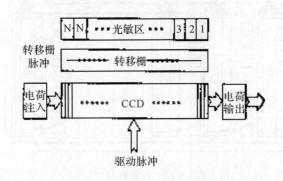

图 5 - 13　线阵 CCD 摄像器件构成

　　两相线阵 CCD 器件工作波形如图 5 - 14 所示,光敏单元始终进行光积分,当转移栅加高电平时,Φ_1 电极下也为高电平,光敏区和 Φ_1 电极下的势阱接通,N 个光信号电荷包并行转移到所对应的那位 CCD 中,然后,转移栅加低电平,将光敏区和 Φ_1 电极下的势阱隔断,进行下一行积分。而 N 个电荷依次沿着 CCD 串行传输,每驱动一个周期,各信号电荷包向输出端方向转移一位,第一个驱动周期输出的为第一个光敏元信号电荷包,第二个驱动周期输出的为第二个光敏元信号电荷包,依次类推,第 N 个驱动周期传输出来的为第 N 个光敏元件的信号电荷包。当一行的 N 个信号全部读完,产生一个触发信号,使转移栅变为高电平,将新一行的 N 个光信号电荷包并行转移到 CCD 中,开始新一寻信号传输和读出,周而复始。

　　2.面阵 CCD 器件

　　常见的面阵 CCD 摄像器件有两种:行间转移结构与帧转移结构。行间转移结构如图 5 - 15 所示,采用了光敏区与转移区相间排列方式。它的结构相当于将若干个单沟道传输的线阵 CCD 图像传感器按垂直方向并排,再在垂直阵列的尽头设置一条水平 CCD,水平 CCD 的每一位与垂直列 CCD 一一对应、相互衔接。在器件工作时,每当水平 CCD 驱动一行信息读完,就进入行消隐。在行消隐期间,垂直 CCD 向上传输一次,即向水平 CCD 转移一行信号电荷,然后,水平 CCD 又开始新的一行信号读出。以此循环,直至将整个一场信号读完,进入场消隐。在场消隐期间,又将新的一场光信号电荷从光敏区转移到各自对应的垂直 CCD 中。然后,又开始新一场信号的逐行读出。

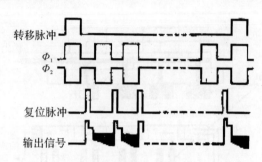

图 5-14　两相线阵 CCPD 器件工作波形

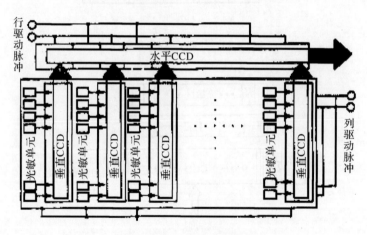

图 5-15　行间转移结构

帧转移结构如图 5-16 所示,它由光敏区、存储区和水平读出区三部分组成。这三部分都是 CCD 结构,在存储区及水平区上面均由铝层覆盖,以实现光屏蔽。光敏区与存储区 CCD 的列数及位数均相同,而且每一列是相互衔接的。不同之处是光敏区面积略小于存储区,当光积分时间到后,时钟 A 与 B 均以同一速度快速驱动,将光敏区的一场信息转移到存储区。然后,光敏区重新开始另一场的积分:时钟 A 停止驱动,一相停在高电平,另一相停在低电平。同时,转移到存储区的光信号逐行向水平 CCD 转移,再由水平 CCD 快速读出。光信号由存储区到水平 CCD 的转移过程与行间转移面阵 CCD 相同。

两种面阵结构各有其优点:行间转移比帧转移的转移次数少,帧转移的光敏区占空因子比行间转移高。

3. CCD 主要优缺点

CCD 的主要优点是固定模式噪声和读出噪声低,输出电容小。然而,在大多数其他方面的性能都比 SSPD 差。这是因为 CCD 光敏元件表面覆盖有氧化物或多晶硅电极组成的多层结构,故有较大的反射损失存在;而且,氧化物必须很薄,以减小吸收损失,而这些薄层会引起很大的干涉效应,干涉效应与波长关系很大外并随电极厚度而变化。当 CCD 用于单色光时,很容易引起麻烦的非均匀性;CCD 的时钟种类繁多,要求严格,故要求的外电路复杂,调整起来很复杂。另外,多晶硅电极厚度足以造成对蓝光消吸收损失,紫外响应完全消失。

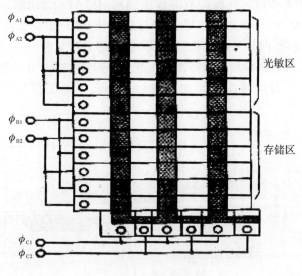

图 5-16 帧转移结构

5.4.2 CMOS 成像器件

CMOS(即互补金属氧化物半导体)摄像器件能够快速发展,一是基于 CMOS 技术的成熟,二是得益于固体光电摄像器件技术的研究成果。采用 CMOS 技术可以将光电摄像器阵列、驱动和控制电路、信号处理电路、模转换器、全数字接口电路等完全集成在一起,可以实现单芯片成像系统。这种片式摄像机用标准逻辑电源电压工作,仅消耗几十毫瓦的功率。近来,CMOS 摄像器件已成为固体摄像器件研究开发的热点。

1. CMOS 像素结构

CMOS 像器件的像素结构可分为无源像素型(PPS)和有源像素型(APS)两种。

(1)无源像素结构。无源像素结构如图 5-17(a)所示,它由一个反向偏置的光电二极管和一个开关管构成。当该像素被选中激活时,开关管 TX 作为选通用,光电二极管中由于光照产生的信号电荷通过开关管到达列总线,在列总线下端有一个电荷积分放大器,该放大器将信号电荷转换为电压输出。列总线下的放大器在不读信号时,保持列总线为一常数电平。当光电二极管存储的信号电荷被读取时,其电压被复位到列总线电平。无源像素单元具有结构简单、像素填充率高及量子效率比较高的优点。但是,由于传输线电容较大,CMOS 无源像素传感器的读出噪声较高,而且随着像素数目增加,读出速率加快,读出噪声变得更大。

(2)有源像素结构。在像元内引入缓冲器或放大器可以改善像元的性能,像元内设置有源放大器的传感器,称有源像素传感器。由于每个放大器仅在读出期间被激发,所以 CMOS 有源像素传感器的功耗比较小。但与无源像素结构相比,有源像素结构的填充系数小,其设计填充系数典型值为 20%～30%。在 CMOS 上制作微透镜阵列,可以等效提高填充系数。光电二极管型有源像素(PP-APS)的结构如图 5-17(b)所示,有源像素单元由光电二极管、复位管 RST、漏极跟随器 T 和行选通管 RS 组成。光照射到光电二极管产生信号电荷,这些电荷通过漏极跟随器缓冲输出,当行选通管选通时,电荷通过列总线输出,行选通管关闭时,复位管 RST 打开,对光电二极管复位。CMOS 光电二极管型 APS 适宜于大多数中低性能的应用。

(3)光栅型有源像素结构。光栅型有源像素结构(PGAPS)如图 5-17(c)所示,由光栅 PG、开关管 TX、复位管 RST、漏极跟随器 T 和行选通管 RS 组成。当光照射像素单元时,在光栅 PG 处产生信号电荷,同时复位管 RST 打开,对势阱进行复位,复位完毕,复位管关闭,行选通管打开,势阱复位后的电势由此通路被读出并暂存起来,之后,开关管打开,光照产生的电荷进入势阱并被读出。前后两次读出的电位差就是真正的图像信号。光栅型有源像素 CMOS 的成像质量较高。

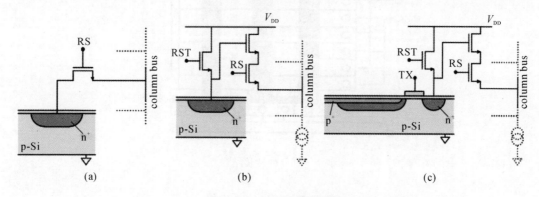

图 5-17　CMOS 像素结构

(a)光电二极管型无源像素结构;(b)光电二极管型有源像素结构;(c)光栅型有源像素结构

2.CMOS 摄像器件的总体结构

CMOS 摄像器件的总体结构框图如图 5-18 所示,一般由像素(光敏单元)阵列、行选通逻辑、列选通逻辑、定时和控制电路、模拟信号处理器(ASP)和 A/D 变换等部分组成。

工作过程是:首先,外界光照射像素阵列,产生信号电荷,行选通逻辑单元根据需要选通相应的行像素单元,行像素内的信号电荷通过各自所在列的信号总线传输到对应的模拟信号处理器(ASP)和 A/D 变换器,转换成相应的数字图像信号输出。行选通单元可以对像素阵列逐行扫描,也可以隔行扫描。隔行扫描可以提高图像的场频,但会降低图像的清晰度。行选通逻辑单元和列选通逻辑单元配合,可以实现图像的窗口提取功能,读出感兴趣窗口内像元图像信息。

3.CMOS 器件的优点

(1)全固体化。体积小,重量轻,工作电压和功耗都很低;耐冲击性好,可靠性高,寿命长。

(2)基本上不保留残像(电子束摄像管有 15%~20%残像),无像元烧伤,扭曲,不受电磁干扰。

(3)红外敏感性。SSPD(CMOS)光谱响应:$0.25\sim1.1\mu m$;CCD 可制成红外敏感型器件;CID 主要用于光谱响应大于 $3\sim5\mu m$ 的红外敏感器件。

(4)像元尺寸的几何位置精度高(优于 $1\mu m$),因而可用于不接触精密尺寸测量系统。

(5)视频信号与微机接口容易。

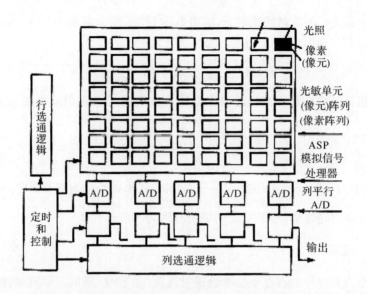

图 5-18　CMOS 摄像器件的总体结构

5.4.3　CMOS 与 CCD 器件的比较

　　CCD 和 CMOS 摄像器件在 20 世纪 70 年代几乎是同时起步的。由于 CCD 器件有光照灵敏度高、噪声低、像素面积小等优点,因而在随后的十几年中一直主宰光电摄像器件的市场。到 20 世纪 90 年代初,CCD 技术已比较成熟,并得到非常广泛的应用。与之相反,COMS 器件在过去亚微米方法所需要的高掺硅所引起的暗电流较大,导致图像噪声较大、信噪比较小;同时 CMOS 存在着如光电灵敏度不高、像素面积大、分辨率低等缺点,因此一直无法和 CCD 技术抗衡。随着 CCD 应用范围的扩大,其缺点逐渐显露出来。CCD 光敏单元阵列难与驱动电路及信号处理电路单片集成,不易处理一些模拟和数字功能。这些功能包括 AAI 转换器、精密放大器、存储器、运算单元等功能;CCD 阵列驱动脉冲复杂,需要使用相对高的工作电压,不能与深亚微米超大规模集成(VLSI)技术兼容,制造成本比较高。与此同时,随着大规模集成电路技术的不断发展,过去 CMOS 器件制造过程中不易解决的技术问题,到 20 世纪 90 年代都开始找到了相应的解决办法,从而大大地改善了 CMOS 的成像质量。CMOS 具有集成能力强、体积小、工作电压单一、功耗低、动态范围宽、抗辐射和制造成本低等优点。目前 CMOS 单元像素的面积已与 CCD 相当,CMOS 已可以达到较高的分辨率。如果能进一步提高 CMOS 器件的信噪比和灵敏度,那么 CMOS 器件有可能在中低档摄像机、数码相机等产品中取代 CCD 器件。

5.5　光电探测器主要技术指标

5.5.1　灵敏度

　　灵敏度也称响应度,是光电探测器光电转换特性,表征探测器将入射光信号转换成电信号能力的特性参数。灵敏度可分为光谱灵敏度和积分灵敏度。

探测器在波长为 λ 的单色光照射下,输出电压 $U(\lambda)$ 或光电流 $I(\lambda)$ 与入射光的单色辐射通量 $\Phi(\lambda)$ [或单色辐射照度 $E(\lambda)$] 之比为光谱灵敏度,即

$$S_U(\lambda) = \frac{U(\lambda)}{\Phi(\lambda)} \text{ 或 } S_I(\lambda) = \frac{I(\lambda)}{\Phi(\lambda)} \tag{5-19}$$

探测器的积分灵敏度是探测器的输出电压 U 光电流 I 与入射的辐射通量 $\Phi(\lambda)$ (或辐照度 E) 之比,即

$$S_U = \frac{U}{\Phi} \text{ 或 } S_I = \frac{I}{\Phi} \tag{5-20}$$

式中, $\Phi = \int \Phi(\lambda)\mathrm{d}\lambda$; $U = \int U(\lambda)\mathrm{d}\lambda$; $I = \int I(\lambda)\mathrm{d}\lambda$ 。若 Φ 为辐射通量, S_U , S_I 的单位分别为 V/W、A/W ;若 Φ 为光通量,则 S_U , S_I 的单位分别为 V/lm,A/lm。

5.5.2　响应率

光谱响应率为光电探测器在单位单色辐射通量(光通量)照射下得到输出电压(流),即探测器的输出电压(流)与入射到探测器上单色辐射通量(光通量)之比。它反映了器件对单色入射辐射的响应能力,一般采用量子效率来表示为

$$\left.\begin{aligned} R_{i(\lambda)} &= \frac{I_s}{P(\lambda)} = \frac{\eta \lambda e}{hc} G (\mathrm{V \cdot W^{-1}}) \\ R_{(\lambda)} &= k\lambda \end{aligned}\right\} \tag{5-21}$$

5.5.3　噪声等效功率及探测率

探测器在完成光电等转换输出信号电流的同时,也输出噪声电流。由于噪声的存在,限制了探测器对弱信号的探测能力,即探测器能探测到的最小入射辅通量(辐射功率)受到了限制。

当探测器输出的信号电流(或电压)等于探测器本身的噪声电流(或电压)均方根值时,即信噪比等于 1 时,入射到探测器上的信号辐通量称为噪声等效功率,即

$$\mathrm{NEP} = \Phi_{\min}\big|_{I_{\min}} = \sqrt{\overline{i_n^2}} \text{ 或 } \mathrm{NEP} = \Phi_{\min}\big|_{U_{\min}} = \sqrt{\overline{u_n^2}} \tag{5-22}$$

实际上,当信噪比等于 1 时,信号是很难直接测量的。因此,一般在较高的信号电平上进行测量。例如,入射到探测器上的信号辐射通量为 $5\Phi_{\min}$,对应的输出信号为 $5I_{\min}$ 或者 $5U_{\min}$,并利用下式现行外推来计算 NEP,即

$$\mathrm{NEP} = \frac{5\Phi_{\min}}{5I_{\min}/\sqrt{\overline{i_n^2}}} \text{ 或 } \mathrm{NEP} = \frac{5\Phi_{\min}}{5U_{\min}/\sqrt{\overline{\mu_n^2}}} \tag{5-23}$$

将式(5-23)带入积分灵敏度公式中,可得

$$\mathrm{NEP} = \frac{\sqrt{\overline{i_n^2}}}{S_1} \text{ 或 } \mathrm{NEP} = \frac{\sqrt{\overline{i_n^2}}}{S_U} \tag{5-24}$$

式中,NEP 单位为 W 或 lm。

NEP 是一个标志探测器探测能力的性能指标,它不仅决定于灵敏度,还决定于自身的噪声水平。当灵敏度越高、噪声越低时,NEP 越小,其探测能力越强。用噪声等效功率来描述探测器能力的一个不方便之处在于噪声等效功率"越小",却表示探测器的探测能力"越强"。这种表征方法缺乏直观性,为此采用探测率 D 来表示,它等于等效功率的倒数,即

$$D = \frac{1}{\text{NEP}} = \frac{S_1}{\sqrt{\overline{i_n^2}}} (W^{-1}) \qquad (5-25)$$

显然，D 越大探测器性能越好。探测率 D 所提供的信息与 NEP 一样，也是一项特征参数。但是仅仅根据探测率 D 还不能比较不同的光电探测器的优劣，这是因为如果两只由相同材料制成的探测器，尽管其结构完全相同，但光敏面不同，测量带宽不同，其值 D 也不同。

5.5.4　时间常数 τ

当入射辐射以阶跃形式照射到红外光电导探测器上时，探测器内的光生载流子浓度 Δp 随时间的变化可以用一个一阶微分方程来描述为

$$\frac{\mathrm{d}(\Delta p)}{\mathrm{d}t} = Q - \frac{\Delta p}{\tau} \qquad (5-26)$$

式中，Q 为载流子产生率；τ 为载流子寿命。

式(5-26)的解为

$$\Delta p = \Delta p_0 (1 - \mathrm{e}^{-t/\tau}) \qquad (5-27)$$

当 $\Delta p_0 = Q\tau, t = \tau$ 时，有

$$\Delta p = 0.63 p_0 \qquad (5-28)$$

式中，τ 称为时间常数，在有些参考书中也称为弛豫时间。τ 反映了探测器对入射辐射响应快慢的特性。从式(5-28)的推导也可以看出 τ 是半导体内的载流子寿命。

5.5.5　探测器噪声

光电探测器在光照下可输出电流或电压信号，从示波器上可以观察到，其电流或电压信号在平均值处有随机起伏，即含有噪声。一般用均方噪声电流 $\overline{i_n^2}$ 或均方噪声电压 $\overline{u_n^2}$ 表示噪声值的大小。当光电探测器中存在多个噪声时，只要这些噪声是独立的、互不相关的，其噪声功率就可以相加。光电探测器的噪声包括散粒噪声、热噪声、产生-复合噪声、$1/f$ 噪声和温度噪声等。以下分别进行阐述。

1. 热噪声

热噪声是由于载流子的热运动而引起的电流或电压的随即起伏，它的均方噪声电流 $\overline{i_n^2}$ 或均方噪声电压 $\overline{u_n^2}$ 由下式来决定，即

$$\overline{i_{nr}^2} = \frac{4kT\Delta f}{R} \qquad (5-29)$$

$$\overline{u_n^2} = 4k\Delta f R \qquad (5-30)$$

式中，k 为玻尔兹曼常量；T 为热力学温度(K)；R 为器件电阻值；Δf 为测量的频带宽度。热噪声存在于任何导体与半导体中，它属于白噪声。降低温度和压缩频带宽度，可减少噪声功率。

2. 散粒噪声

光电探测器的散粒噪声(Shot)是由于光电探测器在光辐射作用或热激发下，光电子或载流子随机产生所造成的。由于随机起伏非是一个一个的带电粒子或电子引起的，所以称为散粒噪声。散粒噪声的表达式为

$$\overline{i_{nr}^2} = 2eI\Delta f \qquad (5-31)$$

式中，e 为电子电荷；I 为器件输出平均；Δf 为测量的频带宽度。

散粒噪声存在于所有真空发射管和半导体器件中，也属于白噪声。

3. 产生-复合噪声

产生-复合噪声，又称 $g-r$ 噪声，是由于半导体中载流子产生于复合随机性而引起的载流子浓度的起伏。这种噪声与散粒噪声本质是相同的，都是由于载流子随机起伏所导致，所以有时也将这种噪声归并为散粒噪声。产生-复合噪声的表达式为

$$\overline{i_{ngr}^2} = \frac{4eMI\Delta f}{1 + \omega^2\tau_c^2} \tag{5-32}$$

式中，I 为总的平均电流；M 为光电增益；Δf 为测量的频带宽度；$\omega = 2\pi f$；f 为测量系统的工作频率；τ_c^2 为载流子的平均寿命。产生-复合噪声是光电探测器的主要噪声源。

4. $1/f$ 噪声

$1/f$ 噪声通常又称为电流噪声（有时称为闪烁噪声或过剩噪声）。它是一种低频噪声，几乎所有的探测器都存在这种噪声。实验发现，探测器表面的工艺状态（缺陷或不均匀）对这种噪声的影响很大。这种噪声的功率谱近似与频率成反比，故称为 $1/f$ 噪声，其噪声电流的均方值可近似表示为

$$\overline{i_{nf}^2} = \frac{cI^\alpha}{f^\beta}\Delta f \tag{5-33}$$

式中，I 为器件输出的平均电流；f 为器件的工作频率；α 值接近于 2；β 值取 $0.8\sim1.5$；c 是比例常数。$1/f$ 噪声主要出现在 1kHz 以下的低频区，当工作频率大于 1kHz 时，它与其他噪声相比可忽略不计。在实际使用中，常用较高的调制频率可避免或大大减小电流噪声的影响。

5. 温度噪声

温度噪声是热探测器本身吸收和传导等热交换引起的温度起伏。它的均方值为

$$\overline{i_n^2} = \frac{4kT^2\Delta f}{G(1 + (2\pi\tau_T)^2)} \tag{5-34}$$

式中，k 为玻尔兹曼常量；T 为热力学温度（K）；G 为器件的热导；f 为器件工作频率；$\tau_T = C_H/G$ 为器件的热时间常数，C_H 为器件的热容。

5.5.6 噪声等效温差（NETD）

NETD 是评估热像仪系统性能最常用最简单的量度。其定义为：设测试目标和背景是黑体，当热成像系统输出端产生的峰值信号电压与均方根噪声电压之比（SNR）等于 1 时，目标背景的温差 ΔT 就是该热像仪的噪声等效温差。

均方根噪声电压 V_n 在有效扫描时间内，可用均方根噪声电压表进行测量，信号电压 V_s 是基本上根据与目标相应的电压波形来测定的。如图 5-19 所示。

为了便于测量和保证良好的信号响应，图 5-19 中所示目标的尺寸应为探测器张角的若干倍，而且

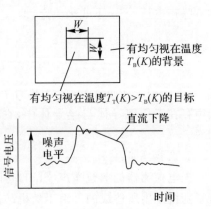

图 5-19　目标与背景测试板及电压波形图

目标温差 $\Delta T(\Delta T = T_T - T_B)$ 至少应是所希望 NETD 值的若干倍,以保证 $V_s \gg V_n$,才能测量并按照下式计算,有

$$\text{NETD} = \frac{\Delta T}{V_s/V_n} \tag{5-35}$$

式(5-35)对热像仪热像仪性能的评估测量是有用的,但显然不适合对热像仪总体设计进行预先判断,因为在式(5-35)中未包括热成像系统的各个部分的基本参数,如:探测器的尺寸 $a(\text{cm}) \times b(\text{cm})$,探测率 $D^*(\text{cmHz}^{1/2}\text{W}^{-1})$ 及对应的张角 $\alpha \cdot \beta(\text{rad})$;光学系统的焦距 f' (cm);光学透过率 τ_0;有效通光面积 $A_0(\text{cm}^2)$;背景温度 $T_B(\text{K})$;放大电路等效噪声带宽 $\Delta f_R(\text{Hz})$。

因此,有必要对 NETD 公式进行推导。

5.5.7　最小可分辨温差(MRTD)

最小可分辨温差(MRTD)是一个以观察者主观视觉参与评估热像仪系统性能的综合考量度。它的计算公式是以 NETD 的值为基础,考虑了全部电路的带宽及人眼作用的特点推导出来的,即

$$\text{MRTD} = \frac{\pi}{4\sqrt{14}}\text{SNR}\left[\frac{\text{NETD} \cdot f}{\widetilde{r}_{\text{tot}}(f)}\right] \cdot \left[\frac{\frac{\alpha}{\tau_d}\beta}{T_{\text{eye}}F\Delta f_R}\right] \tag{5-36}$$

式中,T_{eye} 为眼睛观察景物时的积分时间(约 $0.2 \sim 0.3\text{s}$);$\widetilde{r}_{\text{tot}}(f)$ 为热成像系统总的传递函数。

5.5.8　最小可探测温差(MDTD)

当观察者刚刚分辨出目标时,此时目标与背景的温差即为最小可探测温差。

在外场测量中使用 MDTD 这个度量去评价热像仪系统的性能是很合适的。此外,采用这个度量去判断对点源时的可探测性是有用的。

5.6　本 章 小 结

本章第一节介绍光电探测器的基本原理及分类。第二和第三节介绍两类重要的探测器,即光子探测器和热探测器。光子探测器包括光电导探测器和光伏探测器。一般而言,光子探测器性能优越但成本较高,主要用于高端民用和军用领域。热探测器性能较差但是成本低,在中低端民用领域有着广泛的应用。第四节重点介绍光电成像器件,主要有 CCD 成像器件和 CMOS 成像器件。第五节介绍光电探测器的主要技术指标。

第6章 光电探测系统设计

光电探测技术广泛应用于国民经济及国防建设的各个领域,改变着人们的生活和战争模式,直接影响着"信息主导"的全局。军用光电探测技术具备自动搜索、快速搜索、准确定位、精确跟踪等功能,通过改造现有武器系统,可以提高武器装备的作战能力,如精确制导系统、激光武器应用(见图6-1)等,它们在武器装备中具有重要作用。

图6-1 激光武器应用

光电探测系统一般可划分为激光探测系统、可见光探测系统、紫外探测系统和红外探测系统等4种。激光探测技术应用于激光雷达、激光测距等军事领域。可见光探测技术应用于电视制导技术、光电侦察技术等军事领域。红外探测技术应用于红外侦察与监视、红外制导、红外搜索跟踪等军用领域。紫外探测技术应用于紫外预警、紫外告警等,在国防军事领域拥有巨大的应用前景。本章将从光电探测系统的组成、分类及其工作原理进行简述,介绍总体方案的任务分析,对跟踪与随动系统做初步设计,给出软件总体设计与接口设计的原则。

6.1 光电探测系统组成与原理

6.1.1 典型光电探测系统组成

光电系统是指以光波作为信息和能力载体,实现传感、传输、探测等功能的测量系统。光电探测系统由光学系统、探测系统、信号处理系统等组成,典型的光电探测系统结构框图如图6-2所示。

若光源是系统自带的且输出多数可以被系统调控,该光电探测系统被称为主动式光电探测系统,如激光探测系统;若光源子性能不能被调控,则该光电探测系统被称为被动式光电探

测系统,如红外探测系统、紫外探测系统、可见光探测系统。光电探测系统的分类如图 6 - 3
所示。

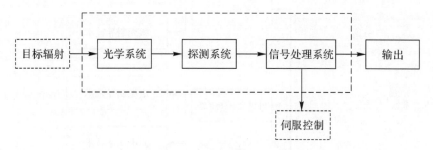

图 6 - 2　光电探测系统框图

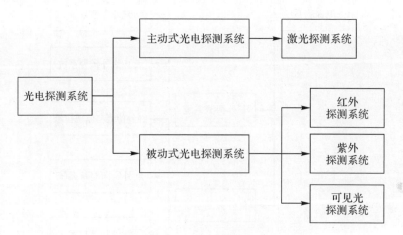

图 6 - 3　光电探测系统分类

6.1.2　光电探测系统分类

光电探测系统由激光探测系统、可见光探测系统、紫外探测系统、红外探测系统构成,对于
不同的探测系统按照应用场景进行划分,如图 6 - 4 所示。

1. 激光探测系统

激光是 20 世纪 60 年代出现的新型人造光源,其形成是基于粒子的受激辐射放大原理,具
有高度的方向性、单色性、相干性、高亮度等普通光源所无法比拟的优点。

激光探测是通过激光束对目标进行照射,发出的激光通过准直透镜,经大气传输通道探测
到目标,漫反射回来的激光再经大气传输通道,通过接收光学系统聚焦于光敏面上。由于激光
光束在传输过程中会有很大的衰减,通过光电转换后形成的微弱电信号经放大、滤波、整形处
理后输入到控制系统。图 6 - 5 为激光探测原理示意图。

与合成孔径、毫米波、红外、可见光等其他探测模式相比,激光探测具有抗电磁干扰能力
强、高角度以及高速度分辨率等特点,同时能获得目标的多种图像(如距离图像、强度图像、距
离-角度图像等),极大地简化自动目标识别算法,易于判别目标类型,特别是目标的易损部
位。基于上述特点,激光探测技术在军事领域拥有以下应用前景。

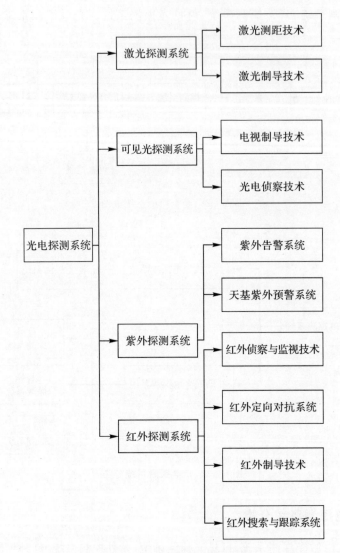

图 6-4　光电探测系统应用

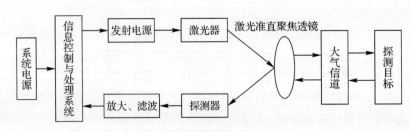

图 6-5　激光探测原理示意图

(1)激光测距技术。军用激光技术发展最快、最成熟的是激光测距,激光测距仪(见图6-6)是最普遍的军事装备,一般可测距十几千米到数十千米,如有合作目标时,可测数百千米到数十万千米。

图 6-6 激光测距仪

激光测距分为脉冲测距和连续波测距,脉冲测距是光对准目标发射,用专门接收器接收沿原路返回的反射光。连续波激光测距的激光辐射是连续的,并利用其相位变化等来进行测量。其主要优点是:测量精度高、操作简便、测距迅速及其抗干扰性能好。激光频率高,不用巨大的天线就能发射极窄的光束,仪器轻巧。

(2)激光制导技术。激光制导可分为波束制导和回波制导。波束制导的飞弹弹尾激光接收器能不断地接收激光信号,通过控制系统使飞弹始终沿光束中心线飞行。当光束中心线一直瞄准目标,飞弹就被导向目标。回波制导是先对目标发射激光,利用被目标反射的回波激光作为制导信息,其分为主动式和半主动式。主动式的激光照射器和回波接收器均在飞弹上,发射后能独立自主地追踪目标,半主动式二者分离放置,激光发射装置在前沿阵地或机载、舰载。图 6-7 为美国 GBU-12 激光制导导弹。

图 6-7 美国 GBU-12 激光制导导弹

激光制导技术的制导方式与传统的制导方式相比,有效提高了目标命中精度、识别分辨率和反应时间,同时增大了导弹的控制容量。

2. 可见光探测系统

可见光波段主要来自太阳的辐射,能透过地球大气,因此在可见光波段主要观测目标的光谱反射辐射特性。可见光探测系统显示的图像感观上与人眼直接观察的图像相同,可以为人们提供直观的视觉效果,图像细节丰富。直升机的可见光图像如图6-8所示,由于复杂天气可见光的穿透能力有限,同时夜间目标反射的可见光非常微弱,因此可见光系统在复杂天气和夜间使用时会受限。微光探测器的发展在一定程度上可以克服不良照明条件的影响。

图6-8 直升机的可见光图像

(1)电视制导技术。电视制导是利用电视摄像机获取目标图像信息,形成控制信号来控制导弹飞向目标的制导方法(如图6-9所示的AMG-130的空地导弹就是采用这种制导方式)。电视制导有两种制导方式,一种是电视指令制导,另一种是电视寻的制导。电视指令制导导弹头部的电视摄像机摄取目标图像后发送给控制站,射手观察和监视电视屏幕上的目标图像。当导弹偏离目标时,通过无线电或光导纤维把指令传送给导弹,控制导弹姿态使目标图像保持在屏幕中央,直至导弹达到目标。电视指令制导的优点是弹上制导设备简单,但射手要始终参与制导过程。

图6-9 AMG-130空地导弹

(2)光电侦察技术。光电侦察是利用光源在目标和背景上的反射或目标、背景本身辐射电磁波的差异来探测、识别目标并对它们进行跟踪、瞄准的技术。它包括的内容非常广泛,只要是利用敌方目标产生的光频波段的信号所进行的侦察都属于该范畴。它可以是在空载、机载或水面、陆地等各种平台上进行的,也可以是单兵操作。其对象可以是敌方的任何有价值的目标,采用的手段则可以是各种工作于光频波段的设备。光电侦察的主要优点:成像分辨率高,提供的目标图像直观、清晰,这是其他侦察方式无法比拟的,可与雷达、声呐、电子战等侦察器材配套使用。侦察设备如图 6 - 10 所示。

图 6 - 10　侦察设备

3. 紫外探测系统

由于在高空大气中的臭氧对 200～300nm 紫外波段辐射具有强烈的吸收作用,在低空形成"日盲区",使低空的紫外成分较少,而飞机或导弹尾焰等的紫外辐射较高,可形成良好的景物对比度。而在 300～400nm 的近紫外波段较多的能透过大气层,形成"紫外窗口",使均匀散布在大气层中的近紫外成分较多,而飞机或导弹等的紫外辐射较低,也可形成较高的景物对比度。目前,紫外探测系统主要是利用"日盲区"的中紫外波段来探测目标(飞机和导弹尾焰等)的紫外辐射。

由于紫外辐射在大气中传播时具有强烈的散射性,因此在国防军事领域拥有巨大的应用前景,包括紫外告警、紫外预警等。图 6 - 11 为紫外探测系统原理框图。

图 6 - 11　紫外探测系统原理框图

(1)紫外告警系统。紫外告警是通过探测导弹羽烟中处于"日盲"光谱区的紫外辐射来发现目标的,在"日盲"光谱区,常见的战术导弹飞行的动力是燃料加助燃剂。在低空飞行时燃烧形成处于"日盲"波段的紫外辐射源,这为导弹目标的探测提供了其他波段所不具有的便利条件。由于紫外告警系统工作在"日盲"波段,消除了太阳光的干扰,因此具有虚警率低的独特优势。

AN/AAR - 59 导弹告警系统如图 6 - 12 所示,由美国 ATK 系统公司和 BAE 系统公司于 2011 年联合研制,该系统主要为美国海军和海军陆战队提供威胁感知能力。

多色红外告警系统(MIRAS)如图 6 - 13 所示,由法国 Thales 公司于 2008 年研制。该系统主要针对便携式防空导弹和空空导弹进行逼近告警,具有探测距离远、反应时间短和虚警率低的特点,能够安装在运输机和战斗机上。

图 6-12 AN/AAR-59 导弹告警系统

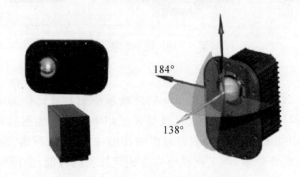

图 6-13 多色红外告警系统（MIRAS）

（2）天基紫外预警系统。导弹紫外预警是利用"日盲区"的中紫外波段来探测飞出大气层外导弹尾焰的紫外辐射,其形成主要是由于太阳辐射（紫外辐射的主要来源）的这一波段的光波绝大部分被地球的臭氧层所吸收,只有极少数的自然太阳光能射到地面。由于紫外线会反射到大气层外,所以在地球大气层外观察到的以地球为背景的辐射光谱曲线中紫外波段的辐射非常微弱,并且背景辐射比较平滑。

因此,如果在臭氧层外出现导弹,其发动机尾焰的中紫外辐射不受大气吸收和衰减的影响,到达紫外探测仪的信号较强,而背景信号很小并且很平滑,预警探测仪接收到的紫外信号的信杂比就相当高,从而达到高效预警的目的。导弹尾焰中含有大量的紫外特征辐射,且紫外辐射在高空具有很好的透过率,为紫外预警提供了很好的目标识别基础。

4. 红外探测系统

红外探测系统是指通过接收目标红外辐射,经转换处理后获取目标特征参量的一种装置。红外系统最基本的功能是接收景物（目标与背景）的红外辐射,测定其辐射量大小以及景物特征空间分布,通常包括光学系统、红外探测器、信号处理系统等。典型的红外探测系统组成框图如图6-14所示。

红外辐射经大气传输衰减后投射到光学系统上,探测器将入射的红外辐射转换成电信号,电信号经过信号处理系统,最后输出目标信息。

红外系统可按照入射辐射的来源、工作方式以及功能特征等进行类型划分,如图 6-15所示。

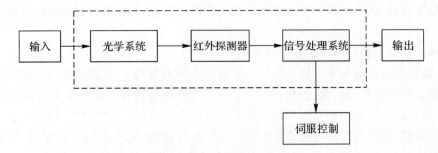

图 6-14　红外探测系统组成

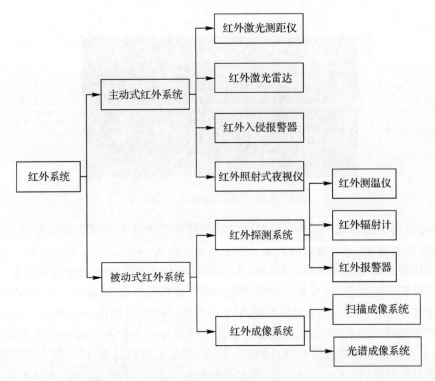

图 6-15　红外系统分类

由图 6-15 可知,红外系统可以分为主动式红外系统和被动式红外系统两类。

(1)主动式红外系统。主动式红外系统,是指由系统自身所带的红外光源照射景物,入射辐射被景物反射进入系统,从而完成探测任务的一种仪器。如果辐射光源来自第三方,则这种仪器称为半主动式红外系统。红外激光测距仪、红外激光雷达、红外照射式入侵报警器以及红外照射式夜视仪就是典型的主动式红外系统。例如,红外激光雷达通过向目标发射红外激光光束,将接收到的目标反射信号(激光回波)与发射信号进行比较后,就可获得目标的有关信息,如目标距离、方位、高度、速度、姿态、形状等参数,从而对目标进行探测、跟踪和识别。而红外照射式夜视仪是利用近红外光源照射景物,将景物反射的红外辐射转换为可见光图像,从而实现有效的"夜视"。

(2)被动式红外系统。被动式红外系统是通过接收景物自身红外辐射,利用不同温度景物红外辐射特性的差异,完成目标探测的一种仪器。被动式红外系统最显著的特征是不需要借助外来辐射源进行工作,而景物自身红外辐射与其温度有关,所以也将被动式红外系统称为热红外系统。

红外探测系统主要有以下几方面的应用。

(1)红外侦察与监视技术。红外侦察主要包括空间侦察与监视、空中侦察与监视、地面侦察与监视等。空间侦察与监视:照相侦察卫星携带红外成像设备可获得更多地面目标的情报信息,并能识别伪装目标和在夜间对地面的军事行动进行监视。空中侦察与监视:利用人或无人驾驶的侦察机、侦察直升机等携带的 UEC - 432 红外相机(见图 6 - 16)、红外扫描装置等设备对敌方军队及其活动、阵地、地形等情况进行侦察与监视。地面侦察与监视:将无源被动式红外探测器隐蔽地布设在监视地区或道路附近,用于发现经过监视地区附近的运动目标,并测定其方位。

图 6 - 16 UEC - 432 红外相机

(2)红外定向对抗系统。红外定向对抗的基本原理是将红外干扰能量集中到狭窄的光束中,当红外导弹逼近时,将光束射向来袭导弹的红外导引头,采用各种干扰程序和"迷惑"调制使导引头工作混乱,无法锁定目标而脱靶。红外定向对抗系统一般由导弹告警设备、定向干扰设备和综合处理设备组成,三者通过数据总线实现信息和数据交联,是一个完全自动化的光电自卫防护系统(见图 6 - 17)。导弹告警设备是一个通过红外摄像机来探测目标的存在,并确定该目标是否是导弹的装置,其装机数量可根据飞机平台的防护范围和单个传感器的视场来确定;定向干扰设备利用导弹告警设备的引导信息,对导弹进行捕获、跟踪和干扰激光照射,使来袭导弹脱离跟踪轨迹,远离飞机平台,从而达到保护本机的目的;综合处理设备主要完成对来袭导弹的信息处理、目标跟踪、任务调度、对抗效果评估等功能。先进的红外对抗系统有AN/ALQ - 212(V),如图 6 - 18 所示。

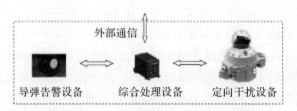

图 6 - 17 红外定向对抗系统组成

美国和英国共同开发研制的"复仇女神"AN/AAQ - 24(V)定向红外干扰系统(见图 6 - 19),用来防护战术空运飞机、特种作战飞机、直升机及其他大型飞机,对抗地空和空空红外制导导弹对飞机的威胁。该系统是第一个可供作战部署的定向红外干扰系统。

图 6-18　先进的红外对抗系统[AN/ALQ-212 (V)][ ]

图 6-19　"复仇女神"AN/AAQ-24 (V)定向红外干扰系统

(3)红外制导技术。红外制导技术是利用红外探测器捕获和跟踪目标自身辐射的能量来实现寻的制导的。目前的红外制导分为红外非成像制导和红外成像制导,如图 6-20 所示。

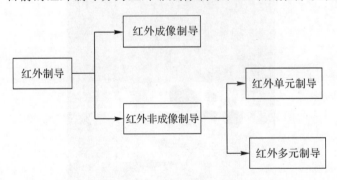

图 6-20　红外制导分类

红外非成像制导利用红外探测器捕获和跟踪目标自身所辐射的红外能量来实现精确制导,其制导精度高,不受无线电干扰的影响,可昼夜作战,但易受云、雾和烟尘影响,作用距离有限,一般用作近程武器的制导系统或远程武器的末制导系统。

红外成像制导系统是扩展源处理系统,它探测的是目标和背景之间微小温差或来自辐射率差所引起的热辐射分布图像,图像信息量比非成像系统更丰富,制导信息源是热图像,能很好地不受光电以及其他杂波的干扰。红外成像制导系统能有效地抵抗光电干扰以及多种形式的红外干扰,适应对抗激烈的战场环境。

美国开发研制的 AIM-9X 属于"响尾蛇"导弹系列中的第 4 代最新型号(见图 6-21),该型导弹于 1999 年完成了首次发射试验,并于 2003 年列装。

图 6-21 AIM-9X"响尾蛇"

(4)红外搜索与跟踪系统。红外搜索与跟踪系统(IRST)是一种探测和跟踪空中、地面以及海面威胁目标的被动探测系统,它利用目标蒙皮气动加热和喷出尾焰所辐射的红外特性探测跟踪目标。该系统能够提供全景监视能力,能在夜间或能见度较差的情况下搜索目标,提高系统对空中、地面以及海面威胁目标的感知能力,具有隐蔽性好、抗干扰能力强、高灵敏度、高空间分辨率及多目标跟踪等优势,已成为现代重要武器装备之一。

IRST 可以与雷达形成互补探测,通过信息及数据综合处理,增强任务系统对目标跟踪及分析识别能力,为指挥员提供高置信度目标信息。当雷达处于盲区、被干扰或出现故障时,可辅助或替代雷达工作。同时,随着对反隐身作战能力要求的提高,IRST 作为被动探测设备,通过双站协同方式或与其他传感器协同配合的模式,降低或取消雷达使用频率,提高对隐身目标的探测能力。

目前法国在舰载红外搜索与跟踪系统方面处于领先地位,"旺皮尔 MB"舰用红外警戒 IRST 系统(见图 6-22)用于探测识别和指示空中、水面目标,同时具有辅助导航能力。

图 6-22 "旺皮尔 MB"舰用红外警戒 IRST 系统

6.1.3 典型光电探测系统工作原理

激光探测系统、可见光探测系统以及红外探测系统主要由光学系统、探测器、信号预处理等组成,系统组成框图如图 6-23 所示。

图 6-23　探测系统(激光、可见光、红外)主要组成

(1)红外探测系统工作原理。目标的红外辐射经大气传输衰减后投射到光学系统上,探测器将集聚的辐射能转换成电信号,经信号预处理系统将其放大、采集后输出。伺服控制分系统实现空间随动指示和瞄准线惯性稳定等功能,最后输出目标信息。

红外辐射经大气传输衰减后投射到光学系统上单位面积单位时间内的辐射能量称为有效辐照度,用公式表示如下:

大气透过率 τ_a 的计算式为

$$\tau_a = \frac{\int_{\lambda_1}^{\lambda_2} J_\lambda R(\lambda) \tau_a(\lambda) \mathrm{d}\lambda}{\int_{\lambda_1}^{\lambda_2} J_\lambda R(\lambda) \mathrm{d}\lambda} \tag{6-1}$$

$$H_{eL} = \left(\frac{1}{L^2}\int_{\lambda_1}^{\lambda_2} J_\lambda R(\lambda) \tau_a(\lambda) \mathrm{d}\lambda\right) \tag{6-2}$$

式中,H_{eL} 为目标的有效辐照度;L 为目标到接收系统的距离;J_λ 为目标的绝对光谱辐射强度;$R(\lambda)$ 为探测系统的相对光谱相应;$\tau_a(\lambda)$ 为经过距离 L 的大气光谱透过率;$\lambda_1 \sim \lambda_2$ 为光谱范围。

(2)可见光探测系统工作原理。大多数航天遥感器上采用的是光子探测器,它吸收光子后,由于光电效应,材料的电子状态发生改变,导致其电学性能发生变化,从而获得入射辐射的信息。

(3)激光探测系统工作原理。激光束对目标进行照射,目标的反射回波经探测器接收,通过信号处理设备获取目标的信息。即将入射到探测器上的光功率 P 转换为相应的光电流 I,光功率为光在单位时间内所做的功,其计算公式为

$$\theta_e = \theta_t + \frac{4rd}{f^2} \tag{6-3}$$

$$P = \frac{P_t \tau_t \tau^2 \tau_r \rho_e A_r}{\pi^2 R^4 \theta_t^2 \theta_e^2} \tag{6-4}$$

$$I = \frac{e\eta}{h\nu} P \tag{6-5}$$

式中,r 为透镜半径;d 为透镜焦距;d 为离焦量(激光焦点与目标之间的距离);θ_t 为激光束散角;θ_e 为回波束散角(束散角是激光发射后所形成的扩散角);P_t 为发射激光峰值功率;τ 为大气透过率;τ_r 为接收光学镜头的透过率;R 为探测系统与目标之间的距离,ρ_e 为反射元件的反射功率;A_r 为接收光学镜头面积;τ_t 为发射系统的光学透过率;e 为电子电荷;η 为探测器光电转换效率;$h\nu$ 为单光子能量。

因此,只要将待传递的信息表现为光功率的变化,利用探测器的转换功能就可以实现信息的获取。

紫外探测系统主要由紫外光学系统、紫外探测器\信号预处理系统等组成,不包括伺服控制系统。光学系统以大视场、大相对孔径对空间紫外辐射进行高分辨率接收;探测器对紫外辐射信号源进行图像采集;信号预处理系统对数字图像数据进行运算处理、信号滤波,尽可能地

抑制低频背景杂波干扰,从而提高信噪比。紫外探测系统主要组成如图 6-24 所示。

图 6-24　紫外探测系统主要组成

(4)紫外探测系统工作原理。以紫外探测器件为核心,接收来自辐射目标或者是目标对紫外辐射反射的信号,经紫外探测器件的光电转换、信号增强后,输出视频信号(CCD 输出)或数字视频(数字 CCD 或者紫外 MAMA 探测器)。紫外探测系统的主要功能是在一定距离内识别目标,并产生阈值信号,判断目标的有无。设探测器平面接收的功率为 W,导弹尾烟与探测系统之间的距离为 R,则

$$W = \frac{\cos\theta \cdot A \cdot S \cdot I_0 \cdot \tau_1 \cdot \tau_2 \cdot \tau_3}{R^2} \qquad (6-6)$$

式中,θ 为探测方位角;A 为物镜对感光面立体角的放大系数;S 为感光面的面积;I_0 为光源的辐射强度;τ_1 为紫外辐射在大气中的透过率(一般通过软件仿真或实验获得);τ_2 为物镜的透过率;τ_3 为滤光片的透过率。

6.2　系统总体设计及设计指标

6.2.1　设计任务分析

光电探测系统是集光、机、电等为一体的多专业综合探测装置。本节将从技术指标的分析与任务分解开始,建立探测类技术指标、信息类技术指标以及跟踪类技术指标,简述其工作原理。根据上述技术指标设计系统方案,硬件系统方案内容分为探测系统、信息处理系统、跟踪与随动系统,其中探测系统包括系统工作波段、光学系统设计、探测器选择。随后对软件系统进行设计,内容包括软件需求分析、软件设计以及测试与验证。最后对电源、电气接口、机械接口和气路接口进行设计。总体任务分解如图 6-25 所示。

6.2.2　技术指标体系

技术指标体系包括探测类技术指标、信息类技术指标和跟踪类技术指标,下面分别介绍这 3 种技术指标。

1.探测类技术指标

(1)灵敏度。灵敏度是光电探测器光电转换特性的量度,光电特性为

$$I = f(P) \qquad (6-7)$$

式(6-7)是探测器的输出信号光电流 I 与入射光功率 P 之间的关系。灵敏度定义为这个曲线的斜率,其计算公式为

$$S_1 = \frac{\mathrm{d}I}{\mathrm{d}P} \qquad (6-8)$$

式中,I 为电流有效值,P 为分布在某一光谱范围的总功率。

(2)分辨力。探测系统能识别出的两个理想点目标的最小空间角,它主要受光学系统成像

质量、视场等因素的约束。

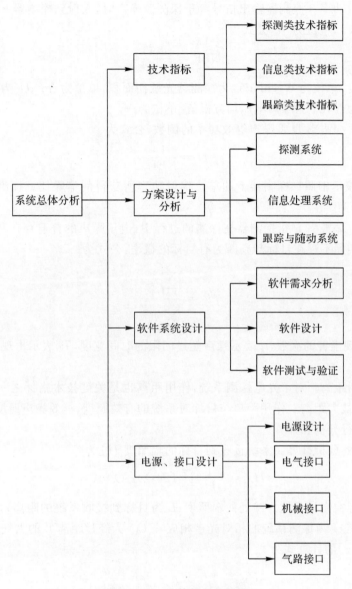

图 6-25 总体任务分解图

(3)信噪比。信噪比是系统输出信号电压与输出噪声电压之比,是衡量噪声对信号影响程度的重要参数,其计算公式为

$$\text{SNR} = \frac{S}{N} \tag{6-9}$$

式中,噪声电压 N 是指在没有入射辐射时,探测器输出毫无规律的电压起伏均方根值。

(4)响应度。响应度 R 是探测器的输出信号 S 与探测器的输入量 X 的比值,公式为

$$R = \frac{S}{X} \tag{6-10}$$

式中,输出信号可以是电压 U_s,也可以是电流 I_s,则对应的响应度分别是电压响应度 R_u、电流

响应度 R_i。

(5)噪声等效功率。探测器输出信号等于探测器噪声时,入射到探测器上的辐射功率为噪声等效功率(NEP),单位为 W,公式为

$$NEP = \frac{\Phi A_d}{U_s/U_n} \qquad (6-11)$$

式中,Φ 为辐照度,单位为 W/cm^2;A_d 为探测器光敏面面积,单位为 cm^2;U_s 为信号电压基波的均方根值,单位为 V;U_n 为噪声电压均方根值,单位为 V。

(6)探测率。探测率 D 是噪声等效功率的倒数,公式为

$$D = \frac{1}{NEP} \qquad (6-12)$$

其单位为 W^{-1},表示辐照在探测器上的单位辐射功率所获得的信噪比。探测率越大,探测器的探测能力越强。

(7)虚警率。虚警率 P 指探测器在探测的过程中,由于噪声的普遍存在和起伏,采用门限检测的方法时,实际不存在目标却判断为有目标的概率,公式为

$$P = \frac{\sum_{k=1}^{N} t_k}{\sum_{k=1}^{N} T_k} \qquad (6-13)$$

式中,N 表示出现虚警的次数,t_k 表示噪声超过门限的时间宽度,T_k 表示出现一次虚警的时间间隔。

(8)系统作用距离。对于光电探测系统,作用距离也是关键技术指标之一,表示它能够探测或跟踪目标的最大距离。作用距离与目标对系统的有效照度、等效噪声照度等有关,下面对系统作用距离进行分析和计算。

1)有效照度的分析计算。系统接收到目标的辐照度 H_{eL} 为

$$H_{eL} = \left(\frac{1}{L^2}\right)\int_{\lambda_1}^{\lambda_2} J_\lambda R(\lambda)\tau_a(\lambda)\,d\lambda \qquad (6-14)$$

式中:H_{eL} 为目标在光学系统入瞳处的辐照度;L 为目标到接收系统的距离;J_λ 为目标的绝对光谱辐射强度;$R(\lambda)$ 为探测系统的相对光谱相应;$\tau_a(\lambda)$ 为经过距离 L 的大气光谱透过率。

大气透过率 τ_a 的计算式为

$$H_{eL} = \frac{J\eta\tau_a}{L^2}W_H = \tan^{-1}\frac{d}{2f'}$$

$$\tau_a = \frac{\int_{\lambda_1}^{\lambda_2} J_\lambda R(\lambda)\tau_a(\lambda)\,d\lambda}{\int_{\lambda_1}^{\lambda_2} J_\lambda R(\lambda)\,d\lambda} \qquad (6-15)$$

目标总辐射强度 $J = \int_{\lambda_1}^{\lambda_2} J_\lambda d\lambda$。

目标辐射强度相对探测系统的利用率 η 为

$$\eta = \frac{\int_{\lambda_1}^{\lambda_2} J_\lambda R(\lambda)\,d\lambda}{\int_{\lambda_1}^{\lambda_2} J_\lambda\,d\lambda} \qquad (6-16)$$

可得目标辐照度为

$$H_{eL} = \frac{J\eta\tau_a}{L^2} \tag{6-17}$$

通过黑体测试的方法,可以测得系统的最小阈值照度,而要知道系统的光谱响应曲线,首先要测出探测器的光谱响应曲线,再测出滤光片的光谱透过率,二者相乘再归一化,即得系统的光谱响应曲线。另外,测得目标的绝对光谱辐射强度,系统的作用距离即可由上面的公式算出。

2)系统等效噪声照度的分析计算。系统等效噪声照度与光学系统和探测器参数有关,分析如下。

探测器接收到的有效辐射功率为

$$P_e = A_0 K \int_{\lambda_1}^{\lambda_2} H_\lambda \tau_0(\lambda)\mathrm{d}\lambda \tag{6-18}$$

式中,A_0 为光学系统接收面积;K 为调制体制系数;H_λ 为系统接收到的目标光谱辐射照度;$\tau_0(\lambda)$ 为光学系统效率。

探测器接收到的目标辐射信号为

$$U_s = P_e R_\lambda = \frac{A_0 K}{L^2} \int_{\lambda_1}^{\lambda_2} J_\lambda R_\lambda \tau_a(\lambda)\tau_0 \mathrm{d}\lambda \tag{6-19}$$

式中,R_λ 为探测器的绝对光谱响应度。

探测器的绝对光谱响应度为

$$R_\lambda = R_p = \frac{U_n D_{\lambda p}^* R(\lambda)}{(A_d \Delta f)^{\frac{1}{2}}} \tag{6-20}$$

式中,R_p 为探测器的峰值响应度;U_n 为噪声电压;$D_{\lambda p}^*$ 为探测器的峰值星探测度;A_d 为探测器的接收面积;Δf 为系统带宽。

考虑 $\tau_0(\lambda)$ 随波长的变化不大,可以提到积分号外写成 τ_0,式(6-19)变为

$$U_s = \frac{A_0 K U_n \tau_0 D_{\lambda p}^*}{L^2 (A_d \Delta f)^{\frac{1}{2}}} \int_{\lambda_1}^{\lambda_2} J_\lambda R(\lambda)\tau_a(\lambda)\mathrm{d}\lambda \tag{6-21}$$

则

$$\frac{U_s}{U_n} = \frac{A_0 K \tau_0 D_{\lambda p}^*}{L^2 (A_d \Delta f)^{\frac{1}{2}}} J\eta\tau_a = \frac{A_0 K \tau_0 D_{\lambda p}^*}{(A_d \Delta f)^{\frac{1}{2}}} H_e \tag{6-22}$$

当式(6-22)等于 1 时,则等效噪声有效辐照度即为式 $H_0 \dfrac{(A_d \Delta f)^{\frac{1}{2}}}{A_0 K \tau_0 D_{\lambda p}^*}$,同时,式(6-22)也可写为 $H_e = H_0 \dfrac{U_s}{U_n}$。

3)作用距离计算。当给定系统可靠工作的最小信噪比 U_s/U_n 后,系统阈值有效辐照度为

$$H_e = H_0 \frac{U_s}{U_n} = \frac{(A_d \Delta f)^{\frac{1}{2}}}{A_0 K \tau_0 D_{\lambda p}^*} \frac{U_s}{U_n} \tag{6-23}$$

根据式(6-23)可得系统作用距离 L,则有

$$L^2 = \frac{J\eta\tau_a}{H_e} \tag{6-24}$$

将式(6-23)代入式(6-24)得

$$L^2 = \frac{A_0 K \tau_0 D_{\lambda p}^*}{(U_s/U_n)(A_d \Delta f)^{\frac{1}{2}}} J\eta\tau_a \tag{6-25}$$

如果引入 $A_0 = \pi D_0^2/4$ 和 $A_d = \omega f'^2$，则有

$$L^2 = \frac{\pi K D_0 \tau_0 D_{\lambda p}^*}{4f'(U_s/U_n)(\omega \Delta f)^{1/2}} J \eta_a = \frac{J \eta_a}{H_e} \qquad (6-26)$$

式中，D_0 为光学系统的入瞳直径；ω 为系统的立体空间分辨率，或单元探测器对应的立体视场角；f' 为光学系统的焦距。

系统可靠工作最低有效照度 H_e 也可以表示为

$$H_e = \frac{4f'(U_s/U_n)(\omega \Delta f)^{1/2}}{\pi K D_0 \tau_0 D_{\lambda p}^*} \qquad (6-27)$$

从式(6-26)中可以看出探测系统内部各参数以及目标辐射强度和作用距离的关系。

2.信息类技术指标

目标识别正确率是光电探测系统的重要指标之一，设探测系统识别目标的正确率为 P_c，对于 N 个目标，正确识别 m 个目标，即 m 服从二项分布。则 m 出现的概率为

$$P_{N(m)} = C_N^m P_c^m (1-P_c)^{N-m} \qquad (6-28)$$

设 m 是取定的，式(6-29)是关于 P_c 的似然函数，对其取对数后求导，则

$$\frac{\partial \ln P_{N(m)}}{\partial P_c} = C_N^m \left(\frac{m}{P_c} - \frac{N-m}{1-P_c} \right) = 0 \qquad (6-29)$$

由式(6-29)可得

$$P_c = \frac{m}{N} \qquad (6-30)$$

即，P_c 值越大，目标识别准确率越高。

3.跟踪类技术指标

(1)最大跟踪场。最大跟踪场是指跟踪时瞄准线相对于弹轴允许偏转的最大角范围。它一般受稳定平台框架角的限制，主要是为了降低作战时对载机占位的限制，满足全向攻击的要求。

(2)跟踪角速度。跟踪角速度是指光电系统截获被跟踪对象(目标)后，在保持跟踪精度要求的前提下，能达到的最大角速度值，单位为 rad/s。一般情况下提出的是一个最大跟踪角速度，而且正负对称。有些跟踪系统给出一定的范围，这是由于系统在超低角速度状态运动过程中，低速平稳性对跟踪精度有很大影响。

(3)跟踪精度。跟踪精度是指光电系统的光轴指向与光电系统回转中心与目标中心的连线在空间上的偏差角，这种描述反映了系统跟踪中的总误差。该误差主要通过对传感器获得的图像进行处理获取。具体来讲，假设光轴的随机误差忽略不计，即光轴与传感器中心重合，则目标中心点在图像上相对图像中心点的偏差就是跟踪误差。

跟踪精度的单位一种是角度，单位为角秒(″)或毫弧(mrad)，另一种是像素数。当光学系统的角分辨率确定，则二者具有对应关系。跟踪精度一般包含偏航和俯仰两个方向的分量，即

$$\xi = \sqrt{\xi_Z^2 + \xi_H^2} \qquad (6-31)$$

式中，ξ 表示光电系统的稳定精度；ξ_Z 表示偏航上的跟踪精度；ξ_H 表示俯仰方向上的跟踪精度。

(4)捕获视场。捕获视场是指在搜索扫描情况下，探测系统能够满足捕获条件的视场。从捕获的需求出发，捕获视场越大越好；但从作用距离和抗干扰需求出发，则捕获场会受到限制。

(5)帧频。帧频是指红外图像信息的帧重复频率，对非成像系统通常为调制频率。它是探

测系统快速性的重要指标。探测系统的帧频用 f_p 表示,系统完成一幅完整画面所需的时间为 T_f(称之为帧周期),f_p 和 T_f 的关系为

$$f_p = \frac{1}{T_f} \tag{6-32}$$

(6)最大随动范围。最大随动范围是指随动时允许瞄准线偏离弹轴的最大偏转角。足够大的随动范围主要是为了满足作战时载机占位与先视先射的需求。

(7)视场。视场是指光学系统观察的角范围,设系统焦距为 f',有效孔径为 D,探测器尺寸为 l,则物方半视场角 W 的正切为

$$\tan W = \frac{1}{2f'} \tag{6-33}$$

如果探测器尺寸为 $l \times d$(垂直×水平),则垂直和水平视场可分别表达为

$$W_v = \tan^{-1} \frac{1}{2f'} \tag{6-34}$$

$$W_H = \tan^{-1} \frac{d}{2f'} \tag{6-35}$$

6.3　方案设计与分析

硬件系统方案可以按照功能进行划分,主要分为探测系统、信息处理系统以及跟踪与随动系统,接下来将分别进行介绍。

6.3.1　探测系统

通过以上分析,探测系统方案主要从以下几方面进行。

(1)系统工作波段。

(2)光学系统设计。

(3)探测器选择。

以下分别对上述内容进行介绍。

(1)系统工作波段。由于可见光探测系统、红外探测系统以及紫外探测系统的辐射源特性不同,因此需要确定它们的工作波段。表 6-1 为各探测系统的工作波段。

表 6-1　各探测系统的工作波段

探测系统	波长范围
可见光探测系统	380～780nm
红外探测系统	短波红外 1～3μm 中波红外 3～5μm 长波红外 8～12μm
紫外探测系统	200～400nm

选择系统工作波段的原则是在所选波段内,对目标和干扰进行分析计算后得到的最高信噪比。下述介绍各探测系统工作波段的用途。

1)红外短波探测。1～3μm 短波探测主要用于探测高温目标,由于太阳辐射干扰及太阳反射干扰影响大,因此仅能进行尾后攻击。

2)红外中波探测。3～5μm 中波探测主要用于探测温度较低和有燃气排除的目标,有利于探测目标发动机的气流辐射,使全向攻击成为可能。

3)红外长波探测。8～12μm 长波探测主要用于探测低温目标和具有气动加热的目标,抗太阳干扰能力强,更有利于实现全向探测。

4)紫外探测系统。200～400nm 紫外探测主要利用飞机或导弹尾焰进行跟踪目标。

光电探测系统工作波段选择,可以根据具体需求对表中的各探测系统波段进行组合,目前有中短波宽波段探测,多波段探测等。

(2)光学系统设计。光学系统设计一般应规定以下参数:①焦距 f、入瞳直径 D;② 物方视场 2ω;③ 工作波段 $\lambda_1 \sim \lambda_2$;④ 成像质量(像面上的像点大小等);⑤ 平均透射比 τ;⑥光学系统尺寸要求。

光学系统有 3 种结构形式,一般分为折射式、反射式和折反式。通常选用折射式,这样使得占的轴上空间少,对于视场 4°～5°以下的系统,弥散斑可以满足要求。

若要求更大得系统视场,则可选用折射式。对扫描较小视场和凝视系统,光学系统可做成望远物镜的形式,F 数应在 0.8～2.0 之间。帧视场应根据导弹瞄准目标的需要确定。如果帧视场是固定的,则光学系统焦距也是确定的。F 数由工作波段和像质要求等确定,因此主镜口径也随之确定,出瞳和后截距要和探测器相融。弥散斑尺寸应和探测器元相匹配,计算的目标辐射功率至少 80%以上应能集中在探测器元上,衍射限计算的直径可以略大于探测器元。

1)光学材料。各种光学镜头的应用日益广泛,但这类镜头多用模压或注塑而成,成本较低、热膨胀系数比光学玻璃大,所以还不能用于技术要求高的光学系统中。一般使用高折射率、低色散的光学玻璃作为透射材料,大多数的光学玻璃可以良好透射可见光和近红外区的光。透镜选取高质量的光学玻璃或者石英,它们具有聚焦、准直和成像的功能。透镜的材料不同,适用的波段不同。表 6-2 列举了透镜的分类、特点以及用途,进行光学系统设计时可以从中选择。

表 6-2 透镜的分类,特点以及用途

类 型		特点及用途
单透镜	平凸透镜	聚焦、扩束及成像
	平凹、双凹透镜	光束发散,与平凸透镜组合用于扩束
	双凸透镜	聚焦、成像
	弯月透镜	与双胶合透镜配合使用,进行准直,成像
双胶合透镜		在要求较高的场合用于准直、聚焦,组合后可用于成像
双分离透镜		用于光束准直、聚焦,组合后可用于成像,外径大于 50mm 时通常采用双分离形式

2)滤光片设计参数。滤光片是光谱特性曲线从截止区到透射区发生突变的光学零件,滤

除响应波段以外的光辐射。为抑制背景干扰,降低探测器噪声,在探测器芯片前一般设置滤光片。通常滤光片的技术要求有以下几项:

a. 截止波长 λ_1、λ_2,中心波长 λ_0。截止波长是由目标辐射特性、大气传输窗口综合确定,中心波长指透光率最大时的波长。

b. 通带宽度。它是指相对透过率在 50% 时对应的波长宽度。

c. 平均透过率。它是通带内各微小波长区间透过率之平均值,它表示有效能量的传递效率,一般不应低于 0.85。

d. 峰值波长。它是指透过率最高值所对应的波长,它应尽量与目标辐射的峰值波长一致,以保证探测器输出较大的目标信号。

e. 截止区宽度。它是指不允许辐射能量通过区域的宽度。

f. 截止区最大允许透过率。它是指截止区内透过辐射能量的允许值。

由各探测系统的工作波段可知,紫外辐射波长为 200~400nm,比红外、可见光的波长短,因此在设计上会有所差异。主要体现在:①紫外波段透过率良好的光学材料种类很少,尤其在中紫外波段;②紫外波长短,使紫外光学系统具有良好的衍射极限,易实现高分辨率。常用的紫外光学材料主要有:石英玻璃、氟化物、UBK7 玻璃及蓝宝石、硼硅玻璃和透紫玻璃等。

在光学系统设计过程中,可选择 Zemax 软件进行辅助设计,它将实际光学系统的设计概念、优化、分析整合在一起,可以建立反射、折射、衍射等光学模型,具有直观、功能强大、灵活等优点。

(3)探测器选择。探测器可以将辐射能转变成电能,它也是决定探测系统性能的关键性器件。选择探测器时,首先要了解被测目标和背景辐射的特点和规律,然后通过比较各种探测器的特性,初步确定使用探测器的类型。现在给出一般选择探测器需要考虑的几种因素。

1)探测器的响应波段和响应时间。响应波段表示入射辐照起始波长与截止波长之间的范围,响应时间(也称时间常数)表示探测器对交变辐射响应的快慢。

2)探测器的类型、工作频率和带宽。探测器的类型按照波段进行划分,可分为激光探测器、紫外探测器、可见光探测器以及红外探测器等。其中,红外探测器也可以按照组成形式进行划分,可分为单元探测器、线列探测器和面阵探测器,面阵探测器又分为凝视型和扫描型。上面只介绍了几种类型的探测器,划分原理并不唯一。

探测器的带宽指的是探测器可探测的频率范围。

3)光学视场。视场表示光学系统的有效工作范围,它对于探测系统性能有一定的影响。

4)噪声等效功率。当探测器的输出信号等于噪声时,即信噪比为 1 时,入射到探测器上的入射功率定义为噪声等效功率,单位为 W。噪声等效功率可以看作是探测器能探测到的最小辐射功率。

5)探测器的响应率和探测率。响应率是探测器最基本的性能参数,它表征探测器的光电转换效率,定义为单位辐射功率投射到探测器上,探测器输出的光电信号大小。探测率表示辐照在探测器上的单位辐射功率所获得的信噪比,一般情况下探测率越大,探测器的探测能力越强。

由于紫外辐射波长为 200~400nm,比红外、可见光的波长短,且紫外探测器作为紫外探测系统的核心器件直接影响紫外探测系统的性能,因此紫外探测器选择还应满足以下几个条件:对紫外波段以外的光线不敏感、具有较高的量子效率、较高的动态响应、较低的噪声等。

不过,仅由上述几个因素选用探测器是不充分的,合理地选择探测器,需要兼顾光电探测系统工作原理。同时对于光学系统的接收、工作环境的影响、干扰和噪声的抑制等都要进行统一的考虑。

6.3.2　信息处理系统

信息处理系统一般由探测器、前置放大器、信号预处理电路、图像处理电路等组成,基本功能是将来自探测器低信噪比的微弱信号进行放大,并对数字图像进行处理。信息处理系统框图如图6-26所示。

图6-26　信息处理系统框图

1.前置放大器

一般情况下探测器输出的电流信号非常微弱,前置放大器需要将电流信号转换为一定幅值的电压信号。前置放大器是信息处理系统中的部件,前置放大器一般由多级放大电路组成,与探测器紧密连接,它可以对探测器的微弱电流信号进行初步放大和缓冲隔离,便于后续传输。选择的放大器需要有足够的放大倍数、噪声小,并与前后级匹配。

高阻抗前置放大器的噪声较小,但是高输入阻抗不仅减小带宽,还限制电路的动态范围。而跨阻抗前置放大器是在一个高阻抗放大器的输入端加入了一个反馈电阻,使得该放大器既有较低的噪声,又有较大的带宽和动态范围。

2.信号预处理电路

信号预处理电路的主要功能是放大、抑制系统噪声以提高信噪比。其基本要求如下。

(1)根据目标信号的频谱特征,确定电路的电子带宽。

(2)根据目标信号幅度的变化范围与速率,确定电路增益调节范围与时间常数。系统作用距离越远,增益控制范围越大;目标能量变化率越大,则增益控制时间常数越小。

(3)根据放在灵敏阈条件下输出信号幅度与后级电路输入要求,确定电路放大倍数,一般为一百倍左右。

3.图像处理电路

图像处理作为系统的一个核心处理模块,实时接收经过预处理的图像信号,在要求的时间内完成对接收图像信息的处理与分析,并将处理结果实时上报。图像处理硬件平台是图像处理算法的运行载体,其处理能力决定了图像处理算法运行的实时性,对系统的性能具有重要影响。

图像处理硬件平台经过了3个主要发展阶段:①最初的图像处理硬件平台只是由最简单的模拟电路构成,通过采用电平实现对模拟信号的处理;②第二代图像处理硬件平台主要采用单片机和微处理器,实现对数字信号的处理;③随着硬件性能的进一步提高,目前已经发展到第三代图像处理硬件平台,主要由高速A/D、信号处理器(DSP)和高速存储器、可编程逻辑器件(FPGA)等构成,可以完成对高分辨率图像的实时处理。图像处理硬件平台具有以下突出特点。

(1)高速、高帧频、高分辨率图像输入。

(2)处理算法复杂度高,运算量大。

（3）实时性要求高。

（4）工作模式状态多。

（5）多路并行处理。

（6）可靠性要求高。

典型的图像处理平台硬件架构如图 6 - 27 所示。

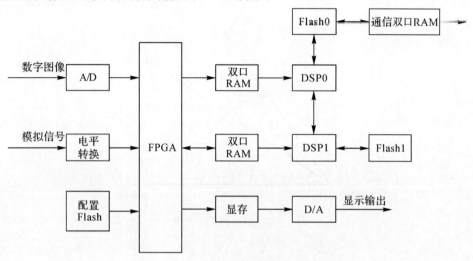

图 6 - 27　典型的图像处理平台硬件架构

硬件平台通常采用基于 FPGA＋多 DSP 的嵌入式硬件架构实现,该结构运算能力强,功耗合理、发热量较小,且高性能 DSP 处理器内部具有针对图像处理算法的硬件增强型模块。FPGA 作为整个硬件平台中的协处理器,利用它可以运行图像处理算法中相对简单、处理数据量大的算法,有效提高整体算法的实时性。Flash 是程序存储器,存放 DSP 的运行程序和算法中的相关数据。

此外,FPGA 在整个硬件处理的过程中还完成整个系统的时序分配和调度工作。目前,以DSP 为主处理器、FPGA 为协处理器的架构非常适合图像处理平台硬件的需求。

6.3.3　跟踪与随动系统

激光探测系统、红外探测系统以及可见光探测系统均包括伺服控制模块,它可以实现空间随动指示以及对目标进行稳定跟踪,但紫外探测系统没有该模块,无法实现此功能。下面将对跟踪与随动系统进行介绍。

跟踪系统的作用是对目标进行跟踪,它由方位探测系统和跟踪机构组成,方位探测系统即测角系统,它由光学系统、探测器和信号处理电路等组成。跟踪系统组成如图 6 - 28所示。

目标 M 与测量元件（测量角度误差）之间的连线为视线,视线、光轴与基准线之间的夹角分别为 q_M,q_t。

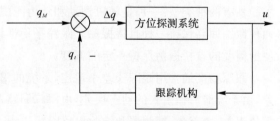

图 6 - 28　跟踪系统组成

q_M — 输入量；u — 输出量；Δq —误差角

当目标位于光轴上时（$q_t = q_M$），方位探测系统无误差信号输出。由于目标的运动，目标偏离光轴，即 $q_t \neq q_M$，系统便输出与失调角 $\Delta q = q_M - q_t$ 相对应的方位误差信号。该误差信号送入跟踪机构，跟踪机构便驱动测量元件向着减小失调角 Δq 的方向运动，当 $q_M = q_t$ 时，测量元件停止运动。若由于目标运动再次出现失调角 Δq 时，则系统的运动又重复上述过程。这样，系统便实现自动跟踪目标（见图 6 - 29）。

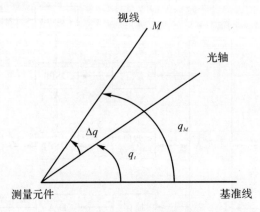

图 6 - 29   目标跟踪示意图

1. 跟踪回路设计

跟踪回路一般不考虑两个跟踪通道中的耦合，因此可以简化为两个独立的单变量跟踪回路。典型的单通道跟踪回路原理图如图 6 - 30 所示。

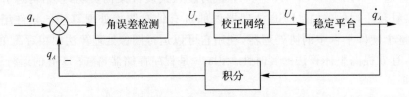

图 6 - 30   跟踪回路原理图

q_t— 目标视线角；q_A— 跟踪轴线角；ε— 误差角；U_e— 误差信号；q_A— 平台跟踪轴的实际角速度

角误差检测系统的输入是误差角，输出是角误差信号，其静特性曲线一般称为误差特性曲线，探测器响应时间、信息处理时间、响应时间等称为系统的动态特性。

2. 跟踪平稳性与跟踪精度

在进行系统设计时，必须限定跟踪回路的摆动幅度和周期，以满足跟踪平稳性要求。系统平稳性有两种类型：一种是随机摆动和动力陀螺的章动，另一种是由于跟踪系统设计上的需要而使跟踪回路保持一种自持振荡。跟踪平稳性设计的主要目的是限制随机摆动和固有章动，使所需要的自持振荡保持一定的幅度。

跟踪精度通常用跟踪误差来评定，系统的跟踪误差一般可分为系统稳定后形成的稳态误差，由系统滞后而引入的动态误差，由跟踪回路产生的零漂、角误差特性曲线的盲区等引入的零位误差，由背景、探测器和接收电路噪声而引入的随机误差四大类。其中，动态误差是指由跟踪回路的目标视线角输入及系统滞后而造成的跟踪误差，随机误差是指由探测器和信息处理电路中的噪声以及背景辐射而引起的跟踪误差。

3.跟踪稳定平台

跟踪稳定平台的主要功能是实现光轴稳定、目标跟踪、随动和搜索以及输出测量信息。按照不同的稳定原理,主要有下面 3 种稳定平台。

(1)动力陀螺稳定平台。动力陀螺稳定平台一般是三自由度框架式结构。光学系统安装在陀螺转子上,利用其定轴性实现空间稳定,利用进动性实现随动、搜索和跟踪,作用在平台上的干扰力矩和跟踪力矩由陀螺力矩平衡。

(2)速率陀螺稳定平台。速率陀螺稳定平台一般是二自由度或三自由度框架式结构形式。光学系统安装在平台台体上,台体在各框架力矩器驱动下可绕相应框架轴转动,作用在平台上的干扰力矩和惯性力矩由伺服力矩抵消。台体相对惯性空间的角运动速度由安装在台体上的速率陀螺测量,各框架间相对转动角度由相应角度传感器测量。

(3)捷联式稳定平台。捷联式稳定平台是指固定在弹体上的速率陀螺作为传感器,测量弹体的扰动角速度,用平台上的角传感器测量平台的离轴角,再通过数学解算和控制的方法来实现平台稳定的一种装置。稳定原理:当导弹以角速度 ω_m 转动,固定在弹体上的速率陀螺测得弹体坐标轴的 $\hat{\omega}_m$;弹体相对稳定平台的运动由轴上角度传感器测得转角 $\hat{\varphi}$;将其微分后得到的离轴角 φ_1。按下式计算平台相对惯性空间角速度估值:

$$\hat{\omega}_p = \hat{\omega}_m + \varphi_1$$

4.随动系统方案设计

稳定平台及随动系统原理框图如图 6-31 所示,它由角度传感器、校正装置、功率放大器、稳定平台等构成。为了改善系统性能,还可以增加电流反馈等措施。

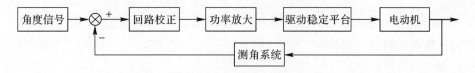

图 6-31　稳定平台及随动系统原理框图

误差信号在计算机所构成的数字控制器中进行误差校正、反馈等解算与运算,根据运算结果对输出作处理,再经过功率放大电路后驱动稳定平台,建立起载体的稳定地理水平基准,使其达到隔离载体摇摆晃动的目的。

控制系统初步方案确定后要通过数字仿真进行回路分析,数学模型可以用分析法和实验法建立。采用分析法时,应从部件或系统所依据的物理原理出发建立数学模型,并作适当的简化和近似线性化处理,使其能以最简化的形式正确表征被控对象或系统的动态特性。采用实验法时,应对实际系统或元件加入一定形式的动态特性。采用实验法时,应对实际系统或元件加入一定形式的输入信号,用求取系统或元件的输出响应,通过辨识的方法建立数学模型。同时要对系统进行稳态分析和动态分析,稳态分析的主要任务是确定系统功率放大倍数及放大倍数分配的基本原则。动态分析主要任务是依据给定的系统动态性能指标,综合设计出满足系统性能要求的校正网络,计算确定各回路的参数。

6.4 软件系统设计

6.4.1 软件需求分析

软件需求分析包括功能需求分析、性能需求分析、数据需求分析以及接口需求分析(见图 6-32)。

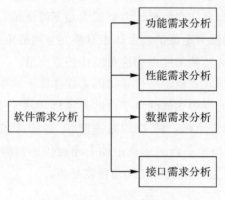

图 6-32 软件需求分析

1. 软件功能需求分析

一般与软件相关或由软件独立完成的功能主要有以下几种。

(1)系统自检。

(2)A/D 转换。

(3)自动增益控制。

(4)读出电路时序控制。

(5)积分时间控制。

(6)数字滤波。

(7)信号检波。

2. 软件性能需求分析

完成软件的功能需求分析后可根据系统性能需求系统功能需求、系统误差分配、系统精度要求、系统实时性要求等进行软件的性能需求分析。

软件的性能主要体现在软件运行时间、软件复杂度、软件精度、软件可靠度、软件成熟度及软件可读性几方面。

首先估算软件所处理的信息量和信息更新时间。信息量的大小一般由信号处理体制与系统误差精度决定,信息量的大小决定着动态存储空间的大小,软件运行所需要的全部动态存储空间应有 20% 的余量,其次是优化设计算法与编程。为提高软件的可读性和系统性,软件应采用模块化结构设计。

3. 软件数据需求分析

软件所处理的数据分为静态数据和动态数据。静态数据为参数数据,动态数据为非参数数据。软件必须对这些数据进行命名和定义,给出它们的格式、值域和单位等属性。静态数据主要是一些作为判据用的条件,比如允许程序进入正常运行的准入条件、点目标信息的特征值、图像信息特征值、系统最低信噪比等限制条件。动态输入数据主要分为两大类:一类是A/D转换所获得的采集数据;另一类是软件进行查询的逻辑控制信号。

软件在运行过程中所生成的内部数据比较多,为了获得内部生成数据,可根据动态输出数据计算并通过硬件输出进行校验,也可采用数据传输协议通过串口或并口将内部生成数据传送出来。软件设计中必须明确列出有关数据变量之间的约束关系,包括类型约束、大小,约束顺序约束,逻辑约束等。同时,还应当注意数据与存储器或其他硬件之间可能发生的容量约束关系。

4. 软件接口需求分析

通过对软件接口的需求分析确认以下需求。

(1)系统内部各 DSP 之间的数据交换接口和程序调用。

(2)系统接收的由制导系统发出的控制指令接口。

6.4.2　软件设计

软件设计主要分为软件算法设计、软件实现与组装调试,具体分析如图 6-33 所示。

1. 软件算法设计

算法设计是为功能服务的,同时要满足误差分配与精度的要求。算法按功能划分也分为两大专项技术算法,第一类算法同时要满足误差分配与精度的要求,如数字滤波技术非均匀性校正技术、稳定平台控制技术等;另一类为系统算法,如抗干扰、识别与截获、跟踪等。

(1)A/D 转换与数据准备算法。采样率与采样精度主要通过需求分析确定。A/D 转换与数据准备算法主要保证在进行 A/D 转换、数据格式准备时,底层软件对硬件端口的调度、数据转移、地址空间分配、终端服务等不发生冲突,以便为软件的运行提供可靠的数据基础。

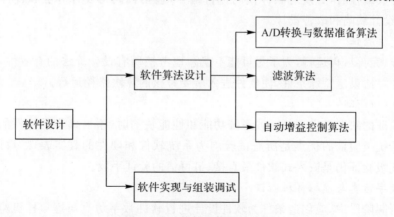

图 6-33　软件具体设计分析

(2)滤波算法。数字滤波算法主要是根据系统需求确定的各特征参数要求进行设计,主要有低通滤波器、带通滤波器、高通滤波器、相关滤波器、FFT、数据平滑等。

(3)自动增益控制算法。软件与硬件相结合完成自动增益控制是常用的技术,常采用的有DAGC、对数放大等算法。

2. 软件实现与组装调试

一般系统软件设计均采用C++语言与汇编语言混合编程,同时要确定所使用的开发环境以及开发软件所使用的计算机操作系统。软件实现过程中需要优化代码,保证软件功能的完善性及逻辑的严密性。软件实现首先按照模块完成编程,然后在组装到一起,并进行组装调试。

6.4.3　软件测试与验证

软件测试与验证主要分为检查软件代码、软件算法验证、软件系统验证、软件数字仿真与虚拟样机验证、软件测试5部分,如图6-34所示。以下分别介绍这些模块的内容。

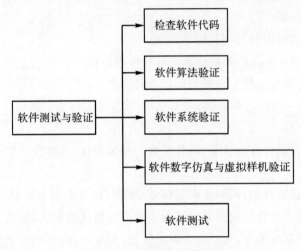

图6-34　软件测试与验证分析

1. 检查软件代码

当软件完成编程后,必须对软件代码进行检查,包括代码与设计算法和设计思想的相符性,便于发现设计缺陷和改善设计。

2. 软件算法验证

代码检查、完善后再运行,为了尽可能不遗漏地考核所有设计算法的有效性,可在软件内针对某一独立算法设定特殊条件,使软件进入所要考核的算法路径运行。

3. 软件系统验证

系统级验证的缺点是出现故障或系统功能和性能缺陷时,不易确定是软件的问题还是硬件的问题。系统级验证的优点是所有试验均为系统软件和硬件的真实表现,数据直接可信。至今为止系统级验证仍是嵌入式软件最直接、最可信的验证手段。

4. 软件数字仿真与虚拟样机验证

在各个研制阶段中,应创造条件为软件设计进行软件数字仿真与虚拟样机验证。通过数字仿真和虚拟样机验证可直接发现理想状态下软件算法设计的原理正确性,可以及早通过观察软件在数字环境下的运行情况发现软件算法设计中的缺陷。需要注意的是,为提高验证的置信度,应根据系统性能试验时和靶试时获得的数据来修正模型。

5. 软件测试

软件完成第一个版本后,要交给第三方进行专业测试。软件测试从方法上可分为黑盒测试和白盒测试,从测试级别上可分为模块测试、集成测试和系统测试。

6.5　电源、接口设计

光电探测系统接口设计包括电气接口、机械接口与气路接口,如图 6-35 所示。接口设计与全弹接口设计密切相关,本节给出探测系统接口设计原则。

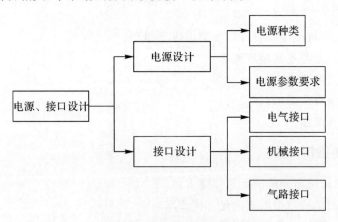

图 6-35　电源、接口设计

6.5.1　电源设计

1. 电源种类

光电探测系统需要的电源主要分为以下几类。

(1)正负直流电源。一般为+27V 等。

(2)交流电源。一般为三相 400Hz、115V 等。

(3)二次数字电源。DSP 所需电压更低的数字电源。

2. 电源参数要求

对每种电源分别提出以下要求。

(1)电源的额定功率。电源额定功率为实际消耗的 1.2~1.5 倍。

(2)电源精度。电源电压偏移标称值的范围通常在 10% 左右,电源频率偏离标称值的范围一般为不大于 0.5%。

(3)电源噪声与干扰。依据有关标准,对电源的纹波系数、干扰脉冲幅度、电源噪声等应有明确要求。

(4)二次电源的设计要求应根据电路要求确定。

6.5.2　电气接口

电气接口应该满足以下一般要求。

(1)对插件应满足电流容量、插针数量、耐压与绝缘要求。

(2)对强弱信号进行隔离,或通过合理布置以保护弱信号不受干扰。

(3)有防误差设计。

(4)合理使用屏蔽线,保护弱信号,同时也可防止强脉冲信号对外部的辐射影响。

(5)满足阻抗匹配要求。

(6)在各种工作环境下,应符合电磁兼容要求。

(7)满足连接可靠性与维修性设计要求。

(8)较好的密封性。

6.5.3　机械接口

光电探测系统中机械接口设计需要遵循以下原则。

(1)满足结构尺寸与连接精度要求。

(2)满足连接强度要求。

(3)满足动力学特性要求。

(4)便于装配和维修。

6.5.4　气路接口

气路接口的结构域布局应满足总体要求。

(1)气路结构的结构与布局应满足总体要求。

(2)满足压力、流量、洁净度的要求。

(3)满足密封性要求,需遵循航标进行设计。

(4)便于装配与维修,要求快速连接时,应采用特殊设计。

6.6　小　　结

本章主要介绍了光电探测系统的组成,一般可将其分为激光探测系统、可见光探测系统、紫外探测系统以及红外探测系统,随后对上述探测系统的工作原理进行详细介绍。接下来对系统总体设计进行任务分解,建立探测类技术指标、信息类技术指标以及跟踪类技术指标。硬件系统方案内容分为探测系统、信息处理系统、跟踪与随动系统,其中探测系统包括系统工作波段、光学系统设计、探测器选择。软件系统设计内容包括软件需求分析、软件设计以及测试与验证。最后对电源、电气接口、机械接口和气路接口进行设计。

第 7 章 目标识别基础

目标识别是模式识别领域的一个研究热点问题,这一基础而又重要的技术在现代军事领域及许多民用领域中均具有重要的意义,且得到了非常广泛的应用。

随着空天战场信息化技术的迅猛发展,空天攻防对抗日益受到越来越多国家的重视。因此,对来袭目标的有效探测和预警,对战场目标的高清侦察和监视,精确制导武器的高精度定位,等等,都需要目标识别技术作为支撑,其主要作用是对空中飞机、空地导弹、巡航导弹及弹道导弹真假弹头、碎片、伴随物、干扰物等目标进行探测和跟踪,提取目标的特征信息,进而实现准确识别,如图 7-1 所示。可见高技术武器的信息化、智能化发展趋势对目标识别技术的需求是显而易见的,这奠定了该技术在军事信息化领域的重要地位。

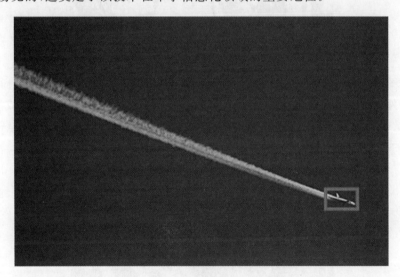

图 7-1   目标检测算法识别战机

7.1   图像与视频处理基础

7.1.1   图像与视频的涵义

1. 图像基础知识

图像可以按照多个角度进行划分,如颜色层次和颜色空间。按照颜色层次和灰度层次,可以把图像分为以下 3 种类型。

（1）二值图像。如图 7-2 所示，二值图像是数字图像，仅有两个用于像素的值。用于图像中对象的颜色是前景色，而图像的其余部分的颜色是背景色。在文档扫描行业中，这通常被称为"双色调"。二值图像的通常颜色为黑色和白色。二值图像也称为双级或两级图像。这意味着每个像素存储为单个，位为 0 或 1，也就是黑或白。单色的名称通常用于此概念，但也可以指定只有一个样本的任何图像每个像素，例如灰度图像。在 Photoshop 用语中，二值图像与"位图"模式下的图像相同。二值图像经常在数字图像处理中作为诸如分割，阈值处理等操作的结果出现。二值图像可以作为位图（点阵图像或绘制图像）存储在存储器中。

图 7-2　二值图像

（2）灰度图像。如图 7-3 所示，灰度图像是指图像中每个像素仅有一个采样颜色。除了黑色、白色之外，灰度图像之间还有许多灰色阴影。灰度图像可以是根据频率（或波长）的特定加权组合测量每个像素的光强度的结果，并且在这种情况下，当仅仅为单个频率时它们是单色的。

图 7-3　灰度图像

（3）RGB 图像。如图 7-4 所示，RGB 图像用于表示彩色图像，它使用三原色 R、G、B 的组合来表示像素的颜色。图像矩阵经常直接保存 RGB 图像的颜色值。RGB 图像的矩阵可用 $M \times N \times 3$ 的矩阵表示（M 表示图像矩阵的行数，N 表示图像矩阵的列数）。相较于灰度而言，人类对色彩更加敏感，因此还可以采用图像的颜色空间。根据颜色空间与划分为以下几种。

1）RGB 颜色空间。RGB 空间是最为常用的颜色空间。RGB 颜色空间的主要目的是用于电子系统（例如电视和计算机）中的图像的感测表示和显示，这基于人类对颜色的感知。一个 RGB 值不会定义相同的颜色而且也没有某种形式的跨设备色彩管理。RGB 图像中的任意一种颜色都可以由三种基色组成：红、绿和蓝。RGB 空间是一个三维立方体结构。

RGB 颜色空间的一个常见应用是用在液晶显示器（LCD）等离子显示器。屏幕上的每个像素都是通过使用三个非常接近但仍然分离的 RGB 光源来构建的。处于相同的观看距离处时，单独的源是难以区分的，这使得眼睛看到给定的纯色布置在矩形屏幕表面中的所有像素一致地符合彩色图像。

图 7-4　RGB 图像

2）HSV 颜色空间。如图 7-5 所示，HSV 是一种将 RGB 色彩空间中的点在倒圆锥体中的表示方法。HSV 这 3 个字母分别为色相（Hue）、饱和度（Saturation）、明度（Value），又被称为 HSB（B 是 Brightness）。虽然 HSV 颜色空间足够好，但是存在一个问题，例如，选择单一颜色，HSV 颜色空间会忽略颜色外观的大部分复杂性。HSV 是 RGB 的简单变换，其保持与人类感知无关的 RGB 立方体中的对称性，使得其 R，G 和 B 的角与中性轴等距。如果我们在更均匀的空间中绘制 RGB 色域，例如 CIELAB，则可立即清楚地看到红色、绿色和蓝色原色不具有相同的亮度或色度，或均匀间隔的色调。此外，不同的 RGB 显示器使用不同的原色，因此具有不同的色域。因为 HSV 纯粹是参考某些 RGB 空间定义的，所以 HSV 不是绝对颜色空间：要精确指定颜色，不仅要报告 HSV 值，还要报告它们所基于的 RGB 空间的特征。

图 7 - 5　RGB 转 HSV 色彩空间图像

2. 视频的基本概念

如图 7 - 6 所示,视频是一组图像在时间轴上的有序序列,本书中的图像和视频若没有特别说明,则认为其概念是一致的,是二维图像在一维时间轴上构成的图像序列,又称为动态图像、活动图像或者运动图像、它不仅包含了静止图像所包含的内容,还包含了场景中目标运动信息。电影、电视都属于视频的范畴。最早期的视频主要指模拟视频信号,随着电子技术的发展以及全球数字化进程的推进,视频的采集设备和方式都有了很大的提升,直接采集数字视频信号的设备得到了广泛的开发和应用。

图 7 - 6　视频序列

7.1.2　图像与视频处理基本目的与功能

对图像视频进行处理(或加工、分析)的主要目的有三方面。

(1)提高图像的视感质量,如进行图像的亮度、彩色变换,增强、抑制某些成分,对图像进行几何变换等,以改善图像的质量。

(2)提取图像中所包含的某些特征或特殊信息,这些被提取的特征或信息往往为计算机分析图像提供便利。提取特征或信息的过程是计算机或计算机视觉的预处理。提取的特征可以包括很多方面,如频域特征、灰度或颜色特征、边界特征、区域特征、纹理特征、形状特征、拓扑特征和关系结构等。

(3)图像数据的变换、编码和压缩,以便于图像的存储和传输。不管是何种目的的图像处理,都需要由计算机和图像专用设备组成的图像处理系统对图像数据进行输入、加工和输出。

7.2　图像与视频预处理

所谓图像与视频处理,就是指用数字计算机及其他有关的数字技术,对图像施加某种运算和处理,从而达到预期的目的。基本操作包括图像降噪、增强和分割等。

7.2.1　图像与视频降噪

噪声:"噪声"(noise)一词来自声学,原指人们在聆听目标声音时受到其他声音的干扰,这种引起干扰作用的声音被称为"噪声"。后来将"噪声"一词引入电路和系统中,把那些干扰正常信号的电平称为"噪声"。将其引入图像系统中来,可以从两个方面来理解所谓的"图像噪声"。一方面,从电信号的角度来理解,因为图像的形成往往与图像器件的电子特征密切相关,因此,多种电子噪声会反映到图像信号中来。这些噪声既可以在电信号中观察得到,也可以在电信号转变为图像信号后在图像上表现出来。另一方面,图像的形成和显示都和光有关,和承载图像的媒质密不可分,因此由光照、光电现象、承载媒质造成的噪声也是产生图像噪声的重要原因。

1. 图像噪声的来源

图像系统中的噪声来自多方面,经常影响图像质量的噪声源主要有电子噪声、光电转换噪声和光学噪声 3 种。

(1)电子噪声。电子、电气噪声来自电子元器件,如电阻引起的热噪声、真空器件引起的散粒噪声和闪烁噪声、面结型晶体管产生的颗粒噪声和 $1/f$ 噪声、场效应管的沟道热噪声等。电子噪声一般是在阻性器件中由电子随机热运动而造成的,一般可以认为是加性噪声,具有平稳性,常用的零均值高斯白噪声作为其模型。它具有一个高斯函数形状的直方图分布以及平坦的功率谱,可用其均值和方差来完全表征。所谓的 $1/f$ 噪声,是一种强度与频率成反比的随机噪声。

(2)光电子噪声。光电子噪声是由光的统计本质和图像传感器中光电转换过程引起的,如光电管的光量子噪声和电子起伏噪声、CCD 或 CMOS 摄像器件引起的各种噪声等。从光学图像到电子图像的光电转换微观上是一个统计过程,因为每个像素接收到的光子数目是在统计意义上和光的强度成正比的,不可避免地会产生光电子噪声。在弱光照的情况下,其影响更为严重,此时常用具有泊松密度分布的随机变量作为光电噪声的模型。这种分布的方差等于其均值的平方根。在光照较强时,泊松分布趋向更易描述的高斯分布,而方差仍等于均值的平方根。这意味着噪声的幅度是与信号有关的。

(3)光学噪声。对于图像系统而言,光学噪声占相当的比重。所谓光学噪声是指由光学现象产生的噪声,如胶片的粒状结构产生的颗粒噪声,印刷图像的纸张表面粗糙、凹凸不平所产生的亮度浓淡不匀的噪声,投影屏和荧光屏的粒状结构引起的颗粒噪声,等等。光学噪声多半是乘性噪声,往往会随信号大小而变化。

2. 常见噪声的统计特性

噪声是随机的,只能用概率统计方法来分析和处理。因此可以借用随机过程的概率密度函数来描述图像噪声。但在很多情况下,这样的描述是很复杂的,甚至是不可能的,而且实际应用往往也不必要。通常是用其统计数字特征,即均值、方差、相关函数等来近似描述,因为这些数字特征都可以反映出噪声的主要特征,下述列举了 3 种描述噪声的模型(高斯噪声,椒盐噪声,均匀噪声)。

(1)高斯白噪声。高斯白噪声的幅度服从正态分布,形状如图 7 - 7 所示,可用式(7 - 1)表示。高斯白噪声的频谱为常数,即所有的频率分量都相等,犹如"白光"的频谱是常数一样,故名之为"白"噪声。既然有"白"噪声,那么也有"有色"噪声,显然,有色噪声的频谱就不再是平坦的了,则有

$$P(z) = \frac{1}{\sqrt{2\pi}\sigma}\exp\left[-\frac{(z-\mu)^2}{2\sigma^2}\right] \tag{7-1}$$

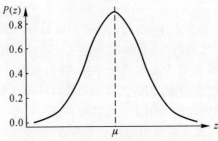

图 7 - 7 高斯白噪声的概率密度分布

(2)脉冲(椒盐)噪声。这种随机椒盐(脉冲)噪声(Salt - Pepperim Pulsive Noise)的概率密度分布呈二值状态,形状如图 7 - 8 所示,可用下式表示:

$$P(z) = \begin{cases} p_a, & z = a \\ p_b, & z = b \\ 0, & \text{其他} \end{cases} \tag{7-2}$$

它的灰度只有两个值,a 和 b。一般情况下 a 值很小,接近黑色,在图像上呈现为随机散布的小黑点;b 值很大,接近白色,在图像上呈现为随机散布的小白点。因此,形象地称这种犹如在图像上撒上胡椒和食盐状的脉冲噪声为"椒盐"噪声。

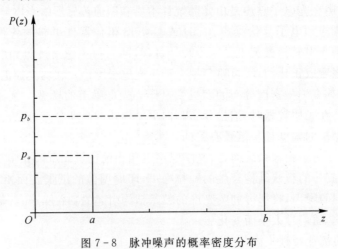

图 7 - 8 脉冲噪声的概率密度分布

(3)均匀噪声。这种噪声的概率密度分布为常数,形状如图 7 - 9 所示,可用下式表示:

$$P(z) = \begin{cases} 1/(b-a), a \leqslant z \leqslant b \\ 0, \qquad\ \text{其他} \end{cases} \tag{7-3}$$

它的灰度在$[a,b]$区间呈均匀分布。

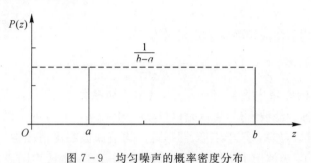

图 7-9　均匀噪声的概率密度分布

图 7-10 列举了上述几类噪声对图像的影响。

图 7-10　噪声示意图

(a)原始图像；(b)脉冲噪声；(c)高斯白噪声；(d)均匀噪声

3. 空域像素特征去噪

基于空域像素特征的方法，是通过分析在一定大小的窗口内，中心像素与其他相邻像素之间在灰度空间的直接联系，来获取新的中心像素值的方法，均值滤波和中值滤波就是两种典型的空域去噪算法。

（1）均值滤波。均值滤波用数学公式表示为

$$y(i,j,k) = \frac{1}{l} \sum_{(m,n) \in R} f(m,n,k) \tag{7-4}$$

式中，R 为像素 (i,j) 的邻域中像素点的集合，其中不包括像素 (i,j)，l 是集合内像素点的总和。(i,j) 邻域 R 又称为滤波窗口，可以是以 (i,j) 为中心某一长度的一维行或列窗口，也可以是某种形状的二维窗口，如矩形、十字形、圆形等。均值滤波在平滑图像、消除噪声的同时，也模糊了边缘。图 7-11 为使用中值滤波算法处理图 7-10(b)的噪声图像。

图 7-11　均值滤波

（2）中值滤波。一般地，设有一个一维序列 $f_1, f_2, f_3, \cdots, f_n$。取该窗口长度（点数）为 m（m 为奇数），对次一维序列进行中值滤波，就是从序列中相继抽取出 m 个数 $f_{i-v}, \cdots, f_{i-1}, f_i, f_{i+1}, \cdots, f_{i+v}$。其中 f_i 为窗口中心点值，再将这 m 个点值按其数值大小排序，取中间的那个数作为滤波输出，用数学公式表示为

$$y_i = \text{med}\{f_{i-v}, \cdots, f_{i-1}, f_i, f_{i+1}, \cdots, f_{i+v}\}$$

式中，$i \in Z$；$v = (m-1)/2$。

中值滤波一般采用一个含有奇数个点的滑动窗口，将窗口中各点灰度值的中间值来替代指定点（一般是窗口的中心点）的灰度值。假设窗口内有五点，其值依次为 $[0,4,6,0,7]$，重新排序后（从小到大）为 $[0,1,4,6,7]$，则 $\text{med}[1,4,6,0,7] = 4$。此例若用平滑滤波，窗口也是取 4，而平滑滤波输出为 $(1+4+6+0+7) \div 5 = 3.6$。

二维中值滤波可由下式表示为

$$y_i = \text{med}\{f_i\} \tag{7-5}$$

二维中值滤波的窗口形状和尺寸设计对滤波的效果影响较大，对于不同的图像内容和不

同的应用要求,往往采用不同的形状和尺寸。常用的二维中值滤波窗口有线形、方形、圆形、十字形及圆环形等,窗口尺寸一般先用 3,再取 5,逐点增大,直到其滤波效果法意为止。就一般经验来讲,对于有缓变的较长轮廓线物体的图像,采用方形或圆形窗口为宜,对于包含尖顶角物体的图像,宜用十字形窗口。滤波窗口大小的选择,一般以不超过图像中最小有效物体的尺寸为宜。图 7 - 12 为使用中值滤波算法处理图 7 - 10(b)的噪声图像。

图 7 - 12　中值滤波

4. 频率域低通滤波

在傅里叶变换域,变换系数反映了图像的某些特征。频谱的直流低分量对应于图像的平滑区域,而外界叠加噪声对应于频谱中频率较高的部分等。构造一个低通波器,使低频分量顺利通过面有效地阻止高频分量,即可滤除域中高频部分的噪声,再经逆变换就可以得到平滑图像。

$$G(u,v) = H(u,v)F(u,v) \tag{7-6}$$

式中,$F(u,v)$ 为含有噪声原图像的博里叶变换;$H(u,v)$ 为低滤波器的传递函数;$G(u,v)$ 为经低通滤波后输出图像的傅里叶变换。因此需要选择一个合适的 $H(u,v)$。

(1)理想低通滤波器。一个 2D 理想低通滤波器的转移函数满足下式:

$$H(u,v) = \begin{cases} 1, & D(u,v) \leqslant D_0 \\ 0, & D(u,v) > D_0 \end{cases} \tag{7-7}$$

式中,D_0 为截止频率;$D(u,v)$ 为从点 (u,v) 到原点的距离,$D(u,v) = (u^2 + v^2)^{1/2}$。其截面图如图 7 - 13 所示。

这里的理想是指小于 D_0 的频率可以完全不受影响地通过低通滤波器,而大于 D_0 的频率完全通不过,因此,D_0 叫做截止频率。尽管理想低通滤波器在数学上定义得很清楚,在计算机模拟中也可实现,但在截止频率处直上直下的理想低通滤波器是不能用实际的电子元器件实现的。

当使用理想低通滤波器对图像进行滤波时将产生所谓的"振铃"现象,它因与振铃向外散发的声波相似而得名。这种现象是由傅里叶变换的性质决定的。$H(u,v)$ 是理想的矩形特性，那么它的反变换 $h(u,v)$ 的特性必然会产生无限的振铃特性。经与 $f(x,y)$ 卷积后则给以 $g(x,y)$ 带来模糊和振铃现象。D_0 越小，这种现象越严重，当然，其平滑效果也就较差。这是理想低通不可克服的弱点。

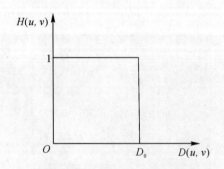

$H(u,v)$ 作为距离函数，$D(u,v)$ 的函数截面图

图 7-13　理想低通滤波器

截止频率的选择是个问题，若滤除的高分量中含有大量的边缘信息，会发生图像边缘模糊现象。通常是按能够通过的能量百分比来确定截止频率。资料介绍，当使用理想低通滤波器滤掉 10% 的高频的能量时，图像中的绝大多数细节被丢失，滤波得到的图像已经没有实际的用途；当滤掉 5% 的高频能量时，图像的多数细仍被去失，且仍然有明显的振效效应；如果仅过滤掉 1% 的高频能量，则处理后的图像产生一定的程度的模糊现象，但视觉效果尚可；若滤掉图像 0.5% 的高频能量，则滤波效果良好，不仅保留了图像的细节，而且实现了图像平滑。

(2)巴特沃斯低通滤波器。物理上可以实现的一种低滤波器是巴特沃斯低通滤波器。一个 n 阶截止频率为 D_0 的巴特沃斯低通滤波器的传递函数为

$$H(u,v) = \frac{1}{1 + [D(u,v)/D_0]^{2n}} \qquad (7-8)$$

1 阶巴特沃斯低通滤波器的剖面图如图 7-14 所示。由图可见，低通巴特沃斯滤波器在低频率间的过渡比较光滑，所以用巴特沃斯滤波器得到的输出图其振铃效应不明显。

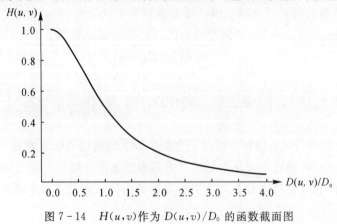

图 7-14　$H(u,v)$ 作为 $D(u,v)/D_0$ 的函数截面图

通常把 $H(u,v)$ 开始小于其最大值的一定比例的点当做其截止频率点,有以下两种选择。

(1)当 $D_0 = D(u,v)$ 时,$H(u,v) = 0.5$,即降到 50％时的频率。

(2)$H(u,v)$ 降到最大值的 $1/\sqrt{2}$ 时的频率。

与理想低通滤波器的处理结果相比,巴特沃斯滤波器处理过的图像模糊程度会大大减少,因为它的 $H(u,v)$ 不是陡峭的截止特性,它的尾部会包含有大量的高频成分。另外,经巴特沃斯低通滤波器处理的图像将不会有振铃现象。这是由于在滤波器的低频和高频之间有一平滑过渡。另外,由于图像信号本身的特性,在卷积过程中的折叠误差也可以忽略掉。由此可知,巴特沃斯低通滤波器的处理结果比理想滤波器好。

5.深度学习降噪算法

基于深度学习的降噪通常会使用图像到图像的卷积网络。图 7-15 给出的是图像到标签和图像到图像卷积网络的对比,可以看出图像到标签的网络在处理大分辨率的图像时,可以先做缩放,把图像分辨率缩小后再输入网络。而对于图像到图像的卷积网络(见图 7-16),输入通常是原始分辨率的图像,输出也是同样分辨率的,对于像超分这样的应用,输出的分辨率甚至更大,所以即使卷积层的层数非常少,计算复杂度仍然是很高的,对显存的需求也高。另外,基于深度学习的降噪方法通常需要使用含有真实噪声的训练数据才能达到比较好的处理效果。

图 7-15　图像到标签

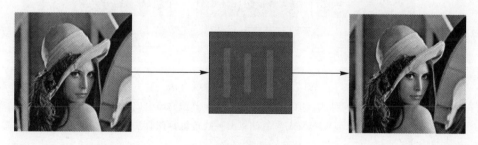

图 7-16　图像到图像

图 7-17 列举了几个用于降噪的深度学习算法。图 7-17(a)的 DNCNN 是最早使用深度模型做降噪的文章之一,带有噪声的图像经过一系列的卷积处理,最后生成一张只包含噪声的残差图。图 7-17(b)的 Encoder-Decoder 使用自编码结构,编码端由卷积层构成,解码端由反卷积层构成,编码端与解码端有一系列的跳过连接(下一小节将会给出基于编码解码思想的一种去噪超分辨算法实例)。图 7-17(c)的算法使用了生成对抗网络,通过对降噪网络

和判别网络做联合优化,提升降噪网络的处理效果。图 7-17(d)的 WIN 深与宽[8]研究网络的"深"与"宽"对降噪效果的影响,它得出的结论是网络宽一些(更多的通道数、更大的卷积核)会使降噪效果更好。图 7-17(e)使用传统方法结合深度学习进行图像处理。这里的传统图像处理方法是一个循环迭代的优化过程,其中的每一步迭代都可以用深度模型替代其中的部分处理过程。

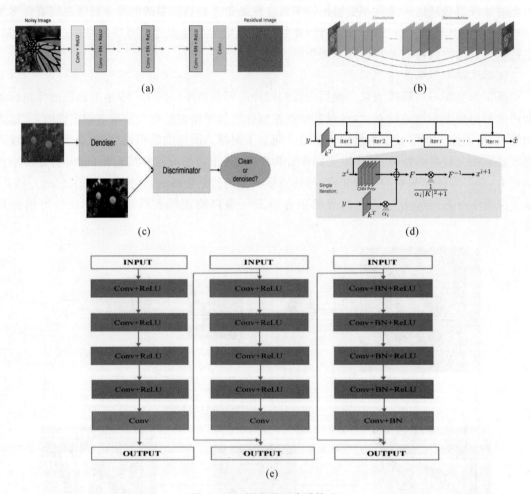

(a)

(b)

(c)

(d)

(e)

图 7-17　深度学习降噪算法

(a)DNCNN 算法;(b)Encoder-Decoder 算法;(c)生成对抗算法;

(e)WIN 深与宽算法;(d)替换传统算法算法

6. 深度学习图像降噪超分辨算法实例

基于上述介绍的编解码去噪思想,设计了一个简易的网络结构供读者参考学习,给出 TensorFlow 的代码实现,读者在此之上完成更复杂的网络设计。通过自编码器实现将 128×128 的低质图像恢复到 512×512,实现超分辨率重构。其中训练数据是将 512×512 的图像通过三次插值调整到 128×128 得到。网络模型图如图 7-18 所示,展开了简易的 Encoder-Decoder 算法,算法效果图如图 7-19 所示。

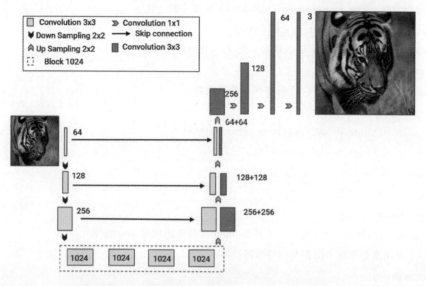

图 7 - 18 简易的 Encoder - Decoder 算法网络模型图

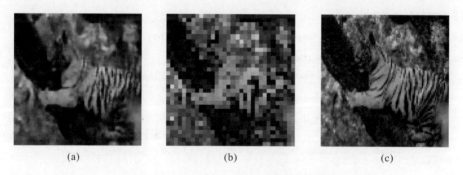

图 7 - 19 Encoder - Decoder 算法效果图

(a)输出图像;(b)输入图像;(c)标签图像

(1)数据准备。Input 文件夹存放待处理低分辨率图像,图像大小为 128×128,Ground Truth 文件夹存放标签数据,图像尺寸为 512×512。

(2)算法平台。运行环境仅在 TensorFlow 2.4 上完成模型训练测试(理论上 TF 版本大于 2.0 即可),使用 jupyter 交互式开发环境,具体代码如下,仅作为简单的演示实例。

```
import tensorflow as tf   ＃导入包 TensorFlow
from tensorflow. keras import layers
import glob   ＃路径加载包
import cv2 ＃保存图像包
print('TensorFlow Version ',tf.__version__)   ＃确保 TensorFlow 框架大于 2.0 版本
＃数据处理函数
def process_imgs_input(path):  ＃输入低质图像处理函数
    image = tf.io. read_file(path) ＃ TF io 模块读取图片
    image = tf. image. decode_png(image,channels=3) ＃ image 解析
```

```
    image = tf. image. resize(image,(128,128)) ♯尺寸归一化
    image = tf. cast(image,dtype=tf. float32)
    image = image/127.5－1 ♯数据归一化 归一化到【－1,1】
    return image
def process_imgs_output(path)：♯标签图像处理函数
    image = tf. io. read_file(path)
    image = tf. image. decode_png(image,channels=3)
    image = tf. image. resize(image,(512,512))
    image = tf. cast(image,dtype=tf. float32)
    image = image/127.5－1
    return image
imgs = glob. glob('input/ ＊. png')    ♯读取 input 文件夹内所有 png 图像
data = []♯用来存放输入图像及标签的路径
for im in imgs：
    ground_truth_name = 'groundtruth\\'＋im. split('\\')[－1]
    data. append((ground_truth_name,im))
♯TF 数据加载管道构建
input_ds=tf. data. Dataset. from_tensor_slices([ input[0] for input  in  data ])
input_ds=input_ds. map(process_imgs_input)
output_ds=tf. data. Dataset. from_tensor_slices([ input[1] for input  in  data ])
output_ds=output_ds. map(process_imgs_output)
Ds = tf. data. Dataset. zip((input_ds,output_ds))
Ds = Ds. batch(16). shuffle(len(imgs)). repeat() ♯ batch 为一个批次处理的数据量 在显存允许的
情况下可以适当取大一点


♯使用 keras 函数式 API 建模
Input_layer = layers. Input(shape=(128,128,3))
x1 =layers. Conv2D(16,3,strides=2,activation='relu',padding='same')(Input_layer)
"

简要介绍一下卷积函数的参数
Conv(filters,kernel——size ,strides,activatetion,padding)
filters 卷积核数量 等价于增加图像的厚度
kernel——size 卷积核大小 常采用 3＊3 的大小
strides 滑动窗口步长
activation 激活函数类型
padding 是否使用补全
"

x2 =layers. Conv2D(32,3,strides =2,activation='relu',padding='same')(x1)
x3 =layers. Conv2D(64,3,strides =2,activation='relu',padding='same')(x2)
x4 =layers. Conv2D(128,3,strides =2,activation='relu',padding='same')(x3)
```

```
x5 = layers. Conv2DTranspose(256,3,strides = 2,activation='relu',padding='same')(x4)
x6 = layers. Conv2DTranspose(512,3,strides = 2,activation='relu',padding='same')(x5)
x7 = layers. Conv2DTranspose(128,3,strides = 2,activation='relu',padding='same')(x6)
x8 = layers. Conv2DTranspose(64,3,strides = 2,activation='relu',padding='same')(x7)
x9 = layers. Conv2DTranspose(32,3,strides = 2,activation='relu',padding='same')(x8)
x10 = layers. Conv2DTranspose(16,3,strides = 2,activation='relu',padding='same')(x9)
Output_layer = layers. Conv2D(3,1,strides=1,activation='tanh',padding='same')(x10)
model = tf. keras. models. Model(inputs=Input_layer,outputs=Output_layer)
print(model. summary())  #用 summary 函数可以查看模型的参数、命名
#模型编译
model. compile(
        optimizer = 'adam',  #优化器 使用 adam 自适应学习率函数
        loss = 'mse',  #损失函数 均方差函数
        metrics=['acc']  #记录准确率 =1-mes
)
#模型训练
model. fit(Ds,steps_per_epoch=800//16,epochs=20)
#模型测试
test_imgs = glob. glob('test_img/ * . * ')  #准备一部分低质图像 确保图像尺寸为 128 * 128 或者参
考上述图像处理函数自行修改
img = process_imgs_input(test_imgs[0])  #取 test_img 文件夹下的第一张图像
img = tf. expand_dims(img,0)   #图像扩维 (1,128,128,3)这是因为模型的输入是(None,128,
128,3)在 summary 中可以看到 None 为 batch
#送入模型
pred = model. predict(img)
result = tf. squeeze(pred,0)  #去掉之前添加的那一位维度 恢复到(None,512,512,3)==>(512,
512,3)cv2. imwrite('test. png',result. numpy())  #保存结果
```

7.2.2　图像与视频增强

在图像的生成、传输或变换的过程中,由于多种因素的影响,总要造成图像质量的下降。图像增强是一类基本的图像处理技术,其目的主要有以下两个:①改善图像的视觉效果,提高图像的清断度;②将图像转换成一种更适合于人类或机器进行分析处理的形式,以便从图像中获取更有用的信息图像增强技术是面向具体问题的,并不存在通用的增强算法。例如,一种很适合增强 X 射线图像的方法,不一定是增强卫星云图的最好方法。而且由于评价图像质量的优劣,凭观察者的主观而定,没有衡量图像增强质量的通用标准和通用的定量判据,因此,图像增强方法目前尚无统一的权威评价,实际中可通过多种方法试验以选取最合适的方法。图像增强技术根据其处理的空间不同,可分为两大类:空域方法和频域方法。

1. 空域方法

空域法指直接在图像所在像素空间对像素灰度值进行运算处理,如图 7-20 所示。

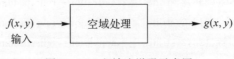

图 7-20　空域法增强示意图

在空域方法中,根据每次处理是针对单个像素还是小的子图像块(模板)又可分为两种:①空域点处理是基于像素的图像增强,这种增强过程中对每个像素的处理与其他像素无关。②空域滤波是基于模板的图像增强,这种增强过程中的每次处理操作都是基于图像中的某个小的区域。

(1)空域点运算增强。在图像处理中,空域是指由像素组成的空间,空域增强方法是指直接作用于像素的增强方法,其表达式为

$$g(x,y) = T[f(x,y)] \tag{7-9}$$

式中,$f(x,y)$ 是增强前的图像,$g(x,y)$ 是增强处理后的图像。

若 T 定义在每个像素点 (x,y) 上,则 T 称为点操作,输出 $g(x,y)$ 的值仅仅依赖 f 在 (x,y) 点的值,点运算也称为灰度变换。如果以 s 和分别代表 $f(x,y)$ 和 $g(x,y)$ 处的灰度值,则式 (7-9)可写成:

$$t = T(s) \tag{7-10}$$

直接灰度变换是图像增强技术中最简单的一类,常用的方法有以下几种:①图像求反;②对比度增强;③动态范围压缩;④灰度切割。

(2)直方图均衡化。数字图像由表示图像的各个分量的二维整数阵列组成,其被称为图像元素或像素。用于表示这些像素的比特数决定了用于描述每个像素的灰度级的数量。图像直方图是像素强度(在 x 轴上)与像素数量(在 y 轴上)的图表。所述 x 轴具有所有可用灰度级,并且 y 轴表示具有特定灰度值的像素的数量。可以将多个灰度级组合成组,以减少 x 轴上单个值的数量。RGB 图像的直方图可以根据三个单独的直方图显示,一个用于图像的每个颜色分量(R,G 和 B)。直方图数学表达式为

$$P(r_k) = \frac{n_k}{N}(k = 0,1,\cdots,L-1) \tag{7-11}$$

式中,L 为总灰度级数,而 N 为图像总像素数,n_k 为图像中灰度级为 k 的像素个数,r_k 为第 k 级灰度,$P(r_k)$ 是图像中第 k 级灰度出现的概率。

直方图均衡化用于增强目的的均值和方差的两种用途:①全局均值和方差(整个图像的全局平均值)可用于调整整体对比度和强度;②局部区域的平均值和标准偏差对于校正强度和对比度的大规模变化是有用的。均衡变换关系式为

$$S_k = T(r_k) = \sum_{j=0}^{k} P(r_j) = \sum_{j=0}^{k} \frac{n_k}{N}(k = 0,1,\ldots,L-1) \tag{7-12}$$

其中,s_k 为最初图像中像素值 r_k 所相应的均衡化后像素值。然而在大多数情况下通过直方图对对比度增强时进行的是全局处理,因此它具有放大噪声或重要低频分量丢失的问题。图 7-21 为使用直方图 7-10(a)均衡化增强图。

图 7 - 21　直方图均衡化增强图像

2.频域方法

　　频域法是通过对图像进行傅里叶变换后在频域上间接进行运算处理,然后通过傅里叶逆变换获得图像增强效果,如图 7 - 22 所示。

图 7 - 22　频域法增强示意图

　　常用的频域处理方法有频率低通滤波器、频率高通滤波器和同态滤波器等。关于频率低通滤波器可参考前文图像降噪一节中的频率域低通滤波,其他算法不做介绍,读者可自行查阅相关书籍。

7.2.3　图像与视频分割

　　对图像进行分割处理就是把图像分成一些具有不同特征的有意义区域,以便进一步分析或理解。例如,一幅航拍照片,可以分割成公路、湖泊、森林、住宅、农田等区域。如仅对一幅图像中的目标感兴趣,可以通过分割把背景去除,提取目标。因此,图像分割就是把图像分成各具特性的区域并提取感兴趣目标的技术和过程。这些特性可以是像素的灰度、颜色、纹理等,提取目标可以对应单个区域,也可以对应多个区域。可见,图像分割是从低层次图像处理到较高层次图像分析、更高层次图像理解的关键步骤,具有十分重要的地位和研究价值。一方面,图像分割高于一般意义上的图像处理,研究对象通常是对象所在的区域或者是对象的特征,并非单个像素灰度值;另外,由于图像分割、目标分离、特征提取和参数测量都是将原始图像转化为更抽象、更紧凑的形式,把以像素为单元的描述转换为以区域、以周长、以面积以及其他对象特征为基础的描述,使得更高层的分析和理解成为可能。所以,图像分割又是图像分析的一个底层而关键的阶段,是一种基本的计算机视觉技术。

　　图像分割至今尚未有一致公认的严格定义,按照通常对图像分割的理解,图像分割出的区域需同时满足均匀性和连通性的条件。均匀性是指该区域中的所有像素点都满足基于灰度、纹理、颜色或其他某种特征的相似性准则,即边界所分开区域的内部特征或属性是一致的,而不同区域内部的特征或属性是不同的,连通性是指该区域内任意两点存在相互连通的路径。

1. 基于阈值的分割方法

阈值分割方法作为一种常见的区域并行技术，就是用一个或几个阈值将图像的灰度直方图分成几个类，认为图像中灰度值在同一类中的像素属于同一物体。由于是直接利用图像的灰度特性，因此计算方便简明、实用性强。显然，阈值分割方法的关键和难点是如何取得一个合适的阈值。而实际应用中，阈值设定易受噪声和光亮度影响。

近年来的方法有用最大相关性原则选择阈值的方法、基于图像拓扑稳定状态的方法、Yager 测度极小化方法、灰度共生矩阵方法、方差法、熵法、峰值和谷值分析法等，其中，自适应阈值法、最大熵法、模糊阈值法、类间阈值法是对传统阈值法改进较成功的几种算法。更多的情况下，阈值的选择会综合运用 2 种或 2 种以上的方法，这也是图像分割发展的一个趋势。

阈值分割的优点是计算简单、运算效率较高、速度快。全局阈值对于灰度相差很大的不同目标和背景能进行有效的分割。当图像的灰度差异不明显或不同目标的灰度值范围有重叠时，应采用局部阈值或动态阈值分割法。另外，这种方法只考虑像素本身的灰度值，一般不考虑空间特征，因而对噪声很敏感。在实际应用中，阈值法通常与其他方法结合使用。具体典型算法如下。

(1)单阈值分割。对于两类阈值分割问题，设原始图像为 $f(x,y)$，按照一定准则在 $f(x,y)$ 中找到某种特征值，该特征值便是进行分割时的阈值 T，或者找到某个合适的区域空间 Ω，将图像分割为两个部分，分割后的图像为

$$g(x,y) = \begin{cases} b_0, f(x,y) < T \\ b_1, f(x,y) \geqslant T \end{cases} \quad 或 \quad g(x,y) = \begin{cases} b_0, (x,y) \in \Omega \\ b_1, (x,y) \notin \Omega \end{cases} \quad (7-13)$$

式(7-13)表明，通过阈值划分的结果是区域信息，表示图像中任意一点到底属于哪一个区域。由此可以确定图像中目标的区域和背景的区域。区域信息也可以很方便地用一幅二值图像来表示，即为通常所说的图像二值化。如取 $b_0=0$(黑)，$b_1=255$(白)，在生成的二值化图像中，白色代表背景区域，黑色代表目标区域，当然也可以反过来。

(2)多阈值分割。对于采用多阈值的多类目标分割情况，分割后的图像可以表示为

$$g(x,y) = b_i \quad if \ T_i \leqslant f(x,y) \leqslant T_{i+1}, \quad i = 1,2,\cdots,K \quad (7-14)$$

其中，$T_1,T_2,\cdots,T_{k+1}$ 是一组分割阈值，$b_1,b_2,\cdots,b_k$ 是经分割后对应不同区域的图像灰度值，K 为分割后的区域或目标数。显然，与之分割得到的结果仍然包含多个灰度区域。

(3)直方图阈值法。利用图像直方图特性确定灰度固定值方法的原理是：如果图像所含的目标区域和背景区域大小可比，而且目标区域和背景区域在灰度上有明显的区别，那么该图像的直方图会呈现"双峰-谷"状：其中一个峰值对应于目标的中心灰度，另一个峰值对应于背景的中心灰度。也就是说，理想图像的直方图目标和背景对应不同的峰值，选取位于两个峰值之间的谷值作为阈值，就很容易将目标和背景分开，从而得到分割后的图像。

直方图阈值分割的优点是实现简单，当不同类别的物体灰度值或其他特征相差很大时，它能有效地对图像进行分割。但它的缺点也很明显：①对于图像中不存在明显灰度差异或灰度值范围有较大重叠的图像分割问题难以得到准确的结果；②由于它仅仅考虑了图像的灰度信息而不考虑图像的空间信息，因此对噪声和灰度不均匀很敏感。所以，在实际中，总是把直方图阈值法和其他方法结合起来运用。

如果将直方图的包络看成一条曲线，则选取直方图谷值可采用求曲线极小值的方法。设用 $h(x)$ 表示图像直方图包络，z 为图像灰度变量，那么极小值应满足下式：

$$\frac{\mathrm{d}h(z)}{\mathrm{d}z} = 0, \quad \frac{\mathrm{d}^2 h(z)}{\mathrm{d}z^2} > 0 \tag{7-15}$$

与这些极小值点对应的灰度值就可以用作图像分割阈值,由于实际图像受噪声影响,其直方图包络经常出现很多起伏,使得由式(7-15)计算出来的极小值点有可能并非是正确的图像分割阈值,而是对应虚假的谷值。一种有效的解决方法是先对直方图进行平滑处理,如用高斯函数对直方图包络函数进行卷积运算得到相对平滑直方图包络,如式所示,然后再用式(7-14)求得阈值为

$$h(z,\sigma) = h(z) * g(z,\sigma) = \frac{1}{\sqrt{2\pi}\sigma} \int_{-\infty}^{+\infty} h(z-u) \exp\left(-\frac{z^2}{2\sigma^2}\right) \mathrm{d}u \tag{7-16}$$

式中,σ 为高斯函数的标准差,"$*$"表示卷积运算。

(4)统计最优分割。这是一种根据图像灰度统计特性来确定阈值的方法,即寻找使得目标和背景被误分割的概率最小的阈值。因为在实际图像分割中,总有可能存在把背景误分割为目标区域或者把目标误分割为背景区域。如果使得上述两种误分割出现的概率之和最小,便是一种统计最优阈值分割方法。最优阈值选取方法如图 7-23 所示。设一幅混有加性高斯噪声的图像,含有目标和背景两个不同区域,目标点出现的概率为 θ,目标区域灰度值概率密度为 $p_0(z)$,则背景点出现的概率为 $1-\theta$,背景区域灰度概率密度为 $p_b(z)$。按照概率理论,这幅图像的灰度混合概率密度函数为

$$p(z) = \theta p_0(z) + (1-\theta) p_b(z) \tag{7-17}$$

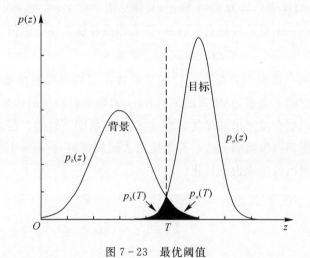

图 7-23　最优阈值

假设根据灰度阈值 T 对图像进行分割,并将灰度小于 T 的像点作为背景点,灰度大于 T 的像点作为目标点。于是将目标点误判为背景点的概率为

$$p_b(T) = \int_0^T p_0(z) \mathrm{d}z \tag{7-18}$$

把背景点误判为目标点的概率为

$$p_0(T) = \int_T^{\infty} p_b(z) \mathrm{d}z \tag{7-19}$$

而总的误差概率为

$$p(T) = \theta p_b(T) + (1-\theta)p_0(t) = \theta \int_0^T p_0(z)\mathrm{d}z + (1-\theta)\int_T^\infty p_b(z)\mathrm{d}z \qquad (7-20)$$

根据函数求极值方法,对 T 求导并令结果为零,有

$$\theta p_0(T) = (1-\theta)p_b(T) \qquad (7-21)$$

如果知道了具体的概率密度函数,就可从式(7-21)中解出最佳的阈值 T,再用此阈值对图像进行分割即可。

2. 基于边缘的分割方法

基于边缘检测的分割方法试图通过检测包含不同区域的边缘来解决分割问题,是最常用的方法之一。通常不同的区域之间的边缘上像素灰度值的变化往往比较剧烈,这是边缘检测得以实现的主要假设之一。

常用灰度的一阶或者二阶微分算子进行边缘检测。常用的微分算子有一次微分(sobel算子,Roberts算子等)、二次微分(拉普拉斯算子等)和模板操作(Prewit算子等)。

特点:基于边缘的分割方法其难点在于边缘检测时抗噪性和检测精度之间的矛盾。若提高检测精度,则噪声产生的伪边缘会导致不合理的轮廓;若提高抗噪性,则会产生轮廓漏检和位置偏差。

为此,人们提出各种多尺度边缘检测方法,根据实际问题设计多尺度边缘信息的结合方案,以较好地兼顾抗噪性和检测精度。

(1)索贝尔(Sobel)算子。其为 3×3 模板,具体见图 7-24(c)。Sobel 算子有两个模板,一个是检测水平边缘的,一个是检测垂直边缘的,该点的最终输出梯度幅值为

$$G[x,y] = \sqrt{S_x^2 + S_y^2} \qquad (7-22)$$

式中,S_x,S_y 分别为两个模板运算结果。检测重点放在了检测模板中心的像素点上。Sobel算子特点:很容易在空间上实现,受噪声的影响较小,对噪声具有平滑作用,提供较为精确的边缘方向信息,但它同时也会检测出许多伪边缘,边缘定位精度不够高。当对精度要求不是很高时,它是一种较为常用的边缘检测方法。且当使用大的模板时,抗噪声特性会更好,但这样做要增加计算量,而且得出的边缘也比较粗。

$$
\begin{array}{ccc}
\begin{array}{ccc} 1 & -1 & 1 \\ 1 & -1 & 1 \\ -1 & -1 & 1 \end{array} &
\begin{array}{ccc} 1 & -1 & 0 \\ 2 & -1 & 0 \\ -1 & -1 & 0 \end{array} &
\begin{array}{ccc} 2 & 1 & 1 \\ 2 & 0 & 0 \\ 2 & -1 & 0 \end{array} \\
(a) & (b) & (c)
\end{array}
$$

图 7-24 梯度算子

(a)Roberts;(b)Prewitt;(c)Sobel

(2)边缘检测(Roberts)算子。Roberts 边缘检测算子特点:根据任意一对互相垂直方向上的差分可用来计算梯度的原理,采用对角线方向相邻两像素之差来寻找图像边缘,检测的是沿与图像坐标轴 $45°$ 角或 $135°$ 角方向上的灰度梯度。边缘定位精度较高,但容易丢失一部分边缘,同时由于没经过图像平滑计算,不能抑制噪声。该算子对具有陡峭的低噪声图像响应最好。梯度计算公式为

$$G[x,y] = | f[x,y] - f[x+1,y+1] | + | f[x+1,y] - f[x,y+1] | \; G[x,y] =$$
$$| f[x,y] - f[x+1,y+1] | + | f[x+1,y] - f[x,y+1] | \qquad (7-23)$$

(3)蒲瑞维特(Prewitt)算子。其为 3×3 模板,具体见图 7-24(b)。Prewitt 算子有两个模板:一个是检测水平边缘的,另一个是检测垂直边缘的,该点的最终输出梯度幅值为

$$G[x,y] = \sqrt{S_x^2 + S_y^2} \qquad (7-24)$$

式中,S_x,S_y 分别为两个模板运算结果。

Prewitt 算子特点:和 Sobel 算子类似,只是平滑部分的权值有些差异,对灰度渐变噪声较多的图像处理较好,但它与 Sobel 算子一样,对边缘的定位不如 Roberts 算子。

(4)拉普拉斯(Laplacian)算子。拉普拉斯算子是一种二阶导数算子,是对图像 $f(x,y)$ 求二阶导数,利用其峭下滑越零点的位置来寻找边界,为 3×3 模板。对 1 个连续函数 $f(x,y)$,它在位置 (x,y) 的拉普拉斯值定义如下

$$\nabla^2 f = \frac{\partial^2 f}{\partial x^2} + \frac{\partial^2 f}{\partial y^2} \qquad (7-25)$$

拉普拉斯模板的特点:对应中心像素的系数应是正的,而对应中心像素邻近像素的系数应是负的,且它们的和应该是零。常用的两种模板分别如图 7-25 所示。

$$
\begin{array}{ccc}
0 & -1 & 0 \\
-1 & 4 & -1 \\
0 & -1 & 0 \\
\end{array}
\qquad
\begin{array}{ccc}
-1 & -1 & -1 \\
-1 & 8 & -1 \\
-1 & -1 & -1 \\
\end{array}
$$

$$\text{(a)} \qquad\qquad\qquad \text{(b)}$$

图 7-25　拉普拉所(Laplacian)算子模板

拉普拉斯算子(见图 7-26)特点如下。

1)它是一种各向同性、线性和位移不变的边缘增强方法,即其边缘的增强强度与边缘的方向无关,卷积结果即为输出值(无方向算子)。

2)它是二阶导数算子,因此对图像中的噪声非常敏感,对噪声有双倍加强作用。

3)常产生双像素宽的边缘,而且不能提供图像边缘的方向信息,所以很少直接用作边缘检测,而主要用于已知边缘像素后确定,该像素是在图像的暗区域或明区域一边。

4)对细线和孤立点检测效果好。

3.基于区域的分割方法

区域分割的实质就是把具有某种相似性质的像素连通,从而构成最终的分割区域。它利用了图像的局部空间信息,可有效地克服其他方法存在的图像分割空间不连续的缺点。在这类方法中,如果从全图出发,按区域属性特征一致的准则决定每个像元的区域归属,形成区域图,常称之为区域生长的分割方法。如果从像元出发,按区域属性特征一致的准则,将属性接近的连通像元聚集为区域,则是区域增长的分割方法。

若综合利用上述两种方法,就是分裂合并的方法。它是先将图像分割成很多的一致性较强的小区域,再按一定的规则将小区域融合成大区域,达到分割图像的目的(见图 7-27)。

特点:基于区域的分割方法往往会造成图像的过度分割,而单纯的基于边缘检测方法有时

不能提供较好的区域结构,为此可将基于区域的方法和边缘检测的方法结合起来,发挥各自的优势以获得更好的分割效果。

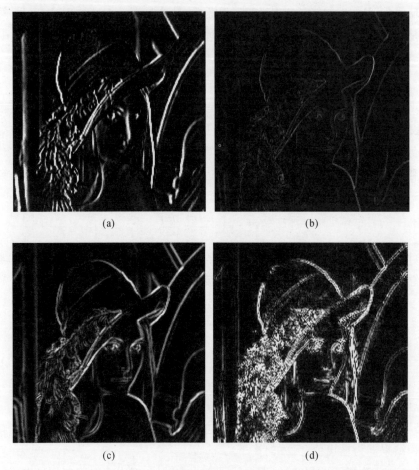

(a)　　　　　　　　　　(b)

(c)　　　　　　　　　　(d)

图 7 - 26 图像分割算子

(a)Sobel;(b)Roberts;(c)Prewitt;(d)拉普拉斯

图 7 - 27　基于分水岭分割算法

4. 基于人工神经网络的分割方法

近年来，人工神经网络识别技术已经引起了广泛的关注，并应用于图像分割。基于神经网络的分割方法的基本思想是通过训练多层感知机来得到线性决策函数，然后用决策函数对像素进行分类来达到分割的目的。

(1) 特点：用人工神经网络的方法分割图像，需要大量的训练数据。神经网络存在巨量的连接，容易引入空间信息，能较好地解决图像中的噪声和不均匀问题。选择何种网络结构是这种方法要解决的主要问题。

(2) 典型算法：第一篇比较成功用神经网络做图像分割的论文是"Fully Convolutional Networks"（以下简称为 FCN）。FCN 分割模型如图 7-28 所示。传统神经网络做分类的步骤是，首先是一个图像进来之后经过多层卷积得到降维之后的特征图，这个特征图经过全连接层变成一个分类器，最后输出一个类别的向量，这就是分类的结果。而 FCN 是把所有的全连接层换成卷积层，原来只能输出一个类别分类的网络可以在特征图的每一个像素输出一个分类结果。这样就把分类的向量变成了一个分类的特征图。

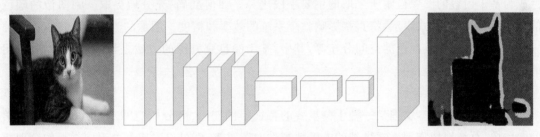

图 7-28　FCN 分割模型

7.3　目　标　表　示

7.3.1　特征的含义

1. 特征的定义

由于图像数据量很大，为了有效地实现分类识别，就要对图像数据进行变换，得到最能反映分类本质的特征。这就是特征提取和选择的过程。图像的特征提取用于区别一个图像内部的最基本属性或者特征，它们可以是原景物中人类视觉可以鉴别的自然特征，也可以是通过对图像进行测量和处理从而人为地定义的某些特性和参数，称为人工特征。

特征提取的目的是识别目标，因此要求提取的特征量应具有如下性质：特征量不随图像的位置、大小和方向发生变化，分别具有平移不变性、尺度不变性、旋转不变性。还可以发现一些特征量不随图像的仿射变形或透视变形而改变，具有仿射不变性或透视不变性。有了这些不变性，人们就可以从不同的视角和不同的距离来识别目标。

通常要求提取的特征具有以下 4 个特点：① 可靠，即能真实、准确地反映图像的独特属性；② 可区分，即不同图像的特征量之间具有明显的差异；③ 独立，即一个图像的若干个特征要尽可能地避免冗余。

7.3.2 特征的分类

图像特征提取常用的方法有一维统计特征计算、二维统计特征计算、尺寸测量、纹理特征提取、形状特征提取、颜色特征提取等。其中,一维统计特征提取包括均值、方差、偏度、峰度、能量、熵等特征提取;二维统计特征提取包括自相关、协方差、惯性矩、绝对值、反差分、能量和熵等特征提取;形状特征提取包括周长、面积、圆形度、四凸性以及各种矩特征(质心矩、中心矩、Hu 矩组)的提取等。

1. 颜色特征

在图像的形状、颜色、纹理等特征中,颜色特征是最显著、最可靠、最稳定的视觉特征,是人识别图像的主要感知特征。相对于几何特征而言,颜色对图像中子对象的大小和方向的变化都不敏感,具有相当强的鲁棒性。同时,在许多情况下,颜色又是描述一幅图像最简便而有效的特征。人们对于一幅图像的印象,往往从图像中颜色的空间分布开始。所有这些都促使颜色成为基于内容的图像检索所采取的主要手段之一。如何准确、充分地提取一幅图像的颜色信息,并以适当的方式表示,将直接影响整个系统的效率和精度。图像的颜色特征可以是各种颜色的比例分布以及颜色的空间分布等,其中,基于颜色直方图的方法是目前效果最好、应用最广的方法。

2. 纹理特征

在许多类图像中,纹理是一种十分重要的特征。例如,大部分航空和卫星遥感图像、医学显微图像、石油地球物理探索得到的人工地震剖面图像等,都可以看成是由不同类型的纹理所组成的图像。因此,研究对纹理的描述、分割、分类,是图像处理领域的重要研究课题,有着广泛的应用前景。纹理有 3 个主要标志:①某种局部的序列性在比该序列更大的区域内不断重复;②序列是由基本部分非随机排列组成的;③各部分大致是均匀的统一体,在纹理区域内的任何地方都有大致相同的结构尺寸。这个系列的基本部分通常被称为纹理基元。纹理被认为是由纹理基元按某种确定的规律或者只有某种统计规律排列而成的,前者称为确定性纹理,后者称为随机性纹理。

由于人对纹理的视觉认识存在主观性,很难用文字或语言来进行描述,所以,需要从图像中提取可以表征纹理的信息。通过某种图像处理手段提取纹理特征,主要有两方面的目的:一是检测出图像中含有的纹理基元;二是获得这些纹理基元排列分布的特点信息。对图像纹理的描述通常借助纹理的结构特性或者统计特性,对纹理基于空域的性质也可以通过转换到频域进行分析,因此常用的纹理描述方法有 3 种:统计法、结构法、频谱法。另外,利用一些成熟的图像模型也可以来描述纹理特征,称之为模型法。由于纹理特征的复杂性,这些方法也常常结合使用。

统计方法是最早的纹理描述方法之一,其主要思想是在纹理基元未知的情况下,通过图像中灰度级分布的随机属性来描述纹理特征。基于统计的方法主要有:灰度共生矩阵算法、直方图统计法、Tamura 纹理特征和灰度-梯度共生矩阵分析法、自相关函数、边缘频率、基元行程长度、滤波能量测量法、自相关函数分析法、行程长度统计法等。

3.统计特征

把图像看成是一个二维随机过程的一次实现,不难得到有关图像统计特征的描述,例如图像的直方图、均值、方差、偏度、峰度、能量、熵、自相关、协方差、惯性矩、绝对值、反差分等。

(1)一维统计特征。

若设图像振幅的一维概率密度为

$$P(l) = P(f(i,j) = l) \tag{7-26}$$

式中,l 为灰度级,$0 \leqslant l \leqslant L-1$,则一维直方图为

$$P(l) = \frac{N(l)}{M}, l = 0,1,\cdots,L-1 \tag{7-27}$$

式中,M 为一幅图像的像素总数;$N(l)$ 为灰度值为 l 的像素数。

1)均值为

$$\bar{l} = \sum_{l=0}^{l-1} lP(l) \tag{7-28}$$

2)方差为

$$\sigma^2 = \sum_{l=0}^{l-1} (l - \bar{l})^2 P(l) \tag{7-29}$$

3)偏度为

$$l_0 = \frac{1}{\sigma^3} \sum_{l=0}^{l-1} (l - \bar{l})^3 P(l) \tag{7-30}$$

4)峰度为

$$l_f = \frac{1}{\sigma^4} \sum_{l=0}^{l-1} (l - \bar{l})^4 P(l) - 3 \tag{7-31}$$

5)能量为

$$l_n = \sum_{l=0}^{L-1} [P(l)]^2 \tag{7-32}$$

6)熵为

$$l_s = \sum_{l=0}^{L-1} P(l) \log[P(l)] \tag{7-33}$$

(2)二维统计特征。若设两任意像素点 (i,j) 和 (k,l) 的灰度值分别为 $f(i,j)$ 和 $f(k,l)$,则联合分布密度可表示为

$$P(l_1,l_2) = P[f(i,j)] = l_1, \quad f(k,l) = l_2 \tag{7-34}$$

式中,l_1 和 l_2 均为 $0 \sim L$ 之间的灰度级。

二维直方图可表示为

$$P(l_1,l_2) = \frac{N(l_1,l_2)}{M} \tag{7-35}$$

式中,M 为像素总数;$N(l_1,l_2)$ 表示两事件 $f(i,j) = l_1$,$f(k,l) = l_2$ 同时发生的事件数。

1)自相关为

$$L_b = \sum_{l_1=0}^{L-1} \sum_{l_2=0}^{L-1} l_1 l_2 P(l_1,l_2) \tag{7-36}$$

2）协方差为

$$L_\sigma = \sum_{l_1=0}^{L-1} \sum_{l_2=0}^{L-1} (l_1 - \overline{l_1})(l_2 - \overline{l_2}) P(l_1, l_2) \tag{7-37}$$

式中，$\overline{l_1}$ 和 $\overline{l_2}$ 分别为 l_1 和 l_2 的平均值。

3）惯性矩为

$$L_g = \sum_{l_1=0}^{L-1} \sum_{l_2=0}^{L-1} (l_1 - l_2)^2 P(l_1, l_2) \tag{7-38}$$

4）绝对值为

$$L_j = \sum_{l_1=0}^{L-1} \sum_{l_2=0}^{L-1} |l_1 - l_2| P(l_1, l_2) \tag{7-39}$$

5）反差分为

$$L_f = \sum_{l_1=0}^{L-1} \sum_{l_2=0}^{L-1} \frac{P(l_1, l_2)}{1 + (l_1 - l_2)^2} \tag{7-40}$$

6）能量为

$$L_m = \sum_{l_1=0}^{L-1} \sum_{l_2=0}^{L-1} [P(l_1, l_2)]^2 \tag{7-41}$$

7）熵为

$$L_s = -\sum_{l_1=0}^{L-1} \sum_{l_2=0}^{L-1} P(l_1, l_2) \log[P(l_1, l_2)] \tag{7-42}$$

4. 形状特征

通常，形状特征表示法可以分成两类：基于边界的和基于区域的。而这两类表示法中最有效的是傅里叶描述符和不变矩表示法。傅里叶描述符的主要思想是利用傅里叶变换的外边界作为形状特征，为了去除在图像区域中的噪声点，人们提出了改进的傅里叶描述符，既可以对噪声具有鲁棒性，又可以对几何变形具有不变性。

1）矩形度与细长比。物体的矩形度用矩形因子来衡量，矩形因子 R 定义为

$$R = S/S_z \tag{7-43}$$

式中，S 为物体的面积；S_z 为物体最小外接矩形面积。

R 反映了一个物体对其最小外接矩形的充满程度，对于矩形物体取最大值 1，对于圆形物体取 $\pi/4$，对于细长的、弯曲的目标，R 值将变得非常小。R 的值限定为 0.1。

物体的细长比 A 定义为

$$A = W/L \tag{7-44}$$

式中，W 为物体的宽度；L 为物体的长度。

利用细长比可以区分细长目标与圆形或方形目标。

2）圆形度。第一个圆形度指标为

$$C = L_z^2/S \tag{7-45}$$

式中，C 为圆形度；L_z 为物体的周长；S 为物体的面积。

圆形度对圆形物体取最小值 $4m$，越复杂的形状取值越大。圆形度与边界复杂性有着粗略的关系。

第二个圆形度指标是边界的能量。设物体的周长为 L_z，在边界上的任一点 p 都有一个瞬时曲率半径 $r(P)$，则 P 点的曲率函数为

$$K(p) = 1/r(P) \tag{7-46}$$

式中，函数 $K(p)$ 是周期为 L 的周期函数。单位边界长度的平均能量为

$$E = \frac{1}{L_z} \int_0^{L_z} \mid K(p) \mid^2 \mathrm{d}p \tag{7-47}$$

对于某一固定的面积值，一个圆具有最小边界能量，即

$$E_{\min} = \left(\frac{2\pi}{L_z}\right)^2 = \left(\frac{1}{R}\right)^2 \tag{7-48}$$

式中，R 为该圆的半径。

E 比 C 更符合人感觉上对边界复杂性的评价。

第三个圆形度指标利用了从边界点到物体内部某点的平均距离。这个距离为

$$D = \frac{1}{N} \sum_{i=1}^{N} x_i \tag{7-49}$$

式中，x_i 为有 N 个点的物体中的第 i 个点到与其最近的边界点的距离，N 为物体内部点的总数。

相应的形状度量为

$$G = \frac{S}{D^2} = \frac{N^3}{\left(\sum\limits_{i=1}^{N} x_i\right)^2} \tag{7-50}$$

式中，G 为形状度量指标；S 为物体的面积；D 为边界点到内部点的平均距离。对于圆和规则的多边形，C 和 G 给出同样的值，但对于更复杂的形体，C 的分辨力更强。

3）矩特征。矩在统计学中用于表征随机变量的分布，而在力学中用于表征物质的空间分布。若把二值图或灰度图看作是二维密度分布函数，就可把矩技术应用于图像分析中。由二维和三维形状求取的矩值的不变性已引起了图像界人士的高度重视，已被广泛应用于图像匹配和目标识别等领域。

1961 年，Hu 在代数不变量的基础上引入了二维图像的不变矩，他使用几何矩（常规矩）的非线性组合推导出了具有平移、旋转和尺度不变性的不变矩。此后，不变矩作为图像的特征被广泛应用于各类二维图像的识别中。20 世纪 80 年代以来，人们在 Hu 研究的基础上推导出了几种新的矩。Teague 在正交多项式理论的基础上，提出了能够从矩中还原二维图像的正交矩，即 Zemike 矩。还有一种正交矩叫 Legendre 矩，它由 Legendre 多项式得到。Boyce 提出了一种旋转矩，这种矩能以某种方式扩展到任意阶，并且随着阶数的增加，矩的模不会明显减少。Abu - Mostafa 引入了复矩的概念，以一种简单和直接的方法推导出矩不变量。

7.4　目 标 识 别

7.4.1　目标识别的涵义

对一个给定的图像或者视频，判断当前场景中有没有我们感兴趣的目标，这就是目标识别阶段所要完成的工作。本节将介绍一些典型的分类算法：模式相似度测度、支持向量机、贝叶

斯分类器以及深度学习分类器,并且给出相应算法的工程应用实例。

7.4.2 模式相似性测度

1.基本概念

模式识别最基本的研究问题是样品与样品之间或类与类之间相似性测度问题。判断样品之间的相似性常采用近邻准则,即将待分类样品与标准模板进行比较,看跟哪个模板匹配程度更好些,从而确定待测试样品的分类。近邻准则在原理上属于模板匹配。它将训练样品集中的每个样品都作为模板,用测试样品与每个模板做比较,看与哪个模板最相似(即为近邻),就按最近似的模板的类别作为自己的类别。计算模式相似性测度有欧式距离、马氏距离、夹角余弦距离、Tanimoto 测度等多种距离算法。依照近邻准则进行分类通常有两种计算方法:一是通过与样本库所有样品特征分别作相似性测度,找出最接近的样品,取该样品所属类别作为待测样品的类别。另一种方法是与样本库中不同类别的中心或重心做相似性测度,找出最接近类的中心,以该类作为待测样品的类别。例如,A 类有 10 个训练样品,因此有 10 个模板,B 类有 8 个训练样品,就有 8 个模板。任何一个待测试样品在分类时都与这 18 个模板算一算相似度,如最相似的那个近邻是 B 类中的一个,就确定待测试样品为 B 类,否则为 A 类。另一种方法是:分别求出 A 类和 B 类的中心,待测试样品分别与这两个中心做相似性测度,与哪个类的中心最接近,则待测样品归为该类。

原理上说近邻法是最简单的。但是近邻法有一个明显的缺点就是计算量大,存储量大,要存储的模板很多,当每个测试样品要对每个模板计算一次相似度时,所需的计算时间相对其他方法多一些。

2.样品与样品之间的距离

这两个样品可能在同一个类中,如图 7 - 29(a)所示,也可能在不同的类中,如图 7 - 29(b)所示。因此,可以计算同一个类内样品与样品之间的距离,也可以计算属于不同类样品与样品之间的距离。样品与样品间的距离计算有 5 种方法,分别是欧氏距离法、马氏距离法、夹角余弦距离法、二值夹角余弦距离法和具有二值特征的 Tanimoto 测度。

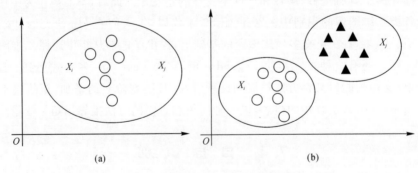

(a)　　　　　　　　　　　　(b)

图 7 - 29 样品与样品之间的距离

(a)同类内的样品间的距离;(b)不同类内的样品间的距离

3.样品与类之间的距离

图 7 - 30 形象地表示出样品与类之间的距离,ω 是代表某类样品的集合,ω 中有 N 个样

品,X 是某一个待测样品。

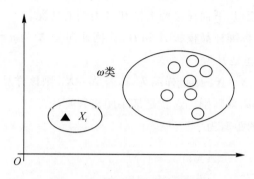

图 7 - 30　样品与类之间的距离

1)计算该样品到 ω 类内各个样品之间的距离,将这些距离求和,取平均值作为样品与类之间的距离。样品与类之间的距离可以描述为

$$\overline{D^2(X,\omega)} = \frac{1}{N}\sum_{i=1}^{k} D^2(X, X_i^{(\omega)}) = \frac{1}{N}\sum_{i=1}^{N}\sum_{k=1}^{n} \mid x_k - x_{ik}^{(\omega)} \mid^2 \qquad (7-51)$$

2)计算 ω 类的中心点 $M^{(\omega)}$,以其中所有样品特征的平均值作为类中心,然后计算待测样品 X 到 ω 的中心点 $M^{(\omega)}$ 的距离,则有

$$D^2(X,\omega) = D^2(X, M^{(\omega)}) = \sum_{k=1}^{n} \mid x_k - m_k^{(\omega)} \mid^2 \qquad (7-52)$$

(1)类内距离。类内距离是指同一个类内任意样品之间距离平均值。如图 7 - 31 所示,类内点集 $\{X_i, i=1,2,\cdots,N\}$ 各点之间的内部距离平方为 $\overline{D^2(\{X_i\},\{X_j\})}$,$(i,j=1,2,\cdots,N, i\neq j)$,从集内一固定点 X_i,到所有其他的 $N-1$ 个点 X_j,之间的距离平方是 $\overline{D^2(\{X_i\},\{X_j\})} = \frac{1}{N-1}\sum_{N}\sum_{k=1}^{n}(x_{ik}-x_{jk})^2$,同样的道理,取 ω 内的所有 N 个点的平均距离以表示其类内距离:

$$\overline{D^2(\{X_i\},\{X_j\})} = \frac{1}{N}\sum_{i=1}^{N}\left[\frac{1}{N-1}\sum_{\substack{j=1\\j\neq i}}^{N}\sum_{k=1}^{n}(x_{ik}-x_{jk})^2\right] = \frac{1}{N(N-1)}\sum_{i=1}^{N}\sum_{\substack{j=1\\j\neq i}}^{N}\sum_{k=1}^{n}(x_{ik}-x_{jk})^2$$

$$(7-53)$$

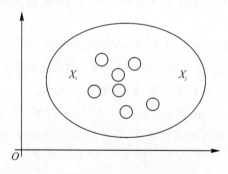

图 7 - 31　类与类之间的距离

(2)类与类之间的距离。设有两个类 ω_i, ω_j,计算类与类之间的距离有很多方法,例如最短距离法、最长距离法、重心法和平均距离法等。

(3)距离测度分类法。最简单的识别方法就是模板匹配,就是把未知样品与一个标准模版相比,看它们是否相同或相似,下面讨论两类别和多类别的情况。

1)两类别。设有两个标准样品模板 A 和 B,其特征向量 $\boldsymbol{X}$ 为 n 维特征;对于任何一个待识别的样品,那么它是 A 还是 B 呢?

用模板匹配来实现若 $X = X_A$ 则该样品为 A,若 $X = X_B$ 则该样品为 B,怎么知道 A 还是 B 最简单的方法就是利用距离来判别。这就是最小距离判别法。

任意两点 X, Y 之间的距离为

$$d(X, Y) = \Big[\sum_{i=1}^{n} (x_i - y_i)^2 \Big]^{1/2} \tag{7-54}$$

根据距离远近可以作为判断,构成距离分类器,其判别法则为

$$\left. \begin{array}{l} d(X, X_A) < d(X, X_B) \Rightarrow X \in A \\ d(X, X_A) > d(X, X_B) \Rightarrow X \in B \end{array} \right\} \tag{7-55}$$

2)多类别。设有 M 个类别 $\omega_1, \omega_2, \ldots, \omega_M$,每类别有若干个向量表示,如 ω_i 类,有

$$\boldsymbol{X}_i = \begin{bmatrix} x_{i1} \\ x_{i2} \\ x_{i3} \\ \vdots \\ x_{in} \end{bmatrix} \tag{7-56}$$

对于任意被识别的样品 $\boldsymbol{X}$ 有

$$\boldsymbol{X} = \begin{bmatrix} x_1 \\ x_2 \\ x_3 \\ \vdots \\ x_n \end{bmatrix} \tag{7-57}$$

计算距离 $d(\boldsymbol{X}_i, \boldsymbol{X})$,若存在某一个 i 使

$$d(\boldsymbol{X}_i, \boldsymbol{X}) < d(\boldsymbol{X}_j, \boldsymbol{X}), j = 1, 2, \cdots, M, i \neq j \tag{7-58}$$

即到某一个样品最近,则 $X \in \omega_i$。

具体判断时,$\boldsymbol{X}, \boldsymbol{Y}$ 两点的距离可以用 $|\boldsymbol{X} - \boldsymbol{Y}|^2$ 表示,即

$$\begin{aligned} d(\boldsymbol{X}, \boldsymbol{X}_i) = |\boldsymbol{X} - \boldsymbol{Y}|^2 &= (\boldsymbol{X} - \boldsymbol{X}_i)^{\mathrm{T}} (\boldsymbol{X} - \boldsymbol{X}_i) = \\ &\boldsymbol{X}^{\mathrm{T}} \boldsymbol{X} - \boldsymbol{X}^{\mathrm{T}} \boldsymbol{X}_i - \boldsymbol{X}_i^{\mathrm{T}} \boldsymbol{X} + \boldsymbol{X}_i^{\mathrm{T}} \boldsymbol{X}_i = \\ &\boldsymbol{X}^{\mathrm{T}} \boldsymbol{X} - (\boldsymbol{X}^{\mathrm{T}} \boldsymbol{X}_i + \boldsymbol{X}_i^{\mathrm{T}} \boldsymbol{X} - \boldsymbol{X}_i^{\mathrm{T}} \boldsymbol{X}_i) \end{aligned} \tag{7-59}$$

式中,$\boldsymbol{X}^{\mathrm{T}} \boldsymbol{X}_i + \boldsymbol{X}_i^{\mathrm{T}} \boldsymbol{X} - \boldsymbol{X}_i^{\mathrm{T}} \boldsymbol{X}$ 为特征的线性函数,可以作为判别函数,即

$$d_i(\boldsymbol{X}) = \boldsymbol{X}^{\mathrm{T}} \boldsymbol{X}_i + \boldsymbol{X}_i^{\mathrm{T}} \boldsymbol{X} - \boldsymbol{X}_i^{\mathrm{T}} \boldsymbol{X}_i \tag{7-60}$$

若 $d(\boldsymbol{X}, \boldsymbol{X}_i) = \min d_i(\boldsymbol{X})$,则 $\boldsymbol{X} \in \omega_i$ 就是多分类问题的最小距离分类法。

实现步骤为:待测样品 $\boldsymbol{X}$ 与训练集的每个样品 $\boldsymbol{X}$ 的距离为循环计算待测样品的训练集中各个已知样品之间的距离,找出距离待测样品最近的已知样品,该样品的类别就是待测样品的类别。

a. 基于 PCA 的模板匹配法。在使用模板匹配之前,先对特征进行主成分分析。按照一定贡献值,提取前 M 个主分析量,用较低维数的特征来进行分类。

实现步骤如下。

ⅰ 选取各类全体样本的组成矩阵 $X_{n \times N}$ 待测样品为 $X_{n \times 1}$。

ⅱ 计算的 $X_{n \times N}$ 协方差矩阵 $S_{n \times n}$。

ⅲ 计算的 $S_{n \times n}$ 特征值 $\lambda_1 \geqslant \lambda_2 \geqslant \geqslant \lambda_n$ 和特征向量 $C_{n \times n}$。

ⅳ 根据一定的贡献度,选取 $C_{n \times n}$ 的前 m 列构成 $C_{n \times m}$。

ⅴ 计算样本库样本主成分 $X_{m \times N} = C_{n \times m}^{T} X_{n \times N}$ 和样品主成分 $X_{m \times 1} = C_{n \times 1}^{T} X_{n \times 1}$。

ⅵ 采用模板匹配法进行多类别分类。

b. 基于类中心的欧氏距离法分类。设有 M 类别:$\omega_1, \omega_2, \ldots, \omega_M$。每类有 N_i 个样品,如 ω_i 类,可表示为 $X^{(\omega_i)} = (X_1^{(\omega_i)}, X_2^{(\omega_i)}, X_3^{(\omega_i)}, \ldots, X_N^{(\omega_i)})^T$。对任意待识别的样品 $X = (x_1, x_2, x_3, \cdots, x_n)$,计算该样品到各类中心的马氏距离 $d^2(X, \omega_i) = (X - \overline{X^{\omega_i}})^T S^{-1}(X - \overline{X^{\omega_i}})$,其中 X^{ω_i} 为第 i 类中心,S 为全体样本的协方差,比较 X 到各类的距离若满足下式:

$$d(X, \omega_i) < d(X, \omega_j), \quad j = 1, 2, \cdots, M, i \neq j \tag{7-61}$$

则 X 到 ω_j 类最近,则 $X \in \omega_i$。

实现步骤如下。

ⅰ) 选取某一类样本 X。

ⅱ) 计算类中心 $\overline{X^{\omega_i}}$。

ⅲ) 待测样品 X 与训练集里每类样品 X_i 的距离采用下式计算,即

$$d^2(X, \omega_i) = (X - \overline{X^{\omega_i}})^T S^{-1}(X - \overline{X^{\omega_i}})$$

ⅳ) 循环计算待测样品和训练集中各类中心距离,找出距离待测样品最近的已知类别,该类别就是待测样品的类别。

c. 马氏距离分类。设有 M 个类别:$\omega_1, \omega_2, \ldots, \omega_M$。每类有 N_i 个样品,如 ω_i 类,可表示为 $X^{(\omega_i)} = (X_1^{(\omega_i)}, X_2^{(\omega_i)}, X_3^{(\omega_i)}, \ldots, X_N^{(\omega_i)})^T$。对任意待识别的样品 $X = (x_1, x_2, x_3, \cdots, x_n)$,计算该样品到各类中心的马氏距离 $d^2(X, \omega_i) = (X - \overline{X^{\omega_i}})^T S^{-1}(X - \overline{X^{\omega_i}})$,其中 X^{ω_i} 为第 i 类中心,S 为全体样本的协方差,比较 X 到各类的距离若满足下式:

$$d(X, \omega_i) < d(X, \omega_j) \quad j = 1, 2, \cdots, M, i \neq j \tag{7-62}$$

则 X 到 ω_j 类最近,则 $X \in \omega_i$。

实现步骤如下。

ⅰ) 待测样品 X 与训练集里每个类中心的距离采用马氏距离,计算公式为

$$d^2(X, \omega_i) = (X - \overline{X^{\omega_i}})^T S^{-1}(X - \overline{X^{\omega_i}})$$

ⅱ) 循环计算待测样品到各类中心的马氏距离,找出距离最小的类别作为该待测样品的类别。

d. 夹角余弦距离分类。待测样品 X 与训练集里每个样品 X 的距离采用下式计算,即

$$S(X, X_i) = \cos\theta = \frac{X^T X_i}{\|X\| \cdot \|X_i\|} \tag{7-63}$$

循环计算待测样品和训练集中各已知样品之间的距离,找出距离待测样品最近的已知样

品,该已知样品的类别就是待测样品的类别。

实现步骤如下。

ⅰ)待测样品 X 与训练集里每个类中心的距离采用马氏距离法,计算公式为

$$d^2(\boldsymbol{X}, \omega_i) = (\boldsymbol{X} - \overline{X^{\omega i}})^{\mathrm{T}} S^{-1}(\boldsymbol{X} - \overline{X^{\omega i}}) \tag{7-64}$$

ⅱ)循环计算待测样品到各类中心的马氏距离,找出距离最小的类别作为待测样品的类别。

e. 二值化的夹角余弦距离分类法。实现步骤如下。

ⅰ)将样品库中的每个样品进行二值化,取阈值 $T=0.05$。

ⅱ)利用夹角余弦距离法对待测样品 X 进行分类。

f. 二值化 Tanimoto 测度分类。实现步骤如下。

ⅰ)将样本库中的每个样本进行二值化,取阈值为 $T=0.05$。

ⅱ)待测样品 X 与训练集里每个样品 X 的距离,即

$$S(\boldsymbol{X}, \boldsymbol{X}_i) = \frac{\boldsymbol{X}^{\mathrm{T}} \boldsymbol{X}_i}{\boldsymbol{X}^{\mathrm{T}} \boldsymbol{X} + \boldsymbol{X}_i^{\mathrm{T}} \boldsymbol{X}_i - \boldsymbol{X}^{\mathrm{T}} \boldsymbol{X}_i} \tag{7-65}$$

ⅲ)循环计算待测样品和训练集中各已知样品之间的距离,找出距离待测样品最近的已知样品,该已知样品的类别就是待测样品的类别。

7.4.3 支持向量机

支持向量机(Support Vector, Machines, SVM)监督学习中最有影响力的方法之一,类似于逻辑回归,这个模型是基于线性函数:$\boldsymbol{\omega}^{\mathrm{T}} \boldsymbol{x} + b$,不同于逻辑回归,支持向量机的输出是类别。当 $\boldsymbol{\omega}^{\mathrm{T}} \boldsymbol{x} + b$ 为正时,向量机的预测属于正类。类似地,当 $\boldsymbol{\omega}^{\mathrm{T}} \boldsymbol{x} + b$ 为负时,支持向量机预测属于负类。

支持向量机的一个重要创新是核技巧(Kernel Trick)。核技巧观察到许多机器学习算法都可以写成样本点积的形式,例如,支持向量机中的线性函数可以重写为

$$\boldsymbol{\omega}^{\mathrm{T}} \boldsymbol{x} + b = b + \sum_{i=1} \alpha_i \boldsymbol{x}^{\mathrm{T}} x^{(i)} \tag{7-66}$$

式中 $x^{(i)}$ 是训练样本,α 是系数向量。学习算法重写为这种形式。允许我们将 x 替换为特征函数 $\varphi(x)$ 的输出,点积替换为被称为核函数(Kernel Function)的函数 $k(x, x^{(i)}) = \varphi(x) \varphi(x^{(i)})$。运算符·表示类似于 $\varphi(x)^T \varphi(x^{(i)})$ 的点积。对于某些特征空间,我们可能不会书面地使用向量内积。在某些无限维空间中,我们需要使用其他类型的内积,如基于积分而非加和的内积。

使用核估计替换点积之后,我们可以使用以下函数进行预测,即

$$f(x) = b + \sum_{i=1} \alpha_i k(x, x^{(i)}) \tag{7-67}$$

这个函数关于 x 是非线性的,关于 $\varphi(x)$ 线性的。α 和 $f(x)$ 之间的关系也是线性的。核函数完全等价于 $\varphi(x)$ 预处理所有的输入,然后在新的转换空间学习线性模型。

核技巧十分强大有两个原因:其一,它使我们能够使用保证有效收敛的凸优化技术来学习非线性模型(关于 x 的函数)。这是可能的,因为我们可以认为 $\varphi(x)$ 是固定的,仅优化 α,即优

化算法可以将决策数视为不同空间中的线性函数。其二，核函数 k 的实现方法通常比直接构建 $\varphi(x)$ 再算点积高效很多。

在某些情况下，$\varphi(x)$ 甚至可以是无限维的，对于普通的显示方法而言，这将是无限的计算代价。在很多情况下，即使 $\varphi(x)$ 是难算的，$k(x,x')$ 却会是一个关于 x 非线性的、易算的函数。举个无限维空间易算的核的例子。我们构建一个作用于非负整数 x 上的特征映射函数 $\varphi(x)$，假设这个映射返回一个由 r 个 1 开头，随后是无限个 0 的向量，我们可以写一个核函数 $h(x, x^{(i)}) = \min(x, x^{(i)})$，完全等价于对应的无限维点积。

最常用的核函数是高斯核（Gaussian Kernel），即

$$k(u,v) = N(u-v;0,\sigma^2 I) \tag{7-68}$$

式中，$N(x;\mu,\sum)$ 是标准正态密度，这个核也被称为径向基函数（Radial Basis Function，RBF）核，因为其值沿 u 中从 v 向外辐射的方向减小，高斯核对应于无限堆空间中的点积，但是该空间的推导没有整数上最小核的示例那么直观。

这里可以认为高斯核在执行一种模板匹配，训练标签 y 相关的训练样本 x 变成了类别 y 的模板。当测试点 x' 到 x 的欧几里得距离很小，对应的高斯核响应很大时，表明 x' 和模板 x 非常相似。该模型进而会赋予相对应的训练标签 y 较大的权重。总的来说，预测将会组合很多这种通过训练样本相似度加权的训练标签。图 7-32 给出了基于 SVM 的手写数字体识别效果图。

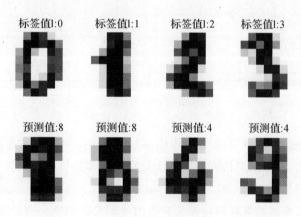

图 7-32　基于 SVM 的手写数字体识别

7.4.4　贝叶斯分类器

1. 贝叶斯决策的基本概念

当分类器的设计完成后，对待测样品进行分类，一定能正确分类吗？如果有错分类情况发生，是在哪种情况下出现的？错分类的可能性有多大？这些是模式识别中所涉及的重要问题，本节用概率论的方法分析造成错分类的原因，并说明与哪些因素有关。

这里以某制药厂生产的药品检验识别为例，说明贝叶斯决策所要解决的问题。图 7-33 中正常药品"＋"，异常药品"－"。识别的目的是要依据 X 向量将药品划分为两类。对于图 7-33 来说，可以用一直线作为分界线，这条直线是关于 x 的线性方程，称为线性分类器。如

果 x 向量被划分到直线右侧，则其为正常药品，若被划分到直线左侧，则其为异常药品，可见对其作出决策是很容易的，也不会出现什么差错。

问题在于可能会出现模棱两可的情况，如图 7-34 所示。此时，任何决策都存在判错的可能性。由图 7-34 可知，在直线 A,B 之间，属于不同类的样品在特征空间中相互穿插，很难用简单的分界线将它们完全分开，即所观察到的某一样品的特征向量为 X，在 M 类中又有不止一类可能呈现这一 X 值，无论直线参数如何设计，总会有错分类发生。如果以错分类最小为原则分类，则图中 A 直线可能是最佳的分界线，它使错分类的样品数量为最小。但是如果将一个"－"样品错分成"＋"类，所造成的损失要比将"＋"分成"－"类严重，这是由于将异常药品误判为正常药品，则会使病人因失去及早治疗的机会而遭受极大的损失；把正常药品误判为异常药品会给企业带来一点损失，则偏向使对"－"类样品的错分类进一步减少，可以使总的损失为最小，那么 B 直线就可能比 A 直线更适合作为分界线。可见，分类器参数的选择或者学习过程得到的结果取决于设计者选择什么样的准则数。不同准则函数的最优解对应不同的学习结果，得到性能不同的分类器。

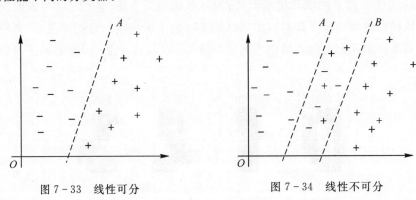

图 7-33　线性可分　　　　　　　图 7-34　线性不可分

错分类往往难以避免，这种可能性可用 $P(\omega_i|X)$ 表示。如何做出合理的判决就是贝叶斯决策所要讨论的问题。其中最具代表的是基于最小错误率的贝叶斯决策与最小风险的贝叶斯决策。

（1）基于最小错误概率的贝叶斯决策。它指出机器自动识别出现错分类的条件，错分类的可能性如何计算，如何实现使错分类出现的可能性最小。

（2）基于最小错误风险的贝叶斯决策。错分类有不同情况，从图 7-33 和图 7-34 中可以看出：两种错误造成的损失不一样，不同的错误分类造成的损失会不相同，后一种错误更可怕，因此就要考虑减小因错分类造成的危害损失。为此，引入一种"风险"与"损失"的概念，希望做到使风险最小，减小危害大的分类情况。

（3）贝叶斯公式。若已知总共有 M 类物体，以及各类在这 n 维特征空间的统计分布，具体来说，就是已知类别 $\omega_i,i=1,2,\cdots,M$ 的先验概率 $P(\omega_i)$ 到及类条件概率密度函数。对于待测样品，贝叶斯公式可以计算出该样品分属各类别的概率，叫做后验概率；看 X 属于哪类的可能性最大，就把 X 归于可能性最大的那个类，后验概率作为识别对象归属的依据，则贝叶斯公式为

$$P(\omega_i \mid X) = \frac{P(X \mid \omega_i)P(\omega_i)}{\sum\limits_{j=1}^{M} P(X \mid \omega_j)P(\omega_j)} \qquad (7-69)$$

类别的状态是两个随机变量,而某种状态出现的概率是可以估计的。贝叶斯公式是体现了先验概率、类条件概率密度函数、后验概率三者关系的式子。

1)先验概率 $P(\omega_i)$。先验概率 $P(\omega_i)$ 针对 M 个事件出现的可能性而言,不考虑其他任何条件。例如,由统计资料表明总药品数为 N,其中正常药品数为 N_1,异常药品数为 N_2,则

$$P(\omega_1) = \frac{N_1}{N}$$

$$P(\omega_2) = \frac{N_2}{N}$$

式中,$P(\omega_1)$,$P(\omega_2)$ 为先验概率。显然在一般情况下正常药品占比例大,即 $P(\omega_1) > P(\omega_2)$。仅用先概率决策,就会把所有药品都划归为正常药品,并没有达到将正常药品与异常药品是区分开的目的。这表明由先验概率所提供的信息太少。

2)类条件概率密度函数 $P(X|\omega_i)$。类条件概率密度函数 $P(X|\omega_i)$ 是指在已知某类别的特征空间中,出现特征值的概率密度,指第 ω_i 类样品其属性 X 是如何分布的。假定只用其一个特征进行分类,即 $n=1$,并已知这两类的类条件概率密度数分布,如图 7-35 所示,概率密度函数 $P(X|\omega_1)$ 是正常药品的性分布,概率密度数 $P(X|\omega_2)$ 是异常药品的属性分布。

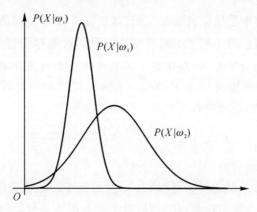

图 7-35　类条件概率密度函数的分布

例如,全世界华人占地球上人口总数的 20%,但各个国家华人所占当地人口比例是不同的,类条件概率密度函数 $P(X|\omega_i)$ 是指 ω_i 条件下出现 x 的概率密度,在这里指第 ω_i 类样品其属性 x 是如何分布的。

在工程上的许多问题中,统计数据往往满足正态分布规律,正态分布简单、分析方便、参量少,是一种适宜的数学模型。若采用正态密度函数作为类条件概率密度的函数形式,则函数内的参数,如期望和方差是未知的,于是问题就变成了如何利用大量样品对这参数进行估计。只要估计出这些参数,类条件概密度函数 $P(X|\omega_i)$ 也就确定了

a.单变量正态密度函数为

$$P(x) = \frac{1}{\sqrt{2\pi}\sigma} \exp\left[-\frac{1}{2}\left(\frac{x-\mu}{\sigma}\right)^2\right] \qquad (7-70)$$

b. 数学期望（均值）μ 为

$$\mu = E(x) = \int_{-\infty}^{+\infty} xP(x)\mathrm{d}x \qquad (7-71)$$

c. 方差 σ^2 为

$$\sigma^2 = E[(x-\mu)^2] = \int_{-\infty}^{+\infty} (x-\mu)^2 P(x)\mathrm{d}x \qquad (7-72)$$

多维正态密度数为

$$P(x) = \frac{1}{(2\pi)^{n/2}|S|^{1/2}} \exp\left[-\frac{1}{2}(\boldsymbol{X}-\overline{\mu})^{\mathrm{T}} S^{-1}(\boldsymbol{X}-\overline{\mu})\right] \qquad (7-73)$$

式中，$\boldsymbol{X} = (x_1, x_2, \cdots, x_n)$ 为 n 维特征向量；$\overline{\mu}$ 为 n 维均值向量；$\boldsymbol{S} = E[(\boldsymbol{X}-\overline{\mu})(\boldsymbol{X}-\overline{\mu})^{\mathrm{T}}]$ 为 n 维协方差矩阵，$\boldsymbol{S}^{-1}$ 是 $\boldsymbol{S}$ 的逆矩阵，$|\boldsymbol{S}|$ 是 $\boldsymbol{S}$ 的行列式。

在多数情况下，类条件密度可以采用多维变量的正态密度函数来模拟，即

$$P(X|\omega_i) = \ln\left\{\frac{1}{(2\pi)^{n/2}|S_i|^{1/2}} \exp\left[-\frac{1}{2}(X-\overline{X^{(\omega_i)}})^T S_i^{-1}(x-\overline{X^{(\omega_i)}})\right]\right\}$$

$$= -\frac{1}{2}(X-\overline{X^{(\omega_i)}})^T S_i^{-1}(x-\overline{X^{(\omega_i)}}) - \frac{n}{2}\ln 2\pi - \frac{1}{2}\ln|S_i|$$

式中，$\overline{X^{(\omega_i)}}$ 为 ω_i 类的均值向量。

3）后验概率。后验概率是指呈现状态 x 时，该样品分属各类别的概率。这个概率值可以作为识别对象归属的依据。由于属于不同类型的待识别对象存在着呈现相同观测值的可能，即所观的某一样品的特征向量为 X，而在类中又有不止一类可能出现这一 X 值，它属于各类的概率又是多少呢？这种可能性可用 $P(X|\omega_i)$ 表示。可以利用贝叶斯公式来计算这种条件称为状态的后验概率 $P(X|\omega_i)$，则有

$$P(\omega_i|X) = \frac{P(X|\omega_i)P(\omega_i)}{\sum_{j=1}^{M} P(X|\omega_j)P(\omega_j)}$$

$P(\omega_i|X)$ 表示在出现 X 的条件下，样品为 ω_i 类的概率。在这里要弄清楚条件概率这个概念。$P(A|B)$ 是条件概率的通用符号，在"$|$"后边出现 B 的为条件，之前的 A 为某个事件，即在某条件 B 下出现某个事件 A 的概率。

$P(\omega_1|X)$ 和 $P(\omega_2|X)$ 与 $P(X|\omega_1)$ 和 $P(X|\omega_2)$ 的区别为：$P(\omega_1|X)$ 和 $P(\omega_2|X)$ 是在同一条件 X 下，比较 ω_1 与 ω_2 出现的概率。若 $P(\omega_1|X) > P(\omega_2|X)$，则可以下结论：在 X 条件下，事件 ω_1 出现的可能性大，如图 7-36 所示，两类情况下，则有 $P(\omega_1|X) + P(\omega_2|X) = 1$。$P(X|\omega_1)$ 与 $P(X|\omega_2)$ 都是指各自条件下出现 X 的可能性，两者之间没有联系，比较者没有意义。$P(X|\omega_1)$，$P(X|\omega_2)$ 是在不同条件下讨论的问题，即使只有两类 ω_1 与 ω_2，$P(\omega_1|X) + P(\omega_2|X) \neq 1$。不能仅因为 $P(X|\omega_1) > P(X|\omega_2)$，就认为 X 是第一类时间的可能性较大。只有考虑先验概率这一因素，才能决定 X 条件下，判定 ω_1 类或 ω_2 类的可能性较大。图 7-37 给出了基于贝叶斯分类器的手写数字体识别效果。

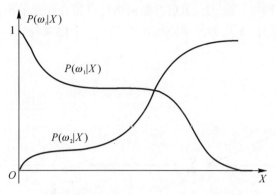

图 7-36　X 条件下 w_1, w_2 的概率分布

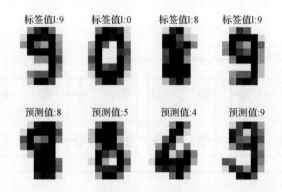

图 7-37　基于贝叶斯分类器的手写数字体识别效果

7.4.5　深度学习分类网络

1. 感知器模型

感知器(Perceptron)是最简单的人工神经网络,也可以称之为单层神经网络,如图 7-38 所示。感知器是由费兰克·罗森布莱特(Frank Rosenblatt)在 1957 年提出来的,它的结构很简单,输入是一个实数值的向量,输出只有两个值:1 或 −1,是一种两类线性分类模型。

在图 7-38 中,感知器对于输入的向量先进行了一个加权求和的操作,得到一个中间值,假设该值为 Z,则有

$$Z = w_1 x_1 + w_2 x_2 + \cdots + w_n x_n + b \tag{7-74}$$

接着再经过一个激活函数得到最终的输出,该激活函数是一个符号函数,即

$$y = \mathrm{sgn}(Z) = \begin{cases} 1 & \text{当 } Z > 0 \text{ 时} \\ -1 & \text{其他} \end{cases} \tag{7-75}$$

2. 多层神经网络

感知器的本质是一个线性分类器,只能解决线性可分的问题,以逻辑运算为例,如图 7-38 所示。

感知器可以解决逻辑"与"和逻辑"或"的问题,但是无法解决"异或"问题,因为"异或"运算的结果无法使用一条直线来划分。逻辑运算如图 7-39 所示。为了解决线性不可分的问题,

我们需要引入多层神经网络,理论上,多层神经网络可以拟合任意的函数。与单层神经网络相比,除有输入层和输出层外,多层神经网络还至少需要一个隐藏层,含有一个隐藏层的两层神经网络如图 7－40 所示。

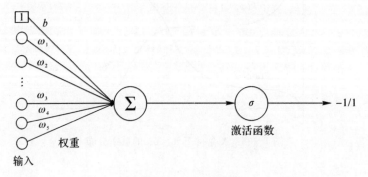

图 7－38 感知器模型

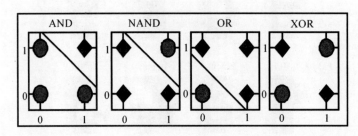

图 7－39 逻辑运算

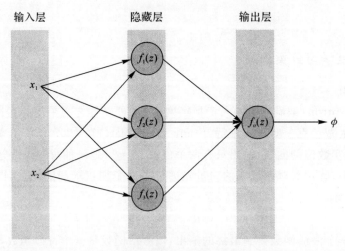

图 7－40 两层神经网络

3. 卷积神经网络

图 7－41 给出了卷积计算过程,其中 Kernel 在卷积神经网络中称为核或者过滤器,当然在卷积神经网络中并不会给定 Kernel 的具体数值,而是采用随机初始化一个值,通过不断的训练来调整 Kernel 里的各个参数。在实际的训练过程中,也不会只采用一个 Kernel,而且采

用多个 Kernel 对图像采用卷积运算,以一个 1 080×1 080 的标准图像为例,如果对其采用 128 个尺度为 3×3 的 Kernel,同时采用边缘补齐的方式进行卷积运算,会产生 3 584 个可训练参数,同时在一个深度学习网络中不会只采用一次卷积,而是对图像多次卷积,以获得更多的特征,同时训练参数也随着增加。

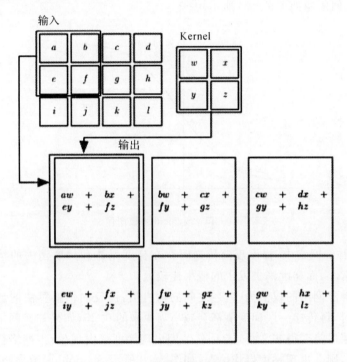

图 7-41 卷积计算过程示意图

因此通常会在卷积层之后添加池化层用于减少参数,典型的 CNN 网络如图 7-42 所示,特征提取部分呈现采用金字塔的形状,这就是利用了池化的功能,缩小图片的尺寸。

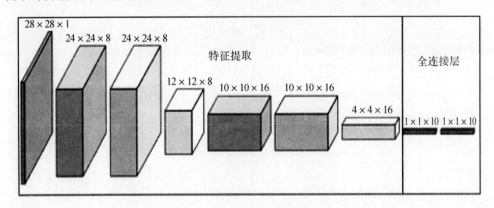

图 7-42 典型的 CNN 网络结构

4. 激活函数

激活函数:对于神经网络模型,学习、理解非线性的函数来说是十分重要的。通过激活函数可以将非线性特性引入构建的网络中,在神经网络中,输入通过加权求和后,被作用于激活函数。下述介绍几种典型的激活函数。

（1）Sigmoid 函数。在多分类问题中通常使用 Sigmoid 激活，其数学形式为

$$f(z) = \frac{1}{1 + e^{-z}} \tag{7-76}$$

Sigmoid 函数的几何图像如图 7-43 所示。

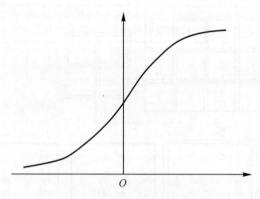

图 7-43　Sigmoid 函数图像

1）缺点 1：在神经网络中，梯度反向传递时存在梯度爆炸和梯度消失的情况，其中梯度爆炸发生的概率非常小，而梯度消失发生的概率比较大。

如果初始化神经网络的权值为[0,1]之间的随机值，由反向传播算法的数学推导可知，梯度沿后向前传播时，每传递一层梯度值都会减小为原来的 0.25，如果神经网络隐层特别多，那么梯度在穿过多层后将变得非常小，接近于 0，即出现梯度消失现象；当网络权值初始化为(1,+∞)区间内的值，则会出现梯度爆炸情况，如图 3-9 所示 Sigmoid 函数导函数图像。

2）缺点 2：其解析式中含有幂运算，计算机求解时相对来讲比较耗时。对于规模比较大的深度神经网络，这会较大地增加训练时间。

（2）tanh 函数。该函数解析式为

$$\tanh(x) = \frac{e^x - e^{-x}}{e^x + e^{-x}} \tag{7-77}$$

tanh 函数的几何图像如图 7-44 所示。

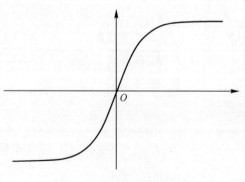

图 7-44　tanh 函数图像

tanh 的全名为 Hyperbolic Tangent，依然存在和 Sigmoid 函数一样的梯度消失（gradient vanishing)和幂运算的问题。

（3）Relu 函数。该函数的解析式为

$$\text{Relu} = \max(0, x) \tag{7-78}$$

Relu 函数及其导数的图像如图 7-45 所示。

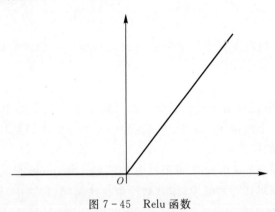

图 7-45　Relu 函数

Relu 函数本质就是一个取最大值函数，该函数并不是全区间可导的，Relu 函数虽然简单，但却是近几年的重要成果。Relu 也存在一个重要的缺点：Dead ReLU Problem。

Dead ReLU Problem 是指某些神经元可能在训练过程中一直不会被激活，导致相应的参数永远不能被更新。有两个主要原因可能导致这种情况产生：①参数错误初始化在 X<0，这种情况比较少见；②学习速率高导致在训练过程中参数更新太大，不幸使网络进入这种状态。

解决方法是采用 Xavier 初始化方法，以及避免将学习速率设置太大或使用自动调节学习速率的算法。尽管存在上述问题，ReLU 目前仍是最常用的激活函数。

5. 损失函数和输出单元的选择

（1）损失函数。损失函数又称为代价函数，是神经网络设计中的一个重要部分。损失函数用来表征模型的预测值与真实类标之间的误差，深度学习模型的训练就是使用基于梯度的方法使损失函数最小化的过程。损失函数与输出单元有着密切的关系。

1）均方误差损失函数。均方误差（Mean Squared Error，MSE）损失函数用预测值和实际值之间的距离（即误差，为了保证一致性，通常使用距离的平方）来衡量模型的好坏。在深度学习算法中，我们使用基于梯度的方式来训练参数，每次将一个批次的数据输入模型中，并得到这批数据的预测结果，再利用这一预测结果和实际值之间的距离更新网络的参数。均方误差损失函数将这一批数据的误差的期望作为最终的误差值，均方误差的公式如下：

$$\text{MSE} = \frac{1}{N} \sum_{k=1}^{N} (\overline{y}_k - \overline{y}_k)^2 \tag{7-79}$$

式中，$\overline{y}_k$ 为样本数据的实际值，$\overline{y}_k$ 为模型的预测值。

2）交叉熵损失函数。交叉熵损失函数使用训练数据的真实类标与模型预测值之间的交叉熵作为损失函数，相较于均方误差损失函数更受欢迎。假设使用均方误差这类二次函数作为代价函数更新神经网络参数，误差项中则会包含激活函数的偏导。在前面已经介绍过 Sigmoid 等函数容易饱和，使得参数更新缓慢，甚至无法更新。交叉熵函数求导不会引入激活函数的导数，因此可以很好地避免这一问题。交叉熵的定义如下：

$$H(p,q) = E_p\left[\frac{1}{\log(q)}\right] = -\sum_x p(x)\log(q(x)) \tag{7-80}$$

式中 $p(x)$ 为样本数据的真实分布，$q(x)$ 为模型预测的分布。以二类问题为例，交叉熵损失函数的形式为

$$T(\theta) = -\frac{1}{N}\sum_x \left[y\ln y + (1-y)\ln(1-y)\right] \tag{7-81}$$

式中，y 为真实值 $\bar{y}$ 为预测值。对于多分类问题我们对每一个类别的预测结果计算交叉熵后求和即可。

(2)输出单元的选择

1)线性单元。线性单元常用于回归问题。如果输出层采用线性单元，则在收到上一层的输出 h 后，输出层输出一个向量 $y = \omega^T h + b$。线性单元的一个优势是其不存在饱和的问题，因此很适合采用基于梯度的优化算法。

2)Sigmoid 单元。Sigmoid 单元常用于二分类问题。Sigmoid 单元是在线性单元的基础上，增加了一个阈值来限制其有效概率，使其被约束在区间 $(0,1)$ 之中，线性输出单元的定义为

$$y = \sigma(\omega^T h + b) \tag{7-82}$$

式中，σ 是 Sigmoid 函数的符号表示。

Softmax 单元适用于多分类问题，可以将其看成 Sigmoid 函数的扩展。对于 Sigmoid 输出单元的输出，可以认为其值为模型预测样本中某一类的概率，而 Softmax 函数则需要输出多个值，输出值的个数对应分类问题的类别数。Softmax 函数的形式如下：

$$\text{Softmax}(y)_i = \frac{e^{y_i}}{\sum_j e^{y_j}} \tag{7-83}$$

图 7-46 给出了基于感知机模型的手写数字体识别效果图。

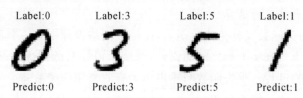

图 7-46 基于深度学习的手写数字识别

7.5 目 标 检 测

在目标识别阶段得到的信息是输入的图像或视频中有没有感兴趣的目标，若存在目标，在目标检测阶段还要给出目标的具体方位。当前在目标检测算法主要分为两大类，基于静态图像的目标检测和运动目标检测。

7.5.1 静态图像目标检测

在静态图像上实现目标检测，本身是一个滑窗加分类的过程，前者是帮助锁定目标可能存在的局部区域，后者则是通过分类器打分，判断锁定的区域是否有(是)要寻找的目标。

目前的研究的核心多集中于后者，选什么样的特征表示来描述你锁定的区域，将这些特征

输入到什么样的分类器(例如模板匹配、SVM、贝叶斯分类器、深度学习分类网络),如图 7-47
所示进行打分,判断是否是要找的目标。

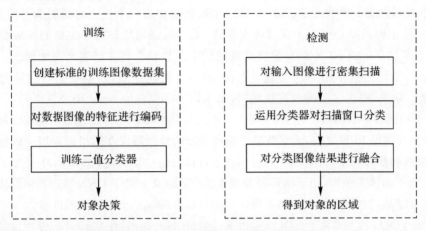

图 7-47　基于机器学习的目标检测框架

现阶段神经网络检测算法归纳为以下 9 种。

(1)基于 CNN 的目标检测算法。2012 年,由于深度卷积网络能够学习图像的鲁棒且高级
特征表示,因此自然而然地想到是否可以将其用于对象检测,同时 R. Girshick 等人通过提出
具有 CNN 特征的区域(RCNN)进行对象检测,率先打破了僵局。在深度学习时代,对象检测
可以分为两类:"两阶段检测"和"一级检测"。其中前者将检测过程称为"粗调"过程,而后者将
检测过程一步完成。

(2)基于 RCNN 目标检测算法。RCNN 始于通过选择性搜索提取一组对象候选框。然后
将每个候选框重新缩放为固定大小的图像,并输入 ImageNet 上训练 CNN 模型(例如 Alex-
Net)以提取特征。最后将线性 SVM 分类器用于预测每个区域内对象的存在并识别对象类
别。RCNN 在 VOC-07 上提升了显著的性能,平均精度从 33.7% 提升到 58.5%。尽管 RC-
NN 取得了长足的进步,但它的缺点也很明显,对大量重叠的对象框(从一张图像中提取 2 000
多个框)进行冗余特征计算会导致检测速度极慢。

(3)基于 SPPNet 目标检测算法。2014 年,K. He 等人提出了空间金字塔池网络(SPP-
Net)。先前的 CNN 模型需要固定大小的输入,例如 AlexNet 网络中的 224×224 图片。SPP-
Net 的主要贡献是引入了空间金字塔池(SPP)层,该层使 CNN 可以生成固定长度的表示形
式,而与感兴趣的图像区域的大小无关,且无需对其进行重新缩放。当使用 SPPNet 进行对象
检测时,只能从整个图像计算一次特征图,然后可以生成任意区域的固定长度表示形式以训练
检测器,从而避免了重复计算卷积的特征。SPPNet 的速度是 RCNN 的 20 倍以上,而丝毫没
有降低检测精度。尽管 SPPNet 有效地提高了检测速度,但仍然存在一些缺点:一方面是训练
仍然是多阶段的;另一方面 SPPNet 仅微调其完全连接的层,而忽略了之前的所有层。

(4)基于 Fast RCNN 目标检测算法。2015 年,R. Girshick 提出了快速 RCNN 检测器,这
是对 RCNN 和 SPPNet 的进一步改进。快速 RCNN 使我们能够在相同的网络配置下同时训
练检测器和回归器。在 VOC-07 数据集上,快速 RCNN 将精度指标从 58.5% 提高到
70.0%,同时检测速度比 R-CNN 快 200 倍。尽管 Fast-RCNN 成功地集成了 R-CNN 和

SPPNet 的优点,但其检测速度仍然受到了限制。

(5)Faster RCNN 目标检测算法。2015 年,S. Ren 等人在快速 RCNN 出现不久,提出了 Faster RCNN 检测器。更快的 RCNN 是第一个端到端和第一个近实时深度学习检测器。Faster-RCNN 的主要贡献是引入了区域提案网络(RPN),该网络使几乎免费的区域提案成为可能。从 RCNN 到 Faster RCNN,对象检测系统的大多数独立模块已逐渐集成到统一的端到端学习框架中。尽管 Faster RCNN 突破了 Fast RCNN 的速度瓶颈,但在随后的检测阶段仍存在计算冗余。后来,提出了各种改进措施,包括 RFCN 和 Light head RCNN。

(6)基于功能金字塔网络。在 2017 年 Lin 等人在 Faster RCNN 的基础上提出了特征金字塔网络(FPN)。在使用 FPN 之前,大多数基于深度学习的检测器仅在网络的顶层运行检测。尽管 CNN 较深层的功能有利于目标识别,但它不利于目标的定位。为此,在 FPN 中开发了具有横向连接的自上而下的体系结构,用于构建各种规模的高级语义。由于 CNN 通过其向前传播自然形成一个特征金字塔,因此 FPN 在检测各种尺度的目标方面显示出了巨大的进步。

(7)基于 YOLO 检测算法。YOLO 是由 R. Joseph 等人提出,在 2015 年它是深度学习时代的第一个单阶段检测器。YOLO 运算速度非常快。该网络将图像划分为多个区域,并同时预测每个区域的边界框和概率。后来,R. Joseph 在 YOLO 的基础上进行了一系列改进,并提出了 V2 和 V3 版本,该版本进一步提高了检测精度,同时保持了很高的检测速度。尽管 YOLO 的检测速度有了很大的提高,但与两级检测器相比,其定位精度却下降了,特别是对于一些小目标。

(8)基于 SSD 检测算法。SSD 的主要贡献是引入了多参考和多分辨率检测技术,该技术显著提高了一级检测器的检测精度,尤其是对于某些小目标。SSD 在检测速度和准确性方面均具有优势。SSD 与以前的检测器之间的主要区别在于,前者在网络的不同层上检测不同比例的对象,而后者仅在其顶层运行检测。

(9)RetinaNet 检测算法。尽管其速度快且简单,但一级检测器的精度已落后于二级检测器多年。T. Y. Lin 等人发现了背后的原因并在 2018 年提出了 RetinaNet。在密集探测器的训练过程中遇到的极端前景-背景类别失衡的主要原因。为此,通过重塑标准的交叉熵损失,在 RetinaNet 中引入了一个名为"焦点损失"的新损失函数,以便检测器在训练过程中将更多的注意力放在分类错误的示例上。焦点损失使一级检测器可以达到两级检测器相当的精度,同时保持很高的检测速度。静态单帧目标检测算法发展历程如图 7-48 所示。

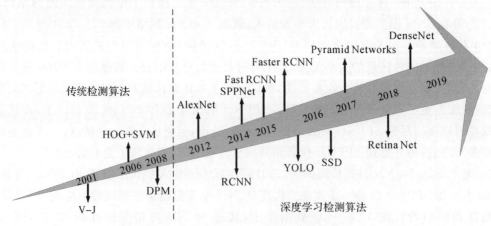

图 7-48 静态单帧目标检测算法发展历程

近几年来,Deep CNN 在许多计算机视觉任务中发挥了核心作用。由于检测器的精度在很大程度上取决于其特征提取网络,因此主干网络(如 ResNet 和 VGG)称为检测器的"引擎"。

AlexNet 是一个八层的深度网络,它是第一个引发计算机视觉深度学习革命的 CNN 模型。VGG 将模型的深度增加到 16~19 层,并使用了非常小的(3×3)卷积过滤器,而不是以前在 AlexNet 中使用的 5×5 和 7×7。VGG 在当时的 ImageNet 数据集上达到了最先进的性能。GoogLeNet 增加了 CNN 的宽度和深度(最多 22 层)。Inception 系列的主要贡献是引入了分解卷积和批处理规范化。

深度残差网络(ResNet)由 K. He 等人提出。2015 年,它比以前使用的卷积网络架构要深得多(最多 152 层)。ResNet 旨在通过重新构造网络的层以参考层输入来学习残差函数,从而简化网络的培训。DenseNet 由 G. Huang 与 Z. Liu 等人于 2019 年提出。ResNet 的成功表明 CNN 的捷径连接使模型训练更深、更准确。挤压激励网络(SENet)是由 J. Hu 与 L. Shen 等人于 2018 年提出的。它的主要贡献是将全局池化和混编一体化,以学习特征图在通道方面的重要性。

7.5.2　运动目标检测

尽管要检测的目标可能外形变化多端(例如品种,形变,光照,角度等),通过大量数据训练得到的特征表示还是能很好地帮助实现识别和判定的过程。但是有些极端情况下,如目标特别小,或者目标和背景太相似,或者在这一帧图像中因为模糊或者其他原因,目标确实扭曲得不成样子,即便是基于大量数据训练的卷积神经网络也会觉得力不从心,认不出来它是否是要找的目标。另外一种情况是拍摄场景混入了其他和目标外观很像的东西(比如飞机和展翅大鸟),这时候也可能存在误判。在这种情况下,我们可能无法凭借单帧的外观信息,完成对目标鲁棒的检测。

目前常用的运动目标检测方法有光流法、相邻帧差法、背景差法和边缘检测法等 4 种。

1. 光流法

光流是空间运动物体被观测面上的像素点运动产生的瞬时速度场,包含了物体表面结构和动态行为的重要信息。一般情况下,光流由相机运动、场景中目标运动或两者的共同运动产生。光流计算法大致可分为基于匹配的、频域的和梯度的 3 种方法。

(1)基于匹配的光流计算方法。它包括基于特征和基于区域的两种。基于特征的方法是不断地对目标主要特征进行定位和跟踪,对大目标的运动和亮度变化具有鲁棒性,存在的问题是光流通常很稀疏,而且特征提取和精确匹配也十分困难;基于区域的方法先对类似的区域进行定位,然后通过相似区域的位移计算光流,这种方法在视频编码中得到了广泛的应用,但它计算的光流仍不稠密。

(2)基于频域的方法。它利用速度可调的滤波组输出频率或相位信息,虽然能获得很高精度的初始光流估计,但往往涉及复杂的计算,而且可靠性评价也十分困难。

(3)基于梯度的方法。它利用图像序列的时空微分计算 2D 速度场(光流)。由于计算简单和较好的实验结果,基于梯度的方法得到了广泛应用。虽然很多基于梯度的光流估计方法取得了较好的估值,但由于在计算光流时涉及可调参数的人工选取、可靠性评价因子的选择困难,以及预处理对光流计算结果的影响,在应用光流对目标进行实时检测与自动跟踪时仍存在很多问题。

总的来说,光流法的优点是能够检测独立运动的对象,不需要预先知道场景的任何信息,并且可用于摄像机运动的情况,但由于噪声、多光源、阴影、透明性和遮挡性等原因,计算出的光流场分布不是十分可靠和精确,而且,多数光流法计算复杂、耗时长,除非有特殊的硬件支持,否则是很难实现实时检测。

2. 相邻帧差法

相邻帧差法是在运动目标检测中使用得最多的一类算法。其基本原理就是将前后两帧图像对应像素值相减,在环境亮度变化不大的情况下,如果对应像素值相差很小,可以认为此处景物是静止的,如果图像区域某处的像素值变化很大,可以认为这是由于图像中运动物体引起的,将这些区域标记下来,利用这些标记的像素区域,就可以求出运动目标在图像中的位置。由于目标大小、背景亮度的差别,对差分图像的分割方法也不尽相同。另外,当目标有阴影干扰时也要进行特殊处理。

相邻帧差法对于动态环境具有较强的自适应性,鲁棒性较好,能够适应各种动态环境,但一般不能完全提取出所有相关的特征像素点,这样在运动实体内部容易产生空洞现象。此方法主要利用运动物体在图像序列相邻两帧图像中会产生较明显的差值图像而将前景与背景图像区分。此方法相对简单,但对于抖动噪声等情况下的检测效果不佳,设差分图像为 $D_k(x, y)$,第 $k+1$ 与第 k 帧图像像素在 (x, y) 分别为 $I_{k+1}(x, y)$ 与 $I_k(x, y)$ 二值化结果为 $T(x, y)$,则差分方法的运算公式为

$$D_k(x, y) = |I_{k+1}(x, y) - I_k(x, y)| \tag{7-84}$$

$$T_k(x, y) = \begin{cases} 1, & D_k(x, y) \geqslant T \\ 0, & D_k(x, y) < T \end{cases} \tag{7-85}$$

相邻帧差法要求背景绝对静止或基本无变化,噪声较小,目标运动速度不为零,目标区域内亮度变化较为明显。这就要求对于动态背景下的目标跟踪,必须采用其他的方法先对全局运动做出补偿,如块匹配法、坐标变换法等。有许多基于此方法的改进方法,如双差分法、区域差分方法等。双差分方法在差分图像的基础上再进行一次像素相乘处理,利用噪声在时间域难重复的特点,相乘处理就滤除了噪声产生的孤立噪点。双差分方法的运算公式为

$$\left. \begin{array}{l} D_{k-1}(x, y) = |I_k(x, y) - I_{k-1}(x, y)| \\ D_k(x, y) = |I_{k+1}(x, y) - I_k(x, y)| \end{array} \right\} \tag{7-86}$$

$$T_k(x, y) = \begin{cases} 1, & D_k(x, y) \geqslant T \bigcap D_{k-1}(x, y) \geqslant T \\ 0, & D_k(x, y) < T \end{cases} \tag{7-87}$$

区域差方法不是针对某一像素点的差分处理,而是在某一模板上做差分,利用空间信息消除噪声的影响。其运算公式为

$$S_k(x, y) = \sum_{(x, y) \in A} I_k(x, y) \tag{7-88}$$

$$D_{k-1}(x, y) = |S_k(x, y) - S_{k-1}(x, y)| \tag{7-89}$$

式中,$S_k(x, y)$ 为模板区域内的视频图像像素灰度值之和,A 为模板区间,一般选取 3×3 "田"字模板或"十"字模板。

3. 背景差法

背景差法是常用的运动目标检测方法之一。它的基本思想是将输入图像与背景模型进行

比较,通过判定灰度等特征的变化,或用直方图等统计信息的变化来判断异常情况的发生和分割运动目标。简单常用的方式为:直接抽取视频序列中某一幅图像,或计算多幅图像的平均值作为背景。它一般能够提供最完全的特征数据,但对于动态场景的变化,如对光照等干扰特别敏感。最简单的背景模型是时间平均图像,大多数研究人员目前都致力于开发不同的背景模型,以期减少动态场景变化对于运动分割的影响。例如,Haritaoglu 等人利用最小、最大强度值和最大时间差分值为场景中每个像素进行统计建模,并且进行周期性的背景更新;Mckenna 等人利用像素色彩和梯度信息相结合的自适应背景模型来解决影子和不可靠色彩对于分割的影响。Karmann 与 Randell、Kilger 采用基于卡尔曼滤波(Kalman Filtering)的自适应背景模型以适应天气和光照的时间变化;Stauffer 与 Grimson 利用自适应的混合高斯背景模型(即对每个像素利用混合高斯分布建模),并且利用在线估计来史新模型,从而可靠地处理了光照变化、背景混乱运动的干扰等影响。

背景差法实现最简单,并且能够完整地分割出运动对象,对背景已知的应用情况,背景差法是一种有效的运动对象检测算法。

在背景差法中预先保留背景图像,利用当前帧与背景帧的差值图像对运动目标进行检测。若设视频序列第 k 帧像素 (x,y) 处的灰度值为 $I_k(x,y)$,此处的背景灰度值为 $B_k(x,y)$,则背景差图像 $D_k(x,y)$ 与二值化结果 $T(x,y)$ 分别为

$$D_k(x,y) = | I_{k+1}(x,y) - B_k(x,y) | \tag{7-90}$$

$$T_k(x,y) = \begin{cases} 1, & D_k(x,y) \geqslant T \\ 0, & D_k(x,y) < T \end{cases} \tag{7-91}$$

与差分方法不同的是,背景差法可以检测视频中停止运动的物体,运动目标的停止对跟踪运动目标没有很大的影响。其缺点是背景的更新导致算法的复杂性增加,实时性变差。

4. 边缘检测法

图像的边缘为图像中灰度发生急剧变化的区域,边界分为阶跃状和屋顶状两种类型。图像的边缘一般对应一阶导数较大,二阶导数为零的点。常用到的边缘检测算法有 Sobel 算子、Roberts 算子、Laplacian 算子等,其运算公式分别见式(7-22)、式(7-23)和式(7-25)。

与帧差法、背景差法相比较,边缘检测方法有利于邻近运动目标的区分和运动目标特征的提取,对背景噪声的鲁棒性很大,但其运算复杂度也相对较大。运动图像边缘的检测可以通过时间和空间上的差分来获得,空间上的差分可以使用已有的各种边缘检测算法,时间上的差分可以通过计算连续帧的差来获得,也可以通过计算当前图像与背景图像的差分图像然后求其边缘来计算。

7.6　目　标　跟　踪

运动目标跟踪一直以来都是一项具有挑战性的工作,也是研究的热点方向。现阶段,随着硬件设施的不断完善和人工智能技术的快速发展,运动目标跟踪技术越来越重要。近 20 年来,涌现出大量的目标跟踪算法,根据其工作原理,可以将其分为生成式模型和鉴别式模型两种。

1. 生成式模型

早期的工作主要集中于生成式模型跟踪算法的研究,如光流法、粒子滤波、Meanshift 算法、Camshift 算法等。此类方法首先建立目标模型或者提取目标特征,在后续帧中进行相似

特征搜索,逐步迭代实现目标定位。但是这类方法也存在明显的缺点,就是图像的背景信息没有得到全面的利用,且目标本身的外观变化有随机性和多样性特点,因此,通过单一的数学模型描述待跟踪目标具有很大的局限性。具体表现为在光照变化、运动模糊、分辨率低、目标旋转形变等情况下,模型的建立会受到巨大的影响,从而影响跟踪的准确性;模型的建立没有有效的预测机制,当出现目标遮挡情况时,不能够很好地解决。

2.鉴别式模型

鉴别式模型是指将目标模型和背景信息同时考虑在内,通过对比目标模型和背景信息的差异,将目标模型提取出来,从而得到当前帧中的目标位置。文献在对跟踪算法的评估中发现,通过将背景信息引入跟踪模型,可以很好地实现目标跟踪。因此鉴别式模型具有很大的优势。自2000年以来,人们逐渐尝试使用经典的机器学习方法训练分类器,例如 MIL、TLD、支持向量机、结构化学习、随机森林、多实例学习、度量学习。作为鉴别式方法的一种,相关滤波无论在速度上还是准确率上,都显示出更优越的性能。然而,相关滤波器用于目标跟踪是在2014年之后。自2015年以后,随着深度学习技术的广泛应用,人们开始将深度学习技术用于目标跟踪。

7.6.1 早期的跟踪算法

运动目标跟踪,首先对目标进行有效的表达。然后在接下来的视频序列的每一帧中找到相似度与目标最大的区域,从而确定目标在当前帧中的位置。早期的生成式方法主要有两种思路:①依赖于目标外观模型。通过对目标外观模型进行建模,然后在之后的帧中找到目标,例如光流法。②不依赖于目标外观模型。选定目标建立目标模型,然后在视频中搜索找到目标模型,例如 Meanshift。

1.光流法

光流法(Lucas-Kanade)的概念首先在1950年提出,它是针对外观模型对视频序列中的像素进行操作。通过利用视频序列在相邻帧之间的像素关系,寻找像素的位移变化来判断目标的运动状态,实现对运动目标的跟踪。但是,光流法适用的范围较小,需要满足三种假设:图像的光照强度保持不变;空间一致性,即每个像素在不同帧中相邻点的位置不变,这样便于求得最终的运动矢量;时间连续。光流法适用于目标运动相对于帧率是缓慢的,也就是两帧之间的目标位移不能太大。

2.滤波法

Kalman 滤波是一种能够对目标的位置进行有效预测的算法。它建立状态方程,将观测数据进行状态输入,对方程参数进行优化。通过对前 n 帧数据的输入,可以有效地预测第 n 帧中目标的位置,Kalman 估计也叫最优估计。因此,在目标跟踪过程中,当目标出现遮挡或者消失时,加入 Kalman 滤波可以有效地解决这种问题。缺点是 Kalman 滤波只适合于线性系统,适用范围小。针对 Kalman 滤波适用范围小这一问题,人们提出了粒子滤波的方法。粒子滤波的思想源于蒙特卡洛思想,它利用特征点表示概率模型。这种表示方法可以在非线性空间上进行计算,其思想是从后验概率中选取特征表达其分布。最近,人们也提出了改进平方根容积卡尔曼滤波的方法来减小误差,从而实现精准跟踪。

3.核方法

核方法也是基于探索的方法。核跟踪方法(基于核函数的目标跟踪方法)是目标跟踪的主要方法,应用非常广泛。例如 Meashift、Camshift 算法,它直接运用最速下降法的原理,向梯度下降方向对目标模板逐步迭代,直到迭代到最优位置。它的核心就是一步一步迭代寻找最优点,在跟踪中,就是为了寻找相似度值最大的候选区间。这样定义方向矢量:满足计算范围内的 t 个样本点与区域几何中心的矢量和。其中 x_i 为样本点,x 为区域的几何中心。S_h 为符合计算区域的半径为 r 的球区域,则有

$$M_h(x) = \frac{1}{t} \sum_{x_i \in S_h} (x_i - x) \tag{7-92}$$

$$S_h(x) = \{ y : (y-x)^T (y-x) \leqslant r^2 \} \tag{7-93}$$

Meanshift 就是对样本点与中心点的矢量差求平均值。矢量和的方向就是概率密度增加的方向,沿着概率密度增加的方向移动向量,逐步迭代直到找到最优解。但是这种搜索方法存在缺陷,只对样本点进行计算,无论距离中心点的远近,其贡献是一样的。当目标出现遮挡或运动模糊时,外层的特征容易受到背景的影响,其准确性降低。针对这一情况,应该赋予不同的采样点不同的权值,离中心点越近,权值越高;反之亦然。因此,应该选择合适的系数来提高跟踪算法的鲁棒性。为了解决这一问题,Du 等人将 Epannechnikov 核函数引入到 Meanshift 中,则有

$$K(x) = \begin{cases} c(1 - \|x\|^2), & \|x\| \leqslant 1 \\ 0, & 其他 \end{cases} \tag{7-94}$$

图 7-49 为 Meanshift 的跟踪原理示意图,从图 7-49 中可以看出,算法通过逐步迭代寻找概率密度最大的方向。当偏移量小于某一设定阈值时,则可以认为样本迭代到最佳位置,达到目标跟踪的目的。跟踪的过程分为以下 3 个步骤。

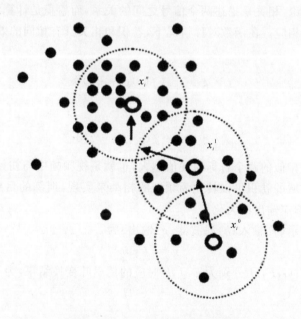

图 7-49　Meanshift 跟踪原理图

（1）目标模型的建立。在初始帧中选中目标模型,对初始帧中的目标区域建立 RGB 颜色空间直方图。目标的模型表示为

$$q_u = c \sum_{i=1}^{n} K(\|x_i^*\|^2) \delta[b(x_i) - u] \tag{7-95}$$

式中，c 为归一化系数，K 为内核函数，在本算法中使用 Epanechikov 核函数，δ 函数是判断点 x_i 是否属于目标区域，在区域内为 1，不在区域内为 0。

（2）模型的搜索。在后续帧中，在前一帧的基础上逐步搜索，得到目标区域的模型如下：

$$p_u(y) = c \sum_{i=1}^{n} K\left(\left\| \frac{y-x_i}{h} \right\|^2 \right) \delta[b(x_i) - u] \tag{7-96}$$

其中，y 为窗口的中心坐标，h 表示核窗口的宽度。

（3）相似度判别。相似度判别式是判断是否继续迭代的条件。当目标模型与跟踪模型的相似度小于特定的阈值时，迭代停止，得到待跟踪的目标区域。引入 BH 系数进行判断，系数值越大，相似度越高。q_u 为目标模板，$p_u(y)$ 为候选区域模板，则有

$$\rho[p, q] = \sum_{u=1}^{m} \sqrt{p_u(y) \times q_u} \tag{7-97}$$

4.相关滤波跟踪算法

在相关滤波方法用于目标跟踪之前，所有的跟踪算法都是在时域上进行处理。在运算过程中，涉及复杂的矩阵求逆计算，运算量大，实时性差。基于相关滤波的目标跟踪方法将计算转换到频域，利用循环矩阵可以在频域对角化的性质，大大减少了运算量，提高了运算速度。KCF（核相关滤波器）在相关滤波基础上进行了优化，引入了循环矩阵。目标跟踪过程中缺少大量的负样本，通过循环矩阵可以增加负样本的数量，提高分类器训练的质量。将高斯核加入到岭回归中，能够将非线性的问题转换到高维的线性空间中，简化计算。

相关滤波跟踪理论：相关是描述两个信号之间的关系，而卷积是计算激励信号作用于系统所产生的系统零状态相应。在函数对称情况下，卷积和相关具有相同的效果[12]。

（1）相关：

$$f \times g = \int_{-\infty}^{+\infty} f(\tau) g(\tau + t) \mathrm{d}\tau \tag{7-98}$$

（2）卷积：

$$f * g = \int_{-\infty}^{+\infty} f(\tau) g(\tau - t) \mathrm{d}\tau \tag{7-99}$$

基本思想为越是相似的两个目标相关值越大，也就是视频帧中与初始化目标越相似，得到的相应也就越大。时域的卷积可以转化为频域的相乘来实现：训练的目标就是得到这样的一个滤波器模板，使得响应输出最大化。

时间域上公式表示（f：输入；h：滤波器；g：输出）为

$$g = f * h \tag{7-100}$$

频域上公式表示（G, F, H 分别为 g, f, h 对应的傅里叶变换结果）为

$$G = F \odot H^* \tag{7-101}$$

所计算的目标为

$$H_i^* = \frac{G_i}{F_i} \tag{7-102}$$

MOSSE 滤波器方法目标如下：

$$\min \sum_{i=1}^{n} | F_i \odot H^* - G_i |^2 \tag{7-103}$$

对目标函数求导，得到结果如下：

$$H_* = \frac{\sum G_i \odot F_i^*}{\sum F_i \odot F_i^*} \tag{7-104}$$

5. 核相关滤波器(KCF)

在 KCF 中,其作者将目标跟踪问题的求解转化为一个分类问题(图像中的目标和背景)。这个分类问题的求解应用了岭回归方法,所得到的分类器中包含了矩阵的逆运算,其运算量复杂,严重影响跟踪系统的实时性。KCF 在分类器的计算中引入了循环矩阵,巧妙地规避了矩阵的逆运算,大大减少了分类器的运算量。高斯核函数的引入可以将非线性问题转化为高维空间中的线性问题,使得算法更具有一般性。KCF 可以分为:模型建立、在线匹配、模板更新三个部分。KCF 算法跟踪效果如图 7-50 所示。

(1)模型建立。目标函数为

$$f(z) = w^T z \tag{7-105}$$

目标是最小化采样数据与下一帧真实目标位置的距离,即

$$\min \sum_i^n (f(\mathbf{X}_i) - y_i)^2 + \lambda \|w\|^2 \tag{7-106}$$

在解方程组中求解极值时,只要对 w 进行微分,使导数为 0,即可得到最小值为

$$w = (\mathbf{X}^H \mathbf{X} + \lambda)^{-1} \mathbf{X}^H y \tag{7-107}$$

转化在傅里叶域为

$$\hat{w} = \frac{\hat{\mathbf{X}}^* \odot \hat{\mathbf{Y}}}{\hat{\mathbf{X}}^* \odot \hat{\mathbf{Y}} + \lambda} \tag{7-108}$$

但是,大多数情况下是非线性问题。这是引入了高维核函数的概念。在高维空间中非线性问题 w 可以变成一个线性问题:

$$w = \sum_i^n \alpha_i \varphi(\mathbf{X}_i) \tag{7-109}$$

那我们的目标函数就可以表示为

$$f(z) = w^T z = \sum_{i=1}^n \alpha_i K(z, x_i) \tag{7-110}$$

其中,k 表示核函数的定义运算如下:

$$\varphi^T(x) \varphi(x') = K(x, x') \tag{7-111}$$

将之前求 w 的问题转换成了求 α 的问题:

$$\alpha = (K + \lambda I)^{-1} y \tag{7-112}$$

对于核方法,一般不知道非线性函数 $\phi(x)$ 的详细表达,而只是刻画在核空间的核矩阵 $\phi(x)\phi^T(x)$。那么令 K 表示核空间的核矩阵。由核函数得到,则有

$$\mathbf{K} = \boldsymbol{\varphi}(x) \boldsymbol{\varphi}^T(x) \tag{7-113}$$

$$\hat{\alpha} = \frac{\hat{y}}{\hat{k}^{xx} + \lambda} \tag{7-114}$$

这里 $\hat{k}^{xx}$ 表示 $\mathbf{K}$ 矩阵的第一行的傅里叶变换。

(2)在线匹配。定义 $\mathbf{K}^z$ 是测试样本和训练样本间在核空间的核矩阵。通过推导最终得到各个测试样本的响应:

$$\hat{f} = (\hat{k}^{xx}) * \hat{\alpha} \tag{7-115}$$

式中，$\hat{k}^{xz}$ 是指核矩阵 $\boldsymbol{K}^z$ 的第一行，找到最大值 $\hat{f}$ 对应的位置即为所求。

（3）模板更新。针对外观模型的变化，将双线性插值方法加入目标模型的更新中。滤波器系数 α 和目标观测模型 x 为

$$\hat{\alpha}^t = (1 - \gamma)\hat{\alpha}^{t-1} + \gamma\hat{\alpha} \tag{7-116}$$

$$\hat{x}^t = (1 - \gamma)\hat{x}^{t-1} + \gamma\hat{x} \tag{7-117}$$

图 7-50　KCF 算法跟踪效果

7.6.2　深度学习跟踪算法

最近，随着深度学习方法的广泛应用，人们开始考虑将其应用到目标跟踪中。人们开始使用深度特征并取得了很好的效果。之后，人们开始考虑用深度学习建立全新的跟踪框架，进行目标跟踪。深度学习方法的效果之所以火热，是由于通过多层卷积神经网络训练大量的数据。如图 7-51 所示 GOTURN 算法框架，然而，将深度学习方法用到目标跟踪存在严重的缺陷，具体如下。

（1）因为在目标跟踪中的正样本只有初始帧中的目标，没有大量的数据难以训练出性能优良的分类器。

（2）深度学习方法通过将多层网络连接训练分类器来提高跟踪精度，但是随着卷积层数量的提高以及训练网络的复杂，算法的实时性很低，不能满足快速运动目标的实时跟踪。虽然深度学习方法存在着缺陷，但是由于其在结构上的巨大优势，研究人员逐步将其缺点进行改进。从改进的方向上看主要可以分成两个部分：基于相关滤波改进和基于网络结构改进。

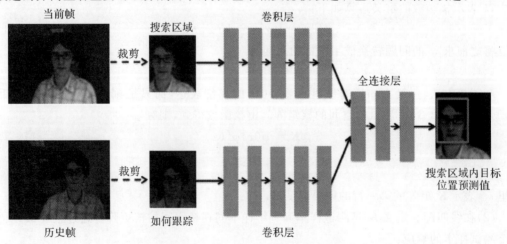

图 7-51　深度学习跟踪算法 GOTURN

7.7　图像与视频处理工具应用

7.7.1　MATLAB 图像与视频处理工具

MATLAB(见图 7 - 52)是美国 MathWorks 公司出品的商业数学软件,用于数据分析、无线通信、深度学习、图像处理与计算机视觉、信号处理、量化金融与风险管理、机器人,控制系统等领域。

MATLAB 和 Mathematica、Maple 并称为三大数学软件。它在数学类科技应用软件中在数值计算方面首屈一指,功能有行矩阵运算、绘制函数和数据、实现算法、创建用户界面、连接其他编程语言的程序等。MATLAB 的基本数据单位是矩阵,它的指令表达式与数学、工程中常用的形式十分相似,故用 MATLAB 来解算问题要比用 C,FORTRAN 等语言完成相同的事情简捷得多,并且 MATLAB 也吸收了像 Maple 等软件的优点,使 MATLAB 成为一个强大的数学软件。在新的版本中也加入了对 C,FORTRAN,C++,JAVA 的支持。

图 7 - 52　MATLAB 标识

MATLAB 内置了大量图像处理函数,表 7 - 1 列举了一些常用的图像处理函数。

表 7 - 1　Matlab 图像处理函数

函数名	功能说明	函数名	功能说明
imshow	图像显示	edge	灰度图像边缘检测
imread	图像文件读入	load	将以 mat 为扩展名的图像文件调入到内存
imwrite	图像写出	save	将内存变量中图像保存到 mat 文件中
std2	求标准差	imhist	求图像数据直方图
mean2	求均值	corr2	求相关系数
hsv2rgb	将 HSV 颜色转化为 RGB 颜色值	mtsc2rgb	将 NTSC 值转换为 RGB 颜色空间值
rgb2hsv	将 RGB 颜色值转换为 HSV 颜色值	rgb2ntsc	将 RGB 值转换为 NTSC 颜色空间值

7.7.2　OpenCV 图像与视频处理工具

1. OpenCV 简介

OpenCV(见图 7 - 53)由 GaryBradsky 于 1999 年在英特尔创立,第一版于 2000 年问世。VadimPisarevsky 加入 GaryBradsky,一起管理英特尔的俄罗斯软件 OpenCV 团队。2005 年,

OpenCV 用于 Stanley，该车赢得了 2005 年 DARPA 挑战赛的冠军。后来，在 WillowGarage 的支持下，它的积极发展得以继续，由 GaryBradsky 和 VadimPisarevsky 领导了该项目。OpenCV 现在支持与计算机视觉和机器学习有关的多种算法，并且正在日益扩展。OpenCV 支持多种编程语言，例如 C++、Python、Java 等，并且可在 Windows、Linux、OSX、Android 和 iOS 等不同平台上使用。基于 CUDA 和 OpenCL 的高速 GPU 操作的接口也正在积极开发中。OpenCV－Python 是用于 OpenCV 的 PythonAPI，结合了 OpenCVC＋＋API 和 Python 语言的最佳特性。

图 7－53　OpenCV 标识

2. OpenCV－Python 介绍

OpenCV－Python 利用了 Numpy，这是一个高度优化的库，用于使用 MATLAB 样式的语法进行数值运算。所有 OpenCV 数组结构都可与 Numpy 数组相互转换。这也使与使用 Numpy 的其他库（例如 SciPy 和 Matplotlib）的集成变得更加容易。

Python－OpenCV 安装：这里推荐使用 Anaconda 安装，Anaconda 指的是一个开源的 Python 发行版本，其包含了 conda、Python 等 180 多个科学包及其依赖项，其标识如图 7－54 所示。因为包含了大量的科学包，Anaconda 的下载文件比较大（约 531MB），如果只需要某些包，或者需要节省带宽或存储空间，也可以使用 Miniconda 这个较小的发行版（仅包含 conda 和 Python）。Anaconda 可以创建多个 Python 虚拟环境，对于下文提到的深度学习框架同样建议使用 Anaconda 管理。

图 7－54　Anaconda 和 Python 标识

这里列举 Window10 操作系统安装 Python－OpenCV 的安装流程。

（1）Anaconda 安装完成后，找到 Anaconda－Prompt，点击进入的是 conda 的默认环境，这里选择创建一个新的虚拟环境来使用 OpenCV。

（2）在命令行键入"conda create－n opencv"，创建一个名为 opencv 的虚拟环境，同样可以使用"conda create－n opencv－python＝3. x/2. x"来指定 python 版本号。

（3）创建完成后键入"conda activate opencv"，激活进入创建好的虚拟环境。

（4）键入命令"pip install opencv – python"安装完成后。键入"python"命令，输入"importcv2"，无报错则安装成功。

7.7.3　深度学习工具概述

开源框架总览图如图7-55所示。现如今开源生态非常完善，深度学习相关的开源框架众多，光是为人熟知的就有 Caffe，Tensor Flow，Pytorch/caffe2，Keras，Mxnet，Paddldpaddle，Theano，CNTK，Deeplearning4j，Matconvnet 等。

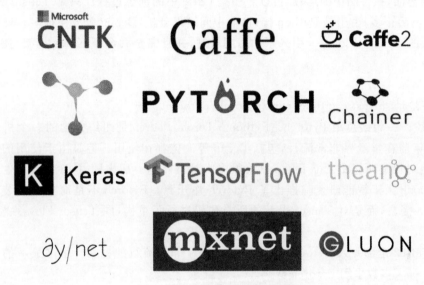

图7-55　深度学习框架总览图

1. Caffe

Github 地址：https://github. com/BVLC/caffe。

（1）概述。Caffe 是伯克利的贾扬清主导开发，以 C++/CUDA 代码为主，最早的深度学习框架之一，比 Tensor Flow、Mxnet、Pytorch 等都更早，需要进行编译安装。支持命令行、Python 和 MATLAB 接口，单机多卡、多机多卡等都可以很方便地使用。目前 master 分支已经停止更新，intel 分支等还在维护，Caffe 框架已经非常稳定。

（2）Caffe 的使用通常是下面的流程。以上的流程相互之间是解耦合的，所以 Caffe 的使用非常优雅简单。

（3）Caffe 有很明显的优点和缺点。

1）优点。以 C++/CUDA/python 代码为主，速度快，性能高。工厂设计模式，代码结构清晰，可读性和拓展性强。支持命令行、Python 和 Matlab 接口，使用方便。CPU 和 GPU 之间切换方便，多 GPU 训练方便。工具丰富，社区活跃。

2）缺点。源代码修改门槛较高，需要实现前向反向传播，以及 CUDA 代码。不支持自动求导。不支持模型级并行，只支持数据级并行，不适合于非图像任务。

2. Tensor Flow。

github 地址：https://github. com/tensorflow/tensorflow。

（1）概述。Tensor Flow 是 Googlebrain 推出的开源机器学习库,可用作各类深度学习相关的任务。Tensor Flow＝Tensor＋Flow,Tensor 就是张量,代表 N 维数组,这与 Caffe 中的 blob 是类似的;Flow 即流,代表基于数据流图的计算。

（2）特点。Tensor Flow1.x 最大的特点是计算图,即先定义好图,然后进行运算,所以所有的 Tensor Flow 代码,都包含两部分:

1）创建计算图,表示计算的数据流。它做了什么呢? 实际上就是定义好了一些操作,你可以将它看做是 Caffe 中的 prototxt 的定义过程。

2）运行会话,执行图中的运算,可以看作是 Caffe 中的训练过程。只是 Tensor Flow 的会话比 Caffe 灵活很多,由于是 Python 接口,取中间结果分析,Debug 等方便很多。

最新版的 Tensor Flow2.x 引入了动态图机制,并且完全融合了 Keras 框架,使得模型构建更加简单。

3. Pytorch

github 地址:https://github.com/pytorch/pytorch。

（1）概述。一句话总结 Pytorch＝Python＋Torch。Torch 是纽约大学的一个机器学习开源框架,几年前在学术界非常流行,包括 Lecun 等大佬都在使用。但是由于使用的是一种绝大部分人绝对没有听过的 Lua 语言,导致很多人都被吓退。后来随着 Python 的生态越来越完善,Facebook 人工智能研究院推出了 Pytorch 并开源。Pytorch 不是简单的封装 Torch 并提供 Python 接口,而是对 Tensor 以上的所有代码进行了重构,同 Tensor Flow 一样,增加了自动求导。

后来 Caffe2 全部并入 Pytorch,如今已经成为了非常流行的框架。很多最新的研究如风格化、GAN 等大多数采用 Pytorch 源码。

（2）特点。动态图计算。Tensor Flow 从静态图发展到了动态图机制 Eager Execution,Pytorch 则一开始就是动态图机制。动态图机制的好处就是随时随地修改,随处 debug,没有类似编译的过程。简单。相比 Tensor Flow1.0 中 Tensor、Variable、Session 等概念充斥,数据读取接口频繁更新,tf.nn、tf.layers、tf.contrib 各自重复,Pytorch 则是从 Tensor 到 Variable 再到 nn.Module,最新的 Pytorch 已经将 Tensor 和 Variable 合并,这分别就是从数据张量到网络的抽象层次的递进。有人调侃 TensorFlow 的设计是"make it complicated",那么 Pytorch 的设计就是"keep it simple"。

4. Mxnet

github 地址:https://github.com/apache/incubator－mxnet。

（1）概述。Mxnet 是由李沐等人领导开发的非常灵活、扩展性很强的框架,被 Amazon 定为官方框架。

（2）特点。Mxnet 同时拥有命令式编程和符号式编程的特点。在命令式编程上 MXNet 提供张量运算,进行模型的迭代训练和更新中的控制逻辑;在声明式编程中 MXNet 支持符号表达式,用来描述神经网络,并利用系统提供的自动求导来训练模型。Mxnet 性能非常高,推荐资源不够的同学使用。

5. Keras

github 网址:https://github.com/keras－team/keras。

（1）概述。Keras 是一个对小白用户非常友好而简单的深度学习框架,严格来说并不是一个开源框架,而是一个高度模块化的神经网络库。

Keras 在高层可以调用 TensorFlow,CNTK,Theano,还有更多的库也在被陆续支持中。Keras 的特点是能够快速实现模型的搭建,是高效地进行科学研究的关键。

(2)特点。

1)高度模块化,搭建网络非常简洁。

2)API 很简单,具有统一的风格。

3)容易扩展,只需使用 python 添加新类和函数。

6. Paddlepaddle

github 网址:https://github. com/PaddlePaddle/Paddle。

(1)概述。正所谓 Google 有 Tensor Flow,Facebook 有 Pytorch,Amazon 有 Mxnet,作为国内机器学习的先驱,百度也有 Paddle paddle,其中 Paddle 即 Parallel Distributed Deep Learning(并行分布式深度学习)。

(2)特点。Paddlepaddle 的性能也很不错,整体使用起来与 tensorflow 非常类似,拥有中文帮助文档,在百度内部也被用于推荐等任务。另外,配套了一个可视化框架 Visualdl,与 Tensorboard 也有异曲同工之妙。

7. CNTK

github 地址:https://github. com/Microsoft/CNTK。

(1)概述。CNTK 是微软开源的深度学习工具包,它通过有向图将神经网络描述为一系列计算步骤。在有向图中,叶节点表示输入值或网络参数,而其他节点表示其输入上的矩阵运算。

CNTK 允许用户非常轻松地实现和组合流行的模型,包括前馈 DNN,卷积网络(CNN)和循环网络(RNN/LSTM)。与目前大部分框架一样,实现了自动求导,利用随机梯度下降方法进行优化。

(2)特点。

1)CNTK 性能较高,按照其官方的说法,比其他的开源框架性能都更高。

2)适合做语音,CNTK 本就是微软语音团队开源的,自然是更合适做语音任务,使用 RNN 等模型,以及在时空尺度分别进行卷积非常容易。

8. Matconvnet

github 地址:https://github. com/vlfeat/matconvnet。

(1)概述。不同于各类深度学习框架广泛使用的语言 Python,Matconvnet 是用 Matlab 作为接口语言的开源深度学习库,底层语言是 Cuda。

(2)特点。因为是在 MATLAB 下面,所以 Debug 的过程非常方便,而且本身就有很多的研究者一直都使用 MATLAB 语言,所以其实该语言的群体非常大。

9. Deeplearning4j

github 地址:https://github. com/deeplearning4j/deeplearning4j。

(1)概述。不同于深度学习广泛应用的语言 Python,DL4J 是为 Java 和 Jvm 编写的开源深度学习库,支持各种深度学习模型。

(2)特点。DL4J 最重要的特点是支持分布式,可以在 Spark 和 Hadoop 上运行,支持分布式 CPU 和 GPU 运行。DL4J 是为商业环境,而非研究所设计的,因此更加贴近某些生产环境。

10. Chainer

Github 地址:https://github.com/chainer/chainer。

(1)概述。Chainer 也是一个基于 Python 的深度学习框架,能够轻松直观地编写复杂的神经网络架构,在日本企业中应用广泛。

(2)特点。Chainer 采用"Define - by - Run"方案,即通过实际的前向计算动态定义网络。更确切地说,Chainer 存储计算历史而不是编程逻辑,Pytorch 的动态图机制思想主要就来源于 Chainer。

11. Lasagne/Theano

github 地址:https://github.com/Lasagne/Lasagne。

(1)概述。Lasagen 其实就是封装了 Theano,后者是一个很老牌的框架,在 2008 年的时候就由 YoshuaBengio 领导的蒙特利尔 LISA 组开源了。

(2)特点。Theano 的使用成本高,需要从底层开始写代码构建模型,Lasagen 对其进行了封装,使得 Theano 使用起来更简单。

12. Darknet

Github 地址:https://github.com/pjreddie/darknet。

(1)概述。Darknet 本身是 JosephRedmon 为了 Yolo 系列开发的框架。JosephRedmon 提出了 Yolov1,Yolov2,Yolov3。

(2)特点。Darknet 几乎没有依赖库,是从 C 和 CUDA 开始撰写的深度学习开源框架,支持 CPU 和 GPU。Darknet 跟 caffe 颇有几分相似之处,却更加轻量级,非常值得学习使用。

7.8 本章小结

本章介绍了图像视频的相关基础概念,列举了在图像降噪、增强、分割等常用的预处理算法,给出了相应的算法处理结果。详细介绍了图像的特征(颜色,纹理,统计,形状等),作为后续目标检测和跟踪的基础知识。列举了目标识别领域常用的一些算法(包括模式识别、SVM、贝叶斯分类和深度学习分类网络),在后续的章节,将为读者详细介绍这些算法的具体应用实例。在目标检测和目标跟踪上回顾了传统机器学习算法和近几年热度较高的深度学习算法,最后给出了一些图像处理工具的,部分提供了安装教程及代码供读者学习参考。

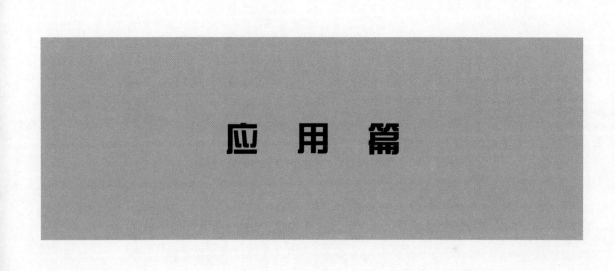

応 用 篇

第8章 电视导引系统与目标识别

电视成像制导是利用自然光或其他人工光源照射目标,通过接收目标反射或辐射的可见光信息形成图像,然后从可见光图像中提取目标位置信息并实现自动跟踪的制导技术。由于可见光图像的边缘、色彩和纹理信息丰富、分辨率高、抗电磁干扰强且成本较低,因此在 20 世纪中后期被广泛应用于多种型号的空地导弹中。

电视导引系统的出现可以追溯到第二次世界大战时期,最早使用的电视体制制导武器是德国曾经在第二次世界大战中使用的 Hs294D 型空地制导弹。1944 年 8 月,美国使用了带电视摄像头的"哥伦布"-4 型制导鱼雷攻击日本军舰。但这种电视导引系统是在采集图像后人工操作鱼雷航行方向,不属于电视自动跟踪导引系统,只能算是电视遥控制导系统。

第二次世界大战后,美俄等国都推出了其自成体系的电视导引武器系统。美国典型的电视制导导弹是早期的 AGM - 65A/B(Marerick)、AGM - 53A(Condor)、AGM - 62A(白星眼),后期研制的 ER(斯拉姆)空地导弹、AGM - 130 电视制导导弹等。

AGM - 65 Maverick(幼畜)型空地导弹是 AGM 系列的改进型(见图 8 - 1),主要执行近空火力支持,以及近空火力压制的任务。1971 年美国开始生产的 AGM - 65A 空地导弹,其光学系统的视场角为 5°,跟踪装置是形心/反差跟踪,摄像机相对于弹轴旋转可实现视场范围内的目标搜索;AGM - 65B 空地导弹在 AGM - 65A 空地导弹的基础上做了改进,采用 CCD 摄像机,其光学系统的视场角为 2.5°,系统的放大率为 2 倍,增大了制导距离,可实现 50°视场范围内的目标搜索。两种型号的导弹均装载在飞机上,飞机上有控制导引头的跟踪、投弹等按钮。飞行员启动导引头工作后,获得的电视图像出现在显示器上,通过观察显示器来观察地面上的情况,通过手动调节图像的对比度,以尽快发现目标,发现目标后,通过跟踪和投弹按钮摧毁目标。AGM - 130 系列电视制导炸弹是一种类似 GBU - 15 的高性能制导炸弹。采用了 GPS/INS 作为其中段制导手段,而在末端采用电视作为精确制导手段。

俄罗斯的电视制导技术依赖其光电子方面的实力可以与美国相媲美。电视制导导弹早期的有 SA - 6(有利)、SA - 8(盖克)地空导弹,还有后期研制的 KH - 29M(Kedge)、KH - 59(Kingbolt)和 KH - 59M(Kazoo)空地导弹(见图 8 - 2)。SA - 8(壁虎)导引头中的采用了特殊的探测器,因而 SA - 8 适用于可见度低的环境中。

英国依靠其雄厚的电视技术先后研制了 Seacat(海猫)、Seawolf(海狼)、Marter(马特尔)、Javelin(标枪)、轻剑等类型电视制导导弹。

比较典型的是 Seacat(海猫)电视制导系统,它是由马可尼公司研制的,摄像机是光导管、SEC -光导管或电子照射-诱导光导管中的一种。其导引头的光学系统采用了变焦镜头,F 为 2.8~4.5,用长焦小视场对目标进行观察识别,用短焦大视场对目标搜索,它可在可见度极低的夜晚工作,因此极大地提高了制导精度。

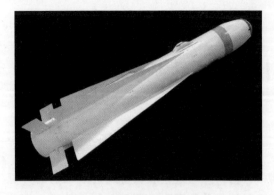

图 8-1 AGM-65 空地导弹

图 8-2 KH-59 空地导弹

我国电视制导技术方面的研究和应用起步较晚。经过数十年的仿制与研究,取得了巨大的进步与优异的成绩。代表性的武器有 YJ-63、KD-63 和 KD-88 等型号的空地导弹以及与"标枪"性能相近的"红箭"-12 反坦克导弹(见图 8-3)等。

图 8-3 "红箭"-12 反坦克导弹

本章将主要介绍电视导引系统的发展现状、组成以及基本的工作原理,并着重介绍电视导引系统中,目标的识别与跟踪。

8.1 电视导引系统组成与功能

8.1.1 电视导引系统发展现状

装在电视制导武器头部的电视导引系统,在制导武器飞行过程中主要用于发现、提取、识别、捕获、跟踪目标,同时计算出目标距离光轴位置的偏差,该偏差量进入跟踪随动系统,进行负反馈控制,使光轴瞬时对准目标。其另一作用就是当光轴与弹轴不重合时,给出与偏角成正比的控制电压,送给自动驾驶仪,使弹轴与光轴重合。从而使得武器可以实时对准目标,并引导其摧毁目标。

根据电视导引的跟踪系统的性能,可以将电视导引系统的发展分为三个阶段。

(1)第一阶段是从 20 世纪 50—70 年代末。该时期的电视导引目标跟踪系统从电路上来讲,多为模拟电路或模数混合电路。跟踪模式均为单一、非自适应型。最常见的是简单的相关或对比度跟踪系统,其目标跟踪锁定只能按操作员命令实现,而且跟踪的目标仅在固定窗口。利用这种非自适应跟踪算法跟踪目标时,常常会因杂波干扰丢失跟踪目标。而且丢失跟踪目标后,重新获取目标只能采用人工参与重新捕获的控制回路方案。另外,第一代跟踪系统所组成的硬件非常复杂、性能单一(与任务有关的),且功率耗损大。当提出新功能要求时,需要重新设计硬件。耗资巨大,产品开发更新周期长,如美国的"白星眼"AGM-62A 电视制导炸弹,"幼畜"AGM-65A 空地电视制导导弹等。

(2)第二阶段是从 20 世纪 70—80 年代末。这一时期的跟踪系统通常以微机为基础,能自适应实现多种工作方式。这些电视导引系统中,采用大规模集成电路和各种跟踪方法组成多种工作模式,可以对实时应用的跟踪算法进行优选,比单一模式导引系统能更好地保持跟踪。虽然第二代电视导引系统具有良好的目标跟踪能力,但针对未来不断发展的高要求和挑战,其跟踪性能还有待改进,主要存在以下一些问题:强杂波干扰的环境下丢失目标的问题。例如假定被跟踪目标进入强杂波干扰区,那么在跟踪可信度低时将迫使系统转入重新捕获工作方式,并且跟踪门扩大,尽力重新捕获目标。杂波干扰物体进入跟踪窗口将严重影响跟踪算法,造成系统锁定在杂波干扰物上而不是真正的目标上;在低目标-背景对比度下的跟踪可靠性差;在复杂环境下,自适应波门效果不好;系统没有良好的稳定性,成本高。

(3)第三阶段是从 20 世纪 90 年代初到 21 世纪初。目前正在发展的新一代跟踪系统是智能跟踪系统。其主要标志是采用高速数字信号处理器(Digital Signal Processor,DSP)直接对图像目标进行实时处理,具备自动目标识别和跟踪能力及多目标跟踪等能力。智能跟踪系统具有以下一些特性:能对视场中的多个目标进行探测、定位、识别和分类,并对潜在的目标进行评价和优先加权确定它们的优先权;在复杂背景条件下,跟踪系统可以预测目标受到遮挡,并预测目标受到遮挡后的特征变化,并为此采取措施,减少目标丢失的概率。在发现新目标时,可以更新其记忆单元或重新确定原有目标的位置和运动,增强记忆能力。目标在整个跟踪过程中,进入、离开、再进入视场,系统都能自动地重新获得目标。能记忆消失在视场外的目标信息;系统性价比高。由于图像处理方法是建立在二维数据处理和随机信号分析的基础上,其特点是信息量大,因而计算量大,存储量也大,另外目标跟踪系统必须实时、快速、可靠,所以大容量的信息存储和高速信息处理,始终是实时目标跟踪的技术关键。

电视成像制导目前主要有遥控式电视制导和电视寻的制导两种方式。对于精确制导导弹系统来讲,导引系统的设备位于何处,则是区分这两种制导方式的主要依据(控制设备都建立在弹上)。

1.遥控式电视制导

系统的部分或全部导引设备不在导弹上,而是位于导弹发射点地面、飞机或舰艇上,由在导弹发射点的相关设备组成控制站,遥控导弹的飞行状态。导弹在飞行过程中,始终与控制站进行着信息交换,直至命中目标。遥控式电视制导,由于弹上的导引设备比较简单、成本低、命中精度高和使用方便等优点而受到重视。

在电视遥控制导技术方面,由于电视视线制导存在着作战距离近、隐蔽性较差的缺点,目前主要是发展电视非视线制导,尤其是发展非视线光纤指令制导。这是由于光纤制导具有作用距离远、隐蔽性和安全性比较好,而且光纤具有不向外辐射能量、不易受干扰的优点。同时,由于光纤传输的速率高、容量大,可快速向制导站回传电视图像,因此,导弹的命中精度高。

2.电视寻的制导

导引系统全部装在导弹上。电视摄像机装在导弹的头部,由它摄取目标的图像,经过导引系统的处理,形成导引指令,传递给控制系统以控制导弹的飞行状态。导弹自主地完成目标信息的获取、处理和自身飞行姿态的调整等一系列工作,实现自动搜索被攻击目标,因而这一制导方式称为电视寻的制导,也就是说,导弹具有"发射后不管"的能力。

目前已研制并装备的各种电视制导弹药中,大多数采用指令捕捉方式,并且有机上锁定和发射后锁定方式。

机上锁定方式是指发射导弹前,电视导引头把目标和背景图像拍摄下来,直接传回操纵台,由操纵员判定画面上是否有目标,并由操纵员选定瞄准点,然后发射导弹攻击。电视导引头则自动跟踪和测量目标偏差信息,控制导弹飞向目标。

发射后锁定则是制导弹药飞行过程中,电视导引头把目标和背景画面拍摄下来,通过无线电传输到控制台,再由操纵员判定和选择,操纵员选择瞄准点后再把瞄准点信息传回制导弹药。完成瞄准后,制导弹药的导引头自动跟踪目标,测量目标偏差信息,控制导弹飞向目标并毁伤目标,例如如图 8-4 和 8-5 所示的 AGM-53A 和 AGM-142 空地导弹。

图 8-4　AGM-53A 空地导弹　　　　　图 8-5　AGM-142 空地导弹

(1)优点。电视成像制导属于被动制导方式,其具有以下优点。

1)由于电视导引头是成像系统,易采用图像处理技术。

2)抗电磁干扰。因其原理是被动地检测目标与背景光能的反差,所以电磁波对系统不起干扰。

3)跟踪精度高。此特点是由光学系统本身的性能决定的。

4)体积小、质量小。

5)可在低仰角下工作,不产生多路径效应。

(2)缺点。电视导引头也存在下列缺点。

1)只能在良好的能见度下工作,不是全天候的武器系统。

2)易受强光和烟雾弹的干扰。如强光可烧毁摄像管靶面或使其成为一片白色,使电视导引头失去效能。

3)为防止光学器件发霉、长斑,对使用和存放的环境条件要求高。

随着电子反雷达系统和反红外措施在战场上的应用,常规雷达制导系统和红外系统在战争中越来越力不从心,而电视体制制导技术作为辅助制导方式成为战争的理想选择。可以预见,未来战争中电视制导武器将占有重要的地位。

8.1.2　典型电视导引系统组成与工作原理

典型的电视导引系统主要由探测系统、信息处理系统、跟踪与随动系统等部分组成,某电视制导原理示意图如图 8-6 所示。

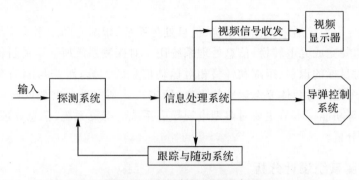

图 8-6　电视制导原理示意图

由图 8-6 可知,电视导引系统利用探测系统将目标与背景的可见光辐射信息经光电转换后形成可见光图像。可见光图像或图像序列经过信息处理系统的处理后表现为:一方面,通过视频收发装置传给视频显示器,供武器操作员观察;另一方面,经过图像处理和目标识别获得目标的位置偏差信号,并利用此信号控制导引系统的跟踪与随动系统,使得光轴能够始终对准目标。同时,将偏差信息按照一定的指导规律形成指导指令,发给控制系统改变导弹的飞行轨迹,引导弹摧毁目标。

8.1.3　典型电视导引系统功能

1. 电视导引头功能

导弹武器系统电视导引头应在规定的工作环境(特定的目标背景,一定的光照,一定的振动、冲击条件,一定的温度、湿度条件和各种干扰)下,完成以下功能。

(1)在导弹飞行末段(接近目标),在武器系统指令机构控制下开机,并按预定程序进行搜索。

(2)对满足规定条件下的目标进行捕获,并发出捕获指令。

(3)对目标进行稳定的跟踪,使光轴实时对准目标,并向驾驶仪提供光轴与弹轴的角偏差值。

(4)当被跟踪的目标丢失后,应具有记忆功能。在记忆时间内出现目标,系统应正常工作,当目标丢失超过记忆时间后,电视导引头重新搜索并再次捕获跟踪目标。

(5)根据导弹武器系统对电视导引头的要求,还应具有其他功能。

2. 电视导引头要求

对于电视导引系统的典型功能,通常对电视导引头有以下要求。

(1)探测系统应具有规定的灵敏度及抗干扰能力。

(2)导弹光轴必须是空间稳定的,以消除弹体摆动的影响。

(3)框架系统必须具有一定的回转角。

(4)能产生基准信号和框架角度信号。

（5）具有离轴瞄准和捕捉目标能力。

（6）结构上有适当的阻尼，保证导引头系统具有规定的快速性和稳定性。

8.2　典型电视导引系统设计分析

典型的电视导引系统通常由探测系统、信息处理系统、跟踪与随动系统等组成。探测系统对目标进行探测，并完成光电转换；信息处理系统用于对探测系统所获取的目标和背景信号进行处理，以实现对目标的识别、跟踪和弹目相对运动信息的计算；跟踪与随动系统根据信息处理系统发出的指令完成对弹体姿态运动的隔离（稳定），并利用平台框架或转向机构实现对目标的搜索与跟踪等功能。本节主要对典型电视导引系统的探测系统、信息处理系统、跟踪与随动系统进行设计分析。

8.2.1　探测系统设计分析

电视导引头的探测系统包含光学系统、信号处理电路等部件，其核心为光学系统。

典型的电视导引头的光学系统如图 8-7 所示，它包括光学玻璃罩、双平面镜、光学镜头、CCD 探测器等。它是通过双平面镜完成对目标的搜索，然后将目标信息经过光学镜头传递到CCD，实现对目标的光电转换。

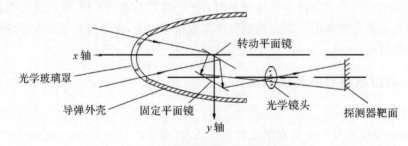

图 8-7　电视导引系统的光学系统

1. 光学防护罩的选取

光学玻璃罩装在导引头的最前端，当导弹高速飞行时，光学玻璃罩要承受气动热冲击力、空气阻力、风霜雨雪以及沙尘的侵袭，它的作用是保护内部的光学系统并减少热冲击对内部成像光学系统的影响。

电视导引头光学整流罩的技术要求主要包括：在可见光范围光学性能良好，尤其是导弹飞行时所处的高温高压环境，光学玻璃罩仍具有较高的透过率和较小的像差；具有良好的机械性能，能够抵抗高速度运行时的空气阻力和强气流冲击力；具有抗风沙、抗雨雪的侵蚀等性能；有良好的热稳定性和热导率，避免温度变化破坏内部的光学系统成像。

光学防护罩按曲面形式可以分为以下几种。

（1）平面形式，即采用平板玻璃做成透光罩。其优点是：加工容易、失真小。缺点是：空气阻力大、强度低。可以作为试验样机的透光罩，不适于作实际应用的导弹电视导引头的透光罩。

（2）椭圆曲面形式，将透光罩制作成椭圆曲面一部分的形状，使长轴与弹轴重合。椭圆透光罩的优点是:空气阻力小、强度高。缺点是:图像失真严重、制造困难。

(3)球形曲面形式,将透光罩制作成球面一部分的形状,使球心位于弹轴上,动镜回转中心与球心重合。由于两心重合,无论动镜处于什么角度位置,通过球心的光束都与球曲面垂直,使整个图像的失真为最小。从空气阻力来讲,当球半径不太大时,球曲面与椭圆曲面相比空气阻力没有明显增加。同时球曲面很容易加工制造。因此,常用此种作为探测系统的光学防护罩。

球形透光罩外圆半径是由镜头轴与弹轴距离、镜头外径、透光壁厚度和弹体外形尺寸来决定,则有

$$R \geqslant H + \frac{1}{2}D_W + \delta \qquad (8-1)$$

式中,R 为光学防护罩外圆半径;H 为镜头轴与弹轴距离;D_W 为镜头外径;δ 为透光壁厚度。

球形玻璃防护罩可以选用光学石英玻璃,并在表面镀氟化镁增透膜。玻璃防护罩与外壳可以采用加密封圈的螺钉连接或者采用螺钉连接后再涂胶密封。

2. 双平面镜

电视导引头对目标的搜索是通过双平面镜实现的。系统对目标的搜索主要有三种方式:一是光学系统相对弹体运动,直接实现对目标的搜索。其特点是搜索范围大,需要良好的机械结构来保证旋转的过程中光学系统的共轴性,系统的体积比较大;二是光学系统固定,通过反射棱镜实现对目标的搜索,该方法节省空间,但会引入新的像差,降低像质,设计复杂;三是光学系统固定,通过双平面镜中的动镜转动实现对目标的搜索,当动镜绕轴转动 α 角时,反射光线将转动 2α 角。该方法节省空间,结构简单,具有很高的可靠性高和精度,不会引入像差且搜索范围大,且平面镜在实际中应用比较广泛。

在电视导引系统中的平面镜应满足一下条件:反射率高(表面镀有反射膜)、较小的吸收率、平面度高、机械强度大、不易变形,耐高温和低温。

3. 光学镜头

光学镜头是探测系统中必不可少的器件。光学镜头在光学系统中的作用是完成目标图像的成像功能。

光学系统按结构形式分为投射式成像、折射式成像和折反式成像 3 种。

折射式结构的设计、加工和装调工艺比较成熟,不存在挡光,能够实现大视场和高成像质量,但是系统结构长,系统结构比较复杂,光能损失严重,系统体积大,质量重。由于系统的像差与焦距成正比,所以相对孔径的提高受到很大的限制。主要应用于可见光和红外光学系统中。

折反式结构是将反射、折射系统结合起来设计,其优点是在反射镜面后形成蜂窝状的结构,可以轻量化,反射镜面可以做得很大,从而有利于增加入射光通量,提高作用距离和成像质量。折反式的结构体积往往比较大,难以加工装调,对平台的稳定性要求较高,还会造成中心光线遮拦等问题。它主要应用于可见光和红外光学系统中。

反射式结构中反射镜的结构有球面、抛物面、双曲线面等面型,优点是对材料的要求不高,不需要校正色差,应用光谱范围广,而且镜面反射率往往比透镜的透射率高得多,系统结构体积小,质量轻。但是反射式结构的装调比较难,而且会造成中心光线遮挡,产生较大的轴外像差,主要应用于红外光学系统中。

电视导引头的光学系统的光谱范围是可见光范围,即波长为380~760nm。考虑到系统的稳定性,可选用折射式的光学结构,它是被动式成像,避免了主动式使用照明系统的缺点,提高了导引头抗拦截的概率,因此电视导引头相对于其它制导方式的导引头,制导精度较高。

4. CCD探测器

光电转换器件的作用是将可见光图像转换为电信号以便后期形成图像或图像序列,目前常用的光电转换器件分为真空成像器件和固体成像器件两种。真空成像器件包括光电导摄像管、靶硅摄像管等,固体成像器件包括CCD、EMOS等。随着电子技术的发展,使用真空成像器件的各类摄像管摄像机逐步被淘汰,采用固体成像器件的摄像机成为了电视导引头探测系统的主流。下述主要介绍CCD探测器。

CCD质量的好坏决定着电视图像成像质量,直接影响导弹的命中率,属于电视摄像机中的关键部件。因此,在以CCD摄像机作为探测系统的电视导引头中,CCD的选取一般考虑以下几方面。

(1)光谱响应。CCD探测器的光谱响应范围应与设计的光学系统相匹配,才能提高响应度,与电视导引头配套使用的探测器的光谱范围至少在380~780nm。

(2)靶面尺寸大小。CCD靶面成像尺寸由光学系统的焦距和视场角决定,因此靶面对角线视场与光学视场匹配,根据视场角的大小选取合适尺寸的探测器。

(3)靶面的最低照度。靶面的最低照度和目标的辐射特性决定了光学系统的相对孔径,在对光学系统设定相应的技术指标时,应该充分考虑探测器实际情况和目标的特性。

(4)信噪比。信噪比越高越好。

(5)分辨力。CCD探测器的分辨能力与像元尺寸的大小相关,探测器的像素越高,像元尺寸越小,分辨率越高,成像质量越好,它的分辨率也称奈奎斯特频率,为2倍像元大小的倒数,单位是lp/mm。探测器的分辨率也应该和光学系统的分辨率相匹配。

5. 探测系统的相关指标分析

对电视导引头来说,希望其作用距离远,分辨率高,体积小重量轻,造价低。决定电视导引头性能的因素主要是探测系统的焦距、相对孔径、视场角还和探测器性能指标,光学系统的分辨率越高,成像质量就越好,命中精度就越高;焦距越长,系统透过率越大,探测距离就越远,但是焦距越大,系统的体积也就越大。对以下几种指标进行设计分析:

(1)最大探测距离。最大探测距离越大说明系统的性能越好,可由下式求解,即

$$L = \frac{1}{\sigma_v}\ln(\frac{\tau p C E}{4i}) \cdot (\frac{D}{f'})^2 \tag{8-2}$$

式中,σ_v为大气衰减系数;D/f'为光学系统的相对孔径;τ为光学系统的透过率;p为探测器的灵敏度;C为背景与目标的对比度;E为环境的光照度;i为探测器的输出电流。

捕获目标的最大距离与导弹的飞行高度和速度、目标的大小和亮度、背景的亮度、大气和光学系统的透过率、目标和背景的对比度、镜头焦距、探测器的尺寸大小等因素密切相关。为了提高捕获目标的最大距离,应增大光学系统的相对孔径和探测器的灵敏度。由电视导引头的规范可知,其对大中型典型舰艇、大型地面建筑桥梁的捕获距离可达10~15km。

(2)最小作用距离。对焦距不变的光学系统,最小作用距离就是当导引头靠近目标时,目标经过光学系统成像后充满了视场,此时目标已经没有明显的分辨特征,导致导引头无法识别目标信息,这对导弹的命中精度有着极其重要的影响。为了提高导引头的性能,减小最小作用

距离,需对光学系统进行变焦设计,通过改变焦距来改变系统的视场角,或采用自适应跟踪波门,控制波门与目标大小的关系,避免目标充满整个视场,从而提高导弹的性能和命中精度。

对不同类型的目标最小作用距离要求不同,对大中型舰艇、大型地面建筑、桥梁最小作用距离小于 150m,对小型舰艇小于 100m,对坦克小于 30m。

(3)焦距 f。对目标进行探测跟踪时,像点尺寸不小于两个像元,对大中型舰艇的制导距离为 $10\sim15km$,假设坦克的线尺寸为 $H=3m,L=12.5km,h=2\times\gamma,\gamma\times\gamma$ 为探测器像元的尺寸,则有

$$f_{\max} = \frac{h}{H}L \tag{8-3}$$

对近距离目标时,像点的尺寸不低于 6 对像元,假设目标的线尺寸为 $H=1.8m,h=12\times\gamma,L=500m$,则有

$$f_{min} = \frac{h}{H}L \tag{8-4}$$

所设计的光学系统的焦距 f 应该满足 $f_{min}\leqslant f\leqslant f_{\max}$。

(4)视场角(2θ)。记探测器靶面的面积为 $a\times b$,短焦距为 $f_{\min}$,长焦距为 $f_{\max}$,则可由下式获得系统的长焦距视场角 $2\theta_{\min}$ 以及短焦距视场角 $2\theta_{\max}$:

$$2\theta_{\min} = 2\arctan\frac{\sqrt{a^2+b^2}}{2f_{\max}} \tag{8-5}$$

$$2\theta_{\max} = 2\arctan\frac{\sqrt{a^2+b^2}}{2f_{\min}} \tag{8-6}$$

所设计的视场角应该在电视导引头规范的视场角范围内。

(5)F 数:

$$F\leqslant\sqrt{\frac{\pi E(\lambda)\rho(\lambda)\tau_a(\lambda)\tau_0(\lambda)}{4E'}} \tag{8-7}$$

式中,F 为光学系统的相对孔径导数;$E(\lambda)$ 为目标辐照度;$\rho(\lambda)$ 为目标反射率;τ_a 为大气辐射传输透过率;τ_0 为光学系统透过率;E' 为探测器最低照度。

(6)分辨率。分辨率是系统成像质量的标准之一,镜头每毫米能够分辨出的线对数就是分辨率 N,则有

$$N = \frac{1}{1.22\lambda}\cdot\frac{D}{f'} \tag{8-8}$$

式中,D/f' 为相对孔径;λ 为中心波长。

根据光学系统的分辨率,选择合适的探测器,即探测器的分辨率要与光学系统的分辨率 N 相匹配。

根据诸如最大作用距离等技战术指标的实现,进而确定光学系统的相关参数,以及探测器的相关选型,从而完成电视导引系统中的探测系统的设计,实现将目标及背景转化为数字信号,为后续系统的处理提供最为基础的保障。

8.2.2　信息处理系统设计分析

电视导引系统的信息处理的特点是信息量大、实时性强。电视导引系统的信息处理系统主要完成对探测系统输出的电视信号的处理和加工(转换),从大量的数据中检测、识别、分类

目标并给出跟踪信息,将跟踪信息及时有效地传输给跟踪与随动系统,从而达到跟踪并摧毁目标的目的。早期的计算机运算速度和算法复杂度的限制,使得检测与跟踪目标的鲁棒性和实时性方面总是不太理想。

随着 DSP 芯片的出现和 DSP 技术的发展和广泛应用,使得电视导引系统的信息处理技术获得了极大的发展。基于 DSP 芯片的图像处理系统是专门特定的嵌入式系统,对实际应用具有针对性。DSP 具有针对数字信号处理而特殊设计的结构,拥有强大的数字信号处理能力,可以快速完成对数字信号的处理。DSP 芯片的运算速度高、寻址方式灵活、通信能力强大,适合于执行所需底层数据量较小、控制结构复杂的算法。对于探测系统获得的视频、图像这种大规模的数据进行处理,基于 DSP 的图像处理系统是不错的选择。为进一步扩大 DSP 图像处理系统的适用范围和灵活度,DSP 芯片可以搭配 FPGA/CPLD 共同使用。DSP 主要负责视频图像的处理以及算法的执行,是整个系统的核心部分和计算中心;而 FPGA/CPLD 因为适用于执行所需底层数据量大和结构相对简单的算法,所以在系统中主要负责逻辑控制、编解码以及视频输入输出等功能,是系统中的协处理器。DSP+FPGA/CPLD 的组合方式通用性较强,适于电视导引这样的实时信号处理;同时其结构灵活,便于模块化设计,易于维护和扩展,开发周期较短。因此,利用 DSP 和 FPGA/CPLD 的组合来构成嵌入式图像处理系统,成为了信息处理系统的发展趋势。

使用 DSP 进行信息处理的系统设计的基本流程如图 8-8 所示。

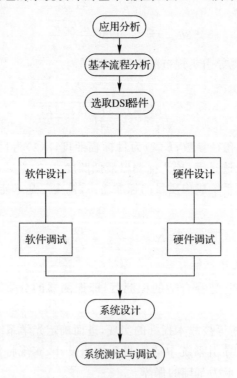

图 8-8　DSP 系统设计基本流程

1)确定系统的性能指标。在设计 DSP 系统之前,首先需要对应用有清楚的了解,必须根据应用系统的目标确定系统的性能指标、信号处理和非信号处理(应用环境、可靠性、可维护性、功耗、重量、体积、成本等)的要求,通常可用数据流程图、数学运算序列、正式的符号或自然语言来描述,然后分析要处理的输入信号特性和所要求的处理结果,确定要采用的 DSP 算法。

2)算法模拟阶段,即根据应用系统目标确定系统性能指标。首先根据系统要求进行算法仿真和高级语言模拟实现。为了得到最佳系统性能,在这一步骤应当确定最佳处理算法。

3)选择 DSP 芯片。根据算法要求(运算速度、运算精度要求、存储器要求等)选择 DSP 芯片。

4)设计实时 DSP 系统。包括硬件设计和软件设计两个方面。硬件设计主要根据系统要求设计 DSP 芯片外围电路和其他电路(如转换、控制、存储、输出等电路)。软件设计主要根据系统要求和所选的 DSP 芯片编写相应的 DSP 汇编软件。如果系统运算量不大,可以采用高级语言和汇编语言混合编程。

5)硬件与软件调试阶段。硬件调试采用硬件仿真器进行。软件调试一般借助 DSP 开发工具如软件模拟器、DSP 开发系统或仿真器等进行。通过比较在 DSP 所执行的实时程序和模拟程序执行情况来判断软件设计的正确性。

6)集成和系统测试阶段调试阶段完成后,实时程序被固化在 EPROM 或者 Flash 里面。

信息处理系统应当实现高速实时图像处理,要求如下:

(1)高速实时图像处理。图像实时处理指的是,系统必须在有限的时间内对外部输入的图像数据完成指定的处理。即图像处理的速度必须大于或等于输入图像数据的更新速度。而且从图像输入到处理后输出的延时必须足够小。设计根据实时性的指导思想,通过分析电视导引系统上图像数据处理的实时性要求,来作为信息处理系统的设计依据。以某型 CCD 相机为例,该相机输出的 Camera Link 格式图像的分辨率大小为 1 280×1 024,像素灰度为 12b,输出帧频达到 100 帧/s。且 Camera Link 像素时钟 $t_{c/k}$ 为 80 MHz(12.5 ns),行消隐的持续时间为 120 个像素时钟,帧消隐的长度为 20 行(行有效+行消隐),则 CCD 相机输出一整帧图像的帧有效时间 T_v 为

$$T_v = ((L_1 + L_2) \times 1\ 024) \times t_{c/k} = ((1\ 280 + 120) \times 1\ 024) \times 12.5 = 17.92 \text{ms}$$

$$(8-9)$$

式中,L_1 表示行像素的有效个数,L_2 表示行消隐所占的时钟个数。帧消隐时间 T'_v 为

$$T'_v = 20 \times (1\ 280 + 120) \times 12.5 \text{ns} = 350 \mu \text{s} \tag{8-10}$$

实时图像的处理要求从当前帧起始至下一帧到来之前必须完成。一帧图像拥有的处理时间为 17.92+0.35＝18.37ms,也即在 18.27ms 的时间宽度内必须完成当帧图像内容处理。这对实时图像处理平台的性能以及图像处理算法的效率提出了要求。

(2)系统数据吞吐率要求。数据吞吐率是对一个信息处理系统的数据输入/输出带宽的衡量指标。信息处理系统的数据吞吐率越大,信息处理系统的实时性和处理能力就越强。信息处理系统的数据吞吐率和图像数据传输、存储及处理各个环节紧密相关。

在图像处理的低层次阶段—图像预处理阶段,预处理过程针对的是大量的、全视场的原始图像数据。因此数据吞吐率要求很高,通常采用带有大规模可编程资源的高速 FPGA 实现。在更高一级层次如目标特征提取阶段,通常在高性能的 DSP 内部来完成。FPGA 与 DSP 之间不仅存在着图像预处理结果的数据传输,也存在着 DSP 内部提取图像目标的特征信息。以后,DSP 与 FPGA 之间需要进行完成原始图像数据匹配运算的数据交换。在最高级层次的目标检测阶段,图像处理模块得到目标的运动特征信号后,需要实时输出方位、俯仰信息提供给

伺服控系统(如脱靶量信息)。这也需要信息处理系统具备一定的数据输出带宽要求。其次，实时图像在平台上处理的最终结果(包括原始实时图像叠加了目标波门信息、目标特征信息、跟踪信息)需要实时传输至图像显示分子系统，这也需要相当大的数据传输带宽要求。

8.2.3 跟踪与随动系统设计分析

电视制导系统是基于跟踪随动系统建立起来的，跟踪随动系统主要由框架、力矩马达、陀螺仪等组成。跟踪随动系统的最终目标是能够稳定电视导引系统上 CCD 电视成像系统的十字跟踪轴，能够使得弹体沿着目标方向飞行最终击中目标。由于电视制导的应用场合需要较高的精度，因此决定了电视制导伺服稳定平台控制系统要具有比普通伺服系统高频响、高带宽、高可靠性、高灵巧、高精度的性能要求。

电视导引头的预定、搜索、跟踪和稳定 4 种工作状态决定了导引头伺服机构的技术指标通常也是针对这四种工作状态而设定。预定状态只要求保持光轴与弹轴的夹角不变即可，因此预定状态没有动态性能要求，通常只用预定精度来衡量其性能。搜索状态涉及导引头捕获目标的概率，通常用搜索速度来衡量搜索状态的性能。跟踪状态直接关系到导弹是否能准确命中目标，对其静态和动态性能都有严格的要求。通常用最大跟踪速度和稳态跟踪精度来衡量其性能。稳定状态只有一个稳定回路，另外跟踪状态和搜索状态的伺服回路中也包含了稳定回路。稳定回路的主要功能是隔离载体扰动，其性能决定了导引头提供的视线角速率信号的好坏，同时也会对导引头搜索和跟踪性能产生重要影响。通常用隔离度来评价稳定回路的性能。

随动系统是电视导引头搜索、跟踪目标的执行机构和稳定机构，它由角度伺服系统、俯仰稳定机构、滚动稳定机构、照度自动控制装置、焦距自动调整装置 5 部分组成。在电视导引头中，实现搜索和跟踪目标的机械装置是电视摄像机镜头或前面的双平面镜光学系统。所以随动系统的控制对象也就是这两部分。

在电视导引头中，随动系统的主要功能如下。

(1)稳定。以规定的精度将光学系统稳定安装在惯性空间内，保持固定指向，以确保图像稳定。

(2)伺服控制。按照控制信号将光轴指向指定方向或扫描，以使目标图像进入视场。

(3)跟踪。根据控制器给出的控制信号，将光轴以足够的精度持续对准目标。

(4)锁定。电视导引头不工作时平台处于锁定状态，光轴不能转动；工作时平台解锁。

(5)限位。通过特殊机械和电器装置，限制各框架只能在规定的角度范围内转动，达到极限位置时制止继续转动，并给出信号指示。

(6)信号输出。可将光轴的框架角信号和光轴角速度信号以模拟电压方式输出。

随动系统通常要求有较好的隔离度、足够的跟踪精度与跟踪速度。因此影响其性能的硬件因素一方面包括所用的速度、位置传感器、执行电机、机械结构件的性能及负载特性等，另一方面伺服系统所用的控制算法和控制电路的特性将极大地影响系统性能，采用较好的控制电路和算法可以最大限度地发挥控制系统中元件的性能。

在电视导引头中，角度伺服系统的任务是计算出目标距光轴的偏移量，此偏差信号加到执行机构，经负反馈控制，使摄像机光轴对准目标；由于摄像机的视场角很小，弹体稍有挠动引起弹头低头、抬头，都会造成目标移出视场以外，俯仰稳定机构的作用就是来抵消弹体挠动造成的影响；当弹体滚动时，电视导引头的摄像机也必然发生滚动，从而造成目标在成像器件上的倾斜，此时可以利用滚动稳定机构来矫正单体滚动对于正常跟踪的影响；光圈自动调整系统可以随时调整光圈大小，用来消除弹体飞行中照度小范围不断变化带来的影响；而自动调焦装置可以解决目标成像尺寸近大远小的问题，保证所需要的目标能够在远近不同的范围内都能成像在靶面上。

控制方式大致可以分为连续控制和不连续控制两大类。连续控制又叫做模拟控制或线性控制，不连续控制又叫做继电式控制或数字式控制。连续控制从驱动形式上分又有电动、气动、液压等方式。液压伺服系统多用在大型精密跟踪雷达中。在要求体积小、质量小的弹上导引头中，则多采用直流电机、力矩电机、无槽电机等驱动方式。相应的敏感元件、控制元件和控制线路也各有相应的形式。不连续控制的系统又可分为有触点式和无触点式的继电系统两种。有触点式继电系统是通过机械开关的闭合和断开来实现断续控制的，而无触点式继电系统是通过电子线路的导通和截止电位的高与低来实现断续控制的。

电视导引头的 5 种伺服系统都是一种自成回路的自动控制系统，一般都可以采用数字式控制方式。除了角度伺服系统功能较多、速度和精度要求较高、线路复杂外，其余几种都可以采用省掉模数和数模转换的结构简单、调整方便的数字伺服系统。

目前电视导引系统中的随动控制，国内和国外采用的基本都是经典控制方法和控制理论，例如 PID 控制、复合控制和最优控制等，也有一些现代控制理论和控制方法，如模糊控制，H_∞ 控制、自适应控制等。

8.2.4　制导原理分析

导引律是制导武器在截获目标的过程所遵循的规律。即在截获目标的过程中，制导武器的弹道应遵循的规律，也称制导规律。常用的导引律有：追踪法、平行接近法、比例引导法、三点法、前置角法等。

电视制导系统根据目标反射的可见光信息，按照相应的导引律来形成指导指令，实现对目标的跟踪以及对电视制导武器的制导。为了充分发挥电视制导武器的性能，需要对末制导弹道进行限制，如：约束角足够小以保证可用视场足够大；要抑制目标视线的偏转以提高导引头成像质量；同时还要对控制能量进行限制，以降低对制导控制系统的要求。

1. 建立相对运动模型

由于电视制导武器的制导律研究的主要是导弹质心的运动规律，为了简化问题，通常将导弹当做一个可以操纵的质点，并使用相对运动方程来描述导弹、目标及指导站之间的相对运动关系。

电视制导武器的运动分析基于以下的假设。

1）电视制导武器、目标、制导站的运动视为质点运动，即导弹绕单体轴的运动是无惯性的。

2）电视制导控制系统的工作是理想的。

3）电视制导武器的速度是时间的已知函数。

4）目标和制导站的运动规律已知。

5）电视制导武器、目标和指导站始终在同一个平面内运动。该平面称为攻击平面，它可能是水平面、铅垂面或倾斜平面。

6）制导武器和目标的加速度方向都是与速度方向垂直的，即只有法向加速度。根据工程经验,末制导期间,无人机与目标的纵向速度变化不大,而往往是不可以控制的。

研究电视制导武器与目标的相对运动方程,通常采用极坐标的形式。根据电视制导武器常用的两种制导方式,下述分别介绍相应的制导律。

(1)电视寻的制导。电视寻的制导可以自行完成探测目标和形成制导指令的功能。因此电视寻的制导的相对运动方程实际上是描述导弹与目标之间的相对运动关系方程。如图 8-9 所示,假设某一时刻,目标位于 T 点,导弹位于 M 点,连线 MT 称为目标瞄准线(简称弹目视线)。选取参考基准线 MX 作为角度参考零位,通常可以选取水平线、惯性基准线或发射坐标系的一个轴等。

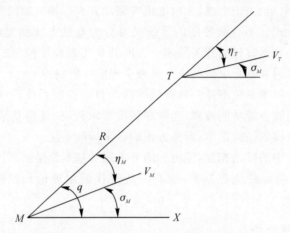

图 8-9　电视寻的制导的相对运动关系

图 8-9 中,R 为导弹与目标的相对距离,q 为目标方位角,V_M、V_T 分别为导弹、目标的速度。σ_M、σ_T 分别为导弹弹道角和目标航向角,η_M、η_T 分别为导弹、目标的速度矢量前置角。将导弹和目标的运动分解到弹目视线和其法线两个方向,其运动方程可以写为

$$\left.\begin{aligned}
\frac{\mathrm{d}R}{\mathrm{d}t} &= V_T\cos\eta_T - V_M\cos\eta_M \\
R\,\frac{\mathrm{d}q}{\mathrm{d}t} &= V_M\sin\eta_M - V_T\sin\eta_T \\
q &= \sigma_M + \eta_M \\
q &= \sigma_T + \eta_M \\
\varepsilon_1 &= 0
\end{aligned}\right\} \tag{8-11}$$

式中,$\varepsilon_1 = 0$ 为描述导引方法的制导关系方程。根据指导关系方程形式的不同,电视寻的制导中常见的方法有以下几种。

1)追踪法。$\eta_M = 0$,即 $\varepsilon_1 = \eta_M = 0$。

2)平行接近法。$q = q_0 =$ 常数,即 $\varepsilon_1 = \mathrm{d}q/\mathrm{d}t = 0$。

3)比例导引法。$\dot{\sigma} = K\dot{q} =$ 常数,即 $\varepsilon_1 = \dot{\sigma} - K\dot{q} = 0$。

(2)遥控式电视制导。遥控式电视制导受到指导站的控制,因此遥控式电视制导导弹的运动特性不仅与目标的运动状态有关,同时与制导站的运动状态有关。其中,指导站可能是固定的,也可能是运动的,因此,建立相对运动方程式要考虑指导站的运动状态。通常为了简化问题,可将制导站看作质点运动且运动状态完全已知,同时,认为导弹、制导站和目标的运动始终

在同一平面内或者可以分解到同一攻击平面内。

　　若假设某一时刻,目标位于 T 点,导弹位于 M 点,制导站位于 c 点,则有如图 8 - 10 所示的相对运动关系。

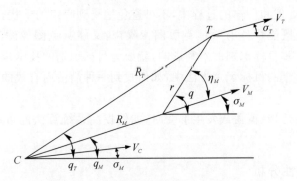

图 8 - 10　电视遥控制导的行对运动关系

　　图 8 - 10 中,R_T、R_M 分别为目标、导弹距离制导站的相对距离,q_T、q_M 分别为制导站-目标和制导站-导弹连线与基准线之间的夹角,σ_C 为制导站速度与基准线之间的夹角。其相对运动方程为

$$\left.\begin{array}{l} \dfrac{\mathrm{d}R_M}{\mathrm{d}t} = V_M\cos(q_M - \sigma_M) - V_C\cos(q_M - \sigma_C) \\[2mm] R_M\,\dfrac{\mathrm{d}q_M}{\mathrm{d}t} = -V_M\sin(q_T - \sigma_T) - V_C\sin(q_T - \sigma_C) \\[2mm] \dfrac{\mathrm{d}R_T}{\mathrm{d}t} = V_T\cos(q_M - \sigma_M) - V_C\cos(q_M - \sigma_C) \\[2mm] R_T\,\dfrac{\mathrm{d}q_M}{\mathrm{d}t} = -V_T\sin(q_T - \sigma_T) - V_C\sin(q_T - \sigma_C) \\[2mm] \varepsilon_1 = 0 \end{array}\right\} \tag{8-12}$$

在遥控式电视制导中,常用的制导律有以下两种。

1)三点法。$q_M = q_T$,即 $\varepsilon_1 = q_M - q_T = 0$。

2)前置角法。$q_M - q_T = C_q(R_T - R_M)$,即 $\varepsilon_1 = q_M - q_T - C_q(R_T - R_M) = 0$。

8.3　目标识别需求与流程

8.3.1　目标识别算法分析

　　电视导引系统的目标识别就是根据从探测系统获取并经信息处理系统预处理后的图像中提取各对象的特征,然后对各对象的特征做出类属的判别,进而识别出是否为攻击目标,并为后续的目标跟踪提供基础。

　　由于电视制导武器的飞行轨迹的变化和目标背景的多样化,使得目标的识别成为最复杂、难度最大的一项技术。在大多数情况下,由于图像成像条件的不同,如气候、视角、时间以及成像手段的不同等,导致在高速运动过程中获取的要识别的实时目标图像与基准图像之间可能产生几何失真,这种失真将对目标识别的结果带来很大的影响。在这种条件下,识别算法精度高、速度快以及抗干扰性强成为人们追求的目标。因此,需要寻找一种具有旋转、平移和比例不变性的图像识别方法,以满足实际应用的需要。

当前目标识别虽然取得了很多的研究成果,但依旧存在着诸多技术难点有待研究:

(1)图像在产生、处理和传输的过程中,不可避免地受到噪声的干扰,而噪声又对图像质量产生的影响,那么如何既能快速有效地克服图像噪声,又能避免图像滤波所带来的如图像模糊、特征淹没等对下一步目标识别的不利影响,就成为目标识别的技术难点之一。

(2)在基于特征匹配的目标识别方法中,如何找到一种简洁而有效的表达目标特征的方法是又一个技术难点。

(3)当出现目标被遮挡、覆盖或发生形变时,如何提高系统算法的可靠性是关系到系统识别品质的关键之一。

8.3.2 目标特性分析

电视制导系统获取的是目标的可见光信息,所攻击的目标主要是军事目标,而背景是指目标以外的一切可探测或对探测有影响的物质和空间。电视制导武器所攻击的常见目标有军用车辆(包括坦克和装甲车辆等)、舰船、军事工事、机场、油库、雷达站以及敌方导弹等。常见背景有大地及地面上的植被、湖泊、建筑,天空及天空中的日月星辰、云团、降雨、闪电等,海洋及海洋中的岛屿、暗礁、海浪、海洋生物等。

由于任何物质对外发出的光波能量主要来自自身辐射和外界反射,因此,对目标与背景的光学特性研究主要是对光波的辐射和反射特性进行研究。当然在大气层内,目标、背景和导弹之间存在着大气。大气对光波的传输存在着衰减减半。

对于军用目标,诸如卫星、导弹、飞机、军舰和坦克等的可见光特性主要包括目标自身辐射的可见光和反射环境的可见光。目标本身的可见光辐射主要来自目标上的灯光和发动机燃料燃烧。对于火箭和飞机在发动机工作时,高温燃料燃烧会形成较明亮的可见光辐射,可以作为比较明显的可见光特征。但是对于绝大多数军事目标来说,其可见光特性主要反射太阳、天空和环境的可见光,而这种反射特性与人类眼睛所观看的图像完全一致,因此,目标的可见光特性研究较少,这里仅列出部分特性。

与海空目标跟踪相比,地面目标的背景更为复杂。例如,当目标采用一定伪装措施,即使自身颜色分布接近背景的颜色分布时,基于颜色特征的算法会极易受到干扰,如基于直方图的均值漂移算法;当目标处于复杂纹理背景中时,基于特征点、边缘、纹理的算法很可能会失效。对于舰船目标,在白天可以使用可见光图像对其观察,但是因为水面反射太阳光干扰的作用,尤其在水面风浪较大的情况下,舰船的可见光辐射可能被风浪水面反射的阳光所淹没。

在电视导引的过程中,目标外观往往也会发生很大的变化,如光照变化导致所成像图像灰度变化、目标自身运动导致姿态变化、相对运动导致拍摄角度的改变。为了使跟踪算法能够在整个跟踪过程中合理地应对这些变化,实现对目标长时间、稳定跟踪,必须选择出合适的模板更新策略。在设计模板更新策略时,需要解决的主要问题是如何抑制模板漂移现象。除此以外,遮挡在电视导引中也是可能存在的问题。但是与前面所述几种目标外观变化相比,遮挡导致的外观变化更加急剧,同时会造成目标信息丢失,从而导致跟踪所需信息不足而变得不稳定。因此目标遮挡问题一直是目标跟踪领域的难点,也是评价一个算法鲁棒性的重要指标之一。

8.3.3　目标识别流程

目标识别是对经过预处理和复杂条件下的背景抑制后的图像数据进行分割、特征提取和目标识别分类的过程。首先,对电视导引系统获得的视频图像进行预处理,包括去噪、图像增强等,并把待识别的目标图像从原始图像中分割出来,然后对分割后获得的目标图像进行测量,提取其特征值,并最终输出一个特征矢量来刻画目标图像的特征。这种被大大减少了的信息代表了后续分类决策必须依靠的全部知识。依据输出的特征矢量,利用推理规则和知识库对目标图像进行识别,决定该目标是否属于攻击目标,进而完成目标识别过程。目标识别的基本流程如图 8-11 所示。

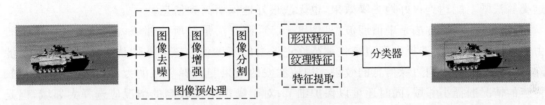

图 8-11　目标识别的基本流程

为了提高图像识别结果的可靠性,往往需要通过引入限制条件大大缩小待识别目标在模型库中的搜索空间,以减少匹配计算量。

8.4　目标识别算法分析

8.4.1　预处理

在电视图像信号的采集、传输和变换等过程中,由于多种因素的影响,总会造成图像质量的下降,使得图像的后期处理,如图像分割、特征提取和图识别等变得困难,因此对原始图像进行预处理非常重要。图像增强是通过采用一系列技术改善电视图像的效果或将电视图像转换成更方便分析的形式,主要是对电视图像进行适当的变换突出某些有用的信息,取出或削弱无用的信息。

电视图像实质是光电信息,因此电视图像中的噪声的主要来源有以下三个方面:在光电、电磁转换过程中引入的人为噪声,大气层电磁暴、闪电、电压和浪涌等引起的强脉冲性冲击干扰,自然起伏性噪声(由物理的不连续性或粒子性所引起)。噪声恶化了电视图像的质量,使图像变得模糊,甚至淹没和改变特征,给后续的图像分析和识别带来困难。

为了消除噪声,增强图像,常采用滤波的方法。其可分为空域滤波和频域滤波。按空域滤波器的功能又可以分为平滑滤波器和锐化滤波器。平滑滤波器可以用低通滤波实现,目的在于模糊图像(提取图像中的较大对象而消除较小对象或将对象的小间断连通起来)或消除图像噪声;锐化滤波器是用高通滤波实现的,目的在于突出图像中的细节或者增强图像被模糊的细节,这种模糊不是由于错误操作,就是特殊图像获取方法的固有影响。频域法处理是在图像的某种变换域内,对图像的变换系数值进行运算,即做某种修正,然后通过变换获得增强图像,这是一种间接增强的方法,在频率域内常用低通滤波法和同态滤波器处理噪声,而用高通滤波器实现边缘检出。下面针对电视图像预处理过程中常用的空域滤波算法进行分析比较。

1.图像去噪

对于电视图像(可见光目标原图见图8-12)的去噪,通常采用局部去噪的方法,其主体思想就是修正某一像素时选取与以这一像素相距某一距离的邻域,利用邻域内的像素灰度值对待修正像素进行处理,选择邻域时都以待修正像素为邻域中心。典型的方法有均值滤波(见图8-13),该方法是利用设定大小的邻域内的像素灰度平均值来代替待修正的像素灰度值,可以有效地修正噪声像素。在频域中,低通滤波的效果与之相似。均值滤波过程中,噪声表现出的灰度值的突变被很好地抑制,其缺点是图像内的细节边缘也是高频部分,在滤波过程中容易作为噪声一起被锐化从而使图像的细节和边缘变模糊。而且在处理椒盐噪声(见图8-14)时,这类算法既不能达到很好地去噪效果,也无法很好地保留高频信息。

另一种典型的方法是中值滤波(见图8-15),该方法是对所选邻域内的像素灰度值进行由大到小排序,从中选择中间值来代替待修正像素的灰度值。该方法的优点是能够较好地滤除脉冲噪声却不影响边缘信息的效果。中值滤波的效果与选择邻域的大小有关,对于噪声较稀疏的情况选择小邻域,同时还可以保护细节;对于噪声密度较高的情况应选择大邻域,但是图像细节会丢失。因此,邻域大小的选取至关重要。针对该问题,有大量的改进算法来改善中值滤波的性能,也可以从侧面看出中值滤波在去噪领域的重要性。

图8-12　可见光目标原图

图8-13　均值滤波效果图

图8-14　椒盐噪声图像

图8-15　中值滤波效果图

2.图像锐化

图像的细节、边缘等信息在电视制导中起着十分重要的作用,因此可以采用图像锐化的操作来增强这些信息。图强锐化可以增强边缘和细节信息、减弱背景,从而提高图像质量。

图像锐化就是通过对图像轮廓进行补偿,从而使图像的边缘区域以及灰度发生重大跳变区域的可识别性更高,使得图像边缘的清晰程度得到提高。图像锐化的实现方式具有多样性,包括统计差值法、离散空间差分法及高通滤波等。下述主要介绍电视图像锐化中常用的梯度算子以及拉普拉斯运算。

(1)梯度算子。对图像 $f(x,y)$,在点 (x,y) 上的二维梯度列向量,可定义为

$$G[f(x,y)] = [Gx, Gy]^T = \left[\frac{\partial f}{\partial x}, \frac{\partial f}{\partial y}\right]^T \tag{8-13}$$

在数字图像处理中,典型的梯度算法是把微分 $\partial f/\partial x$ 和 $\partial f/\partial y$ 近似差分 $\Delta_x f(i,f)$ 和 $\Delta_y f(i,j)$ 来替换,即

$$\left.\begin{aligned}G_x &= \Delta_x f(i,j) = f(i+1,j) - f(i,j) \\ G_y &= \Delta_y f(i,j = f(i,j+1) - f(i,j)\end{aligned}\right\} \tag{8-14}$$

典型的梯度算法可表示为

$$|G[f(x,y)]| \approx |G_x| + |G_y| = |f(i+1,j) - f(i,j)| + |f(i,j+1) - f(i,j)| \tag{8-15}$$

其主要包括 Roberts 算子、Sobel 算子、Prewitt 算子以及 Canny 算子等。

(2)拉普拉斯运算。典型的拉普拉斯运算定义为

$$\nabla^2 f(x,y) = \frac{\partial^2 F}{\partial x^2} + \frac{\partial^2 f}{\partial y^2} \tag{8-16}$$

典型的拉普拉斯算子可表示为

$$g(i,j) = \nabla^2 f(x,y) = f(i+1,y) + f(i-1,y) + f(i,j-1) - 4f(i,j) \tag{8-17}$$

拉普拉斯锐化的过程如下。

1)如果窗内中心像素位于舒缓的区域,该中心点跟周围像素相近,变化不大,那么锐化后,中心点的值仍可用其原来的像素灰度值。

2)如果方形窗内的中心像素在图像细节两边变化较大,若位于明亮的一侧,则它的灰度值跟它所在区域内的邻域像素灰度值差值不大,跟灰度较暗区域内的像素灰度值差值较大。经过锐化后,该点像素的新灰度值是在原灰度值的基础上补充一个正值。

3)反之方形窗内的中心点像素位于图像细节边缘阴暗的区域时,锐化后则要加上一个负值。

3.图像分割

图像分割是由电视图像处理转到图像分析的关键。一方面,它是目标图像表达的基础,对特征测量有重要的影响。另一方面,图像分割和分割的目标表达、特征提取和参数测量等将原始图像转化为数学表达式,方便计算机进行电视图像分析和理解。在整个识别系统中,图像分割是一项基本技术,也是关键技术,但是由于问题的重要性和存在的困难,到目前还不存在通用的方法,也不存在判断分割是否成功的客观标准。目前图像分割算法可以分为阈值分割、边缘检测、区域生长和特殊理论工具的分割等。

(1)基于灰度阈值的图像分割算法。阈值分割算法是图像分割中应用数量最多的一类。简单地说,对灰度图像的阈值分割就是先确定一个处于图像灰度取值范围内的灰度阈值,然后将图像中各个像素的灰度值与这个阈值相比较,并根据比较的结果将对应的像素划割为两类:一类是像素灰度大于阈值,另一类是像素灰度值小于阈值。分割后两类像素一般分属于两个不同的区域,所以对像素根据阈值分类达到了区域分割的目的。确定阈值是分割的关键,如果能确定一个合适的阈值就可准确地将图像分割开来。

1)最大类间方差法。以最用车目标为例,原图如图 8-16 所示,最大类间方差法(OSTU 方法,分割效果图见图 8-17)是最常用的利用一维灰度直方图的阈值化方法之一,它是一种自动的非参数、无监督的阈值选择法。它基于类间方差最大的测度准则,最佳阈值在测度函数取最大时得到。

设图像的灰度级为 $\{0,1,\cdots,L-1\}$,灰度级为 i 的像素数为 n_i,总像素数为 $N=\sum\limits_{i=0}^{L-1}n_i$,归一化直方图为 $p_i=n_i/N\left(\sum\limits_{i=0}^{L-1}p_i=1,p_i>0\right)$,用阈值 t 将图像中的像素按灰度级划分为两类,即 C_0 和 C_1,其中:$C_0=[1,2,\cdots,t]$,$C_1=[t+1,t+2,\cdots,L-1]$,这两类的概率分布为

$$C_0:p_0/w_0,\cdots,p_t/w_0 \tag{8-18}$$

$$C_1:p_{t+1}/w_1,\cdots,p_{L-1}/w_1 \tag{8-19}$$

式中

$$w_1=\sum_{i=t+1}^{L-1}p_i=1-w(t) \tag{8-20}$$

类间方差函数定义为

$$\sigma_B^2=w_0(u_0-u_t)^2+w_1(u_1-u_t)^2 H=-\int_{-\infty}^{+\infty}p(x)\ln p(x)\mathrm{d}x \tag{8-21}$$

式中,$u_T=\sum\limits_{i=0}^{L-1}ip_i$ 为整幅图像的均值,u_0 和 u_1 分别为 C_0 和 C_1 两类的均值。当类间方差函数最大时,得到的阈值 t 为最佳分割阈值,即

$$t^*=\arg\max\{\sigma_B^2\}\quad t\in[0,1,\cdots,L-1] \tag{8-22}$$

该方法计算简单,仅需计算图像灰度直方图的零阶和一阶累积矩,因此在图像分割中得到了广泛的使用。但是在低反差图像、感兴趣的目标很小,或者背景和目标的亮度是空间变化的情形下,常常不能正确地完成分割任务。当目标的相对面积大于整幅图像的 30% 时,包括最大类间方差法在内的传统方法的分割性能接近最佳值,随着相对面积的减小,这些方法的性能迅速下降。

图 8-16 装甲车目标原图(一)

图 8-17 OSTU 分割效果图

2)最大熵值法。熵是平均信息量的表征,在数字图像处理和模式识别上有很多应用,最大熵阈值法就是其中一例。灰度一维最大熵阈值分割法(见图 8-18)基于图像原始直方图,求取阈值的原理如下:

根据信息论,熵定义为

$$H=-\int_{-\infty}^{+\infty}p(x)\ln p(x)\mathrm{d}x \tag{8-23}$$

式中，$p(x)$ 为随机变量 x 的概率密度函数。对于数字图像而言，这个随机白变量 x 可以是灰度级值、区域灰度、梯度等特征。所谓灰度的一维熵最大，就是选择一个阈值，使得图像用这个阈值分割出来的两部分的一阶灰度统计的信息量最大。设 n_i 为灰度图像中灰度级 i 的像素个数，p_i 为灰度级 i 出现的概率，则

$$p_i = n_i/N \times N, \quad i = 0,1,\cdots,L-1 \tag{8-24}$$

式中，$N \times N$ 为图像总的像素数；L 为图像的点的灰度级数。

假设图中灰度级数低于 t 的像素点构成目标区域 (O)，灰度级高于 t 的像素点构成背景区域 (B)，那么各概率在其本区域的分布分别为：

O 区：

$$p_i/p_t, \quad i = 0,1,\cdots,t \tag{8-25}$$

B 区：

$$p_i/(1-p_t), i = t+1,t+2,\cdots,L-1 \tag{8-26}$$

式中，$p_t = \sum\limits_{i=0}^{t} p_i$。

对于数字图像，目标和背景区域的熵分别定义为

$$H_O(t) = -\sum_i (p_i/p_t)\ln(p_i/p_t), \quad i = 0,1,\cdots,t \tag{8-27}$$

$$H_B(t) = -\sum_i [p_i/(1-p_t)]\ln[p_i/(1-p_t)], \quad i = t+1,t+2,\cdots,L-1 \tag{8-28}$$

熵函数定义为

$$\varphi(t) = H_O + H_B = \ln p_i(1-p_i) + \frac{H_t}{p_i} + \frac{H_{L-1} - H_t}{1-p_i} \tag{8-29}$$

式中，$H_t = -\sum\limits_i p_i \ln p_i, i = 0,1,\cdots,t$。

$$H_{L-1} = -\sum_i p_i \ln p_i \quad i = 0,1,\cdots,L-1 \tag{8-30}$$

当熵值最大时对应的灰度值 t^* 就是所求的最佳阈值，即

$$t^* = \arg\max\{\varphi(t)\} \tag{8-31}$$

3）迭代阈值法。

如果前景物体的内部具有均匀一致的灰度值，并分布在另一个灰度值的均匀背景上，那么图像的灰度直方图应具有明显的双峰。可是在许多情况下，噪声的干扰使峰谷的位置难以判定或者结果不稳定。采用迭代阈值分割算法（其效果见图 8-19），可以有效地消除或减少噪声对灰度门限的影响。

首先选择一个近似阈值作为估计值的初始值，然后进行分割，产生子图像，并根据子图像的特性来选取新的阈值，再用新的阈值分割图像，经过几次循环，使错误分割的图像像素点降到最少。这样做的效果好于用初始阈值直接分割图像的效果，阈值的改进策略是迭代算法的关键。算法的步骤如下。

a. 选择一个初始阈值的估算值 $T_0 = \{T_k | K = 0\}$，求出图像的最小和最大灰度值，分别记为 $Z_{\max}$ 和 $Z_{\min}$，令初始阈值 $T_0 = \dfrac{Z_{\max} + Z_{\min}}{2}$。

b. 根据阈值 T_K 将图像分为前景和背景，分别求出两者的平均灰度 Z_a 和 Z_b。

c. 求出新阈值 $T_{K+1} = \dfrac{Z_a + Z_b}{2}$。

d. 若 $T_K = T_{K+1}$，则所得即为阈值；否则转为 b.，迭代计算。

图 8-18 最大熵值分割效果图

图 8-19 迭代阈值分割效果图

（2）基于边缘检测的图像分割算法。以装甲车目标为例，原图如图 8-20 所示。边缘是指图像局部亮度变化最显著的部分。边缘主要存在于目标与目标、目标与背景、区域与区域之间，是图像分割、纹理特征提取和形状特征提取等图像分析的重要基础。边缘检测既可用作图像分割，也可将检测出的边缘作为直接或间接的识别特征。

目前常用的边缘检测算子有 Roberts 算子（见图 8-21），Sobel 算子（见图 8-22），Prewitt 算子（见图 8-23），Laplacian（见图 8-24）算子，LOG 算子（见图 8-25），Canny 算子（见图 8-26）等。利用这些算子与图像卷积，可以找出图像边缘的位置和方向。进而完成对于图像的分割。

Roberts 算子、Sobel 算子、Prewitt 算子等算子是边缘检测中最简单的方法，由于这几种方法检测边缘都是基于微分运算，当噪声对边缘有干扰时，此方法的检测结果将不够准确。噪声和边缘都是图像中灰度急剧变化的部分，属于图像中的高频成分，为了克服噪声对于边缘检测的干扰，一些学者在微分算子的基础上，求得检测边缘的最优滤波器，典型的有 LOG 算子和 Canny 算子。

LOG 算子的优势在于抗干扰能力强，边界定位精度高，连续性好，能提取灰度变化不明显的边界。其不足之处在于当边界距离宽度小于算子宽度时，零交叉处的斜坡会发生融合，区域边界细节会丢失。同时，图像进行滤波时边缘点容易被误检，需要对边缘检测的结果进行确认。LOG 算子对噪声的抑制能力没有 Canny 算子强，Canny 算子的边缘检出率较高，包括纹理区域以及对比度较弱的边缘点。

图 8-20 装甲车目标原图（二）

图 8-21 Roberts 边缘检测算子

图 8-22 Sobel 边缘检测算子

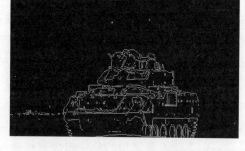

图 8-23 Prewitt 边缘检测算子

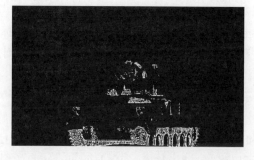

图 8-24 Laplacian 边缘检测算子

图 8-25 LOG 边缘检测算子

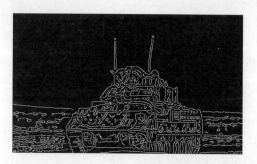

图 8-26 Canny 边缘检测算子

8.4.2 特征分析与特征提取

在完成目标图像的预处理后,要计算每个目标的一组特征量,即目标特征提取。特征提取是预处理和目标分类之间的桥梁,是目标识别中的关键步骤,它不仅影响识别、分类的精度,而且也影响算法的计算速度。

特征提取的目的是获取一组少而精的分类特征,即获取特征数目少且分类错误概率小的特征向量。在特征提取时,如果对所有存在的特征都提取出来不加分析,全部用于识别,不仅会浪费系统的处理时间,且识别的效果也不见得好,所以就存在一个特征选择的问题。特征选择就是在尽可能保留识别信息的前提下,减少特征数目,降低特征空间维数,以提高识别效率,达到更好的识别效果。从数学角度来讲,特征提取相当于把一个物理模式变为一个随机向量,如果抽取了 n 个特征,则此物理模式可用一个 n 维特征向量描述,表示为

$$\boldsymbol{X} = (x_1, x_2, \cdots, x_n)' \tag{8-32}$$

提取的过程是去除冗余信息的过程,具有提高识别精度、减少运算量和提高运算速度的作用。良好的特征应具有以下特点:

1)区别性。对于属于不同分类的样本来说,其特征应含有不同且具有意义的值。不同模式类别的特征之间有差别,且差别越大越好。

2)可靠性。对于所有同一分类的所有样本来说,特征应具有类似的值。同一模式类别中不同模式的特征应接近,且越接近越好,受随机因素干扰较小。

3)独立性。所使用的特征间应该彼此互不相关。

4)数目小。图像识别的复杂度随其维数(使用特征的数目)增加而快速增加。更重要的是,训练分类器与评估其效率所需的样本数随特征数增加而呈指数增加。

有效特征量的提取一直是研究的热点,对于电视图像处理而言,通常可以提取的目标特征有形状特征(外形、大小、面积、周长、长宽比和复杂度)、灰度分布特征(对比度和统计分别)、运动特征(相对位置、相对速度和加速度)、不变矩阵特征等。随着相关理论的发展,越来越多的新特征被提出,并应用于图像处理。下面对 HOG 特征(梯度方向直方图特征)进行介绍。

HOG 特征可以很好地捕捉电视图像的边缘和局部形状纹理特征信息,并且很大程度上抑制目标图像对光照和背景的敏感程度。该特征可以将 $w \times h \times 1$(宽×高,1 个 channel)的图像转换成长度为 n 的向量。

该特征首先分割样本图像为若干个像素的单元(Cell),平均划分梯度方向为 9 个区间(Bin),在每个单元中对所有像素的梯度方向在各个方向区间进行直方图统计,得到一个 9 维的特征向量,如图 8-27 所示。每相邻的 4 个单元构成一个块(Block),把一个块内的特征向量连起来得到 36 维的特征向量,用块对样本图像进行扫描,扫描步长为一个单元。最后将所有块的特征串联起来,得到最终的 HOG 特征。

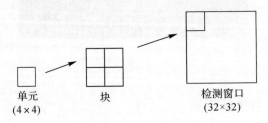

单元
(4×4)   块   检测窗口
                            (32×32)

图 8-27 HOG 特征组成

HOG 特征的实现过程如下。

1)归一化图像。首先把输入的彩色图像转灰度图像,然后对图像进行平方根 Gamma 压缩,从而达到归一化效果。这种压缩处理能够有效地降低图像局部的阴影和光照变化,从而提高 HOG 特征对于光照变化的鲁棒性。

2)计算图像梯度。计算水平和垂直方向的梯度,并依据此计算每个像素位置的梯度方向值。计算梯度的幅值 g 和方向 θ,则有

$$g = \sqrt{g_x^2 + g_y^2} \tag{8-33}$$

$$\theta = \frac{g_x}{g_y} \qquad\qquad (8-34)$$

在每个像素点,都有一个幅值和方向,对于彩色图片,会在 3 个 channel 上都计算梯度。那么相应的幅值就是 3 个 channel 上最大的幅值,角度是最大幅值所对应的角。

3)构建梯度方向直方图。将图像分成若干个单元格 Cell,例如每个 Cell 为 8×8 个像素。假设采用 9 个 Bin 直方图统计 8×8 个像素的梯度信息。将 Cell 的梯度方向 180°分成 9 个方向块,即代表的是角度 0°,20°,40°,60°,…,160°。下　步就是为这些 8×8 个像素创建直方图,直方图包含了 9 个 Bin 来对应 0~180°。得到 8×8 的 Cell 梯度幅值和方向。根据方向选择属于哪个 Bin,并根据梯度幅值来确定 Bin 的大小。当像素点的角度小于 160°时,举例如下:蓝色圈出来的像素点,角度是 80°,幅值是 2,所以它在第五个 Bin 里面加了 2,红色圈出来的像素点,角度是 10°,幅值是 4,角度 10°介于 10°~20°度的中间(正好一半),所以把幅值一分为二地放到 0 和 20 两个 Bin 里面去,如图 8-28 所示。

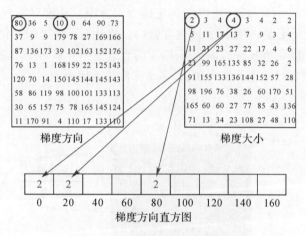

图 8-28　角度小于 160°的情况

像素的角度大于 160°时,要把幅值按照比例放到 0 和 160 的 Bin 里面去,如图 8-29 所示。

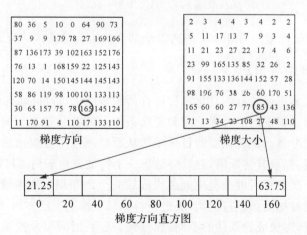

图 8-29　角度大于 160°的情况

把每个 Cell 里面所有的像素点都分别加到 9 个 Bin 里面去,构建一个直方图(见图 8-30)。

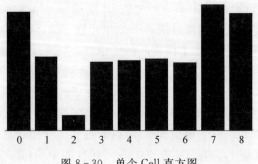

图 8-30　单个 Cell 直方图

4)Cell 组合成大的块(Block),块内归一化梯度直方图。梯度对于光线会很敏感,理想的特征描述子和光线变化无关,需要对梯度强度做归一化从而不受光线变化的影响。

将 4 个 Cell 组合成一个 Block,即 4 个 9×1 的直方图组合成一个 36×1 的向量,然后做归一化(见图 8-31),然后以 8 个像素为步长,将整张图像遍历一遍。

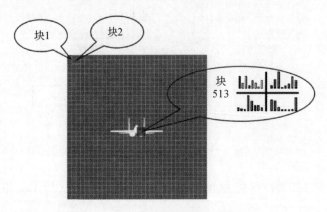

图 8-31　直方图归一化

5)计算 HOG 特征向量。将 36×1 的向量全部合并组成该图像的特征向量供分类使用。

8.4.3　目标分类与识别

由于电视制导武器飞行轨迹的变化和目标背景的多样化,对目标的识别成为最复杂、难度最大的一项技术。目标识别对经过预处理和复杂条件下的背景抑制后的图像数据进行分割、特征提取和目标识别分类。把待识别的目标图像从原始图像中分离出来,然后对分割后获得的目标图像进行测量,提取其特征值,并最终输出一个特征矢量来刻画目标图像的特征。这种被大大减少了的信息代表了后续分类决策必须依靠的全部知识。依据输出的特征矢量,利用推理规则和知识库对目标图像进行识别,决定该目标属于哪一类已知物,完成目标识别过程。

在大多数情况下,图像成像条件的不同,如气候、视角、时间以及成像手段不同等,导致在高速运动过程中获取的要识别的实时目标图像与基准图像之间可能产生几何失真,这种失真将对目标识别的结果带来很大的影响。在这种条件下,识别算法如何达到精度高、速度快以及抗干扰性强成为人们追求的目标。因此,需要寻找一种具有旋转、平移和比例不变性的图像识别方法,以满足实际应用的需要。

受限于弹载计算机的算力,基于深度学习的识别算法还难以满足电视制导武器的实时性要求。目前,应用的还是较为传统的目标识别算法,下面以支持向量机(SVM)算法为例,讲解电视制导中的目标分类与识别算法。

支持向量机(Support Vector Machines,SVM)监督学习中最有影响力的方法之一,类似于逻辑回归,这个模型是基于线性函数: $w^T x + b$,不同于逻辑回归,支持向量机的输出是类别。当 $w^T x + b$ 为正时,向量机的预测属于正类。类似地,当 $w^T x + b$ 为负时,支持向量机预测属于负类。

支持向量机的一个重要创新是核技巧(Kernel Trick)。核技巧观察到许多机器学习算法都可以写成样本点积的形式,例如,支持向量机中的线性函数可以重写为

$$w^T x + b = b + \sum_{i=1} \alpha_i x^T x^{(i)} \tag{8-35}$$

式中 $x^{(i)}$ 为训练样本,α 是系数向量。故可将 x 替换为特征函数 $\phi(x)$ 的输出,点积替换为被称为核函数(Kernel Function)的函数 $k(x,x^{(i)}) = \phi(x)\phi(x^{(i)})$。运算符·表示类似于 $\phi(x)^T\phi(x^{(i)})$ 的点积。在某些无限维空间中,需要使用其他类型的内积,如基于积分而非加和的内积。

使用核估计替换点积之后,利以下函数进行预测:

$$f(x) = b + \sum_{i=1} \alpha_i k(x,x^{(i)}) \tag{8-36}$$

该函数是关于 x 非线性的,关于 $\phi(x)$ 线性的。α 和 $f(x)$ 之间的关系也是线性的。核函数完全等价于 $\phi(x)$ 预处理所有的输入,然后在新的转换空间学习线性模型。

最常用的核函数是高斯核(Gaussian Kernel),即

$$k(u,v) = N(u-v,0,\sigma^2 I) \tag{8-37}$$

式中,$N(x,\mu,\sum)$ 为标准正态密度.这个核也被称为径向基函数(Radial Basis Function,RBF)核.因为其值沿 u 中从 v 向外辐射的方向减小,高斯核对应于无限堆空间中的点积。

采用高斯核的 SVM 算法,可理解为利用高斯核在执行一种模板匹配,训练标签 y 相关的训练样本 x 变成类别 y 的模板。当测试点 x' 到 x 的欧几里得距离很小,对应的高斯核响应很大时,表明 x' 和模板 x 非常相似。该模型进而会赋予相对应的训练标签 y 较大的权重。总的来说,预测将会组合很多这种通过训练样本相似度加权的训练标签。

通过采用 SVM 算法对电视图像进行识别,对目标与背景进行识别与检测,获得目标在图像中的位置信息等,利用该信息实现对目标的跟踪。SVM 算法的流程如图 8-32 所示。

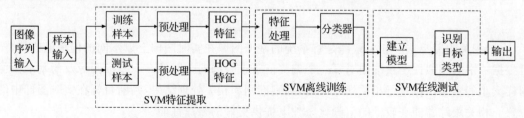

图 8-32 SVM 算法基本流程

8.4.4 目标跟踪

目标跟踪算法是电视导引系统的关键技术之一。电视跟踪基本上可分为波门跟踪和相关跟踪两种方式。波门跟踪需要设计一个波门,波门的尺寸略大于目标图像,并使波门紧紧套住目标图像,使目标不受波门外的背景和噪声干扰的影响。另外,由于整个视场内图像数据量太大,难以实时处理整幅图像,可以利用微处理器,借助于波门控制,对图像实现局部的实时处理。相关跟踪是根据测量两幅图像之间的相关度函数去计算目标的位置变化,跟踪点就是两个图像匹配最好的位置,即相关函数的峰值。在相关跟踪的误差信号处理中,对相关度的取值有一定的要求,相关跟踪系统对与选定的跟踪目标图像不相似的其他一切景物都不敏感,所以它有较好的选通跟踪能力和抗背景干扰能力。

(1)波门跟踪算法。跟踪波门可分为固定式和自适应式两种。前者在跟踪目标的过程中,波门的大小始终不变。后者则是在跟踪目标的过程中,波门随目标的大小的改变而改变。当目标由远到近变大时,或由于目标飞行姿态的变化导致投影形状的大小变化时,都要求跟踪波门也随之变化。波门跟踪算法可分为矩心跟踪算法、边缘跟踪算法、双边缘跟踪算法和区域平衡跟踪算法等。而矩心跟踪算法可分为形心和亮度中心跟踪算法。

1)基于分割的矩心跟踪算法。基于自适应分割的算法是以自适应阈值图像分割为基础确定目标中心位置(或亮度中心)的算法。

$$X = \Big[\sum_{x=0}^{N-1} \sum_{y=0}^{N-1} xg(x,y) \Big] / \sum_{x=0}^{N-1} \sum_{y=0}^{N-1} g(x,y) \qquad (8-38)$$

$$\overline{Y} = \Big[\sum_{x=0}^{N-1} \sum_{y=0}^{N-1} yg(x,y) \Big] / \sum_{x=0}^{N-1} \sum_{y=0}^{N-1} g(x,y) \qquad (8-39)$$

此外,也可以根据投影原理,首先对目标进行二维投影,然后计算目标的几何尺寸和形状中心。

矩心跟踪算法计算简便,精度较高,但易受目标的剧烈运动或目标被遮挡的影响。目标的剧烈运动往往会使目标从波门中快速移出,造成目标丢失。当目标接近另一物体时,两者的特征往往都进入波门,迫使亮度中心偏移到两物体之间的某点上,即所谓的瞄准点漂移。

2)边缘跟踪算法。边缘跟踪算法是一种简便的算法。可以用梯度算子、Sobel 算子、拉普拉斯算子等来检测目标图像的边缘。通过检测到的边缘,进而选定目标边界的上、下、左、右等边界点中的一个作为跟踪点,使波门套住其中的某一个,以抑制目标或背景的其余部分。边缘跟踪算法的缺点是易受干扰,跟踪精度相对较低。

3)双边缘算法。双边缘跟踪算法是边缘跟踪算法的一种改进算法,即目标位置为两个边缘的中心:

$$x_0 = (x_右 - x_左)/2 \qquad (8-40)$$

$$y_0 = (x_右 - x_左)/2 \qquad (8-41)$$

(2)相关跟踪算法。相关跟踪是将系统的基准图像在实时图像上以不同的偏移值位移,然后根据一定的相似度量准则对每一个偏移值下重叠的两个图像——基准图像及与基准图像同样大小的实时图像进行相关处理,根据判别准则和相关处理结果,判断目标在实时图像中的位置。相关跟踪器能在较低的信噪比条件下提供更好的跟踪性能。

设基准图像为 $f(x,y)$,大小为 $m \times m$ 个像素,实时图像为 $t(x,y)$,大小为 $n \times m$ 个像素,

其中 $m \leqslant n$，(x_0, y_0) 为基准图像在实时图像中的偏移值，则相关跟踪算法可以用下列准则来计算相关值：

1）平均差值平方法。相似度量表达式 $d(x_0, y_0)$ 为

$$d(x_0, y_0) = \frac{1}{m^2} \sum_{x=0}^{m-1} \sum_{y=0}^{m-1} [f(x,y) - t(x+x_0, y+y_0)]^2 \qquad (8-42)$$

式中，$0 \leqslant x_0, y_0 \leqslant n-m$。

2）平均绝对差值法相似度量表达式 $d(x_0, y_0)$ 为

$$d(x_0, y_0) = \frac{1}{m^2} \sum_{x=0}^{m-1} \sum_{y=0}^{m-1} |f(x,y) - t(x+x_0, y+y_0)| \qquad (8-43)$$

式中，$0 \leqslant x_0, y_0 \leqslant n-m$。

上述两种方法，偏移值 (x_0, y_0) 满足 $d(x_0, y_0)$ 为最小的子图像就是与基准图像最为相似的子图像，该偏移值处称为匹配点。

3）归一化相关算法。相似性度量 $\rho(x_0, y_0)$ 的表达式为

$$\rho(x_0, y_0) = \frac{\displaystyle\sum_{x=0}^{m-1} \sum_{y=0}^{m-1} f(x,y) t(x+x_0, y+y_0)}{\left\{ \displaystyle\sum_{x=0}^{m-1} \sum_{y=0}^{m-1} f(x,y)^2 \sum_{x=0}^{m-1} \sum_{y=0}^{m-1} [t(x+x_0, y+y_0)]^2 \right\}^{1/2}} \qquad (8-44)$$

相关跟踪算法是应用较广的一种跟踪算法，与波门跟踪算法相比能得到更多的图像信息，可用来跟踪较小的目标或对比度比较差的目标。缺点是运算量较大，而且目标的剧烈运动、目标方位、透视变化和强度干扰等因素常会严重影响相关跟踪方法的可靠性。

目标跟踪算法发展比较慢，尤其利用在工程实践中。很多算法在实验室条件下，其算法先进性都很好，算法优越、实现难度小，但利用在实际生活和工程应用中，其算法的可靠性、实现难度大大加大，并在很多场合无法工作，因此，目标跟踪算法的发展都预先从理论到实验，再到工程应用，并随着工程应用，不断完善功能并改进。

（3）基于匹配的跟踪算法。匹配跟踪算法起源于 20 世纪 80 年代，迄今已经出现了众多的匹配跟踪算法。目前普遍的方法是将其分为四类，即基于区域、基于特征、基于轮廓以及基于模型的匹配跟踪方法。

基于区域的匹配方法通过自动检测或人工设定得到目标模板，然后采用一定的判定准则在搜索图像中找出最佳匹配位置，从而实现对目标的跟踪。基于区域的匹配方法具有精度高且跟踪稳定的优点；缺点是计算量较大，且实时性较差。基于区域的匹配方法可以通过结合预估算法来增强实时性与鲁棒性，如二次曲线预估、线性预估、卡尔曼滤波等，也可以通过改进搜索方式来提高运算速度，如分层搜索（金字塔算法）、遗传算法等。当目标发生形变或者被遮挡时，跟踪精度会降低甚至跟踪失败。

工程中较常用的基于区域的匹配算法大致分为两类，即基于最小误差思想的最小均方误差法、最小平均绝对差值法、最大匹配像素统计等算法，以及基于最大相似程度思想的归一化互相关法、归一化积相关法等。MAD 算法及其优化算法——序列相似性检测算法（SSDA）是电视图像跟踪中已经实际应用的方法之一。MAD 算法跟踪精度较高，速度较慢，SSDA 算法则反之，二者较早期的波门法具有更强的抗干扰能力。基于最大相似程度的 Nprod 等算法具有极高的匹配精度，可以实现非常复杂背景下的目标配准，同时通过去均值处理，可以不受亮

度变化影响,但是计算复杂程度很高,必须通过算法改进才能实现实时跟踪。

基于特征的匹配方法与基于区域的匹配方法大体相似,区别在于其主要采用目标的部分特征点、边缘、部分面积或局部能量而非目标图像的整体作为匹配度量对象。基于特征的匹配方法优点在于对目标的遮挡具有较强的鲁棒性;缺点在于目标特征集不易选取,易受噪声干扰,同时需要权衡特征集规模与算法效率之间的平衡。工程中常用的边缘检测算子有 Roberts 算子、Sobel 算子、Prewitt 算子、LOG 算子以及 Canny 算子等,角点检测算子有 Moravec 兴趣算子、Plessey 算子、Postner 算子、Beaudet 算子、Deriche 算子以及 Susan 算子等。目标图像与搜索图像的特征集之间多采用 Hausdorff 距离来定义二者特征信息的相关程度。基于特征的匹配方法主要适用于多传感器图像匹配,即不同时间、不同观测角度以及不同气候条件下获取图像之间的匹配。基于特征匹配的景象匹配辅助导航系统已经广泛应用在巡航导弹、无人机以及战术飞行器上。

基于轮廓的匹配方法又称为基于变形模板的匹配方法,其基本思想是利用能够自动连续更新的封闭曲线轮廓来表示运动目标。这种匹配方法的优点在于目标模型可以自适应变化,对部分遮挡具有鲁棒性;缺点在于难以初始化、对目标外形轮廓清晰度要求较高。

基于模型的匹配方法的基本思想是通过先验知识建立目标模型从而实现目标匹配。该方法的优点在于可以可靠地跟踪姿态、外形变化下的运动目标;缺点在于跟踪性能取决于模型的精确程度、难以获取合适的模型、计算复杂度较高等。对于常见的非刚体目标如人体以及刚体目标如车辆,通常需要解决三个问题:构造模型、运动模型以及运动约束的先验知识描述,预测和搜索策略。基于模型的目标跟踪通常采用四种模型描述方法,即线图模型、2D 轮廓模型、3D 模型以及层次模型。

(4)基于滤波的跟踪方法。滤波是指从诸多混杂信号中获取需用信号的过程。滤波理论即根据某种滤波准则及统计最优方法,在测量系统可观测信号的基础上对系统状态进行估计的理论与方法。实际上,可以将目标跟踪视为状态估计,这些状态可以包括目标的所有运动特征,比如目标的位置、速度、加速度等。估计的关键就在于在已经给定观测数据的情况下,怎样得出目标状态的后验概率密度,并且对后验概率密度进行有效的表示。卡尔曼滤波和粒子滤波是最有代表性的滤波方法。卡尔曼滤波只适用于线性系统,基于卡尔曼滤波的扩展卡尔曼滤波虽然可适用于非线性领域,但是其本质属于次优滤波,且当系统高度非线性或非高斯时易出现滤波发散。粒子滤波理论上是一种序贯蒙特卡洛信号处理技术,基本思想是采用加权离散随机采样点来表征系统状态的后验概率密度。如果采样点数足够多,那么可以认为这些样本点能够完全地表征对象的后验概率密度特性。粒子滤波的精度可以达到逼近最优估计的程度。基于粒子滤波的目标跟踪在理论上可以达到全局最优,对于非高斯噪声干扰的鲁棒性较强;缺点在于其性能依赖样本数量,同时算法时间复杂度较高,较难满足实时跟踪要求。

(5)记忆外推跟踪算法。电视导引系统在正常跟踪目标过程中,当目标突然被遮挡,若干秒后又正常复出的情况下,在以上算法的处理下,就会丢失目标,造成系统紊乱。为此提出了记忆外推跟踪算法。记忆外推跟踪算法的基本思想是存储记忆前帧和本帧的目标信息,利用预测算法外推目标下一帧的参数。外推算法的研究成果较多,各有优缺点,如逼近法简单、迅速,但精度较差;卡尔曼滤波方法先进但计算复杂。实际中可采用微分线性拟合外推方法,其基本要点是,目标的运动可看作是惯性受限的非平稳过程,遮挡前跟踪的数据(目标的中心位置)已存入处理器中(即记忆算法),一旦目标丢失,需由处理器将以前的目标信息(已记忆)根据微分线性拟合外推来预测目标的下一个位置,依次循环,直至目标复出。基本算法如下:

设 $X(t_i),Y(t_i)(i=0,1,2,\cdots,N-1)$ 为目标在 t_i 出的 x,y 的坐标,其微分差量为

$$\Delta X_i = X(t_i + 1) - X(t_i) \tag{8-45}$$

$$\Delta Y_i = Y(t_i + 1) - Y(t_i) \tag{8-46}$$

按照上述两种方法进行斜率拟合(确定 K 系数):

1)期望平均法:

$$\hat{K} = \sum_{i=0}^{N-1} \Delta X_i / N \tag{8-47}$$

2)最小二乘法。在期望平均法的基础上对 $\hat{K}$ 最小二乘逼近求得基值:

$$\sum_{i=0}^{N-1} (\Delta X_i - \hat{K})^2 / N = \varepsilon_f \tag{8-48}$$

用 α 进行修正,得

$$\sum_{i=0}^{N-1} (\Delta X_i - \alpha\hat{K})^2 / N = \varepsilon_\alpha \qquad 条件:\alpha > 1 \tag{8-49}$$

$$\sum_{i=0}^{N-1} (\Delta X_i - \alpha\hat{K})^2 / N = \varepsilon_i \qquad 条件:\alpha > 1 \tag{8-50}$$

分别比较 $\varepsilon_f,\varepsilon_\alpha,\varepsilon_i$,用递推法使得 ε 值最小,所求得的 $\alpha\hat{K}$ 即为最小二乘逼近斜率拟合值(即拟合优度最好)。ΔY_i 也以此类推求得。

随着新的理论的发展与突破,越来越多的跟踪算法可以考虑应用于电视导引系统,用于解决现有的电视导引系统中存在的问题。图 8-33 和图 8-34 展示了在公用数据集中的跟踪算法的跟踪效果。

图 8-33　Meanshift 算法跟踪效果

图 8-34　KCF 算法跟踪效果

8.5 主要性能指标分析

8.5.1 探测能力指标

1.最大探测距离

最大探测距离越大说明系统的性能越好,其可由下式求出,即

$$L = \frac{1}{\sigma_V} \ln\left(\frac{\tau p C E}{4i}\right)\left(\frac{D}{f'}\right)^2 \qquad (8-51)$$

式中,σ_V 为大气衰减系数;$\frac{D}{f}$ 为光学系统的相对孔径;τ 为光学系统的透过率;p 为探测器的灵敏度;C 为背景与目标的对比度;E 为环境的光照度;i 为探测器的输出电流。

捕获目标的最大距离与导弹的飞行的高度和速度、目标的大小和亮度、背景的亮度、大气和光学系统的透过率、目标和背景的对比度、镜头焦距、探测器的尺寸大小等因素密切相关。为了提高捕获目标的最大距离,增大光学系统的相对孔径和探测器的灵敏度。由电视导引头的规范可知,其对大中型典型舰艇、大型地面建筑桥梁的捕获距离可达 $10\sim15\text{km}$。

2.最小作用距离

跟踪目标的最小作用距离大小对电视制导武器命中精度有重要的影响,对于采用形心跟踪算法的电视导引头,最小作用距离等于目标图像充满视场的距离,即盲区。对于采用相关算法的电视导引头,最小作用距离即为在一定距离时,充满视场的图像已无明显特征。

为了提高导引头的性能,减小电视制导武器的最小作用距离,需对光学系统进行变焦设计,通过改变焦距来改变系统的视场角,或采用自适应跟踪波门,控制波门与目标大小的关系,避免目标充满整个视场,从而提高导弹的性能和命中精度。

对不同类型的目标最小作用距离要求不同,对大中型舰艇、大型地面建筑、桥梁最小作用距离小于 150m,对小型舰艇小于 100m,对坦克小于 30m。

8.5.2 识别能力指标

1.目标对比度

电视导引头应能自动可靠的提取对比度 $\geq 10\%$,目标对比度表示目标与邻近背景之间的光学亮度特性的差异程度,在光电跟踪测量中可用下式表示,即

$$C = \frac{V_T - V_B}{V_W - V_{BL}} \times 100\% \qquad (8-52)$$

式中,V_T 为目标视频信号幅度;V_B 为背景视频信号幅度;V_W 为视频信号峰值白电平;V_{BL} 为视频信号消隐电平;C 为目标对比度。

$V_T - V_B > 0$ 时,目标比背景亮,称为白目标;$V_T - V_B < 0$ 时,目标比背景暗,称为黑目标。

为解决上述问题,采取光学舱密封、充惰性气体、加恒温、增大光学系统的入瞳孔径,提高探测器的动态范围等措施,使得电视导引头的成像可取得良好的效果。

2.捕获概率

无论是人工锁定还是自寻的搜索锁定目标的电视导引头,对目标的捕获概率是一个重要的指标,它表示电视跟踪器在对目标进行稳定跟踪前,能够识别被攻击目标并转入自动跟踪的

能力。

8.5.3　跟踪能力指标

1.跟踪精度

系统的跟踪原理是由导引头的光学系统得到的光学图像信息经过处理后,将目标的特征量传送给控制系统伺服系统,控制跟踪器对目标的跟踪,电视导引头的跟踪精度是越高越好,它的大小直接影响导弹的性能。一般电视导引头的最大角跟踪速度在 $10\sim20°/s$ 间选取。

2.记忆时间

电视导引武器在飞行过程中,电视导引头对目标进行稳定跟踪后,导引头与制导武器已经闭环,形成完整的制导控制过程。如果由于云雾等因素的遮挡,目标从电视图像中短暂消失,此时要求电视跟踪器有一定的记忆跟踪能力,即目标出现短暂消失后又在电视图像中出现,要求电视跟踪器能从视频图像中分辨出被攻击的目标并实现对目标的稳定跟踪。记忆时间就是从目标消失瞬间到目标出现在视频图像中,电视跟踪器能再次自动识别出目标的时间。

8.5.4　抗干扰能力指标

自然环境干扰和人为干扰是影响电视导引头性能的主要因素。

(1)自然环境的影响。由于电视导引头穿透云、雨、雾的能力比较差,云、雨、雾、潮湿等因素直接影响导引头的工作、天水线、天空云彩形成的阴影、海面反光、天空云彩等都会影响其背景干扰能力。光照度的剧烈变化时,轻则使目标和背景成为一体,系统难以辨别,重则可损坏CCD器件靶面,导致制导失效。还有温度的影响,当温度变化范围很大时,导引头的成像质量急速下降,也会造成制导精度的下降。因此,需要采取必要的防护措施,抵抗自然环境的干扰。

(2)人为的干扰。针对导引头的出现,为了使对方的导弹无法正常工作,各个国家相继进行了对干扰措施(烟幕弹、人造强光干扰)的研究。为了抵抗类似的干扰,在系统的设计过程中采取相应措施抵抗人为的干扰,如瞬时关闭光圈避免强光的干扰,图像短时间的冻结抵抗烟雾弹的干扰等。

8.6　本章小结

电视导引系统作为电视制导武器的核心系统,在武器准确击中目标的过程中发挥着决定性的作用。它主要由探测系统、信息处理系统以及跟踪与随动系统组成。三者之间相互协同,探测系统目标及背景转化为数字信号,信息处理系统对数字信号进行预处理、特征分析与特征提取、目标分类与识别、以及目标跟踪等操作,一方面,将电视导引头探测到的电视信息传送给武器操作员;另一方面,解算出武器与目标之间的偏差量,并将其传送给导引系统的跟踪与随动系统,使得导引系统的光轴能够及时地对准目标,该信息同样传送给武器的随动系统,使得导弹的弹轴可以对准目标,进而能够使得武器准确的击中目标。

随着电子器件的进一步发展,包括 DSP、FPGA 在内的信息处理器件的处理能力将会有更大的提升,从而能够实现更为复杂的图像处理算法。而机器学习等人工智能算法的快速发展,有望帮助其解决包括遮挡问题在内的诸多工程难点。

第9章 红外导引系统与目标识别

红外制导是利用红外探测器捕获和跟踪目标自身辐射的能量来实现寻的制导的技术。红外制导技术是精确制导武器中一个十分重要的技术手段,分为红外成像制导技术和红外点源(非成像)制导技术两大类。在各种精确制导体系中,红外制导因其制导精度高、抗干扰能力强、隐蔽性好、效费比高等优点,在现代武器装配发展中占据着重要的地位。红外制导技术最先应用在空空导弹上,至今仍是其典型应用。红外空空导弹全称红外制导空空导弹,随着红外探测器技术的发展,目前为止已经发展到了四代红外空空导弹,历代典型红外空空导弹如图9-1所示,红外空空导弹的发展史见表9-1。

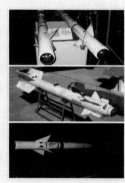

第一代红外空空导弹(依次为:中国PL-2、苏联K-13、美国AIM-9B)　第二代红外空空导弹(依次为:中国PL-5、俄罗斯R-60、法国R530)　第三代红外空空导弹(依次为俄罗斯R-73、美国AIM-9L)　第四代红外空空导弹(依次为:美国AIM-9X、以色列 Python-5、德国 IRIS-T)

图 9-1　历代典型红外空空导弹

表 9-1　红外空空导弹发展史

红外导引头	代表型号	国　家	抗干扰能力
	AIM-9B	美国	差
第一代点源式	K-13	苏联	差
	PL-2	中国	差
	AIM-9D	美国	较差
第二代点源式	R-60T	俄罗斯	较差
	R530	法国	较差

续 表

红外导引头	代表型号	国 家	抗干扰能力
第三代点源式/准成像式	AIM - 9L	美国	一般
	Python - 3	以色列	一般
	AIM - 9M	美国	一定的抗干扰能力
	R - 73	俄罗斯	有一定抗干扰能力
第四代成像式	AIM - 9X	美国	较强
	Python - 5	以色列	较强
	PL - 10E	中国	较强

第一代红外空空导弹于 20 世纪 50 年代中期开始装备部队,采用鸭式气动布局,三通道控制,红外探测器采用非制冷单元探测器,可探测的红外波段范围为较小,用超小型电子管放大器进行信号处理,导弹只能从目标尾后探测发动机喷口产生的热辐射,攻击范围仅有 2～3km,抗干扰能力几乎为零,这一代空空导弹仅能起到辅助机炮的作用。代表产品有美国的"响尾蛇"AIM - 9B、苏联的 K - 13、中国 PL - 2 等。

第二代红外空空导弹于 20 世纪 60 年代开始装备部队,仍采用鸭式气动布局,红外探测器采用制冷型单元探测器,采用晶体管电路处理信号,提升了导弹的探测灵敏度,减小了导弹的重量,飞行速度、可靠性和寿命大为提高,第二代导弹较一代导弹的抗干扰能力有所提升,但其抗干扰能力依然足,导弹发射后常常追着太阳而去。代表产品有美国的"响尾蛇"AIM - 9D、法国的马特拉 R530、俄罗斯的 R - 60T、中国 PL - 5B 等导弹。

第三代红外空空导弹于 20 世纪 80 年代初开始装备,采用鸭式气动布局,采用高灵敏度的制冷锑化铟探测器,探测灵敏度和跟踪能力较第二代红外型空空导弹有较大提高,能够实现全向攻击。但本质上与第二代空空导弹并无太大区别,典型产品有美国的 AIM - 9L 响尾蛇、以色列的 Python - 3 等。直到 20 世纪 90 年代,第三代空空导弹改进版被开发出来(俗称三代半),它们采用扫描探测技术或红外多元探测技术数字处理技术,实现了对目标的全向攻击,同时具有一定的抗干扰能力。如美国的响尾蛇 AIM - 9M 导弹和俄罗斯的 R - 73 导弹。

第四代红外空空导弹出现于 21 世纪,这类导弹采用了红外成像探测器,可以全方位探测,大幅度提高了探测能力,因而具有良好抗干扰性能,较高的机动性和灵巧的发射方式。典型产品有美国的 AIM - 9X、英国的 ASRAAM、德国的 IRIS - T、以色列的 Python - 5、法国的 MICA 红外型、南非的 A - Darter 等。

从以上的发展过程可以看出,红外导引系统的设计技术发展至今经历了单元探测导引阶段、多元探测导引阶段和成像探测导引阶段 3 个阶段,如图 9 - 2 所示。

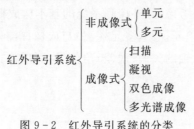

图 9 - 2 红外导引系统的分类

(1)单元探测导引阶段是指用一个单元探测器对红外目标进行探测、跟踪并实现导引。单元导引技术简单可靠,易于工程实现,但是探测性能低,获得的目标信息少,抗干扰能力差。

(2)20世纪70年代,军事技术强国都开始大力探索红外导引技术,产生了多元探测制导技术。多元探测器采用脉冲信号处理方法,提高了对目标的探测距离,改善了对目标的识别能力,通过复杂的信号处理将目标与干扰分离开,较好地解决了抗干扰问题。

(3)高科技成果在红外导引系统中的应用,又催生了图像导引系统。当今成像制导技术正处于蓬勃发展阶段,包括扫描成像、凝视成像、双色成像、多光谱成像。目前成像制导技术已经成为发展主流。

9.1 红外导引系统组成与功能

9.1.1 红外导引系统组成

红外导引系统的是红外制导空空弹的重要组成部分,它的设计通常体现导弹的技术水平。对它全面、深入地了解是掌握其设计技术的基本条件。

红外导引系统通常设置在导弹的最前端,所以称为红外导引头。按功能分解,红外导引头通常由红外探测系统、跟踪稳定系统、目标信号处理系统及导引信号形成系统等子系统组成,红外导引系统基本构成如图9-3所示。按结构和技术专业,红外探测系统与跟踪稳定系统构成导引头的目标位标器,目标信号处理系统与导引信号形成系统构成导引头的电子组件。

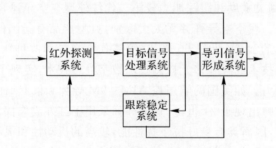

图9-3 红外导引系统基本构成

1.红外探测系统

红外探测系统是用来探测目标、获得目标有关信息的系统。若将被检测对象与背景及大气传输作为系统组成的环节来考虑,红外探测系统的基本构成框图如图9-4所示。空空导弹红外探测系统可分点源探测(单元探测,多元探测)与成像探测两大类。点源探测系统主要用来测量目标辐射和目标偏离光轴的失调(误差)角信号,而成像探测系统还可获得目标辐射的分布特征。

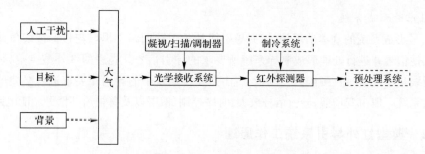

图 9-4　红外探测系统基本构成框图

2.跟踪稳定系统

跟踪稳定系统主要功用是在红外探测系统和目标信号处理系统的参与、支持下,跟踪目标和实现红外探测系统光轴与弹体的运动隔离,即空间稳定。红外导引系统中用的跟踪稳定系统概括地分为动力陀螺式和速率陀螺式两大类。跟踪稳定系统一般由台体、力矩器、测角器、动力陀螺或测量用陀螺以及放大、校正、驱动等处理电路组成,如图 9-5 所示。图 9-5 中红外探测系统环节是跟踪平台上的载荷。

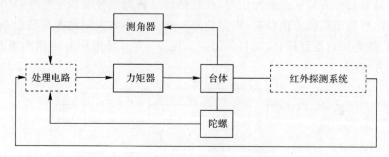

图 9-5　跟踪稳定系统构成框图

3.目标信号处理系统

目标信号处理系统的基本功用是将来自红外探测器组件的目标信号进行处理,识别目标,提取目标误差信息,驱动稳定平台跟踪目标。红外导引系统目标信号处理种类很多,有调幅信号、调频信号、脉位调制信号、图像信号处理等系统。它们的构成也不尽相同,概括起来主要由前置放大、信号预处理、自动增益控制、抗干扰、目标截获、误差信号提取、跟踪功放等功能块组成,如图 9-6 所示。

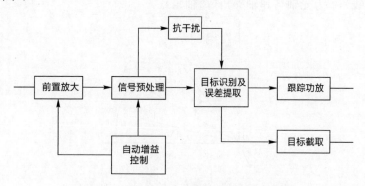

图 9-6　目标信号处理系统基本构成框图

4.导引信号形成系统

导引信号形成系统的基本功用是：根据导引律从角跟踪回路中提取与目标视线角速度成正比的信号或其他信号并进行处理形成制导系统所要求的导引信号。先进的红外型空空导弹，导引系统并非将视线角速度信号直接作为控制指令，而是要根据复杂的导引律要求进行必要的处理。导引信号形成系统一般由变增益、导引信号放大、时序控制、偏置以及离轴角补偿等功能电路组成。

9.1.2　典型红外导引系统工作原理

红外导引系统的基本工作原理包括目标探测、识别截获原理、误差信息检测原理、跟踪稳定平台工作原理、角跟踪与视线角速度测量原理和抗干扰原理等。以下就角跟踪与视线角速度原理、抗干扰原理进行介绍。

1.角跟踪与视线角速度测量原理

实现视线角速度测量是红外导引系统的主要功能。红外导引系统一般采用稳态误差法测量惯性空间目标视线角速度，是由红外探测系统、目标信号处理系统与跟踪稳定系统组成的角跟踪回路来完成的。角跟踪回路简要工作过程：光学系统接收目标的红外辐射，经光学扫描或调制器调制成具有目标方位信息的光信号，红外探测器将光信号变成电信号，经目标信号处理电路识别出目标后检出目标方位信息（误差信号），通过功率放大驱动跟踪稳定系统，从而带动光学系统运动，使光轴对准目标，实现目标跟踪。图 9-7 为采用动力陀螺式跟踪稳定系统角跟踪回路简化方框图。

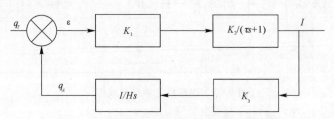

图 9-7　动力陀螺式角跟踪回路简化方框图

K_1—红外探测系统测角斜率（线性段）；K_2—电路总增益；K_3—力矩电流与力矩变换系数；τ—电路等效时间常数；
M—陀螺进动力矩；H—陀螺转子动量矩；q_T—目标视线与坐标基准线夹角；q_A—光轴与坐标基准线夹角；
ε—光轴与目标视线夹角，即跟踪误差角；I—陀螺进动电流信号

视线、光轴与弹轴之间的空间关系由图 9-8 给出。图 9-8 中 M 表示导弹，T 表示目标，O_O 为光轴（瞄准线），φ 为光轴与弹轴夹角（离轴角）。

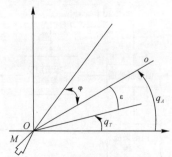

图 9-8　视线、光轴与弹轴之间的空间关系

导引系统角跟踪回路为二阶系统,其稳态输出特性为

$$I = \frac{H}{K_3}q_T, (t \rightarrow \infty) \tag{9-1}$$

稳态跟踪时,跟踪回路输出电流 I 与目标视线角速度成正比,其实质就是用输出电流 I 表示目标视线角速度 q_T。

速率陀螺式跟踪稳定系统角跟踪回路简化原理框图如图 9 - 9 所示。

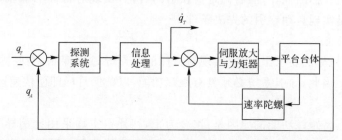

图 9 - 9　速率陀螺式跟踪稳定系统角跟踪回路简化原理框图

由伺服放大器、力矩器、台体、速率陀螺,抑制各种干扰力矩保持平台台体相对惯性空间稳定;由探测系统、信息处理电路、伺服放大器、力矩器、平台台体构成角跟踪回路,使平台上的光轴对准目标,实现角度跟踪。稳定平台式跟踪稳定系统测量视线角速度的原理与动力陀螺式相同。

2. 抗干扰原理

当今抗干扰能力已经成为衡量导弹性能和技术水平的重要指标。红外导引系统的抗干扰能力主要体现抗自然背景干扰与抗人工干扰两个方面。根据对目标、背景和干扰的特性分析,它们之间在辐射能量、辐射光谱、空间分布、出现时间和运动特征等方面存在差异,这些差异就为抗干扰提供了可能性。红外导引系统常用的抗干扰技术和原理主要有:光谱滤波、空间滤波、辐度鉴别、图像识别、光谱识别、选通波门、"就近"选择等技术。光谱滤波和空间滤波多用于抗背景干扰,而幅度鉴别、图像识别、光谱识别、选通波门、"就近"选择多用于抗人工干扰。早期的红外导引系统多用硬件实现抗干扰功能。采用数字化信号处理技术的红外导引系统大多用软件实现抗干扰功能,这不仅使复杂的抗干扰原理得以实现,而且为抗干扰原理的改进和软件升级提供了方便条件。

9.1.3　典型红外导引系统功能

红外导引系统是一个复杂的系统,它有多种功能和用途。这些功能互相联系,有主有次,随着科技的发展和作战需求的提高,这些功用还在不断完善和扩展,本节仅简要予以叙述。

1. 自动制导功能

自动导引功能红外导引系统最基本的功能是按照导弹给定的导引规律,在对目标的探测、识别、跟踪过程中,测量目标运动等参数,形成导引信号,传输给导弹制导回路。对于比例导引导弹,导引头的主要功能就是在导弹自主飞行过程中测量目标视线角速度。根据目标的运动和物理特性,导引律可以有许多选择。

现代用于复杂作战环境的导弹常在不同的制导阶段和不同的作战环境采用不同的导引律,因此导引系统还要有变换导引律的功能。同时,为完成制导信号的处理,还需要给出导引

信号的坐标或时间基准。

随着导引精度的提高和适用范围的扩大,导引律在不断优化。近年常采用的有自适应导引律、变系数导引律、复合导引律等。

2.目标探测、识别、捕获功能

为了实现自动导引功能,导引系统必须具有对目标的叠加功能。即首先必须通过对目标的探测和识别确定目标的存在;然后锁定要攻击的目标,实现对目标的捕获,才能进而获得导引信息,因此,它是实现自动导引的先决条件。

3.目标跟踪功能

从探测、捕获目标的要求出发,要实现对目标的全制导过程探测,空间固定的探测视场显然不能满足要求。因此,导引系统必须具有跟踪功能,以确保目标即使快速运动也不会溢出很窄的视场。

另一个必须具备跟踪功能的原因是:迄今为止,红外空空均采用比例导引律(下文将简要介绍其工作原理)。采取这种导引律对导引头的要求是其必须能到量导弹-目标的视线角速度。20世纪40年代美国人首先在红外导引系统的工程设计中提出用稳态误差法来测量视线角速度,即在一个以一阶积分环节为反馈的跟踪回路中,其稳态输出值为人信号的速度值。这种方法要求导引系统必须具有对目标的跟踪功能。

4.抗背景干扰功能

导弹在实际的作战环境中使用,必然存在各种干扰影响导弹的工作。对于红外导引系统,最显著的干扰首先是来自自然背景的红外辐射干扰。背景干扰主要包括空中和地面(含海面)两种干扰,这两种背景干扰都是随时间和空间变化的。对此红外导引系统必须具有专门的抗背景干扰的功能,以便把背景干扰抑制到一定程度,使系统能在要求的范围和状态下正常工作。

5.抗人工干扰功能

为了对付红外导弹的攻击,各国研究出许多红外干扰手段,采用比较多的有红外诱饵、调制干扰器以及红外气溶胶,红外烟幕等。这些红外人工干扰已对红外型导弹的使用构成极大威胁,因此红外导引系统必须具有相应的对抗能力。当今先进的红外导引系统必须具备抗红外诱饵和红外调制干扰的能力。

6.其他功能

现代红外制导导弹是一个复杂的系统,随着技术发展和导弹功能的扩展,会越来越强调导弹一体化设计。功能一体化设计使导弹可能对红外导引系统提出扩展功能的要求,具体如下。

(1)给出导弹临近目标信息,用于导弹的工作时序和状态控制,如用作制导参数或制导律切换,启动引信工作等。

(2)利用导引头头罩的碰撞破裂信息,给出碰炸引信的状态信号。

(3)给出导弹与目标相对角位置信息,用作导弹测量和引爆系统的控制信号。

(4)给出导弹至目标的剩余飞行时间,用以修正末端导引律。

(5)识别目标要害部位或易损部位,用以在弹道末端改变瞄准点,提高毁伤效果。

9.1.4 比例导引律

如果导弹和目标在同一平面内飞行,则这一控制过程可以简述如下:红外导引头1测出目标实现与光学系统轴之间的夹角 Δq，Δq 称为失调角，导引头输出电信号与 Δq 成正比。这个电信号同时也与目标视线旋转角速度 q 成正比，令这个电信号 $u = Kq$。信号 u 经过放大器 2 放大后输至舵机 3，舵机操纵舵面偏转一个角度 δ，δ 与 q 成正比，舵面偏转后，由于空气动力的作用，使导弹产生迎角 α，α 与 δ 成正比。由于迎角 α，产生一定的法向升力 Y，法向升力使得导弹产生法向加速度 α，则有

$$a = V_D \theta \qquad\qquad (9-2)$$

式中，V_D 为导弹的速度，θ 为速度向量的旋转角速度。法向加速度 a 与升力 Y、迎角 α、舵偏角 δ 以及目标视线旋转角速度 q 都是成正比的。因此，导弹速度向量 V_D 的旋转角速度 θ 正比于目标视线旋转角速度 q，即

$$\theta = K_q \qquad\qquad (9-3)$$

式中，K 为比例系数。

　　式(9-3)即为比例导引的控制规律，比例导引法示例如图 9-10 所示。

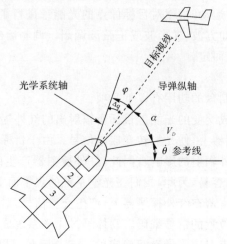

图 9-10　比例导引法示例

　　由上述分析可以看出，为使得导弹按照比例导引规律飞行，要求导引头能够测量目标视线的旋转角速度 q。为测量 q，导引头必须跟踪目标，当目标视线与导引头光学系统光轴不重合时，就有了失调角 Δq，则导引头产生的电压 u 正比于 Δq，这个电压 u 送给导引头本身的跟踪机构，驱动光轴向减小 Δq 的方向运动，这样导引头就不断地跟踪目标，此时光学系统光轴的旋转角速度等于导引头输出电压 u。在稳定跟踪的情况下，光轴的旋转角速度目标视线的旋转角速度，则此时导引头输出电压 u 正比于目标视线的旋转角速度 q。所以，红外导引头由测角系统和跟踪系统两大部分组成，红外探测系统组成如图 9-11 所示。

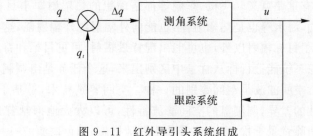

图 9-11　红外导引头系统组成

9.2 典型红外导引系统设计分析

9.2.1 单元探测系统设计分析

1. 对辐射能进行调制的意义

来自目标的红外辐射能，一般是不能直接利用的，原因有：首先，军事目标一般距离红外接收系统较远，因此红外系统接收到的红外辐射能极其微弱，必须加以放大处理。其次，在一定距离上，系统所接收到的红外辐射能就是一个恒定不变的量，即使把它转换成电信号，也是一个直流不变的量，它不利于变换放大处理，因此就需要对光能进行某种形式的调制，这种调制的类型要适合信号处理的有利形式。调制盘就是对光能（红外辐射）进行调制的部件，它是由透明和不透明的栅格区域组成的圆盘，置于光学系统的焦平面上，目标像点就落在调制盘上，当目标像点和调制盘有相对运动时，就对目标像点的光能量进行了调制。调制以后的辐射功率是时间的周期性函数，比如方波、梯形波或正弦波调制。调制后的波形，随目标像点尺寸和调制盘栅格之间的比例关系而定。

2. 调制盘基本功用

在红外制导系统中，调制盘的功用有以下几项。

（1）使恒稳的光能转变成交变的光能。目标所辐射出的红外辐射，被光学系统接收并汇聚在置于焦平面上的红外探测器上，使光能转变成电信号。由于目标的辐射量是恒定的（不考虑目标距离、方向及大气对红外辐射的影响），因此，红外探测器产生的信号为直流电压，这在信号的处理上就不如交流信号容易，为此，我们在光学系统的焦平面上放一个调制盘对光能进行调制，使得光能以一定的频率落在红外探测器上，产生交流信号，对信号的处理更为方便。

（2）产生目标所在空间位置的信号编码。物体经过光学系统成像，物和像有着一一对应的关系，也就是说物空间的一点对应着像空间确定的一点。因此，目标在物空间位置的变化，和目标像点在像空间即在调制盘上位置的变化相对应。当目标位于光轴上时，像点也在调制盘上的特定位置上；当目标偏离光轴时，像在调制盘上也相应偏离。像点位置的这种变化，使红外探测器产生的信号规律发生变化，例如信号的幅度、频率、相位发生了变化，此时，红外探测器输出的电信号就包含了目标的方位信息，然后由信号处理电路分解出这种变化，并进行坐标变换，就得出目标位置的信息，把这一信息送到跟踪机构，使红外跟踪系统朝着减小误差角的方向运动，便实现了自动跟踪。

（3）空间滤波——抑制背景的干扰。由前面章节的内容可知，任何温度高于绝对零度的物体都可以辐射出红外辐射能，也都能被红外系统接收，并可做成被动式接收，红外辐射不可见，因此，对军事应用具有重要意义。飞机、军舰等都是理想的热辐射军事目标，而这些目标周围的背景，如云团、大气、海水等也是热辐射体，也能向外辐射红外辐射能，这样一来，光学系统所收集到的辐射中，除了目标辐射以外，也可能出现背景辐射，可见目标和背景是相对而言的，这就要求红外搜索跟踪系统能把目标从背景中区别出来，这个任务是由调制盘来完成的，这种作用称为"空间滤波"。空间滤波是空间鉴别的一种。空间鉴别技术，是基于点源目标和大面积背景元之间尺寸特性的差异，调制盘的空间滤波特性，可以大大地抑制背景的外部干扰，但也不可能百分之百地消除背景干扰，因此还需采用其他措施，如色谱滤波——利用目标和背景辐射波段的差异来消除背景的干扰。

3. 调制盘式探测系统的特点

调制盘式探测系统技术成熟,结构相对简单,适用于背景简单、目标对比度大的情况,如探测天空背景中的飞机或导弹等,不适用于对地面桥梁、车站、码头等大型冷目标的探测。

4. 调制盘式探测系统的基本结构

图 9-12 是一种典型的调制盘式探测系统光学布局图。它是一个折反式(卡赛格伦)光学系统,调制盘是一种能透过合遮挡红外辐射的平面光学元件,上面设有调制花纹,设置于焦平面上。

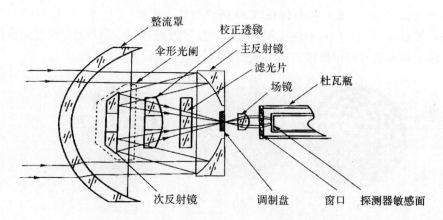

图 9-12 调制盘式探测系统光学布局图

对于调制盘式探测系统,调制的设计至关重要。通过调制盘实现的功能有以下几种。

(1)把目标的连续辐射调制成脉冲辐射。

(2)给出目标相对于光轴的空间方位。

(3)给出失调角与误差信号关系曲线,即调制曲线。

(4)抑制背景辐射。

(5)确定探测系统的视场角。

调制盘主要根据系统所确定的调制体制来设计。调制方式主要有调幅式、调频式或脉位式。现役调制式红外探系统大都选用调幅式,对于其他形式的调制盘只作简单的介绍。

调幅式图案多选用棋盘格式,调制花纹的直径由视场和光学系统焦距决定,按照总体给出的调制曲线要求,结合像质在视场中的变化,就可以进行棋盘格扇形角度、同心圆层数和层间宽度的设计。设计结果做成样机,通过实测再对图案和像质做一定的修改,最终满足系统的要求。几种典型的调幅式调制花纹图像如图 9-13 所示。

调制盘的设计应考虑系统的坐标系。当目标落入光学系统视场中时,目标辐射将聚焦到调制盘上的一点。这一点相对于调制盘中心的误差用失调角来表示,而失调角由角度的大小和相对弹体基准的方位来确定。所以目标在调制段上成像的位置,可以确定目标相对光轴的空间方位。

为了给出目标的空间方位,调制分为目标信号调制区和半透明区两部分,它使调制的目标高频信号载有一低频包络,检波后的包络信号的相位就体现目标的空间位置。如图 9-13(c)所示,像点 A 和 B,对应目标在空间的位置相对于光轴,一个在光轴的左方,一个在下方,二者相差 90°。通过调制，调制出的信号波如图 9－14 所示，信号低频包络的相位也正好相差 90°。对于动力陀螺式跟踪系统，跟踪目标靠陀螺转子的进动，而进动的方向依赖于转子永久磁铁的磁轴方向和进动电流产生的磁场相互作用，这里进动电流就是低频包络信号，它随调制盘的转动而产生，陀螺转子磁铁随调制盘一起转动，这样磁轴就和进动电流的相位有一个固定关系，进动电流产生的磁场和磁铁磁轴的作用力的方向就是恒定的。这就实现了对目标的跟踪。

当面积较大的背景辐射落到调制盘上时，由于像斑覆盖许多方格，其平均透过率接近于 50%，在半透明区，透过率也是 50%，使输出信号接近于直流，起到了很好的空间滤波作用。所以设计调制盘时，一般在满足目标信号调制的基础上，方格尺寸小一些为好，以充分抑制大面积背景的干扰。图 9－14 是对应目标在 A、B 两点的信号波形，其中 9－14(a)(b)图为探测器输出的原始波形；图 9－14(c)(d)为选频放大后的信号波形；图 9－14(e)(f)为低频检波后的包络波形。两个包络信号的相位相差 90°，从而识别目标的方位。

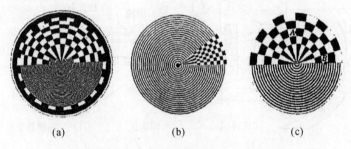

图 9－13　几种典型的调幅式调制花纹图案
(a)花纹(一)；(b)花纹(二)；(c)花纹(三)

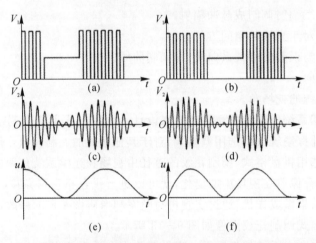

图 9－14　调制信号波形和包络信号的相位
(a)(c)(e)A 点的调制波形；(b)(d)(f)B 点的调制波形

图 9－13(a)调制盘的最外圈画有一整圈黑白相间的等间隔棋盘格，可以用作产生导弹引信的开启信号。设计调制盘可以归纳为几项准则，用于判断花纹设计的质量。这些准则如下。

(1)能全面完成调制盘的功能。

(2)调制盘的格子尺寸应和目标像点的变化相匹配。即在调制曲线的峰值位置，目标像斑的辐射应全部调制,在调制曲线的中心,调制度接近于零,形成一定角度的盲区;在盲区和峰值之间,应有一线性段,即随着失调角的增加,调制度线性增加;视场边缘应有足够的调制度,以保证在这点能捕获目标。另一方面,调制花纹还能对背景辐射充分抑制。一种调制曲线如图 9 - 15 所示。图 9 - 15 中 OE 为盲区的一半,EF 为线性段,OG 为半捕获场。

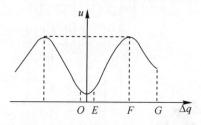

图 9 - 15　一种调制曲线示意图

图 9 - 16 是目标像点扫描式的调幅调制盘,图 9 - 16(b)(c)(d)分别为光点沿着 A,B,C 三个圆形轨迹运动产生的调制波形。

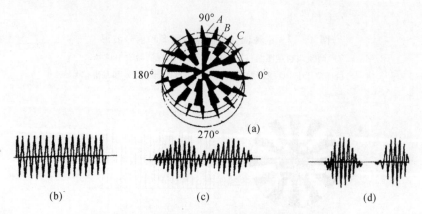

图 9 - 16　一种光点扫描式调幅调制盘及其波形

(a)调制盘;(b)波形(一);(c)波形(二);(d)波形(三)

调制盘固定于焦平面上,光学系统的次反射镜相对光轴有一夹角,系统工作时像点旋转。这类调制盘也能完成信息调制的功能,对同样的视场,这种调制盘直径可小一倍,但空间滤波特性较差。

图 9 - 17 是一种调频调制盘,英国早期的"天空闪光"空空导弹采用过这种调制盘。

图 9 - 18 为 AIM - 9L 导弹调频、调幅调制原理图和目标在三个位置时,控刻器输出信号波形。

5.探测器设计要求

根据探测距离、工作波段、系统视场、结构尺寸、探测器敏感面积、系统工作频率和带宽等确定探测器的 $D_{\lambda p}^*$ 指标要求。

由于工作波段已经选定,短波波段多选用光导硫化铅(PbS)探测器,中波波段多选用光伏型锑化铟(InSb)探测器,它的响应度特别高;而光导式 InSb 探测器,或制冷 PbSe 探测器,虽然都工作在中波,但响应度比较低,一般不选用。长波则常选用制冷 HgCdTe 探测器。探测器敏感面应为圆形,置于调制盘之后。为了让聚焦在调制盘上的辐射全部落在探测器上,探测器的敏感面应尽可能靠近制盘,且直径稍大于调制盘直径。由于探测器有这样的特性,即敏感面越大响应度越低,噪声越高,所以应设法让探测器敏感面尽过减小。这样,还应结合浸没透镜或场镜的设计,才能确定探测器的敏感面积。

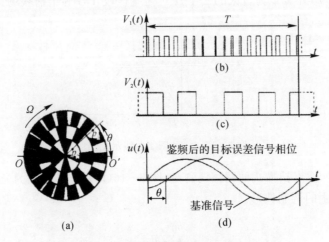

图 9-17　一种调频调制盘的图案和信号波形

(a)调频调制盘图案;(b)目标位于 P1 点探测器输出信号;

(c)目标位于 P2 点探测器输出信号;(d)目标误差信号和基准信号

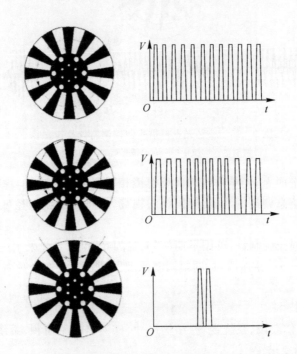

图 9-18　AIM-9L 导弹调频、调幅调制原理图和目标在 3 个位置时,探测器输出信号波形

经过浸没透镜或场镜的探测器敏感面直径还会在 2～4mm 上下,面积是比较大的,必须要求敏感面各处的响应度接近,以保证像斑落在调制盘各个区域时,只要透过的辐射相同,探测器输出的信号也相同。探测器的响应度和噪声要求受生产技术的限制,目前已达到较高的

水平。制冷 InSb 的已达到 $2 \times 10^{11} \mathrm{cm \cdot Hz}^{1/2} \cdot \mathrm{W}^{-1}$ 以上。

对于制冷探测器，为了提高 $D_{\lambda p}^*$，减少背景干扰，往往要设置冷屏。冷屏的位置和大小决定了探测器的相对孔径，它应和光学系统相匹配。

6.光学系统设计要求

对光学系统设计要求的内容包括主要性能参数和结构形式等。

光学系统的功能主要是接收目标的辐射，将目标辐射聚到焦平面上，像质满足系统要求。

光学系统的形式有反射式、折射式和折反式。根据系统的视场、空间要求、光学材料特性和像差要求等确定采用的形式。对于调制盘式探测系统由于空间有限，视场较小，适合于使用折反式光学系统，布局如图 9-12 所示。

光学系统的技术要求有：有效通光口径 D_0、透过率 τ_0、焦距 f 工作波段、像质等；通光口径 D。受弹径的限制，也受相对孔径的限制，对于折反系统，中间还有一部分挡光面积。若挡光直径为 D_1，有效通光面积为 A_0，则

$$A_0 = \pi(D_0^2 - D_1^2)/4$$

捕获场是由调制盘花纹直径 d 和光学系统焦距 f' 决定的，系统总视场是以调制盘中心为原点的圆锥体，它相对于光学系统光轴是旋转对称的，平面视场角 $a = d/f'$ 也称捕获场。导引头捕获场的大小和载机的瞄准要求关系很大。当导引头转入跟踪后，目标就位于视场中心附近，所以视场完全是为了满足捕获目标的要求。视场设计的准则应是在满足捕获要求的前提下，视场越小越好，因为视场越大，系统的作用距离会缩短，引进的背景干扰会变大，受人工干扰的概率也增高。导弹的发射，可以是同轴（飞机轴）的，也可以是离轴的，虽然近四五十年来，瞄准装置有了很大改进，但对捕获场的要求却没有明显的变化，一般多在 $2.5° \sim 4.0°$ 之间。如果不够，可加上机械扫描。

由于弹上空间有限，光学系统的相对孔径多在 1 上下，设计时要和探测器的视场匹配。

光学系统弥散斑直径 δ 和最小分辨力的关系为 $\beta = \delta/f'$。δ 应不大于第一个扇形区域的最大宽度，使调制曲线的峰值处调制度达到或接近于 1。视场边缘处 δ 约为调制盘最外圈宽度的两倍，使这点的调制度 ≥ 0.5。

系统光学效率 τ，它取决于光学系统的光学零件数和每个零件的光学效率。如果光学系统有 6 个光学组件，每个光学组件的效率要求 $\geq 92\%$，则总效率就会在 60% 以上。

关于如何减小太阳干扰区的设计，也属于光学系统设计的一部分，设计内容主要有以下几项。

(1)在光学系统中合理设置光阑，如次反射镜上的伞形光阑，支撑修正透镜的筒身中的光阑等。

(2)光学系统机械件的外表面涂上黑色消光漆，并使消光漆表面的反射率尽可能降低，这些措施可大大衰减对太阳辐射的反射和散射。

(3)设置光谱滤光片，可以有效衰减有用波段以外的各种干扰辐射。

(4)在探测器内部设置冷光阑，减小探测器的视场，可以提高探测器的探测度。

经过精心设计，太阳干扰区约能减小到 15% 以内，即对太阳夹角 $\pm 15°$ 的锥体外，探测系统才能瞄准和跟踪目标。

7.信号预处理电路设计要求

信号预处理电路包括探测器偏置电路和前置放大电路两部分。探器偏置电路的功能是使探测器处于最佳工作点;而前置放大电路的功能则是将探测器输出的微弱信号放大到足够的幅度,供后续电路进一步处理。一般预处理电路的噪声应小于探测器噪声的1/3。

8.系统灵敏阈

对任何一个导引探测系统,灵敏度是标志它的灵敏程度的重要参数,定义为使该系统可靠工作的目标在光学系统入瞳处的最低照度(单位为 W/cm²)。得到了这个参数,再掌握了目标的辐射特性和大气衰减数据,就可直接计算出最大作用距离,而无需了解系统内部具体结构和其他部件的性能参数。另一个参数是等效噪声照度 NEI,它纯粹反映了探测系统的灵敏程度。由 NEI 要推算系统的作用距离,除了要掌握目标和大气特性外,还需知道系统可靠工作所需的信噪比数。

从探测系统内部技术参数也可推导出等效噪声照度。有关灵敏阈、等效噪声照度和作用距离的计算,以及它们之间的关系,将在后面详细分析。

调制盘式导引头的设计有许多独到和巧妙的地方,但它也有一些缺陷或难以克服的弱点。主要是灵敏度不高,作用距离太近,难以满足侧向和迎头方向攻击目标的要求,不具备抗人工干扰的能力。

9.2.2 多元探测系统设计分析

1.系统特点

多元脉位式探测系统的功能和调制式系统是相同的,设计的基本思想是由于调制盘式的系统灵敏度太低,单元探测器输出信息量太少,无法具有抗人工干扰的能力。若不改变制式,则很难有明显的提高。为此,用两个或四个条形探测元构成"L"形或"十"字形的探测器,代替一个大敏感面探测器,取消调制盘,再让次反射镜倾斜,实现像点扫描,从而形成脉位调制探测系统。这样的系统如何实现导引头要求的全部功能,如何实现作用距离更远和抗人工干扰能力更强,将是下面设计的主要内容。

2.光学系统设计要求

光学系统的设计和调制盘式系统相似,它要求次反射镜或主反射镜要倾斜一个小角度。若次反射镜倾斜角度为 α,则它反射的光线倾角为 2α,当倾角较小时,可令

$$2\alpha = R/L$$

式中,L 为次镜和探测器敏感面的距离,R 为像点中心到旋转中心的距离。

"十"字形脉位制导光学系统和探测器的布局如图 9-19 所示。这个系统的探测器放置在光学系统焦平面上,按设计要求,探测器敏感面应始终垂直于光轴。当光学系统光轴偏离弹轴时,探测器敏感面也应随之回转,保证目标像斑始终聚焦在探测器上,使探测器输出的信号幅度不变。如果由于结构原因,探测器不能随光学系统偏转,当有离轴角时会使像面有一定的离焦量,造成信号脉冲宽度增加,幅度降低,使系统的探测能力下降,脉位也稍有变化。这对小离轴角影响不显著,离轴角很大时,信号幅度将显著降低,在系统设计时应注意这个问题。

系统的视场:四元脉位系统的视场比调制盘式要复杂得多,令探测器每元的长度为 R_d 像点旋转半径为 R_n,像点旋转中心和探测器内端的间隔为 Δ。当目标偏离视场中心时,开始会

出现 4 个脉冲,偏离再多出现 3 个,最后只出现 1 个脉冲,这些脉冲出现的位置均能确定目标相对弹轴的方位。"十"字形脉位探测系统视场的形状如图 9-20 所示。

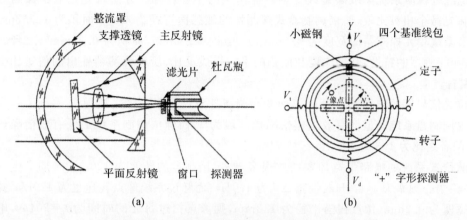

图 9-19　"十"字形脉位制导光学系统和探测器的布局图

(a)光学系统;(b)探测器

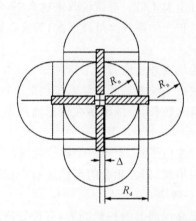

图 9-20　"十"字形脉位探测系统的视场形状图

由图 9-20 可知,视场分三部分,中间部分是方形,面积为 $4R_n^2$,其外为 4 个长方形,面积为 $4(R_d+\Delta-R_n)2R_n$,最外面有 4 个半圆,4 个半圆的面积为 $2\pi R_n^2$。总视场为三部分面积之和为

$$A = 4R_n^2 + 4(R_d + \Delta - R_n)2R_n + 2\pi R_n^2 \qquad (9-4)$$

由于一般情况下,$R_n=(0.7\sim0.9)\cdot(R_d+\Delta)$,选中间值,$R_n=0.8(R_d+\Delta)$代入,当不计 Δ 时,得 $A=7.86R_d^2$。

这个视场不是圆视场,很像四瓣梅花状,等效圆视场的半径是 $R_x=1.58R_d$。由此可知,如果"十"字形探测器对称两元的长度和调制盘直径相同,"十"字形系统的平面视场要比调制盘系统大近 1.6 倍。所以若要"十"字形系统的视场和调制盘式系统相同,探测器每元长度可比调制盘半径短一些。

对光学系统弥散斑的要求,从系统设计考虑,探测器输出的脉冲幅度应不受损失,探测器敏感面积应尽可能小,但应与光学系统成像质量相匹配。

3. 等效噪声照度分析

降低红外探测系统灵敏阈是改变调制盘制式的主要目标。方法首先是减小探测器的面积。现在先做个相对比较,如果调制盘式探测器的敏感面直径为 4mm,面积为 12.57mm²,而"十"字形系统单元探测器的宽度为 0.2mm,长度定为 1.5mm,面积为 0.30mm²,二者之比为 41.9,按照探测器的特性,其响应度和面积的平方根成反比,所以探测器输出的信噪比会增加 6.5 倍左右。

脉位式信号值的转换系数为 0.9,而调幅调制盘为 0.177,二者之比为 5。

调幅调制盘系统的最低有效工作信噪比一般为 3,而脉位调制系统最低有效信噪比一般大于 9,两者之比为 1/3。

但脉位式系统的电路带宽却要增加很多,假定调制盘的转速为 120r/s 半周产生 6 个脉冲,其电路中心频率为 1 440Hz,带宽 Δf 为 470Hz;而脉位系统像点转速也为 120r/s,探测器的每元宽度为 0.2mm,像点扫描半径为 1.3mm,则像点扫过每元的时间为 $t=204\mu s$,电路带宽 $\Delta f=2.45$kHz。二者带宽之比为 0.19,带宽之比的开方为 0.438。

所以四元脉位式系统比调制盘系统响应度约能提高 4.75 倍,亦即灵敏阈约降低 1/4.75,考虑到大气吸收,作用距离约可增加 1 倍。应该说改进这么多,效果还是很显著的。设计时探测器每元的宽度小一些为好,要和光学系统弥散斑匹配,长度以满足视场需要为准。

4. 探测器的设计要求

对探测器的技术要求,除探测度外还应有以下指标。

(1)敏感面尺寸。每元长度由系统视场和光学系统焦距决定,宽度由弥散斑直径决定。

(2)响应均匀性。探测器每元较长,当像斑落在敏感面的不同部位,输出的信号幅度应相近,应给出一个幅度起伏范围。

(3)响应一致性。四元响应度应一致,给出一个起伏范围。

(4)元间串扰。为减少元间串扰,四元相会的部位应有一定距离,一般相对两元距离可在 0.2~0.4mm 之间。元间串扰一般应≤0.2%。

(5)入射相对孔径。为了提高探测器的探测能力,可设置冷屏,配合光学系统给出相对孔径数值。

5. 抗背景干扰能力和抗人工干扰能力

多元脉位调制探测系统本身抗背景干扰能力不明显,但从探测器面积考虑,当系统视场相同时,它约为调制盘系统的 1/40,接收的背景辐射显然就小得多。另外为了抗大面积背景干扰,如果相对两个探测器同时受到照射,输出很宽的脉冲,电路应把信号抵消。如果一个探测器接收到的脉冲宽度大于一定数值时,通过高通滤波,将大大减少背景干扰。

对于抗人工干扰,四元脉位系统给出了可能性,设定干扰是在捕获目标之后释放的,则在电路上可设置波门,由于目标脉冲出现的时间已经知道,也就是说当另外一个辐射源出现在与目标不同的空间角位置,也就是处于波门之外时,电路就不予处理,这样就不会受到这个辐射源的干扰。当干扰与目标同时出现在波门内,可根据幅值、宽度、运动轨迹等特征进行识别,抗干扰算法常用软件来实现。具体的抗人工干扰方法将在处理电路中叙述。

6. 目标方位的识别

系统取消了调制盘,识别目标在空间的方位要靠目标产生脉冲的位置和基准信号相比得出。光学系统次反射镜的法线和光轴成一定角度,当光学系统旋转时,位于视场中心的目标像点将绕四个探测元的中心旋转,像点每扫过探测器的一元,将出现一个信号脉冲,得到的四个脉冲是等间隔的,和基准信号相比,不给出误差信号。而当目标偏离视场中心时,目标信号脉冲间隔不等,或脉冲减少,甚至只有一个脉冲,通过和基准信号的比较,都可以识别出目标的方位。由图 9-21 可明显地看出目标方位和脉冲位置的关系。

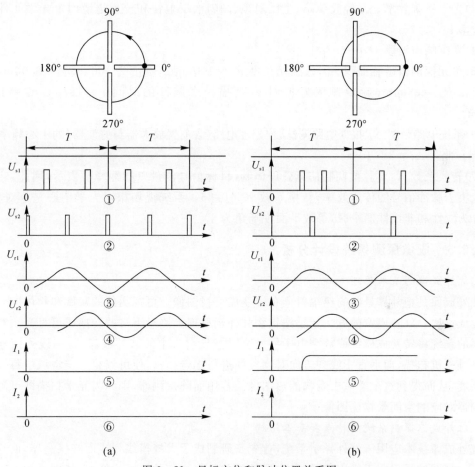

图 9-21　目标方位和脉冲位置关系图

(a)目标处于光轴上时;(b)目标偏离光轴左方时

U_{s1},U_{s2}—水平和垂直通道的误差信号;U_{s1},U_{s2}—水平和垂直通道的基准信号;I_1,I_2—两个通道检波后的误差信号

随着目标的接近,目标信号的脉冲宽度将越来越宽,理论和实验均可证明,只要能得出脉冲的中心位置,始终能够识别目标的方位。

7. 对四元脉位系统的性能分析和改进

红外导引头在相对平稳的天空背景下探测远距离发热小目标,用多元脉位调制系统是比较合适的,它比调制盘式系统作用距离远得多,又有较好的抗人工干扰能力,结构比成像系统又简单得多,成本也低得多。所以对一定的使用条件,这种系统是有前景的。如果要求作用距离更远,系统还可进一步改进,将探测器的长条元再分成若干元,探测器元的面积变得更小,抗人工干扰能力也会进一步改善。对于多元系统还容易改成双色或多色系统,使识别人工干扰的能力有更进一步的提高。简化四元系统,探测器也可设计成"L"形,其工作原理是相同的,视场有所缩小。

8. 典型"L"形红外探测系统的部分设计参数

(1)光学系统主反射镜外径 $\Phi=5.1\text{cm}$，内径 $\phi=3.5\text{cm}$，则系统有效接收面积 $A_0=10.8\text{cm}^2$。

(2)光学系统焦距 $f'=45.6\text{mm}$。

(3)光学系统效率 τ_0。经整流罩、主反射镜、倾斜次反射镜和校正透镜四个光学元件总的光学效率 $\tau_0=0.75$。

(4)系统响应波段 $4.0\sim5.5\mu\text{m}$。

(5)单元探测器敏感面积 A_d，敏感元长度 $R_d=1\,100\mu\text{m}$，宽度为 $100\mu\text{m}$，$\Delta=300\mu\text{m}$，像点旋转半径 $R_n=850\mu\text{m}$，旋转频率为 100Hz，扫描一个脉冲的时间 $\tau=187\mu\text{s}$，$A_d=1.1\times10^{-3}\text{cm}^2$。

(6)系统电路带宽 Δf 根据电路测试，预处理电路(含前置放大器与滤波器)的中心频率 $f_0=2\,300\text{Hz}$，带宽 $\Delta f=3\,000\text{Hz}$。

(7)转换系数 K：对脉位调制信息处理体制，目标信号测量以脉冲峰值表示，因此，转换系数仅取决于脉冲信号的传递效率，转换系数 $K=0.75$。系统视场相对光学中心是非对称的，并可分为线性和非线性两个区，等效平面视场角为 $4°$。

9.2.3　成像探测系统设计分析

1. 红外成像的基本原理

红外成像是把外界景物的热辐射分布转变成可视图像。可视图像的灰度和物体的红外辐射亮度成正比。红外成像的方法就是把景物红外辐射逐点测量下来并转换成可见光。对于机器观察的系统将转变成模拟或数字电压信号。对于导引头中的红外成像，若用线列探器则需设置一维光机扫描，即垂直于线列方向对物空间进行逐点扫描，便可测得一定空域中每一点的辐射亮度，从而得到这个空域中景物的热图像。若用面阵探测器，则无需光学扫描即可测得面阵探测器对应的空间景物热图像。

2. 红外成像探测系统的特点和基本结构

红外成像技术应用于红外导引系统，首先是研制成了大规模线列或面阵探测器，而且做得足够小。把图像导引用于空空导弹，最主要的目的是提高它的抗干扰能力，特别是抗人工干扰能力；其次是为提高作用距离，对各种冷目标和复杂背景下的目标都可以识别，使红外成像制导导弹有了更广泛的应用。红外成像探测系统的设计和基本结构：光学系统可以是透射式，也可以是折反式的，一般为了减少系统长度多设计成折反式。图9-22是两种红外成像光学系统原理图，这个光学系统相当于一个望远物镜，直接把入射辐射会聚到探测器敏感面上，和脉位(多元)调制系统很类似，形式上加了一块大口径相差透镜，如果用面阵探测器，则所有镜片都是固定的，若用线列探器，则次反射镜应做成进行一维扫描的摆镜。

3. 红外成像探测系统的主要设计要求

红外成像探测系统与调制盘式和多元脉位调制探测系统的不同点有探测器类型和规模、探测器单元尺寸、帧视场、空间分辨力、帧像素数和帧频等。

用作红外成像导引系统的光学视场为 $3°\sim4°$ 左右。由于导弹要求全程都能稳定跟踪目标，当目标很远时，目标视线角速度很低，这时为了能达到较远的探测距离，帧频可以降低或采用多帧积累等办法；而当目标很近时，视线角速度很大，为了测出目标角速度且不丢失目标，就要求提高帧频，最好能达到 100Hz 左右。还要求目标由远到近，光学系统无需调焦。这些都是导弹的特殊要求。另外，由于空空导弹头部空间有限，光学系统口径最多只能为弹径的 2/3 左右，最好能更小，机构又不能太复杂。探测器的循环制冷机若不能安放，则要用焦汤制冷器。

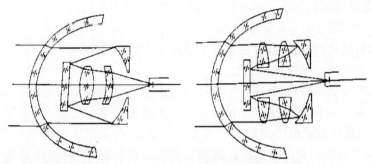

图 9-22　两种红外成像光学系统原理图

4. 探测器的设计要求

红外成像制导系统中探测器是最关键的，确定了探测器的规格、性能，才能明确光学系统和其他部件的要求，所以应首先确定探测器的技术要求。但在选择探测器等部件前，又应先明确导引系统对探测器的要求。

当系统选定中波探测器后，主要确定探测器的规模。按目标识别的要求，至少为 64 元的线列，由于视场为 3°左右，一般也无需太大规模。这里有性价比的问题，按当前世界情况，128 元是个比较好的选择，这时的分辨力为 0.41mrad，图像已足够清晰。制导系统的图像像素数并非越多越好，因为识别图像中的目标，各种算法都需要时间，像素数越多，需时越长，加以帧频很高，像素数过高，会给识别的计算带来困难，成本也更高。

探测器敏感面尺寸是个很重要的参数，它影响光学系统的焦距和口径，并应和光学系统的弥散斑相匹配。一般希望敏感面尺寸越小越好。这样在相同视场和响应度情况下，导引头尺寸可以更小，重量也更轻。从系统的设计角度考虑，单元敏感面尺寸希望在 $20 \sim 30\mu m$ 间，但敏感面尺寸常受探测器制造工艺的限制，目前先进工艺已能达到 $20\mu m$。

对于线列和面阵探测器的选择，如果面阵探测器的工艺可靠，性能指标能达到要求，一般情况下应选择面阵，因为使用面阵，系统的温度灵敏度更高，可以达到更高的帧频，结构简单，省去了一维扫描，总之优点是很多的。但也有不同的观点，虽然理论上凝视系统灵敏度更高，但由于导弹的振动和气动加热的头罩引起的热噪声，限制了它难以达到灵敏度极限。另外，凝视系统成本较高。线列探测器的优点是均匀性更好，线列线性范围大，易于发现目标，不易被热头罩气动加热造成饱和。线列元间间隔较大，也不易产生串扰等。另外线列器件更容易实现双色成像探测，可为提高抗人工干扰能力创造条件。在实际设计中，两种系统技术上没有大的困难，主要由两种探测器的性能指标比较、稳定可靠程度和成本等因素来决定。

为了提高系统的探测能力，降低背景噪声，探测器中应设置冷屏，并使冷屏位置和口径与光学系统的相对孔径相匹配，达到协调设计的目的。

需要确定的探测器光电性能有峰值探测度 $D_{\lambda p}^*$、响应度 R、不均匀性、串扰、盲元数等。探测器带有焦平面处理电路，还要注意探测器工作的偏置要求、同步信号、多路转换规则等，以保证能正确驱动探测器，并充分发挥探测器的功能。其中 $D_{\lambda p}^*$ 最重要，它将对探测能力起关键作用。

探测器的制冷,对于空空导引头目前多选用焦汤效应制冷器,制冷介质可选用高纯氮气或氩气,甚至去除 H_2O 和 CO_2 的净化空气也可以,选用的气压和容积一般应能维持 2h 以上的制冷时间。如果导引头内结构允许,可使用闭环斯特林制冷机,它的优点是连续工作时间几乎不受限制,使用维护方便。

5. 光学系统设计要求

光学系统通常选用折反式,这样占的轴上空间少,对于视场在 $4°\sim5°$ 以下的系统,弥散斑可以满足要求。若要求的系统视场更大,也可选用折射式。对扫描较小视场和凝视系统,光学系统可做成望远物镜的形式,F 数应在 $0.8\sim2.0$ 之间。这是光学系统总的结构要求。

帧视场应根据导弹瞄准目标的需要确定。如果帧视场是固定的,由于探测器的敏感面尺寸已定,则光学系统焦距也因而确定。光学系统 F 数由工作波段和像质要求等确定,因而主镜口径也随之确定。光学系统的出瞳和后截距要和探测器相融,也是光学设计必须注意的。

弥散斑尺寸应和探测器元相匹配,计算的目标辐射功率至少 80% 以上应能集中在探测器元上,由衍射线计算的直径可以略大于探测器元。中波系统衍射的影响较小,一般初步设计时无需考虑。

例如用 128 元线列,每元尺寸为 $40\mu m\times40\mu m$,平面视场为 $3°$,则光学系统焦距为 $f',f'=97.8mm$。空间分辨力为 $\alpha,\alpha=0.41mrad$。F 数按 1.6,则入瞳口径为 61mm。

6. 扫描器的设计要求

对于采用线列探测器的成像系统应设计扫描器。扫描器通常有线性扫描器、圆锥扫描器等。对扫描器要确定扫描频率、扫描波形、扫描线性度、稳定度、扫描角度范围等。

对线列探测器,次镜的扫描角度和线性范围主要由视场决定,扫描频率(帧频)主要取决于信号处理的快速性和系统的灵敏度要求。为了提高制导精度,有的系统采用可变帧频技术,使弹道末端扫描频率达到 100Hz 以上。

线性扫描器的扫描波形为锯齿波,扫描一个周期,利用上升的线性段,采样只有一次。但若要求扫描频率达到 100Hz,虽然扫描角度很小,也很难实现,解决的办法之一是将扫描波形改成等腰三角波,上升和下降段都利用,这样扫描一个周期可采样两次,使扫描镜的摆动频率降低一半。但这时回扫数据存储后读出要从最后一个数据开始。

扫描镜的尺寸由主镜反射的光束直径决定。为了保证图像不畸变,对扫描的线性度要求很高,希望能达到 0.1% 以下。同样扫描的不一致性,即不稳定性也要求在 0.1% 以下。为了保证扫描达到高度稳定,扫描镜需具有抗振动、冲击的能力。

如果扫描镜为光学系统的次级反射镜,它所处的空间范围极其有限,所以扫描电机的尺寸,特别是厚度将有极高的要求。圆锥扫描可通过倾斜的扫描镜旋转实现成像。这种扫描机构简单可靠、参数稳定,但是图像数据需要采取特殊的处理方法。

7. 焦平面探测器对驱动电路的要求

焦平面处理电路和探测器芯片直接耦合在一起,装在杜瓦瓶的焦平面上,要让焦平面处理电路和探测器正常工作,驱动电路必须提供它们工作所需的一系列偏置电压和同步信号,这就是预处理电路的任务之一。驱动电路的设计一般严格按探测器的使用说明进行。

9.2.4　跟踪与随动系统设计分析

跟踪与随动系统包括位标器和稳定平台,其功能是根据信息处理系统给出的导引信息从而带动光学系统运动,使光轴对准目标实现目标跟踪。下面将详细介绍各部分的设计要求。

1.位标器

位标器是一个光电机械装置,位于导引头最前端。它由跟踪稳定平台、红外探测系统等组成,是实现导引系统目标探测、光轴稳定、随动和跟踪的核心组件。为了满足日益提高的战术技术指标和多种功能要求,位标器经历了半个多世纪的发展,形成了多种结构形式。

(1)位标器的功能及组成。

1)功能。

a.光轴稳定。它是指位标器光轴相对于惯性坐标系的稳定性。为此在位标器内部设置空间稳定系统或稳定平台,将光学系统安装在平台上,以隔离弹体角运动及干扰力矩的影响。

b.目标探测。接收目标辐射,经调制/扫描以及光电变换形成所需的电信号。该功能由位标器中的红外探测系统实现。

c.目标跟踪。当目标视线偏离位标器光轴时,红外探测系统检测该偏差,由伺服机构驱动位标器光轴指向目标。

d.随动和搜索。在随动和搜索指令控制下,伺服机构驱动位标器光轴指向预定空域。

此外,位标器还有离轴角测量、基准信号产生等功能。

2)组成。

位标器由光学系统、光学调制/扫描器、光电制冷探测器框架机构、伺服机构、角度传感器、角速率传感器、基准信号产生器以及部分相关电路等组成。

(2)位标器的分类。

按稳定原理不同,目前已有动力陀螺稳定平台位标器、速率陀螺稳定平台位标器和捷联式稳定平台位标器。

1)动力陀螺稳定平台位标器。利用动力陀螺的定轴性直接或间接地稳定光轴,利用陀螺的进动性实现跟踪。该类位标器按结构形式又分为单万向支架动力陀螺平台、双万向支架动力陀螺平台和伺服连接平台。

2)速率陀螺隐定平台位标器。红外探测系统和速率陀螺安装在平台上,速率陀螺测量位标器光轴扰动角速度,形成稳定控信号来实现光轴稳定,利用伺服机构实现角跟踪。

3)捷联式稳定平台位标器。平台上只安装光学接收器,一般平台设有高低环和横滚环,利用固定在弹体上的速率陀螺信号,计算机解算出平台二环轴的角速度,利用该信号和平台角度信通过复合控制回路,实现位标器光轴的空间稳定和跟踪目标。

2.动力陀螺稳定平台设计

动力陀螺稳定平台一般是三自由度框架式结构。光学系统安装在陀螺转子上,利用其定轴性实现空间稳定;利用其进动性实现随动、搜索和跟踪,作用在平台上的干扰力矩和跟踪力矩由陀螺力矩平衡。早期的红外导引系统多采用该结构形式。

动力陀螺稳定平台按框架类型可分为单万向支架式和双万向支架式等。其中单万向支架可分为内框架结构和外框架结构,双万向支架又可分为串联式和并联式。

(1)内框架式动力陀螺稳定平台。内框架式动力陀螺稳定平台的结构特点是转子置于万向支架之外,光学系统固定在陀螺转子上,其惯量比大于1。AIM-9系列导弹以及其派生型导弹,广泛采用内框架陀螺稳定平台,以光学系统和永磁体为主组成的陀螺转子安装在万向支架外面,如图9-23所示。

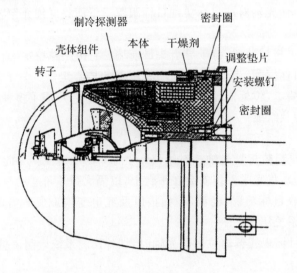

图9-23　内框架式动力陀螺稳定平台位标器

　　内框架式动力陀螺稳定平台的主要特点:结构简单,一件多用,可靠性高,成本低,但是限制了探测器的口径,回转角小,离轴角效应大。

　　(2)外框架式动力陀螺稳定平台。外框架式动力陀螺稳定平台的结构特点是陀螺转子置于万向支架之内,光学系统和制冷探测器装在内环上,内、外环轴各有一套力矩电机和电位计,外环力矩电机安装在框架后面,经连杆传递转矩,如图9-24所示。

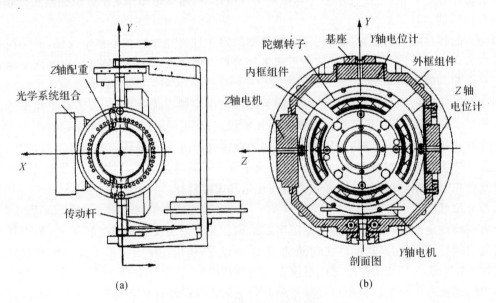

(a)　　　　　　　　　　　　　　　　(b)

图9-24　外框架式动力陀螺稳定平台
(a)原理图;(b)剖面图

外框架式动力陀螺稳定平台的主要特点：光电探测系统提供较大的光学口径，陀螺动量矩大，惯量比小于 1，回转角较大，结构较复杂，成本较高。

(3)串联式动力陀螺稳定平台。串联式动力陀螺稳定平台结构特点是将内框架动力陀螺稳定平台装在外万向支架(随动框架)内框上，如图 9-25 所示。外万向支架由内外框、直流伺服电机、减速机构和电位计等组成，并通过角度随动系统与内框架动力陀螺稳定平台随动。串联式动力陀螺稳定平台主要特点：回转角大，跟踪场可达±75°，跟踪角速度可达 60°/s，但是光学口径小，结构复杂，成本高。

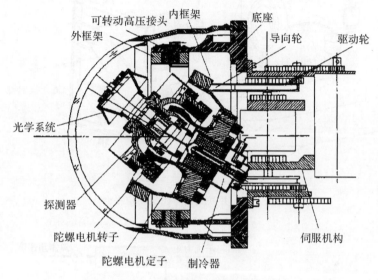

图 9-25　串联式动力陀螺稳定平台

(4)并联式动力陀螺稳定平台。并联式动力陀螺稳定平台是把陀螺与光学系统活动反射镜分别放在两个万向支架上，两个万向支架之间通过高精度角度随动系统连接在一起，如图 9-26 所示。主要特点：易实现快速搜索，电磁噪声低，但是光学系统接收面积小，设有两套伺服机构，回转角小。如果需要，可把红外探测系统放在内框上，或者把光学系统也放在内框上。

3.速率陀螺稳定平台

速率陀螺稳定平台(简称速率平台)一般有二自由度或三自由度框架式结构形式。光学系统安装在平台台体上，台体在各框架力矩器驱动下可绕相应框架轴转动，作用在平台上的干扰力矩和惯性力矩由伺服力矩抵消。台体相对惯性空间的角运动速度由安装在台体上的速率陀螺测量，各框架间相对转动角度由相应角度传感器测量。

设计时，首先根据位标器头部外形尺寸和性能要求，选择稳定平台的结构类型和制定系统基本控制方案；然后选择系统主要元器件，如角速度传感器、角反馈传感器、执行电动机、功率放大器、微处理机等；最后建立数学模型，分析系统动态响应，并根据期望的性能指标设计调节器。

(1)速率平台功能、组成和原理。速率平台是位标器红外探测系统的载体，主要功能是实现光轴空间稳定、随动、搜索、锁定和跟踪。速率平台由台体、速率陀螺、角度传感器、校正网络(或称调节器)、驱动功率放大器、力矩电机、传动机构等构成。速率平台原理如下。

1)稳定原理。由弹体摆动等原因引起的干扰力矩和由静不平衡引起的漂移力矩，通过速率陀螺负反馈,与电机力矩相抵消,实现台体稳定。稳定回路原理框图如图 9-27 所示,其中变换函数环节的输出包括了轴承、滑环摩擦产生的干扰力矩以及导线、气路等产生的干扰力矩和黏滞摩擦力矩,漂移干扰力矩包括过载力矩(含静不平衡力矩)、过载平方漂移力矩等。

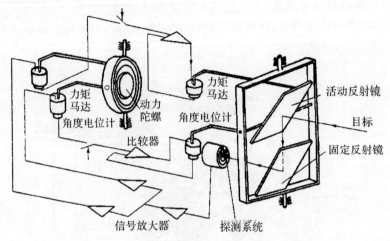

图 9-26　并联式动力陀螺稳定平台

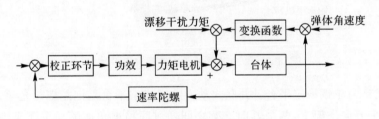

图 9-27　稳定回路原理框图

2)随动搜索原理。随动、搜索原理如图 9-28 所示,回路是以角度指令信号为输入,台体角度信号为反馈的闭环控制系统,驱动光轴实现随动和搜索。随动角度指令来自机载雷达或头盔,搜索角度指令来自弹上或发射装置的搜索电路。

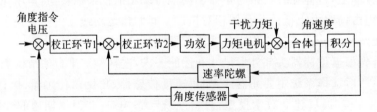

图 9-28　随动、搜索原理框图

3)跟踪原理。跟踪原理如图 9-29 所示。当平台的光轴与目标位置不一致时,红外探测系统测得目标角误差信号,经信息处理驱动力矩电机带动台体转动,使光轴跟踪目标。

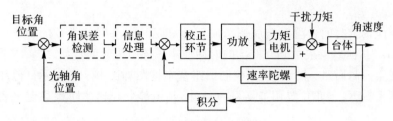

图 9 - 29 跟踪原理框图

（2）速率平台特点。速率平台与动力陀螺跟踪稳定平台相比，具有以下优点。

1）跟踪角速度大：速率平台最大跟踪角速度主要由平台力矩电机和陀螺动态范围决定，通常大力矩的力矩电机和宽测速范围的陀螺比较容易获得。

2）大离轴角：由于速率平台不存在离轴角效应，速率平台可通过多种框架结构形式实现大离轴角，某些设计可达±90°以上。

3）抗干扰能力强：由于速率陀螺平台稳定和跟踪回路可以单独构成，平台的稳定性可以达到相当高的水平，使台体受干扰力矩的影响很小。

4）负载能力大，适于承载大的和机构复杂的成像探测系统。速率平台的缺点是：构成器件多，结构复杂，体积大，造价高。

（3）速率平台控制回路设计要求

1）稳定控制回路。稳定控制回路基本框图如图 9 - 30 所示。图中，$W_2(s)$ 为角速度调节器传递函数；$W_3(s)$ 为电流调节器传递函数；K_p 为功率放大器；ρ 为电流反馈比例系数；τ_i 为电流反馈时间常数；R_a 为电机电枢回路电阻（含电源内阻）；$\tau_a = L_a/R_a$ 为电气时间常数（L_a 为电枢电感）；I_a 为电机电枢回路电流；M_a 为干扰力矩；M_a^* 为过载引起的漂移力矩；$\omega_M(s)$ 为弹体摆动角速度；$H(s)$ 为变换函数；C_c 为电机反电动势系数；j_M 为折算到电机轴上的等效转动惯量；$\theta(s)$ 为框架转角；K_g 为速率陀螺比例系数；τ_j 为速率陀螺时间常数；K_t 为电流力矩系数。

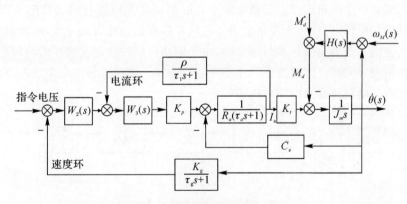

图 9 - 30 稳定控制回路基本框图

控制回路中引入电流负反馈的作用主要在于改善电机的动态性能和加快电流跟随。引入速度反馈以改善稳定裕度，提高系统抗干扰力矩能力。

性能要求如下。

a.稳定精度。稳定精度需满足系统隔离度要求和抑制过载引起漂移的要求。稳定精度通常应小于 0.05°/s。

b.阶跃响应调节时间。阶跃响应调节时间需满足导引头时间常数的要求。通常闭环带宽在 40~50Hz 时,阶跃响应达到 0.632 的时间应小于导引头时间常数。

2)随动搜索控制回路。随动、搜索控制回路基本框图如图 9-31 所示。除了位置环框架角度反馈比例系数 K_θ 与角位置调节器 $W_1(s)$ 外,其余部分与速率陀螺稳定平台共用其控制回路。

由于稳定控制回路已先确定,随动搜索控制回路的性能主要取决于 $W_1(s)$ 的设计和 K_θ 的选择。

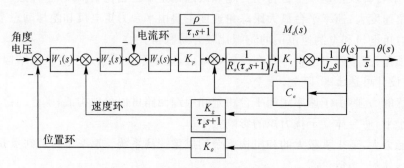

图 9-31　随动、搜索控制回路基本框图

随动搜索回路性能指标要求包括响应时间、超调量、调节时间、稳态误差、动态误差等,具体要求如下。

a.阶跃响应调节时间。应满足锁定时间、随动时间要求,以及搜索周期的要求。

b.常值阶跃干扰力矩作用下的角度稳态误差。

c.其他:通常相角裕度≥45°,幅值裕量≥6dB,超调≤20%,振荡次数≤2。

两轴稳定平台的随动搜索功能由内环和外环两套控制回路来实现,它们按输入的随动搜索指令各自完成对指令的角跟踪。三轴稳定平台的随动搜索回路与两轴稳定平台的相似,框图与性能指标均相同,区别仅在于搜索由中环与内环按直角坐标方式完成,随动由外环与中环用极坐标方式完成。当需要内环参与随动时,由于随动范围往往超过内环的转角范围,可以将内环随动转移由外环完成。此时外环的作用是随动内环。随动转移的效果使内环转角维持在较小的范围之内。随动转移回路原理框图如图 9-32 所示。

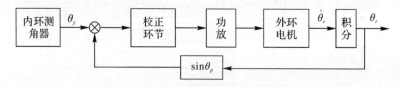

图 9-32　随动转移回路原理框图

θ_y—内环转角,θ_p—中环转角,θ_r—外环转角

由于 $\sin\theta_p$ 的存在,该随动回路是变参数系统。假定随动回路的增益为 $K\sin\theta_p$,如果 K 值选的较小,在中环 θ_p 处于较小时,外环随动能力较差,使内环碰挡概率增加;如果 K 值选得较大,在中环 θ_p 处于较大时,$K\sin\theta_p$ 偏大,造成外环随动回路增益过大,使随动过程超调过大甚

至不稳定。为避免上述问题,设计时应折中选取合适参数,也可在控制回路中引入 $\dfrac{1}{\sin\theta_p}$ 将变参数系统改为非变参数系统。

(4)速率稳定平台框架与台体设计。速率稳定平台设计通常采用外框架结构形式,红外导引系统常用的有单万向支架两轴速率稳定平台、双万向支架两轴速率稳定平台和三轴速率稳定平台。三轴速率稳定平台是在两轴稳定平台的基础上增加一个横滚轴,以增加弹体横滚隔离度和增大框架回转角。两轴速率平台回转角一般最大只能达到 $\pm 60°$,而三轴稳定平台的框架角可达 $\pm 90°$。

1)单万向支架两轴速率稳定平台。单万向支架两轴速率稳定平台结构布局如图 9-33 所示,内环框架上安装有光学系统、制冷探测器、前置电路和速率陀螺等。内环框架力矩电机(力矩器)驱动台体绕内环轴转动,由内环角度传感器测量转角。外框架力矩电机驱动台体外环轴转动,角度传感器测量转角。力矩电机通常选择直接驱动,也可选用齿轮传动、连杆传动和钢丝传动。齿轮和连杆传动的间隙及钢丝传动的张紧度对平台性能有影响,所以应采取消间隙和保持张紧度措施。

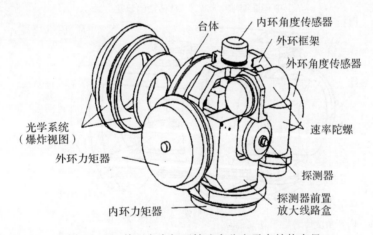

图 9-33　单万向支架两轴速率稳定平台结构布局

2)双万向支架两轴速率稳定平台结构布局。双万向支架两轴速率稳定平台结构布局如图 9-34 所示,图 9-34 中省略了速率陀螺。双万向支架式平台设有前、后两个台体。光学系统、探测器、前置电路安装在前台体上,速率陀螺等安装在后台体上。前、后台体通过平行连杆联动。前、后台体各设有一套万向支架,共用一套力矩电机和角度传感器。力矩电机通常安装在后万向支架上,经过装在内环轴上的平行连杆传递到前台体。

双万向支架两轴速率稳定平台机构的优点是将陀螺、力矩电机、外环角度传感器移后,使得位标器径向尺寸显著减小。缺点主要有以下两方面:①坐标基准存在误差,由于机械加工及装配误差的存在,前、后台体即使经过严格调整,也将由于传动误差造成两个台体的平面不平行,引起陀螺测量坐标系不平行。②角度和角速度测量误差大:由于传动机构传动比不是常数,使前、后台体运动不一致,所以用后台体的测速输出作为前台体的测速输出时存在误差。当以后台体的外环转角作为前台体的外环转角时,存在误差。

3)三轴速率稳定平台结构布局。三轴速率稳定平台的典型结构布局如图 9-35 所示。

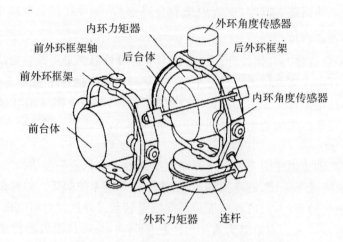

图9-34 双万向支架两轴速率稳定平台

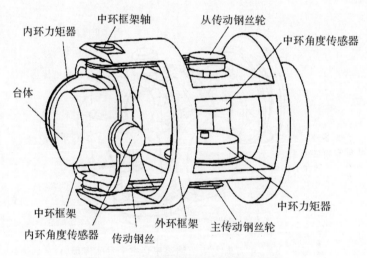

图9-35 三轴速率稳定平台结构布局

方位和俯仰速率陀螺、光学系统、探测器安装在内环上。中环采用钢丝传动,力矩器的力矩通过钢丝作用到中环框架上,中环框架的转角通过另一组钢丝传递给中环角度传感器。在设计力矩器传动钢丝时,主要关心的是传动刚度,而在设计角度传感器传动钢丝时,主要关心的是角度传递的准确性。采用钢丝传动与采用齿轮传动相比,刚性较差,但结构要紧凑得多。

图9-35中外环部分仅给出了外环框架(外环电机、外环角度传感器等略),外环框架相对弹体可360°连续旋转,外环的关键构件包括外环力矩电机、外环角度传感器、导电滑环等。在外环360°连续旋转时,用导电滑环实现位标器与电子舱间电信号的传输,用可转动高压密封接头向位标器台体输送制冷气体。

a.性能要求。

ⅰ)回转角。回转角主要取决于框架结构,一般大于±45°,最大可达±90°。

ⅱ)通道耦合。通道耦合一般要求小于 5%。

ⅲ)最大角速度。最大角速度主要决取于电机功率、力矩和台体转动惯量,一般要求大于 60°/s。

ⅳ)最大角加速度。最大角加速度主要决取于台体转动惯量和电机最大力矩,一般要求大于 5 000°/s²。

ⅴ)最大测速范围。最大测速范围主要取决于测速陀螺的测量范围,陀螺角传感器在满足最大角速度的范围内应保持较好的线性度。

ⅵ)转动惯量。设计应保证台体具有较小的转动惯量,它和力矩电机一起保证最大角加速度的实现。

ⅶ)质量不平衡。设计应保证台体质心位于框架中心,尽量减小静不平衡量。质量不平衡对系统的影响与过载成正比,通常应给出静不平衡指标。

ⅷ)平台载荷。平台载荷能力应与平台的转动惯量一起协调设计。

b.调节器设计。位标器速率平台控制回路包括随动控制回路、角速度稳定回路和跟踪回路。为了保证系统稳定性、稳态误差小、响应快、超调量小等性能,必须设计合适的调节器,以达到期望的设计要求。具体设计时需综合以上指标协调进行。各控制回路指标要求虽不相同,但调节器的设计原理和方法是相近的。具体设计过程应包括:建立系统数学模型、调节器设计和仿真实验。

随动控制系统是多环控制系统,包括电流(加速度)环、速度环和位置环(见图 9-31)。设计原则一般是从最内环开始,一环一环地向外扩展。在这里是先从电流环入手,设计好电流调节器,然后把电流环看做是速度控制系统的一个环节,再设计速度调节器,最后设计位置调节器。当设计不满足要求时,需反复迭代设计。

调节器的设计应先根据系统要求,确定要把控制对象校正成Ⅰ型还是Ⅱ型典型系统;然后将伺服机构加台体的传递函数与调节器的传递函数配成典型系统。具体方法如下:

利用系统开环对数频率特性进行系统综合的方法是最简单、方便和广泛应用的方法。系统动态校正常用的算法有 PI、PID 串联校正、被调量微分反馈校正、复合控制等。设计时根据回路校正前的对数频率特性,绘制出期望对数频率特性,对两特性进行对比分析确定调节器参数。

c.电流调节器设计。稳定平台的伺服系统常处于突然启动、停车或反向制动的运行状态,由此造成大的电流冲击,对电动机和功放管都很不利,故引入电流调节器,以保持电枢电流在动态过程中不超过允许值和加快电流跟随作用。

因为在电流调节过程中反电势基本不变,即 $\Delta E \approx 0$,由此获得不计反电势影响的电流环简化控制框图,如图 9-36 所示。

图 9-36 中原有电流环带有两个一阶惯性环节,其时间常数分别是 τ_a 和 τ_i,而且 τ_a 要比 τ_i 大得多。校正后电流环将等效成一个振荡周期为 $\sqrt{2}\tau_i$ 的二阶振荡环节,或者简化为只有小时间常数 $2t$ 的一阶惯性环节,加快了电流跟随作用。

电流调节器通常校正成Ⅰ型系统,即 PI 控制,其传递函数为

$$W_3(s) = \frac{k_l(\tau_3 s + 1)}{\tau_3 s} \tag{9-5}$$

式中，K_i 为电流调节器比例系数；τ_3 为电流调节器的超前时间常数。

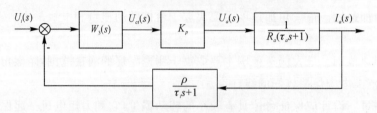

图 9-36   电流环简化控制框图

取 $\tau_3 = \tau_a$，则电流环闭环传递函数 $W_5(s)$ 为

$$W_5(s) = \frac{(K_i K_p / R_a)(\tau_i s + 1)}{\tau_i \tau_3 s^2 + \tau_3 s + \rho K_i K_p / R_a} \frac{\frac{1}{\rho}(\tau_i s + 1)}{(\frac{s}{\omega_{in}})^2 + 2\zeta \frac{s}{\omega_{in}} + 1} \tag{9-6}$$

式中，$\omega_{in} = \sqrt{\dfrac{\rho K_i K_p}{\tau_3 R_a \tau_i}}$ 为电流环固有频率；$\zeta = \dfrac{1}{2}\sqrt{\dfrac{\tau_3 R_a}{\rho K_i K_p \tau_i}}$ 为电流环阻尼比。

若取 $\zeta = 0.707$，则有 $\dfrac{1}{\tau_i} = \dfrac{2\rho K_i K_p}{\tau_3 R_a}$，代入固有频率表达式可得 $\omega_{in} = \dfrac{1}{\sqrt{2}\tau_i}$。所以，电流环有关参数应以下设计。

ⅰ）选择 $\tau_3 = \tau_a$ 以抵消平台大时间常数。

ⅱ）选择 $\rho = R_a$，使跨越频率 $\omega_c \approx \dfrac{K_i K_p}{\tau_3}$。

ⅲ）选择 $\tau_i = \dfrac{1}{(3 \sim 4)\pi} ms$。

ⅳ）选择 $K_i \approx \dfrac{\tau_a}{2K_p \tau_i}$，调整电流环放大倍数 $K_i K_p$，使电流环具有最佳阻尼比。

ⅴ）因为系统已具有电枢电流负反馈，电机的反电势可以忽略不计；又因为电流环的通带很宽（1.5kHz 左右），其等效时间常数非常小，因此，可将电流环等效为一阶惯性环节 $W_5(s) \approx \dfrac{1/R_a}{2\tau_i s + 1}$ 供速度调节器设计用。

d. 速度调节器设计。经电流环校正后，速度环包含了两个一阶惯性环节，为了提高抗干扰的动态特性，需要加入调节器，则速度环控制框图如图 9-37 所示。

基于二阶无静差的要求，由于在扰动作用点之后已经有一个积分环节，在扰动作用点之前应设置一个积分环节，使稳定回路校正成 Ⅱ 型系统，其结果是系统具有较好的动态抗扰性能。

由图 9-37 可见，要把稳定回路校正成 Ⅱ 型系统，速度调节器 $W_2(s)$ 也应采用 PI 调节器，其传递函数为

$$W_2(s) = K_v \frac{\tau_v s + 1}{\tau_v s} \tag{9-7}$$

式中，K_v 为速度调节器比例系数；τ_v 为速度调节器的超前时间常数。

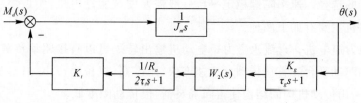

图 9-37　速度环控制框图

速度环开环传递函数为

$$W_{v0}(s) = \frac{K_{v0}(\tau_v s + 1)}{s^2(2\tau_\sum s)} \tag{9-8}$$

式中，$K_{v0} = \dfrac{K_v K_g K_t}{R_a \tau_v J_m}$ 为开环放大系数；$\tau_\sum = \tau_g + \tau_i$ 为速度环时间常数之和 $\tau_g - \tau_i$。

对于 Ⅱ 型系统，优化设计应使系统开环对数幅频特性 -20dB/dec 的中频宽度 $h=5$，取

$$\tau_v = h2\tau_\sum$$

$$K_{v0} = \frac{h+1}{2h^2(\tau_\sum)^2}$$

位置调节器设计。当要求系统二阶无静差时，通常位置调节器选为 PI 调节器，其传递函数为

$$W_1(s) = \frac{K_p(\tau_p s + 1)}{\tau_p s} \tag{9-9}$$

式中，K_p 为位置调节器比例常数；τ_p 为位置调节器时间常数。

为了简便起见，设速度调节器传递函数 W 电流环闭环传递函数 $W_2(s) \approx K_v$，并通过调节比例系数 K 值，则速度环闭环传递函数可简化为

$$W_{vc}(s) \approx \frac{1/K_g}{\tau_g s + 1} \tag{9-10}$$

由于稳定回路的作用，干扰力矩影响很小，将位置环简化为单一反馈系统，得位置环控制框图如图 9-38 所示，图 9-38 中角度传感器简化为比例环节。

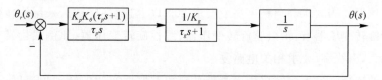

图 9-38　位置环控制框图

开环传递函数为

$$W_{p0}(s) = \frac{(K_p K_\theta / K_g)(\tau_p s + 1)}{\tau_p s^2(\tau_g s + 1)} \tag{9-11}$$

通常取第一转折频率 $\omega_1 = \dfrac{1}{\tau_p}$；第二转折频率 $\omega_2 = \dfrac{1}{\tau_g}$；跨越频率 $\omega_c = \dfrac{1}{\sqrt{\tau_p \tau_g}}$，其相位稳定裕度 $\phi_M \approx 50°$。

（5）速率平台关键器件的要求和选用原则。

1）驱动电机的选择。速率陀螺稳定平台一般需要安装驱动电机，实现控制功能。常供平台选用的驱动电机主要有如下两种：

a.直流永磁力矩电机。直流永磁力矩电动机输出转矩可以直接驱动负载，也可以经过低传动比传动机构驱动平台。直接传动反应速度快，刚度高，机械噪声小，但常常受到平台驱动轴向空间限制；采用传动机构的结构使得布局灵活，但传动刚度低。

直流永磁力矩电动机低转速稳定性好，转矩和转速波动小，机械特性和调节特性线性度高，可长期工作于低速或堵转状态。选用直流永磁力矩电机应考虑的参数是堵转力矩、力矩波动、电气时间常数、启动力矩（或启动电压）、额定电压和空载转速等。

不计轴上黏性摩擦，电机转速/电压传递函数为

$$W_m(s) = \frac{K_t}{\tau_a \tau_m s^2 + \tau_m s + 1} \tag{9-12}$$

不计电枢电感时，则进一步简化为式（5-32）的一阶惯性环节。

直流力矩电机轴上负载力矩包括启动力矩，惯性力矩、静不平衡力矩及管路、导线干扰力矩等。堵转力矩的确定主要依据平台惯性力矩和静不平衡力矩。通常电机启动力矩约为堵转力矩的 1/30，电气时间常数 $\tau_a = \dfrac{L_a}{R_a} \leqslant 1\mathrm{ms}$。

选用有刷直流电机时，应充分考虑火花干扰和电刷损伤等。

b.直流或交流伺服电机。伺服电机高速稳定性好，电机转动惯量小，相对功率大。直流伺服电机控制线性度好、自锁性能好；交流伺服电机转动惯量更小、相对功率小。

通常伺服电机需经过多级齿轮减速器驱动平台。因为齿轮间隙降低系统的刚度，所以减速器应设计成无间隙传动。当使用弹簧消除间隙时，弹簧力矩略大于电机额定转矩。

2）角度传感器的选择。角度传感器通常采用电位器或旋转变压器，主要依据精度、测角范围、引线、体积，以及使用电源等要求进行选择。

a.电位器。电位器体积小，引线少，但精度较低，转角范围有限。测角精度近似等于电位器测角范围乘线性度。根据目前国内水平，高精度测角电位器线性度可达到 $0.1\% \sim 0.5\%$。

b.旋转变压器。当要求测角精度高或要求 360° 以上连续测量时，采用旋转变压器比较容易实现。常用旋转变压器有：正余弦旋转变压器、线性旋转变压器、比例式旋转变压器。但旋转变压器体积大，引线多，要求相关电路复杂。

3）陀螺仪的选择。速率陀螺仪用于测量平台相对惯性空间的转动角速度，并输出与角速度成正比的电压信号。速率陀螺仪主要性能指标有：阈值、分辨力、标度因数、最大输入角速度、固有频率、零偏、漂移和体积重量等。常用速率陀螺有：机械式陀螺仪、光纤陀螺仪和微机械陀螺仪。

a.械式陀螺仪。常用的机械式陀螺仪分液浮式与非液浮式两种结构，它一般由单自由度或二自由度陀螺、定位弹簧、阻尼器和传感器等组成，传感器将转动角速度变换成电压信号输出。机械式陀螺仪精度较高，但它的体积大，耐振动冲击能力较差，价格贵。

b.光纤陀螺仪。光纤陀螺按其工作方式可分为三类：干涉式光纤陀螺（IFOG）、谐振式

光纤陀螺(RFOG)和布里渊散射式光纤陀螺(BFOG)。光纤陀螺技术已成熟并产业化,目前使用范围越来越广泛。优点:最大测量角速度大(可大于 600°/s),固有频率高,启动时间短,耐振动、冲击能力强,供电简单,消耗功率小,可靠性高(MTBF 达 2 000h),体积小,重量轻。缺点:敏感度较低,零偏稳定度低,陀螺温漂大,适于精度要求不太高、工作时间短的系统。

c.微机械陀螺仪。微机械速率陀螺优点是耐振动冲击性强,体积小,重量轻,成本低;缺点是带宽窄,精度低,技术尚不成熟,但有应用前景。

4)导电滑环技术要求。滑环是稳定平台连续旋转部件和固定部件的电连接器。其结构示意图如图 9 - 39 所示。

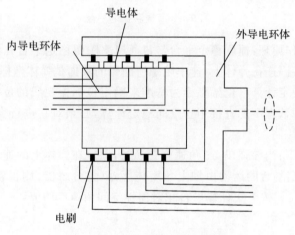

图 9 - 39　导电滑环结构示意图

主要技术指标:滑环数、接触电阻及其波动、环间串扰、额定电流、摩擦力矩、结构尺寸、寿命以及抗电磁干扰能力等。

4.捷联式稳定平台

随着计算机技术的发展和新型惯性器件的应用,可用数字平台替代传统的陀螺稳定平台。在红外导引系统中最先应用的是捷联稳定位标器,它利用安装在弹体上的速率陀螺和平台框架上的角度传感器,通过弹载计算机进行坐标转换和相关信息处理,实现位标器光轴的稳定。它具有体积小、结构简单、跟踪范围大、可靠性高和成本低等优点,特别适合小型战术导弹,如 AIM - 9X。但是,在小离轴角(5°以内)状态下会出现奇异交会(Singularity Encounter)问题,必须采用特殊的软、硬件技术予以处理。

图 9 - 40 是一种典型的捷联稳定平台,万向支架由滚动框架和高低框架组成。这是一个简单紧凑的滚动/高低万向支架。专用透射光学系统望远镜部分安装在高低框架上,方位转角可达±90°以上,角速度可达 800°/s,由力矩电机驱动,角分解器测角。光学系统的后三块平面反射镜固定在滚动框架上,由滚动力矩电机驱动,角分解器测角,可连续旋转,滚转角速度可达 1 200°/s。平面反射镜将目标辐射折转到焦平面上,探测器固定在位标器底座上。速率陀螺固定在弹体上,或利用弹上捷联惯导平台的相关信息。

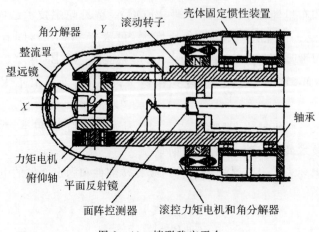

图 9-40　捷联稳定平台

捷联稳定平台工作原理:捷联稳定平台与普通速率陀螺稳定平台在结构及原理上是不同的,由于速率陀螺直接固连在弹体上,速率陀螺所测得的数据是弹体坐标系的数据。导弹坐标是运动坐标,而空间稳定计算以框架坐标为基准来确定位标器视线的位置和速度等参数。因此,速率陀螺所测得的数据不能直接用于空间稳定计算,必须对它进行变换,变换到框架坐标系才能进行空间稳定控制。

基本稳定原理如下:当导弹以 ω_m 角速度转动时,固定在弹体上的速率陀螺测得弹体坐标轴的 $\hat{\omega}_m$;弹体相对稳定平台的运动由轴上角度传感器(角分解器)测得转角 φ;将其微分后得到的离轴角的角速度 $\dot{\varphi}$。按下式计算平台相对惯性空间角速度估值:

$$\hat{\omega}_p = \hat{\omega}_m + \dot{\varphi} \tag{9-13}$$

理想的稳定平台应满足

$$\hat{\omega}_m = -\dot{\varphi} \tag{9-14}$$

才能使得 $\hat{\omega}_p$。但是,因为摩擦及惯性力矩的存在而引起了平台的牵连转动,使得 $\hat{\omega}_m \geqslant \dot{\varphi}$。而不满足式(9-14), $\omega \neq 0$,破坏了平台的稳定指向。为此,将 $\hat{\omega}_p$ 信号处理后控制力矩电机驱动平台建立 $-\hat{\omega}_p$ 以抵消牵连 $\hat{\omega}_p$,也就是抵消摩擦及惯性力矩,使平台稳定指向。

9.2.5　信息处理系统设计分析

信息处理系统对红外探测系统获取的目标、背景和干扰信息进行加工,提取导引头自身、制导、引信和载机等所需的有用信息。因此信息处理总是从属于探测系统所提供的信号类型,服务于导引头总体的设计要求。红外导引系统从单元发展到多元和成像,信息处理系统也相应地发展了三种类型。最初的单元和多元信息处理系统都采用模拟信号处理技术,随着数字信号处理技术的发展,信息处理越来越多地采用数字技术。因此目前的单元和多元信息处理除了采用模拟处理技术,也可采用数字处理技术,无论采用何种电路形式,其基本原理都是一样的。至于图像处理,大都采用数字信号处理技术。

1.功用

信息处理系统的基本功用如下。

(1)将来自红外探测器低信噪比的微弱目标信号进行放大与滤波处理,识别真假目标,并给出捕获目标指令。

（2）提取与放大目标误差（修正）信号，驱动稳定跟踪平台跟踪目标运动，并给出目标视线角速度测量信号。

（3）按导引律要求形成制导系统所要求的导引信号。

（4）引信开启等其他导弹所需要的信号。

2. 组成

尽管不同类型红外导引系统的信息处理体制及所完成的功能有所差异，但信息处理系统基本功能环节的组成大致相同，一般应包括前置放大器、信号预处理电路、误差信号提取电路、跟踪信号放大器、抗干扰电路（抗自然背景干扰与抗人工干扰）、目标截获电路、导引信号形成电路、扫描/驱动电路、二次电源以及相应的弹载计算机和软件等。

3. 信息处理系统总体设计

在进行信息处理系统总体设计时，首先要对红外导引系统总体提出的设计要求进行分析、计算，并对关键技术做可行性分析和必要的实验验证。在充分论证（包括多方案选优）的基础上确定信息处理系统总体设计方案。信息处理系统框图如图 9-41 所示。设计方案的主要内容包括以下几项。

（1）电路方案设计。电路设计应保证信息处理系统的功能和技术指标满足总体要求，主要确定电路功能的原理框图、工作原理及技术指标的分配等。选择和划分电路类型，对关键功能块（或电路）进行设计。

（2）接口方案设计。接口设计主要根据通信和连接关系协议，确定信息处理系统与位标器、后舱段及发射装置的电气接口、机械接口和气路接口等设计。

（3）结构方案设计。结构设计应保证在各种环境条件下，使信息处理电路性能满足技术指标要求，以最大限度减少其重量和体积，提高其电磁兼容性、可靠性、安全性、可测试性和维修性等。主要明确电路结构、印制电路板结构、工艺设计基本要求及电磁兼容性与减振措施等。

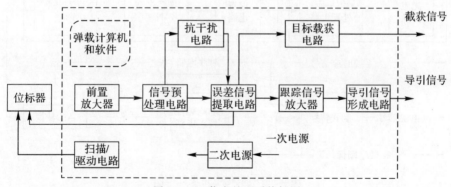

图 9-41　信息处理系统框图

4. 单元导引系统跟踪信号处理电路

单元红外导引系统跟踪信号处理电路主要由前置放大器、预处理电路、误差信号提取电路、跟踪信号放大器等组成。其基本功能是将来自红外探测器的低信噪比的微弱信号进行滤波放大，提取目标误差信号，并驱动跟踪稳定平台跟踪目标。单元红外导引系统最常用的是调幅型信息处理体制。

前置放大器是信息处理系统中的关键部件，其设计的核心技术是如何达到最高的信噪比，即降低噪声系数。

5.成像探测导引信息处理系统设计分析

成像导引系统信号处理主要涉及成像电路和图像处理两方面。成像电路的作用就是将探测器输出信号转换成数字图像信号,得到尽可能真实反映景物红外辐射亮度分布的图像。图像处理是在存在背景和干扰的实时图像中区分目标和干扰,截获目标,跟踪目标图像,将目标跟踪误差信号送至导引头伺服机构,实现角跟踪,并将导引头测得的导弹-目标视线角速度信号送至导引信号形成电路。

导引头的图像处理贯穿从捕获目标至击中目标的全过程。目标图像随导弹与目标之间距离的不同而变化:目标像由点逐渐变大,最后充满视场到溢出视场。在近距格斗情况下,目标一进入视场就不一定是点目标。所以,图像处理要根据这些特点来决定采用相应的算法。

随着微型计算机的广泛应用,图像信号处理功能由弹载计算机来完成,图像处理电路设计分为硬件和软件两部分内容。计算机设计通常以 DSP 器件为核心构建,随着技术的飞速发展,DSP 的处理能力越来越强,可用软件实现大部分算法功能,因此软硬件任务的合理划分已成为图像处理设计的关键问题之一。

成像电路设计包括时序电路设计、模拟视频信号处理、模数转换及非均匀性校正等。典型的成像电路设计框图如图 9-42 所示,焦平面处理电路是焦平面探测器所特有的,其基本功能是进行红外光电信号注入、放大以及信号的多路传输。它主要包括单元前置放大器、信号处理器、多路传输器、输出视频放大器,这部分电路集成在探测器杜瓦瓶内部,同探测器芯片一起被制冷。一般来说,焦平面处理电路属于探测器件的一部分,但是它的设计应与后续处理电路相协调,满足整机使用的性能要求。

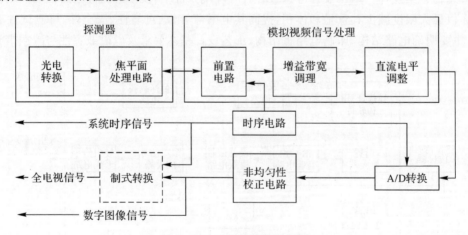

图 9-42　成像电路设计框图

9.3　成像系统目标识别算法分析

9.3.1　目标识别问题分析

面对红外制导武器的威胁,光电干扰技术方式应运而生,可以使战斗机、运输机和直升机等有效躲避红外制导武器的跟踪与攻击。其中,红外光电干扰设备主要分两类,一类是红外干扰机,另一类就是红外诱饵弹,如图 9-43 所示。

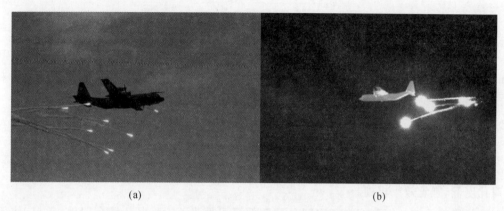

(a)　　　　　　　　　　　　　　　　(b)

图 9-43　目标投红外干扰可见光图像及红外图像

(a)干扰可见光图像;(b)干扰红外图像

　　红外诱饵弹从 20 世纪 50 年代开始伴随着红外制导空空导弹的出现而投入使用,并迅速发展,它是一种消耗式的弹药,也是一种性价比较高的对抗器材,现在大多数作战飞机均装备红外诱饵弹,用来保护自身免受攻击。它的体积较小,装载方便,在作战工作时以一定的速度向一定的方向投射,点燃或自燃形成一定的红外辐射,针对红外制导武器的特点进行干扰,使其偏离原先的弹道轨迹,保护目标安全逃离。同时,随着红外制导技术的不断发展,红外诱饵弹的生产商也在不断提升和改进已有红外诱饵弹型号,以及研发新型红外诱饵,在辐射特性、运动特性等方面不断在接近载机的性质。总之,红外诱饵弹就像"盾",红外导引头就像"矛","矛"的发展势必会对盾的发展产生影响,"盾"的改进也势必会对矛提出更高的要求。因此,现代空中战场,承担尖刀角色的各种红外成像制导武器正面临越来越复杂的战场环境。基于此,抗干扰能力优劣已经成为此类武器系统最终能否定型的关键评价指标。

　　当前影响红外成像制导武器目标识别的因素可以概括为以下几种。

　　(1)在空中目标形状特性、辐射特性、运动特性变化较快的情况下,算法难以自适应各种攻击态势,很容易在干扰情况下丢失目标。

　　(2)随着空中环境的复杂化,目标、干扰和背景融合图像信噪比低,各类阈值分割方法对复杂环境的自适应处理能力较低,分割效果大大降低,反而对目标识别造成新的问题。

　　(3)各类人工干扰配合目标机动,造成了空空导弹的目标与干扰、背景特性的相似性较大、稳定性较差,目标特征的完整性和显著性遭到破坏,在此情况下目标识别跟踪算法无法准确提取目标的图像特征,构造特征完整性和连续性发生破坏,算法难以连续稳定识别跟踪。

　　(4)红外诱饵弹多样化的投射策略使得目标特性和干扰、背景杂波特性均不突出,或者目标特性被干扰大面积遮挡,无法实现目标局部有限特征识别与运动轨迹预测。

　　总之,归纳影响空空导弹武器目标识别跟踪算法性能的因素主要包括:①云团、海天线、天地线、地物等随机不确定性复杂背景因素;②红外点源诱饵、新型面源与点-面复合诱饵等人工干扰因素;③目标机动、干扰投放策略及背景环境共同构成的复杂空战环境。

9.3.2 目标特性分析

经过前面的介绍我们已经知道目标和背景的红外辐射需经过大气传输、光学成像、光电转换和电子处理等过程,才被转换成为红外图像。所以红外图像的特点,要从它的产生过程来分析。根据相关理论与图像分析,红外热图像具有以下特点:

(1)红外热图像表征景物的温度分布,是灰度图像,没有彩色或阴影(立体感觉),故对人眼而言,分辨率低、分辨潜力差。

(2)由于景物热平衡、光波长较长、传输距离远、大气衰减等原因,红外图像空间相关性强、对比度低、视觉效果模糊。

(3)热成像系统的探测能力和空间分辨率低于可见光 CCD(电荷耦合器件)数组,使得红外图像的清晰度低于可见光图像。

(4)外界环境的随机干扰和热成像系统的不完善,给红外图像带来多种多样的噪声,比如热噪声、散粒噪声、$1/f$ 噪声、光子电子涨落噪声等等。这些分布复杂的噪声使得红外图像的信噪比比普通图像低。

(5)由于红外热探测仪各探测单元的响应特性不一致、光机扫描系统缺陷等原因,造成红外图像的非均匀性,体现为图像的固定图案噪声、串扰、畸变等。从上述分析中可以得知,红外图像一般较暗,且目标图像与背景对比度低,边缘模糊,这与光线不足情况下的可见光图像相似。图 9-44 给出了同一场景的可见光图像和红外图像,从图 9-44 中可以看出两者的区别。

图 9-44　同一场景的可见光图像和红外图像

9.3.3 目标识别流程

红外图标识别流程如图 9-45 所示。由图 9-45 可知,在传统机器学习中目标特征的提取是实现识别的首要步骤。因此,有效地选择目标的特征提取算法是至关重要的,只有尽可能丰富地挖掘目标特征信息,后续的识别跟踪方法才能奏效。在红外目标识别检测方面,红外图像预处理能有效增强图像的对比度和细节特征,为特征提取步骤提供更有价值的目标和背景信息,因此有效的红外图像预处理算法也能改善识别跟踪算法的精度。

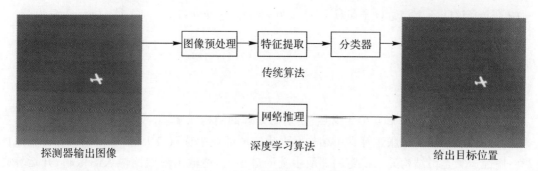

图 9 - 45　红外目标识别流程

9.3.4　预处理

鉴于导弹的功能要求,图像处理系统应能捕获尽可能远的目标,此时目标只占有一个或几个像素,信号强度弱,可能淹没在噪声和背景杂波中。

为了将目标从复杂的背景噪声和干扰中区分出来,首先需要对红外图像进行预处理。图像预处理的主要目的是改善图像数据,抑制图像噪声,削弱背景杂波,增强目标对比度和边缘等图像特征,使后续的目标检测等处理易于实现,如图 9 - 46 所示。这里仅介绍基于形态学的灰度图像拓展方法,其他滤波、分割、增强算法可参阅第 7 章。

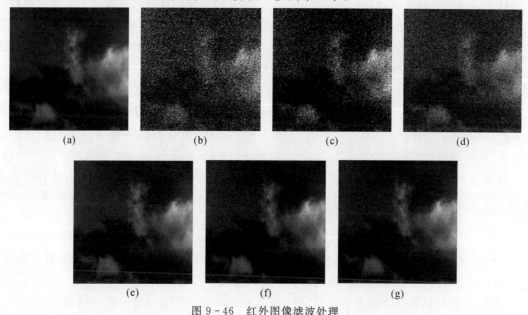

图 9 - 46　红外图像滤波处理

(a)原始红外图像;(b)添加高斯噪声;(b)高斯噪声中值滤波;(d)高斯噪声均值滤波;
(e)添加椒盐噪声;(f)椒盐噪声中值滤波;(g)椒盐噪声均值滤波

形态滤波:对灰度图像的基本形态学运算包括膨胀、腐蚀、开和闭运算,它们的数学表达式分别如下。

(1)膨胀:

$$(f \oplus b)(i,y) = \max\{f(i-m,j-n)+b(m,n) \mid (i-m,j-n) \in D_f, (m,n) \in D_d\}$$

(2)腐蚀:

$$(f \oplus b)(i,j) = \min\{f(i+m,j+n) - b(m,n) \mid (i+m,j+n) \in D_f, (m,n) \in D_d\}$$

（3）开运算：

$$f \cdot b = (f \odot b) \oplus b$$

（4）闭运算：

$$f \cdot b = (f \oplus b) \odot b$$

式中，D_f 和 D_d 为函数 f 和 b 的定义域，是形态处理的结构元素。

由定义分析可知，膨胀运算是由结构元素确定的邻块中选取最大值，使输出图像比输入图像亮；腐蚀运算是由结构元素确定的邻块中选取最小值，使输出图像比输入图像暗；开运算是先做腐蚀，再做膨胀；闭运算是先做膨胀，再做腐蚀。开运算和闭运算类似非线性低通滤波器，根据所选择的结构元大小来去除图像中的高频部分。若结构元的长度为 I，则开运算可平滑长度小于 I 的亮斑，而闭运算可平滑长度小于 I 的暗斑。因此，原始图像减去开运算后的图像，可以从暗背景中提取较亮的目标；减去闭运算后的图像，可以从亮背景中提取较暗的目标。

总之，经过滤波预处理后，抑制了图像中的噪声和背景，增强了目标，突出了目标与背景的差异。

9.3.5 特征分析与特征提取

红外图像特征包括纹理特征、形状特征、运动特征和变换特征等。纹理特征主要有最高灰度、灰度均值、能量、灰度标准差、对比度等，反应目标不同区域的灰度分布情况；形状特征主要包括长宽比、周长、面积、圆形度等，反映目标的大小和形状信息；运动特征主要包括速度、轨迹变化率等，反映目标在空间的运动状况。关于纹理特征和形状特征的介绍第 7 章已经做了简要介绍，这一节仅介绍形状特征中傅里叶描述子。

设 xOy 平面上有一条由 N 点组成的数字化边界，其中每一个边界点用其坐标 (x, y) 表示。从任一点 (x_k, y_k) 开始，沿逆时针方向遍历整个边界，则我们依次经过坐标对 (x_0, y_0)，$(x_1, y_1), (x_2, y_2), \cdots, (x_{N-1}, y_{N-1})$。

这些坐标可仍用 $x(k) = x_k, y(k) = y_k$ 的形式来表达。利用这一概念，边界本身可以表达为 $S(k) = [x(k), y(k)], k = 0, 1, 2, \cdots, N-1$。而且，每一个坐标对可以当成一个复数来处理，即

$$s(k) = x(k) + jy(k) \tag{9-15}$$

$k = 0, 1, 2, \cdots, N-1$ 也就是说，分别将 x 轴和 y 轴看成为复数序列的实轴和虚轴。虽然，我们对坐标序列作出了新的解释，但是边界本身的特性并没有改变。

当然，这种解释有一个最大的优点：把一个二维的问题退化成一个一维的问题

$s(k)$ 的离散傅里叶变换为

$$a(u) = \frac{1}{N} \sum_{k=0}^{N-1} s(k) \exp\left(\frac{j2\pi uk}{N}\right) \tag{9-16}$$

式中 $s = 0, 1, 2, \cdots, N-1$。复系数 $a(u)$ 称为边界的傅里叶描述子。对 $a(u)$ 进行傅里叶逆变换，可以重新建立 $s(k)$，即

$$s(k) = \sum_{u=0}^{N-1} s(u) \exp\left(\frac{j2\pi uk}{N}\right) \tag{9-17}$$

这里 $k = 0, 1, 2, \cdots, N-1$。然而，假设我们只用前 M 个傅里叶系数，而不用所有的傅里叶

系数。这等价于在式中,傅里叶系数 $a(u)$ 在 $u>M-1$ 时等于 0。由此得到了对 $s(k)$ 的近似:

$$\hat{s}(k) = \sum_{u=0}^{M-1} a(u)\exp\left(\frac{j2\pi uk}{N}\right) \tag{9-18}$$

式中 $k=0,1,2,\cdots,N-1$。虽然只要了 M 项来获得 $s(k)$ 的每一个分量,但是 k 的取值仍然为 $0\sim N-1$,也就是说在近似边界中含有同样数量的点,但是并没有使用所有的项来重建每一个点。如果边界上点的数量很大,M 通常选择为 2 的整数次幂,这样可以利用 FFT 来加快该边界描述子的计算速度。值得指出的是,高频傅里叶分量描述的是图像的细节部分,而低频分量决定的是全局的形状,因此,M 越小,在边界中所丢失的细节也就越多。

例如图 9-47 给出了红外目标的边界图,以及在不同的 M 取值下利用式(9-18)重建的边界。可以发现只,需要很少的低阶傅里叶系数就能得到物体的基本形状,但是,要给出边界的一些较尖锐的特征如拐角和直线就需要更多的高阶傅氏系数。考虑到低和高频成分在物体的定义中所扮演的角色,上述结果并不出乎意料。

正如在前面一个例子中所指出的那样,只要很少的低阶傅氏系数就能获得边界的粗略的本质特征。这一特征是很有用的,因为这些系数携带着边界形状的信息。因此,可以用它来作为区别不同边界的基础。

前文已经不止一次地指出,描述子必须尽可能地对平移、旋转、标度变换不敏感。当结果与处理点的阶数有关时,对描述子的另外一个要求是它必须与起始点的选择不敏感。傅里叶描述子并不直接地对几何变化敏感,但是这种变化可能与描述子的简单变换有关。

例如,考虑旋转。将一点绕原点旋转 θ 角,等价于对该点对应的复数乘以 $e^{j\theta}$,对边界 $s(k)$ 的每一点的坐标复数都乘以就等价于将整个边界绕原点旋转了 θ 角。这一旋转后的序列为 $s(k)e^{j\theta}$,它的傅里叶描述子为

$$a_i(u) = \frac{1}{N}\sum_{k=0}^{N-1} s(k)\exp(j\theta)\exp\left(-\frac{j2\pi uk}{N}\right) = a(u)e^{j\theta} \tag{9-19}$$

这里的 $u=0,1,2,\cdots,N-1$。因此旋转对每一个傅里叶系数都产生同样的影响,乘以同一常数 $e^{j\theta}$。

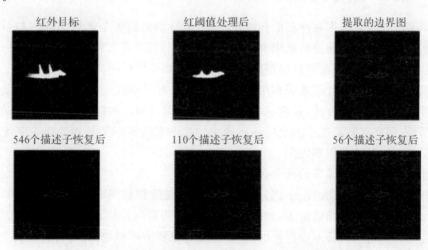

图 9-47　对于不同 M,从傅里叶描述子重建图像的实例

28个描述子恢复后　　　　14个描述子恢复后　　　　8个描述子恢复后

续图 9 - 47　对于不同 M,从傅里叶描述子重建图像的实例

表 9 - 2 总结出了边界序列的 $s(k)$ 在旋转、平移、标度变换以及初始点的变化下的傅里叶描述子。其中符号 Δ,定义为 $\Delta_{xy} = \Delta x + j\Delta y$,因此 $s_i(k) = s(k) + \Delta_{xy}$ 表示重新定义了序列:

$$s_t(k) = [x(k) + \Delta x] + j[y(k) + \Delta y] \tag{9-20}$$

表 9 - 2　傅里叶描述子

变　换	边　界	傅里叶描述子
恒等	$s(k)$	$a(u)$
旋转	$s_r(k) = s(k)e^{j\theta}$	$a_r(u) = a(u)e^{j\theta}$
平移	$s_r(k) = s(k) + \Delta_{xy}$	$a_r(u) = a(u) + \Delta_{xy}\delta(u)$
标度	$s_s(k) = as(k)$	$a_s(u) = aa(u)$
初始点	$s_p(k) = s(k - k_0)$	$q_p(u) = a(u)\exp\left(-\dfrac{j2\pi k_0 u}{N}\right)$

9.3.6　目标识别处理分析

目标识别的任务是根据某种相似性度量准则,从分割出的各个区域中选出与目标特征最为相近的区域作为目标。通过目标识别将目标与干扰分开。在目标捕获阶段,目标的特征主要依赖于目标的先验信息,而在目标跟踪阶段,可对所捕获目标的特征不断进行更新。

目标识别的方法有统计模式识别法、神经网络算法和模糊理论、机器学习等。统计模式识别法是最经典的模式识别方法,目前应用也最为广泛,而对神经网络算法和模糊理论近年来的研究非常活跃,但在实际系统中的使用还比较少。接下来的两小节分别给出了基于贝叶斯和基于深度学习的红外抗扰识别实例。

1. 基于朴素贝叶斯分类器的抗干扰目标识别算法

基于朴素贝叶斯分类器的抗干扰目标识别算法的流程图如图 9 - 48 所示,分为 4 个步骤:首先通过红外仿真平台采集数据集,如图 9 - 49 所示,构造训练样本数据集和测试集,完成样本人工标注;其次,对训练样本进行特征提取,完成特征样本平滑处理,计算特征直方图;再次,根据特征直方图假定的混合高斯分布,依据训练样本数据集估计混合高斯分布模型参数,确定特征概率分布模型;最后,建立基于朴素贝叶斯分类器的目标和干扰目标识别算法,实现抗干扰目标识别。

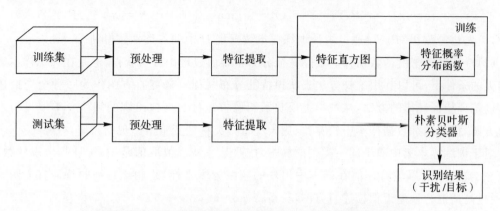

图 9-48　基于朴素贝叶斯分类器的抗干扰识别算法流程图

图 9-49　红外仿真平台数据集

（1）贝叶斯模型设计。朴素贝叶斯模型假设在给定 Y_i，所有变量 X_i 均是条件独立的，即

$$P(X,Y_i) = P(X_1,X_2,\cdots,X_n,Y_i) =$$

$$P(Y_i) \cdot P(X_1 \mid Y_i) \cdot P(X_2 \mid Y_i)\cdots P(X_n \mid Y_i) \quad (9-21)$$

式中，$P(Y_i)$ 为类先验概率，$P(X_j|Y_i)$ 为给定 Y_i 时 X_j 的条件概率，即类条件概率密度，$i=1$，$2,j=1,2,\cdots,n$。

根据贝叶斯公式，实际分类问题可转化为给定 $X=x$，计算后验概率 $P(Y_i|X=x)$，并求解最大后验概率问题。即

$$P(Y_i \mid X=x) = \frac{P(X,Y_i)}{\sum\limits_{i=1}^{2} P(X,Y_i)} = \frac{P(X=x \mid Y_i)P(Y_i)}{\sum\limits_{i=1}^{2} P(X=x \mid Y_i)P(Y_i)} \quad (9-22)$$

进一步展开，则有

$$P(Y_i \mid X=x) = \frac{P(Y_i) \cdot P(X_1=x_1 \mid Y_i) \cdot P(X_2=x_2 \mid Y_i)\cdots P(X_n=x_n \mid Y_i)}{\sum\limits_{i=1}^{2} P(Y_i) \cdot P(X_1=x_1 \mid Y_i) \cdot P(X_2=x_2 \mid Y_i)\cdots P(X_n=x_n \mid Y_i)}$$

$$(9-23)$$

由于上述公式的分母部分对于所有的类均为常数，且假设属性值相互独立，根据最大后验准则，则使用下式对特征矢量 X 进行分类：

$$\hat{Y} = \text{argmax}_{\hat{Y} \in Y_C} \quad P(Y_i \mid \boldsymbol{X} = \boldsymbol{x}) = \text{argmax}_{\hat{Y} \in Y_C} \quad \{P(\boldsymbol{X} = \boldsymbol{x} \mid Y_i) P(Y_i)\} \quad (9-24)$$

其中,类先验参数 $\theta = P(Y_i)$ 通过统计训练样本数据集 $\boldsymbol{D}$ 中的各类别数得到。

(2)特征概率密度函数估计。实际特征分布很难通过理论分析获得,但是在训练样本容量足够大的条件下,可以利用统计方法去认识特征分布规律。灰度直方图作为一种全局描述图像灰度统计特征规律的方法,从数学上反映了图像中每种灰度值出现的频率。本项目引入特征直方图,描述训练数据样本中长宽比、周长等每一类特征变量值出现的频率。

对于训练样本集中属于同一类别的样本,按照某一特征值取值范围,统计其出现频数,以特征值为横坐标,以该特征值在样本中出现的频率为纵坐标,绘制该特征的特征直方图。进而,通过高斯混合模型近似描述直方图,获得特征分布。

(3)朴素贝叶斯分类器构建

利用 K - means 算法提取目标和干扰分离区域和目标、干扰组合区域,结合各自先验特性知识,通过特征相似性匹配方法判别目标和干扰,采取目标和干扰区域自动标注,对于识别错误的图像,采取重新人工标注。然后对标注区域提取特征,构成目标和干扰所有选择特征的正、负样本训练数据集:$\boldsymbol{D}_+ = \{\boldsymbol{X}_1, \boldsymbol{X}_2, \cdots, \boldsymbol{X}_n\}$ 和 $\boldsymbol{D}_- = \{\boldsymbol{X}_1, \boldsymbol{X}_2, \cdots, \boldsymbol{X}_n\}$,$X_k = \{x_{k,1}, x_{k,2}, \cdots, x_{k,N}\}$,$n$ 为特征总数,N 为样本总数。

选择的特征为长宽比、周长、能量、平均灰度、面积、圆形度。受限于训练样本生成方法与容量问题,各个特征统计分布特性起伏变化较大。因此,在生成特征直方图之后,再利用滑动窗口和均值滤波方法对各个特征直方图做平滑处理。对直方图进行波峰统计分析,确定高斯混合分布模型,则有

$$\overline{N}(X_k \mid \boldsymbol{\mu}_k, \boldsymbol{\sigma}_k^2) = \sum_{j=1}^{m} \omega_{k,j} N(X_k \mid \mu_{k,j}, \sigma_{k,j}^2) \quad (9-25)$$

式中

$$N(X_x \mid \mu_{k,j}, \sigma_{k,j}^2) = \frac{1}{\sqrt{2\pi}\sigma_{k,j}} \exp\left(-\frac{(X_k - \mu_{k,j})^2}{2\sigma_{k,j}^2}\right) \quad (9-26)$$

干扰能量和圆形度特征概率分布表达式为

$$\overline{N}_t(X_3 \mid \mu_3, \sigma_3^2) = 0.006\,51 \cdot e^{-\left(\frac{x+136.7}{103.3}\right)^2} + 0.002\,532 \cdot e^{-\left(\frac{x-15.95}{5.518}\right)^2} - 0.264\,8 \cdot e^{-\left(\frac{x-16.77}{0.799}\right)^2} +$$
$$0.367\,2 \cdot e^{-\left(\frac{x-16.65}{0.954\,5}\right)^2} - 0.006\,959 \cdot e^{-\left(\frac{x-23.06}{7.996}\right)^2}$$

$$\overline{N}_t(X_6 \mid \mu_6, \sigma_6^2) = 1.303 \cdot e^{-\left(\frac{x-2.436}{0.209\,9}\right)^2} - 1.205 \cdot e^{-\left(\frac{x-2.464}{0.174\,9}\right)^2} + 0.064\,33 \cdot e^{-\left(\frac{x-2.867}{0.772\,2}\right)^2}$$

$$(9-27)$$

目标能量和圆形度特征概率分布表达式为

$$\overline{N}_d(X_3 \mid \mu_3, \sigma_3^2) = 0.058\,63 \cdot e^{-\left(\frac{x-15.9}{1.719}\right)^2} + 0.022\,17 \cdot e^{-\left(\frac{x-14.48}{1.371}\right)^2} - 2.127 \cdot e^{-\left(\frac{x-11.14}{0.238\,1}\right)^2} -$$
$$0.033\,68 \cdot e^{-\left(\frac{x-14.9}{0.303}\right)^2} + 0.013\,98 \cdot e^{-\left(\frac{x-18.74}{3.075}\right)^2}$$

$$\overline{N}_d(X_6 \mid \mu_6, \sigma_6^2) = 0.048\,82 \cdot e^{-\left(\frac{x-4.094}{0.199\,8}\right)^2} - 0.086\,32 \cdot e^{-\left(\frac{x-2.261}{0.186\,9}\right)^2} + 0.017\,92 \cdot e^{-\left(\frac{x-3.797}{0.004\,451}\right)^2} +$$
$$0.061\,39 \cdot e^{-\left(\frac{x-2.805}{0.538\,5}\right)^2} + 0.077\,66 \cdot e^{-\left(\frac{x-3.715}{0.685\,4}\right)^2}$$

$$(9-28)$$

如图 9-50 所示,利用训练数据集求解特征概率密度函数较好地表示了特征直方图变化,将作为朴素贝叶斯分类器的先验知识。

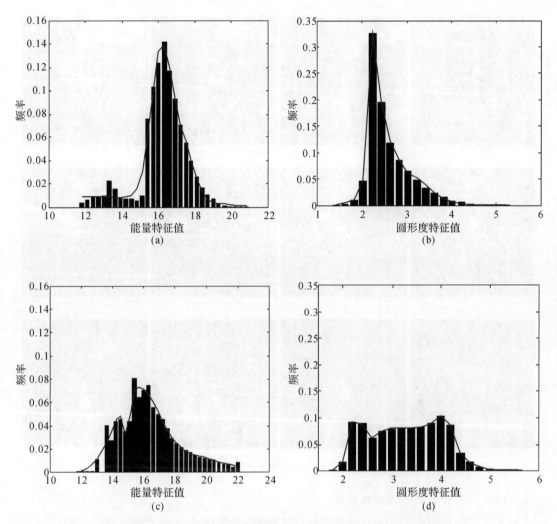

图 9-50　目标、干扰能量与圆形度特征直方图及特征概率分布函数曲线对比

(a)干扰能量；(b)干扰圆形度；(c)目标能量；(d)目标圆形度

(4)知识推理。定义类别集合 $Y_C = \{Y_1, Y_2\}$，其中 Y_1 表示飞机目标，Y_2 表示干扰；利用的特征概率密度函数式(9-25)，可获得各特征的条件概率 $P(X_i = x_i | Y_i)$。

通过式(9-23)计算后验概率 $P(Y_1 | \boldsymbol{X} = \boldsymbol{x})$、$P(Y_2 | \boldsymbol{X} - \boldsymbol{x})$。

根据朴素贝叶斯方法和最大后验准则，利用式(9-24)计算最大后验概率 $\max_{\hat{Y} \in Y_C} \{ P(\boldsymbol{X} = \boldsymbol{x} | Y_i) P(y_i) \}$，在识别算法中，若 $P(Y_1 | \boldsymbol{x}) > P(Y_2 | \boldsymbol{x})$，则 $\boldsymbol{x} = (\bar{x}_{k1}, \bar{x}_{k2}, \cdots, \bar{x}_{k6})^{\mathrm{T}}$ 属于飞机目标特征，否则为干扰特征，从而完成分类识别。

对测试集序列经过预处理、特征提取后，利用朴素贝叶斯分类器对多种态势下的飞机目标，进行抗干扰识别。部分结果如图 9-51 所示(目标用红色矩形框标出，干扰用绿色矩形框标出)。

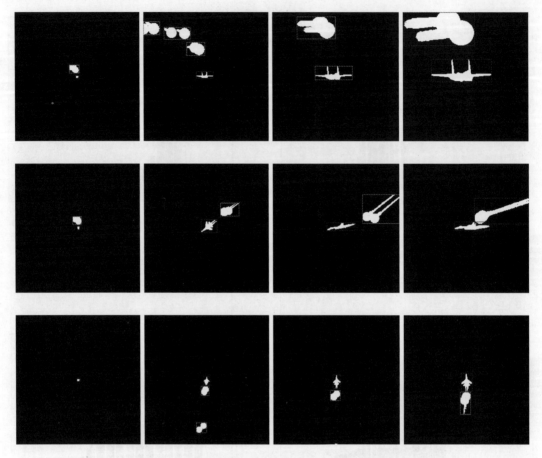

图 9-51　基于朴素贝叶斯分类器的识别算法测试结果

2.深度学习红外抗干扰识别算法

基于深度学习的算法直接对图像进行特征提取,直接输入图像使得网络学习到的特征更丰富,因而这种算法的效果通常由于传统算法,但是其计算量庞大需要计算硬件的支持,当前还没有工程应用实列。

基于深度学习的红外抗干扰识别算法流程如图 9-52 所示,包括四部分(数据输入、联通区域分割、手动数据筛选标注、网络搭建训练)。数据输入这里采用的仍然是前一节的红外数据,对包含目标和干扰的图像计算连通区域,取出连通区域,手动标注为目标还是干扰,随后送入网络训练。

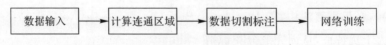

图 9-52　基于深度学习分类的红外抗干扰识别

(1)数据载入流程。将采集的 2 400 张红外图像,做图像二值化处理,求解图像的连通区域,按照连通区域将包含目标和干扰的部分切割出来,如图 9-53 所示,将输入图像统一到 24×24 的图像尺寸,并按照 5∶1 的比例制作训练数据集和测试数据集。

图 9-53　联通区域分割

(a)干扰;(b)目标

(2)网络设计。这里采用了一个简单的 9 层卷积神经网络尝试学习识别模型如图 9-54 所示,在卷积操作(Conv)中均采用了 3×3 的卷积核。

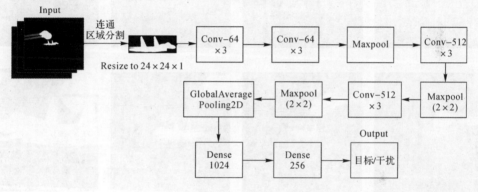

图 9-54　深度学习识别模型

使用 TensorFlow 深度学习框架构建了上述模型,在验证数据集上模型获得了 0.99 的识别精度。但是受限于连通区域的分割精度和目标干扰黏连情况的存在,实际的测试中该算法同传统的贝叶斯算法都存在无法识别粘连态的情况,测试结果如图 9-55 所示,当前基于深度学习的目标检测算法(Yolors)可以较好地解决这一问题,如图 9-56 所示。

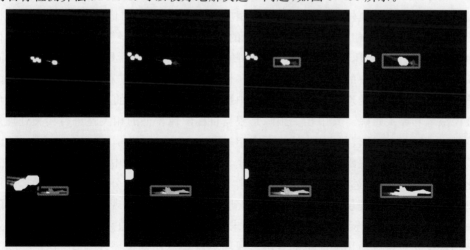

图 9-55　测试结果(蓝色为干扰,绿色为目标)

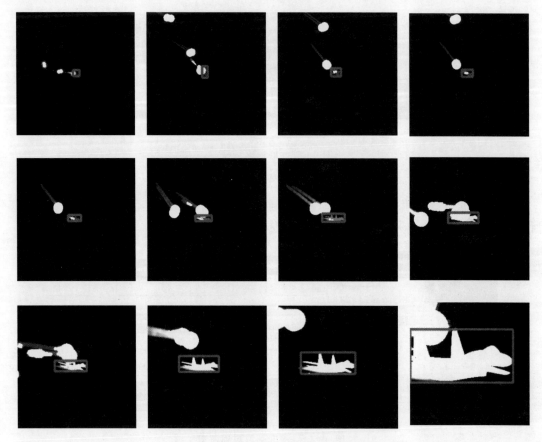

图 9-56　基于 Yolors 的红外抗干扰识别

9.4　目标跟踪

红外成像跟踪系统由红外成像系统、图像处理器和随动系统三部分组成,如图 9-57 所示。目标的红外辐射经红外成像系统后输出相应的视频信号,经图像处理器后,测定目标在红外系统视场中的位置,即相对视场中心(光轴)的角偏离量。再经误差信号处理器得出相应的误差信号电压,此信号电压经功率放大后送给随动系统对目标进行跟踪。这里的关键问题是如何获得热图像在视场中的角位置信息,并使对目标的跟踪最为平稳。通常称这种提取目标图像信息的系统为图像处理器。根据从图像中提取目标方位信息的不同处理方法将成像跟踪分为波门跟踪和相关跟踪。其中相关跟踪是根据目标图像特征的相关性进行相关处理得出角误差信号,由于跟踪原理较复杂,此处不再介绍。

波门跟踪又分边缘跟踪法和矩形法等方式。在红外成像系统中,目标的图像尺寸随距离的变化而变化,即距离越远,图像尺寸越小。由于红外成像系统的分辨力是有限的,目标在较远距离上呈点源出现在视场中,只有当目标近到一定距离后,才出现目标的热图像,并随距离的变小,图像尺寸增大,甚至超过视场。这要求图像处理器具有兼顾点源和扩展源的处理功能。波门跟踪是一种既适用又简单的方法。视场与跟踪波门的关系示意图如图 9-58 所示。波门的尺寸略大于目标的图像,波门紧紧套住目标图像。图像处理器只对波门内的那部分视频信号进行处理,而不是处理整个视场内的信息。这样不仅大量地减小了信息处理量,而且允许目标与背景之间的视频信息比在较大范围内变化,同时也可以有效地排除部分背景干扰波门尺寸的大小也能随目标图像尺寸的变化而自动地改变,即自适应波门。波门跟踪原理如图 9-59 所示。当出现目标时,处理电路输出相应的触发信号至波门电路面产生波门。设视场中心为 O,目标中心位置为 $T(x_1,y_1)$,波门中心位置为 $G(x_g,y_g)$,由处理电路输出的误差信号与目标偏离视场中心的值 (x_1,y_1) 是相应的。伺服机构根据误差信号控制热成像系统的视场中心与目标重合。波门的大小受目标的视频信号的宽度控制。

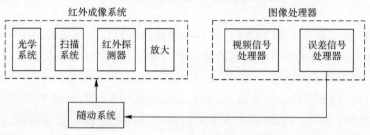

图 9-57　红外成像跟踪系统

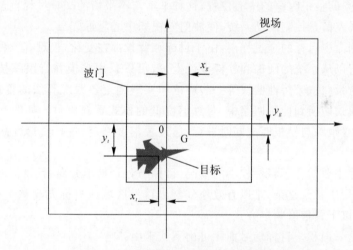

图 9-58　视场与跟踪波门的关系示意图

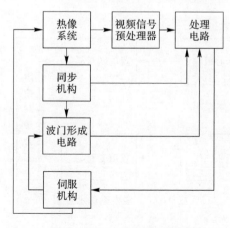

图 9-59　波门跟踪原理

1.边缘跟踪法

它是根据目标图像与背景图像亮度的差异,提取目标图像边缘的信息,用此控制波门的形成,同时产生与目标位置相应的误差信号。

2.矩形跟踪法

矩形跟踪有两个特点:一是提取目标信息的阈值可以是自适应的,即阈值大小随目标与背景之间的信息对比而变化;二是误差信号的产生是在整个被探测的目标面积上对高于阈值的信息进行求积平衡,定出目标矩心。对目标矩心的确定,一般采用质心坐标法和面积平衡法两种方式。

(1)质心坐标法。将跟踪窗(即波门)内目标图像的有效面积分成若干小块,即通常所说的"像素",例如,多元探测器是由多个相同的独立的探测器(即像元)组成的,可以将每个探测器看做一个像素。根据像素的坐标位置和对超过阈值的像素视信号幅度进行积分(叠加)和位置统计平衡处理,得出目标的质心坐标位置,也就是相对视场中心的角误差信号。

(2)面积平衡法。将波门分成四个或两对面积均等的象限进行图像处理。如果目标处在跟踪窗中心,则跟踪窗中心线上下和左右的数字式目标信息应该平衡。如果不平衡,则产生误差信号,并将按帧频调整跟踪窗的中心位置,这种平衡与不平衡的交替过程直至目标充满跟踪窗而结束。根据误差信息控制制动系统,使波门向视场中心靠近。

从导弹发射到命中目标的全过程中,由于目标和背景都在变化,很难有一种跟踪模式自始至终一直奏效。所以从系统的硬件和软件设计上,就可以采用多模并行跟踪技术。根据每一种算法的"时间/背景/目标"特性曲线等一些理论和实践确定各跟踪算法的置信度,实时地把置信度高的跟踪模式切换到控制回路中,对置信度低的模式重新修订。如图 9-60 所示为多模跟踪示意图,形心跟踪与模板匹配同时进行,通过置信度判定,选择置信度高的跟踪方式进行实时跟踪。

由于形心跟踪主要适合于目标较小的情况,目标与背景易于分离,且目标形状易于分割的情况,相关跟踪适用于背景复杂,难以有效地分割出目标区域或目标充满整个视场时,从这两点思想出发,设计以下置信度判定方式。

1)根据目标信号面积。目标信号面积可由下式求出:

$$A = \sum_x \sum_y f(x, y) \tag{9-29}$$

式中,A 为目标面积。

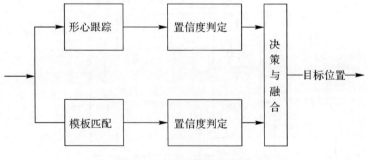

图 9-60　多模跟踪示意图

设跟踪窗面积为 S,跟踪窗小于 64×64 时,如果 $A < 3S/4$,形心算法的可靠性为 1,其余认

为可靠性为 0。

2）根据相关跟踪输出误差的大小。采用 MAD 算法进行相关跟踪计算，如果最小误差小于 5，或者采用归一化相关法的相关系数大于 0.9，则相关跟踪体制有优先权，可靠度为 1。

3）当两种情况都不满足时，选择可靠性系数均为 0.5，同时让两种算法工作，求取目标位置坐标的平均值作为输出。

9.5　主要性能指标分析

9.5.1　探测能力指标

（1）灵敏阈。点源红外探测系统的灵敏阈用辐照度（H_e）表示。

为了满足导引系统能正常工作的要求，对探测系统必须有最小工作信噪比（S/N）的要求，达到最小工作信噪比值的辐照度称为探测系统的灵敏阈，达到最小工作信噪比值的温差 MDTD 称为最小可探测温差，分别表示为

$$H_e = \frac{S}{N} H_0 \qquad\qquad (9-30)$$

$$\text{MDTD} = \frac{S}{N} \text{NETD} \qquad\qquad (9-31)$$

等效噪声有效辐照度 H_0 与探测器面积 A_d 及系统噪声带宽 f 的平方根成正比，与光学系统接收面积 A_0 和透过率 τ_0、探测器探测率 D^*、转换系数 K 成反比。

成像探测系统多用噪声等效温差 NETD 来表示。在给定背景温差条件下等效噪声温差可与等效噪声辐射照度成正比，与探测器单元立体视场角 ω 和单位温度变化引起的辐射亮度差 Δ 成反比。

（2）相对口径。相对口径是指光学系统入瞳口径与焦距之比。它是像质、灵敏度、视场、结构尺寸综合设计的结果。

（3）工作波段。工作波段是指红外探测系统响应波段，通常它用起始和截止波长来表征。对双色或多光谱系统来说，它应分别表示每个响应波段的起、止波长。

（4）空间分辨力。空间分辨力指的是红外探测系统每个探测器单元的视场角。

（5）系统分辨力。系统能够识别出的两个理想点目标的最小空间角。它主要受光学系统成像质量、探测器元数、视场等因素约束。

（6）动态范围。系统正常工作时最大信号不失真照度与系统灵敏阈之比，一般在 60～120dB 之间。

9.5.2　识别能力指标

信噪比（Signal to Noise，SNR）反映了信号与噪声的强度关系，当信噪比为 1 时信号几乎淹没在噪声中，而当信噪比为 4 时，信号和背景杂波相比，已经相当强了。一般情况下，检测算法中对信噪比的讨论都在这个范围内。信噪比越大，信号越强，则检测概率越高。检测概率随着检测门限的提高而降低，这符合信号检测的基本原理当检测门限为目标与背景的实际信噪比时，检测概率为 50％；当检测门限大于目标的实际信噪比时，检测概率小于

50％，对于检测已无实际意义；当信噪比门限一定时，目标实际信噪比越大，检测概率越高，虚警率越低。

9.5.3 跟踪能力指标

跟踪能力是指在给定目标特性、给定离轴角条件下导引系统稳定跟踪目标的最大、最小角速度。有的系统跟踪能力与离轴角有关，有的系统跟踪能力与目标辐射照度有关。

（1）跟踪角加速度。跟踪角加速度是指在提供阶跃驱动电流时跟踪系统单位时间内角速度的增加值。一般陀螺稳定平台系统角速度正比于进动电流，角加速度很大；速率稳定平台系统角加速度正比于驱动电流。

（2）跟踪平稳性。跟踪平稳性是指导引系统跟踪过程中，光轴围绕视线的偏离角变化量和偏离角的变化速率。

（3）跟踪精度。跟踪精度是指光轴与视线之间的误差角。影响跟踪精度的因素有稳态误差、动态误差和零位误差等。

（4）跟踪对称性。跟踪对称性是指对于大小相同的视线角速度，同一通道两个方向上输出量之比，完全对称时对称性为1。

（5）跟踪耦合系数。跟踪耦合系数是指在一个通道上有角速度输入时，另一通道输出与该通道输出之比，理想情况下跟踪耦合系数为零。

（6）系统响应时间。系统响应时间是指给定一单位阶跃视线角速度输入时，跟踪角速度输出达到90％时的时间。

（7）搜索能力。红外导引系统的搜索能力通常以搜索范围、搜索速度、搜索帧频（或周期）和搜索图形来表示。搜索范围指光学视场扫描所覆盖的范围；搜索速度指光轴（瞄准线）扫描的角速度；搜索帧频是指单位时间重复搜索的次数；搜索图形是指搜索时视场光轴扫描的轨迹图形，常用的有圆形、口字形、8字形等。

（8）随动能力。在红外导引系统中除了采用搜索方式扩大对目标的捕获范围外，还常用随动方式扩大捕获范围。表征随动能力的指标主要有随动范围、随动速度、随动精度。有的系统随动工作时间也作为随动能力的一个指标。

（9）稳定平台去耦能力。一方面，由于受稳定平台快速性及带宽的限制，在弹体抛动角速度较大、频率较高情况下的去耦能力明显下降；另一方面，由于不同导弹姿态变化的不同，需要提高去耦能力。

9.5.4 抗干扰能力指标

（1）抗太阳干扰能力。抗太阳干扰能力是指由太阳引起的干扰信号造成导引系统截获时光轴与太阳直射光的最大夹角。一般它是在以蓝天为背景，规定季节和时间情况下测得的性能参数。

（2）抗背景干扰能力。抗背景干扰能力是指红外导引系统在实际背景下虚警概率与作用距离的匹配能力。这是一个统计性参数，由于实际背景不是平稳和各态历经的随机过程，因此必须明确这一技术指标的统计测试条件。

（3）抗人工干扰能力。抗人工干扰能力是指红外导引系统综合抗人工干扰的成功概率。常用的人工干扰为红外诱饵弹，一般要规定目标和干扰弹特性及典型投放条件。

9.6　本　章　小　结

在各种精确制导体系中,红外制导因其制导精度高、抗干扰能力强、隐蔽性好、效费比高等优点,在现代武器装配发展中占据着重要的地位。红外制导是利用红外探测器捕获和跟踪目标辐射能量来实现寻的制导技术。红外制导技术是实现精确打击的重要技术手段,分为红外成像制导技术和红外点源(非成像)制导技术两大类。

红外导引头通常由红外探测、跟踪稳定、目标信号处理及导引信号形成等系统组成。典型红外导引系统设计包括探测器设计、跟踪随动系统设计和信息处理系统设计。本章以成像系统目标识别算法为例,介绍了成像式导引系统目标识别算法分析设计过程。从实际工程问题出发,详细介绍了基于朴素贝叶斯的抗干扰识别算法。

第10章 紫外告警系统与目标识别

在现代战争中,导弹已成为攻击飞机、坦克、战车等目标的强有力的武器。因此,如何尽早发现导弹,实现精确告警成为重中之重。为提高现代军事中对作战平台生存能力,发展先进的导弹告警技术成为各国研究的重点。在导弹告警设备和技术的发展进程中,雷达告警技术和红外告警技术一直占据着主要地位。直到 20 世纪末,随着紫外技术的发展,紫外技术已经成为一种有效的导弹告警手段,并在军事中得到了应用。紫外告警系统以低的虚警率和大的空域范围等特点,完成了对导弹威胁的快速、准确定位,提高了对近距离短程精确导弹的预警能力。

紫外告警系统具有下述技术特点:

(1)大气中的臭氧强烈吸收 200~300nm 之间的紫外光,使之成为盲区,在该波段天空是暗背景。利用此波段作为告警时,可以与羽烟的紫外辐射形成鲜明的对比。由于该性质,紫外告警系统在该波段工作时,可以有效地排除自然光源和人工光源的干扰,抗干扰能力强。

(2)大气对 300~400nm 的紫外波段有强烈的散射作用,使得该波段的紫外辐射均布在大气中。因此该波段天空是亮背景,这样可以与弹体本身的紫外辐射形成强的景物对比。

(3)紫外告警一般无需对目标进行扫描,也不需要制冷,这就使得紫外告警设备的造价较低,功耗较低,重量较轻,体积较小,可靠性较高,并且便于维护。

(4)目前,紫外告警技术大多应用被动的工作方式,因此可以很好地与其他设备兼容,这样有利于设备间的装备使用。

10.1 紫外告警系统组成与功能

10.1.1 紫外告警系统发展现状

20 世纪中下旬以来,发达国家就已经开始了对紫外告警技术的研究,使得紫外探测技术得到了发展。美国首先在该项技术上取得了一定进展,其主要利用导弹羽烟的紫外辐射特性来实现告警,其中的代表为世界上首台紫外告警设备 AN/AAR-47。随后,英、法、俄等十几个国家也开展了这一新领域的研究,并取得了一定的成果。

紫外告警系统大致分为以下两代。

(1)第一代概略型紫外告警系统。第一代紫外告警设备以单阳极光电倍增管为核心探测器件,用以探测导弹羽烟的紫外辐射能量。光电倍增管不具备成像功能,仅仅是通过对目标紫外辐射信号的放大和接收来判断来袭导弹的方向,所以称之为"概略型"。它具有体积小、重量轻、低虚警、低功耗等优点,缺点是角分辨率差、灵敏度较低。其典型代表有:美制 AN/AAR-

47 型紫外告警系统,以色列产 Guitar - 300 型,南非产 MAWS 等。美军历经实战的 AN/AAR - 47 型紫外告警系统(见图 10 - 1)通常由 4 个传感器组成一个系统,来实现 360°的周视探测,能在敌导弹到达前 2～4s 发布警报,能自动释放假目标干扰,还能发现我方发出但未起作用的哑弹,并在 1s 时间内再发干扰,整个对抗过程历时短于 1s。系统能提示来袭导弹的高度、方向及威胁程度,并可根据威胁的优先等级顺序采取相应的对抗措施。

图 10 - 1　美制 AN/AAR - 47 型紫外告警系统

　　(2)第二代成像型紫外告警系统。成像型紫外告警系统是第二代紫外告警设备,以紫外像增强器为核心探测器,采用 CCD 硅阵列成像,由于每一像素对应的视场比单元光电倍增管视场小得多,对同样的信号只产生较小的噪声,因此可有效降低背景噪声,从而使告警系统的信噪比比概略型设备提高了几个量级。系统通过对导弹羽烟辐射信号的成像探测,可有效地对威胁源进行识别和分类。它具有定向精度高、识别能力强的优点,不但可以引导红外诱饵弹投放器和定向红外干扰机,还具有多目标的探测能力,能对导弹的威胁等级进行排序。

　　第二代紫外导弹告警系统通过计算机对探测器上形成的图像进行解调,从而得到导弹目标的空间位置。该成像型紫外告警系统探测和识别目标的能力更强,角分辨力更高。成像型紫外告警系统具有很好的定向识别、估计能力,还能够进行多目标探测,以及对来袭导弹的威胁等级进行排序。所以,目前紫外告警系统的发展的主要方向是成像型紫外告警系统。

　　第二代紫外成像告警系统的典型代表为美国诺格公司的 AN/AAR - 54(V)型告警设备(见图 10 - 2)。其他的成像型紫外告警设备还有美国利顿公司的 AMAWS 型、欧盟联合研制的 AN/AAR - 60MILTDS 和以色列拉菲尔公司的 Guitar - 350 型等。

图 10 - 2　AN/AAR - 54(V)型紫外告警系统

随着紫外告警技术的不断进步,新型复合材料以及新型电子元器件的不断研发,国外各公司的紫外告警产品的性能也在不断提升。从而进一步拓展了紫外告警技术平台的应用,使其应用从最原始的直升机、低速固定翼飞机,发展到后来的高速固定翼飞机,以及现在地面的坦克和装甲车辆等。

我国在紫外告警系统的研究方面的资料很少,资料显示从 20 世纪末我国才开始研究紫外告警的相关技术。在研究初期主要侧重于理论研究,如紫外辐射大气传输特性、导弹羽烟紫外辐射特性等,开创了我国研究紫外技术的新纪元。根据我军对导弹告警装备的急需情况,我国研制出来一些紫外告警装置,其中典型代表为 SE-2 型紫外导弹告警系统(见图 10-3)。该系统采用成像型探测器,角分辨率、探测及识别力达到一定水平,能确定其攻击距离并发出警报,适当改进后还可以装备到坦克、装甲车等多种探测平台上,与国外装备的差距在于其虚警率较高。国外典型紫外线告警技术见表 10-1。

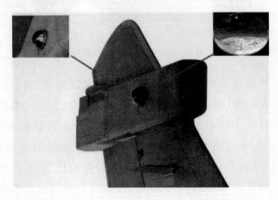

图 10-3　SE-2 型紫外导弹告警系统

表 10-1　国外典型紫外告警技术一览表

型　号	探测方式	到达角	处理方法	功耗/W	尺寸 in	重量 (lb/kg)	特　点
联合技术系统公司 AN/AAR-47A(V)2	被动	4 象限	时间	计算机处理器和传感器:50;控制指示器:15	计算机处理器:8×8×10;控制指示器:2×5×6;光学传感器指示器:5^2×8	计算机处理器:16.3lb;控制指示器:2lb;光学传感器转换器:3.5lb	包括全集成激光告警系统。无需对原系统任何改进,与现有 AAR-47 的安装相兼容
BAE 系统公司 AN/AAR-57	被动		时间、空间、光谱	6 个传感器系统(无需除冰装置):245	ECU:5.5(高)×9.8(宽)×13(直径);传感器:4.25(深)×3.25(表面径)	32.7lb	1995 年国防部改进 AAR-47

续 表

型　号	探测方式	到达角	处理方法	功耗/W	尺寸 in	重量 (lb/kg)	特　点
EADS 防御与安全公司 MILDS AN/AAR-60	被动		采用高级分类技术进行图像处理	传感器:15	传感器: 4.65×4.1× 4.3	传感器: 小于2kg	
AN/AAR-60(v)2 MILDS F	被动		采用高级分类技术进行图像处理	系统:90	传感器: 4.65×4.1× 4.3	6个传感器和CSP: 小于15kg	

10.1.2　典型紫外告警系统组成与工作原理

导弹发动机的羽烟由于热辐射和化学荧光辐射可产生一定的紫外光,根据后向散射效应及导弹的运动特性,它所产生的紫外光是向各个方向辐射的。紫外告警系统就是通过探测导弹羽烟的紫外辐射,确定导弹来袭方向并实时发出警报。尽管导弹羽烟的紫外分量比红外分量弱几个数量级,但其能量也足以在可接受的告警距离上实现对于有用信号的处理。

紫外告警系统主要包括探测单元、信号处理单元和显示控制单元三部分组成。其中探测单元由多个紫外探测器组成,通过合理的组合来实现全方位和大空域的覆盖探测。探测器探测到紫外辐射信号后,经光电转换后把信号送至信号处理单元;信号处理单元先对信号做预处,再依据目标特征及预定算法对输入信号做出统计判断,确定有无威胁源;若有,则解算其角方位并向显示控制单元发送信息,若有多个威胁源,则还要排定威胁程度的次序。其基本工作流程如图10-4所示。

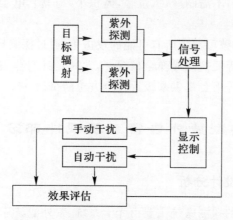

图 10-4　紫外告警系统的基本工作流程

紫外告警系统根据发展阶段和所用探测器的不同分为了概略型和成像型,二者的工作原理基本相同:紫外探测器的光学系统把视场空间内特定的紫外辐射光子(包括目标与背景)收集起来;光子信号通过滤波、光电转换后形成光电子脉冲,放大后由线路传输到信号处理系统;该系统对信号进行预处理后送入计算机系统,中央处理器依据目标特征及预定算法对输入信号做出有无导弹威胁的统计判断;系统自动向红外诱饵弹投放器发出信号以采取适当对抗措施,并以声音和视觉显示的方式向机组人员进行预警。

二者的最大区别是探测器采用了不同的电子倍增系统,概略型探测器采用了单阳极的紫外光电倍增管,除了对信号的转换和放大外,不具备成像功能;而成像型探测器采用的紫外像增强器属于面阵探测器,可以对信号形成二维图像,并进行粗略的距离估算,具有更强的识别目标的能力。

10.1.3 典型紫外告警系统功能

紫外告警系统是战术飞机等作战平台用来对来袭导弹进行逼近告警的一种光电探测装备。它主要用于探测来袭导弹羽烟的紫外辐射,以判断威胁方向及程度,实时发出警报信息,提示驾驶员选择合适时机,实施有效干扰、采取规避等措施,对抗敌方导弹的攻击。

与雷达以及红外等告警系统相比,其具有以下优点。

(1)虚警率低。在紫外区,由空间造成的紫外背景辐射较少,同时,由于中紫外区位于太阳日盲区,紫外告警设备避开了最大的自然光源,CPU 负担减轻,信号检测难度下降,在实战中能以低虚警率探测目标。

(2)灵敏度高。紫外告警设备在探测器件和信号处理技术方面技术成熟。光电探测技术的发展为紫外告警设备提供了极其灵敏的探测器,具有极微弱信号检测能力(最小可探测功率达 $10\sim14W$),在充分利用目标的时间特性、运动特性、辐射特性等基础上,采用数字滤波、模式识别等算法,能使技术成果迅速转变为战斗力。

(3)隐蔽性强。紫外告警设备以被动方式探测导弹羽烟的紫外辐射,不需发射任何电磁波,不会暴露目标,利用隐身作战。

(4)结构简单。紫外告警设备采用固定视场、凝视探测、多路探测、多路传输、多路信号综合处理的体制,不需要扫描,不需制冷,重量轻,体积小,与其它电子战设备具有很好的电磁兼容性,易于装备使用。

(5)用途广泛。紫外告警可覆盖所有可能的攻击角,通过探测导弹羽烟的紫外辐射可以对短程空空导弹及地空导弹等便携式导弹全程探测,尤其是针对非雷达制导的各类导弹进行近距离告警,为直升机、飞机等平台提供末级近程全方位防御。

10.2 典型紫外告警系统硬件部分设计分析

10.2.1 探测单元设计分析

成像型紫外告警系统的探测系统主要由光学系统、紫外滤波片和紫外探测器件组成,其中光学系统以大视场对空间目标的紫外辐射信息进行接收;紫外滤光片抑制系统最佳工作波段以外的光谱进入探测器件,降低系统的背景噪声;紫外探测器件将光学系统接收的紫外辐射进行光电转换,实现成像探测。下述对上述的 3 个主要器件进行设计分析。

(1)紫外成像传感器的设计分析。紫外成像传感器作为探测系统的核心,它决定着系统探测能量等主要指标,用于紫外点源探测的图像探测单元主要特点如下。

1)灵敏度高,噪声低,能进行光子信号检测。

2)对穿过大气层到达地球表面的太阳光(波长小于 $0.9\mu m$)不灵敏。

目前的紫外探测器件主要可以分为光敏电真空器件、固体器件以及混合器件三类。真空型紫外器件既是发展历史最久,又是应用最为广泛的一类紫外探测器件。光敏电真空器件主要包括光电倍增管、多阳极微通道板光电倍增管和像增强器。固体紫外探测器件是新近出现的紫外探测器件。该类器件有探测器阵列、紫外二极管、紫外雪崩二极管、紫外增强型硅光电二极管、单晶体紫外光电二极管以及和加膜紫外光电二极管等。固体探测器件在实际应用中有许多优点,如体积小、耐恶劣环境、工作电路简单等。混合器件主要包括 ICDD 和电子轰击(EBCCD),ICCD 是由像增强器与可见光 CCD 进行耦合而成,使光子在到达器件之前得到增益,目前在许多紫外探测系统中广泛应用;EBCCD 将 CCD 放置在像增强器的电子光学系统像面处,通过高能电子的电子增益实现图像的电子增强,因此器件不受微通道板和光纤面板的影响,具有很高的灵敏度和几乎无噪声的增益,但昂贵的成本和器件的寿命是目前阻碍其广泛应用的主要因素。

上述紫外探测器件按发展历程大致可以分成三代:第一代是以光电倍增管为代表的点目标探测器件;第二代是以像增强器为代表的成像探测器件;第三代是以目前正处于研究状态的像素阵列固体紫外探测器件。其性能比较见表 10-2。

表 10-2　紫外探测器件

	第一代	第二代	第三代
典型器件	光电倍增管	MCP 像增强器	GaN/AlGaN
发展阶段	1980—2002	1995—目前	1996—目前
优点	点探测、高灵敏度、光子计数、响应速度快、动态范围大、低噪声	可成像、高灵敏度、光子计数、响应速度快、动态范围大	可成像、高灵敏度、光子计数、大视场、响应速度快、尺寸小质量轻、低功耗、光学组件少、滤光片要求低
缺点	尺寸大质量大、高压高功耗、滤光片成本高、非成像	滤光片成本高、视场受限	技术尚不成熟

基于目前的技术基础,采用紫外像增强器作为紫外告警系统的探测器件具有技术较成熟、投入少、见效快等诸多优势,并且紫外像增强器与 CCD 成像系统耦合成紫外 ICCD,可实现视

频的直接输出及数字化处理,便于图像处理、存储以及自动模式识别。在此,以紫外 ICDD 器件为例,讲解紫外告警系统的探测单元设计分析。

(2)紫外滤光片的设计。滤光片是建立在光学薄膜原理上的精密光学滤光器件,主要按光谱波段、光谱特性、膜层材料、应用特点四种方式分类。干涉滤光片又称为二向色滤波片,是利用光波干涉原理制成的一种滤波片。可使光谱中任意波长范围很狭窄的单色光,得到选择性透射。光谱中不能透过的部分被反射而不是被吸收。

基于紫外告警系统对滤光片的要求,可对紫外滤光片的选择如下:

1)滤光片类型:窄带光学干涉滤波片。光学干涉滤光片是建立在光学薄膜干涉原理上的精密光学滤光片,所以通过设计和改变膜系的结构和膜层的光学参数,可以获得各种光谱特性,便于控制、调整和改变光波的透射、反射、吸收、偏振或相位状态。

2)峰值波长:280nm。由于紫外告警系统的最佳工作波段位于 270～290nm,探测器光电阴极的光谱响应波长通常为 185～320nm,因此,可选定紫外滤光片峰值波长为 280nm。

3)为了减少杂散光对探测器的影响,半波带宽应相应地减小,峰值。透过率当然越高越好,背景透过率则越低越好。

(3)光学系统设计分析。光电成像系统的物镜一般分为三类,即折射系统、反射系统和折反系统。反射系统和折反系统都采用了反射镜。采用反射镜的反射系统和折反系统也就具有了平面镜的同样的优点,且可实现大口径,长焦距,常用在微光、红外和紫外系统中,并且利用反射镜折叠光路,可以减小仪器的体积和减轻重量。但带有反射镜的物镜系统由于自身的结构特点必然导致其视场角不能太大,一般为几度或者更小,若要组成大视场的系统,则必须加摆镜或扫描设备等辅助设施。

对于紫外告警系统要求的光学系统,其前提条件是大视场,而且由于探测目标的殊性,要求实时无视场遗漏,反应速度快,所以不能采用摆镜或扫描设备。因此,光学系统的结构可选用折射式光学系统,折射系统的优点是易于校正像差,能获得较大的视场,结构简单,装调方便。

1)光学系统相关参数计算。传感器视场角与光学系统焦距的关系如图 10-5 所示。

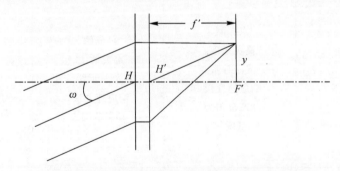

图 10-5　传感器视场角与光学系统焦距的关系图

图 10-5 中,ω 为半视场角;y' 为像增强器光电阴极半径;f' 为光学系统焦距;由几何光学:

$$y' = f'\tan\omega \qquad (10-1)$$

对于传感器组合,可得

$$f' = \frac{y'}{\tan\left[(180/n) + \arctan\left[\dfrac{a/2}{L - \dfrac{a}{2}cot\dfrac{180}{n}}\right]\right]} \qquad (10-2)$$

由式(10-2)可求解出满足传感器视场要求的光学系统焦距。

(4)CCD 器件的选择。

1)光谱响应特性的选择。目前,CCD 光敏元件都是由半导体 Si 材料制成的,光谱响应范围为 $0.4\sim1.1\mu m$。紫外扩谱 CCD 通过表面覆盖一薄层荧光材料而完成紫外到可见光的光谱转换,实现对紫外波段的响应,其原理是先吸收紫外再二次发射出可见光,这样光谱被拓宽至中紫外。像其他紫外膜层材料一样,由于光分解作用,荧光膜会降解,正常情况下,这种降解速度很慢,但遇到强光则加快速度。这类 CCD 不具备日盲特性,且难以进行单光子检测。

考虑到同像增强器荧光屏输出光谱相匹配,可将 CCD 光谱响应范围选择为 $0.4\sim1.1\mu m$。

2)面阵 CCD 器件的选择。作为高灵敏的图像器件,紫外告警系统可选用帧转移面阵器件。帧转移的特点在于占空因子高,可有效利用辐射能。全帧图像在光敏成像区积累信号电荷,在场消隐期间,由场 CCD 移位寄存器把信号电荷一行一行传送到存储区中,然后每行信号电荷由行 CCD 移位寄存器传送到输出端形成图像信号。

(5)像增强器与 CCD 耦合方式的选取。微光像增强器与 CCD 耦合方式有光锥耦合与中继透镜耦合两种。CCD 原图如图 10-6 所示。

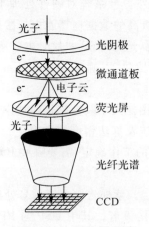

图 10-6　CCD 原理图

1)光锥耦合。将光锥和 CCD 利用光学黏结剂串联装配,使从像增强器的荧光屏到 CCD 芯片表面的图像传输由光锥直接来完成,从而达到检测微弱信号的目的。其具有体积小、质量轻、祸合效率高、透过比高等优点。

2)中继透镜耦合。中继透镜耦合即从像增强器的荧光屏到 CCD 芯片表面的图像使用中继透镜传输耦合到 CCD 输入面上,其优点是像质好、放大率和透射特性可调,但透射比较低,仪器尺寸稍大,有畸变和渐晕。

比较起来,光锥耦合技术成熟、简便易行,且紧密性好,在微光条件下工作时,轻微图形质量下降不易发现。

理论耦合效率 S 为

$$S = \frac{1}{4F^2 \left(1 + \dfrac{1}{m}\right)^2} \qquad (10-3)$$

式中，F 为光学系统的 F 数；m 为物与像的高度比。

10.2.2　信息处理单元设计分析

在紫外告警系统中，紫外探测器的帧频很高，需要对图像进行快速处理，计算量很大，因此信息处理系统的运算性能非常关键。在实际的工程应用中，除了要充分考虑核心处理器的性能、存储资源、运算速度等指标，还要同时兼顾数据传输能力等。紫外告警系统需要在短时间内完成紫外图像的传输、目标检测及结果显示，因此，信息处理系统必须具有高速数据传输以及大数据运算能力。

DSP 与 FPGA 相结合的硬件开发思路，是目前非常受欢迎一种的硬件设计方法，能够将两者的优势充分结合起来。这种结构能够充分利用 FPGA 的信号控制能力及 DSP 的数据运算能力，适用于模块化设计。DSP+FPGA 结构能够将整个开发任务分为几块，相互之间互不影响，且易于扩展，能够连接更加丰富的外设，为开发提供更大的方便及为硬件添加更多的功能。此外，DSP+FPGA 结构维护方便，出现问题互不影响。因此，可以选用该结构作为紫外告警系统的信息处理系统。

(1)DSP 芯片的选型。鉴于紫外告警系统对硬件处理平台极高的性能要求，因而其中负责算法运行的 DSP 芯片必须具备极高的数据运算能力与搬移能力。

根据告警系统运行的实际情况，选择 DSP 芯片时主要从以下几点考虑。

1)DSP 芯片指令集数、主频及核数，以确定能否满足系统实时性。主要由信号的处理和计算量确定。

2)内及片外存储器大小，这与图像大小及数据传输速率等相关。

3)采用定点/浮点运算。按系统及算法精度要求确定。

4)IO 端口。由 DSP 具体进行的工作确定，需要哪些 IO 口参与。

5)开发时间及成本。

(2)DSP+PFGA 硬件处理平台。紫外告警系统信号处理平台采用 DSP 与 FPGA 相结合的处理方式时，即 DSP+FPGA 结构板卡。其中 DSP 与 FPGA 各自负责不同的工作，FPGA 负责图像的接收、解码及显示等控制工作，DSP 主要从事计算工作，负责紫外弱小目标的检测算法的运行，得出目标位置。

10.2.3　多探测器结构的设计分析

为了不产生探测死角，获得球形的全方位覆盖，所以紫外告警系统需要多个紫外探测器，并且所有探测器按照特定的排列方式固定在应用平台上，使每个紫外告警系统的探测器指向固定的方向，以确保探测视场的重叠并能够形成球形覆盖。

就光学系统而言，不可能制造一个不带有任何附加结构的透镜系统来覆盖这么大的视场，而且，对于需要无时间间隙的实时探测来袭目标的告警系统而言，采用一定数量的凝视型传感器形成一个组合系统，来实现 360°周视视场的探测，成为了唯一可行方案。综合光学系统设计要求、探测单元体积要求及告警系统成本要求等因素，探测单元的传感器的个数一般选择

4～6 个。

　　为了分析传感器与探测视场之间的关系,如图 10-7 所示,进行多传感器系统的结构设计:将 $n(n=4,5,6)$ 个传感器分别位于正 n 边形的 n 个顶点位置,传感器的光轴交于正 n 边形的中心位置,相邻传感器的光轴夹角为 $(360/n)°$。其中,2ω 为单个传感器的视场角;a 为相邻传感器的间距;L 为探测单元的探测盲区距离。由图 10-7 可知,探测单元可实现探测盲区以外的周视探测。

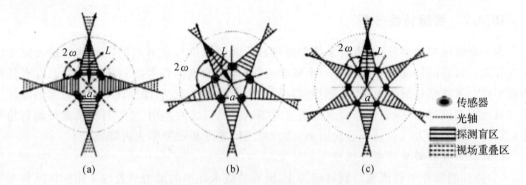

图 10-7　多传感器与探测视场之间的关系
(a)4 个传感器;(b)5 个传感器;(c)6 个传感器

$$2\omega = \frac{360}{n} + 2\arctan\frac{\dfrac{a}{2}}{L-\dfrac{a}{2}\cot\dfrac{180}{n}} \tag{10-4}$$

由式(10-4)可知,单个传感器的视场应大于 $(360/n)°$。

由式(10-4)可得

$$L = \frac{a}{2}\left[\cot\left(\omega-\frac{180}{n}\right)+\cot\frac{180}{n}\right] \tag{10-5}$$

　　由式(10-5)可知:当相邻探测器间距 a 一定时,随着告警系统的探测器个数增多,单个探测器的视场角将变小,重叠视场区域变大。通常情况下,相对紫外告警系统 3～5 km 的作用距离来说,盲区距离为百米量级是可以接受的。盲区距离 $L \gg a$,$2\arctan\{(a/2)/[L-(a/2)\cdot\cot(180/n)]\}$ 的值较小,因而间距 a 的变化对于视场角和重叠视场区域影响很小。告警系统需要根据单个探测器视场和足够重叠视场区域来合理选择探测器数目,以达到在满足技战术要求的前提下合理使用资源的目的。

10.3　目标检测需求与流程

10.3.1　目标检测问题分析

　　鉴于大气层内中紫外面源的稀有,绝大多数的探测事件对成像探测系统的张角为一个或不足一个单元视场,因此紫外告警就是对点源探测的应用。点源是指当成像系统和目标的相对位置较远时,虽然目标本身可能有几米甚至十几米的直径,但在成像平面内仅表现为几个或不足一个像素。由于点目标图像呈现为几个或小于一个像素的特征,信噪比较低,目标图像携带的信息量少,给图像的检测带来很大的困难。

目标检测部分处理来自探测单元探测到的图像,并对图像进行分析,要达到以下的目的。

(1)增强紫外图像并去除紫外图像中的噪声。

(2)判断图像中是否有疑似目标存在。

(3)如果有疑似目标存在,判断是否为真实目标。

(4)确认目标后告警。

10.3.2 目标特性分析

为了有效地探测到目标,告警系统需要将目标的辐射信号和背景的辐射信号最大限度地区分开来。理想的情况是存在这样一个辐射波段,即该波段内仅存在目标的信息而没有任何杂波干扰。虽然到目前为止,还不能找到这样一个辐射波段,能够保证在零虚警概率的条件下百分百地探测到目标,但紫外告警系统通过对"日盲"光谱区的利用,使得目标的紫外辐射信号能在较为"干净"的大气背景下显现出来,信号处理的难度和虚警率大大降低。

1.目标与背景的紫外辐射机理

(1)目标的紫外辐射机理。到目前为止,所有的战术导弹的动力装置均采用固体燃料火箭发动机,固体燃料称为固体推进剂。

固体推进剂通常包括燃料、氧化物、黏结物、固化物及燃速控制剂。不同型号的导弹推进剂有不同的配方。发动机的推进剂燃料制成药柱,药柱燃烧时,由火箭发动机喷管喷出的燃烧产物会在发动机喷管外产生羽烟,羽烟及其与周围环境的相互作用,会造成噪声、烟雾、光、热辐射和信号衰减等多种效应。发动机及其羽烟是可见光区和红外区的良好辐射源,同时,还产生了一定量的紫外辐射,这些紫外辐射信号就成为紫外探测器捕捉目标的辐射源。羽烟的紫外辐射主要来源于以下的几部分。

1)热辐射。一类为黑体辐射。由于导弹羽烟的温度非常高,可达 1 000～3 300K,根据黑体辐射理论,当物体温度升高时,发出的辐射能量增加,峰值波长向短波方向移动。高温的羽烟可产生一定量的紫外辐射。另一类是热粒子辐射。在含有铝离子的推进剂产生的羽烟中包含的 Al_2O_3 粒子以及固体发动机中其他一些热粒子的辐射(如 Fe_2O_3),由于其温度足够高,也产生紫外辐射,它们辐射的连续谱同一般灰体发射的光谱很相似。

2)化学荧光辐射。导弹羽烟中的燃烧和后燃烧过程产生了新的分子种类。如 CO_2,H_2O,CO 以及 O 和 OH 等激发态原子,这些激发态原子产生的化学荧光反馈在紫外波段产生了不可忽视的化学辐射,因此称为化学荧光。同红外辐射相比,导弹羽烟产生的紫外光子数较少,这就要求紫外探测器的信号检测手段必须非常灵敏。

导弹发动机羽烟所产生的紫外辐射,由于后向散射效应及导弹运动特性,所产生的紫外光可辐射到各个方向。告警系统在不同的探测角度对导弹进行探测时,导弹羽烟的紫外辐射强度也不同,这主要是由于在不同的观察角度,导弹自身对羽烟遮挡的面积有所差异。导弹发动机的不同也使目标紫外辐射特性产生差别。

(2)背景的紫外辐射。正如前面所讲,太阳辐射通过地球大气层到达地球表面时由于大气的衰减造成了辐射光谱的改变,其中波长短于 300nm 的紫外辐射由于同温层中臭氧的吸收,基本上到达不了地球近地表面,使得太阳光中波段紫外辐射在近地表面形成盲区。但"日盲"是相对而言,大气背景中仍包含有少量的紫外辐射源。

大气背景的紫外辐射主要来源于大气的辉光。天空中大气辉光包括日辉和夜辉,覆盖了从 $0.1\sim0.39\mu m$ 整个紫外频谱,但其辐射值极低,通常每平方厘米只有数百个光子。

1)日辉。大气受太阳照射而产生的辐射叫日辉。日辉是大气组分吸收了太阳辐射并再辐射产生的,这些光谱是由太阳辐射的共振和荧光散射、化学和离子反应及原子和分子的光电激发产生的。日辉辐射的波长为 $200\sim300\text{nm}$。

2)夜辉。大气在白天吸收了太阳紫外辐射而在夜间释放能量产生夜辉,夜辉辐射的主要特征集中在带,其中紫外波段为 $200\sim300\text{nm}$。

在 12km 高度以下的大气中,太阳光的短波截止波长变化很小,但高度超过 12km 后,随着高度的升高,截止波长将向短波方向移动,使得紫外告警系统的背景噪声增大,因此紫外告警系统的使用高度应限制在 12km 以下的中低空,而大多数空空交战发生在这一高度,符合紫外告警系统的应用范围。

2. 告警目标特点

紫外告警功能系统要求在尽可能远的距离发现目标,以留有足够的预警时间。紫外告警系统的工作特性就决定了这些目标在焦平面上成像的面积很小,一般不超过探测器像元的大小,属于弱小目标。其具有以下特点。

(1)信噪比很低。在远距离情况下,探测器接收到的目标信号强度很弱,一般情况下,图像信噪比很低。因而紫外告警问题是一个低信噪比弱信号检测问题。

(2)可用的信息量少。探测器距目标较远,获得的目标图像呈点状,区别目标与噪声的依据,一般只有目标的运动特征(速度、方向、轨迹)和目标点与背景的灰度差异,基本没有形状信息可以利用。

(3)背景信息复杂。大气层中的云层、地面的自然地形和建筑物的干扰不仅强度大,而且具有较强的空间结构。因此给紫外告警带来了很大的困难。

(4)信息处理量大。目标检测的范围在整个图像空间中,由于图像的低信噪比,为了正确检测目标和确定其在图像中的位置,必须利用多帧图像信息,使得需要处理的数据信息量相当巨大。

(5)目标信息稳定。远距离探测目标时,获得的目标信息(灰度、运动特征)较为稳定,一般不会出现突变,这是紫外告警系统识别目标的重要依据。

此外,告警设备对不同方向的导弹进行探测时会有不同的辐射强度分布。当紫外告警设备正对来袭导弹时(设为 180°),由于弹体挡住大部分尾焰及二次燃烧区域,此时探测到的尾焰紫外辐射强度最小;当观察角度为 60°～90°时,辐射面积及二次燃烧区域最大,此时可探测到最大的紫外辐射强度;当导弹远离告警设备即观察角度为 0°时,尾焰辐射区域为圆盘状,只有向后方发射的紫外辐射才能被探测到。

10.3.3　目标识别流程

典型的紫外告警系统目标识别流程如图 10-8 所示。

(1)采集帧存。紫外探测系统将目标的转换为数字图像,并输入信息处理单元。

(2)预处理。采用空域滤波等方法对图像进行处理,提高信噪比,方便后续的处理。

(3)单帧处理。采用自适应门限等方法消除统计学背景,根据似然比检验等来判断单帧中是否存在目标点。

（4）多帧处理。利用候选区域检测、运动连续性判断（运动强度、位移相关）和图像流等方法对可能目标进行最终判断。

（5）图像校正。根据行同步和像素时钟确定目标所在的坐标，并利用预置的光学畸变表对坐标校正，给出真实坐标值。

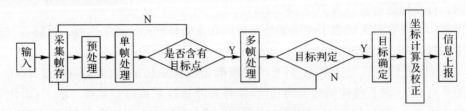

图 10-8 紫外告警系统目标识别流程

10.4 紫外告警系统软件部分设计分析

传统的数字图像处理主要面向扩展源（像素通常大于 10×10），方法有图像增强、图像复原、图像匹配、模式识别等。对于通常只占几个像素图像，由于其面积太小而无法反映几何轮廓特征，加上现有成像系统不能反映出除灰度以外的其它物理特性，当目标点淹没在噪声背景中时，限制了一些空间滤波或图形识别技术的应用，如何在背景中寻找点目标，中紫外成像探测需要研究新的方法。

近年来，紫外成像系统作为新型的成像方式，国内外进行了大量研究。但基于相近的原理和日盲区成像的特殊性，可以借鉴红外成像系统在点目标探测的数字图像处理中一些具有实用价值的方法。

由于点目标图像呈现为几个或小于一个像素的特征，信噪比较低，目标图像携带的信息量少，给图像的检测带来很大的困难。多帧累积点目标图像，可以提高信噪比，是解决此问题的一条途径。但直接积累多帧点目标场景图像，在实时检测当中通常受限。将目标单帧内的空间处理和多帧间的时间处理结合起来对点目标可有效检测。在多帧处理之前，对单帧点目标场景图像进行有效处理能较好解决这一问题。单帧内采用高通滤波、自适应阈值等方法能抑制背景噪声，增强小目标；似然检测理论进行统计分析，消除缓慢变化的背景部分和弱噪声干扰点，邻域判决法提取出少量的候选目标点。多帧间进行目标运动的连续性判断并采用图像流分析法对图像序列进行分析，检测出运动目标并粗略进行距离估算。

10.4.1 紫外点目标场景图像模型建立与分析

包含有点目标的紫外场景图像 $f(x,y)$ 可表示为

$$f(x,y) = f_T(x,y) + f_B(x,y) + n(x,y) \tag{10-6}$$

式中，$f_T(x,y)$ 为点目标灰度值；$f_B(x,y)$ 为背景图像；$n(x,y)$ 为噪声图像。

点目标场景图像 $f(x,y)$ 为应满足紫外成像系统要求的最小检测信噪比（SNR），即

$$SNR = \frac{f_{Tm} - \mu}{\sigma} \tag{10-7}$$

式中：f_{Tm} 为可检测出的点目标的最小灰度值；μ 为图像平均灰度值；σ 为图像灰度标准差。

点目标像素 $f_T(x,y)$ 的亮度和尺寸在帧间只有较小的变化,每帧目标点灰度值大于或等于目标点最小灰度值 f_{Tm},由式(10 - 7)得

$$f_{Tm} = \mu + \text{SNR} \times \sigma \tag{10 - 8}$$

背景图像 $f_B(x,y)$ 通常都有较长的相关长度,它占据了场景图像 $f(x,y)$ 空间频率中的低频信息。同时,由于场景分布和传感器固有响应的不均匀性,背景图像 $f_B(x,y)$ 是一个非平稳过程,图像中局部灰度值可能会有较大的变化。另外,$f_B(x,y)$ 也包含部分空间频域中的高频分量,它们主要分布在背景图像中各个同质区的边缘处。

噪声图像 $n(x,y)$ 是场景及电路产生的各类噪声的总和,像素间不相关,在空间频域表现有和点目标类似的高频特征,但空间分布是随机的,帧间的空间分布没有相关性。

依上述分析得出,目标点像素 $f_T(x,y)$ 和噪声图像 $n(x,y)$ 在单帧图像目标检测阶段无法区分开,但在多帧相关检测阶段可利用其帧间的不同特征区分。而背景图像 $f_B(x,y)$ 则在单帧目标检测阶段就表现为与目标点像素 $f_T(x,y)$ 和噪声图像 $n(x,y)$ 不同的特点。因此可利用其相关长度长的特点,选用适当的背景抑制算法,抑制在图像灰度分布统计中占主要成分的背景图像的作用,提高目标与背景的信噪比,在单帧图像检测中检测出潜在的目标,并在尽量确保检测出目标像点的前提下,使虚警点最少。

10.4.2　预处理

由于点目标图像呈现为几个或小于一个像素的特征,信噪比较低,目标图像携带的信息量少,给图像的检测带来很大的困难。为了有效地识别目标,在接收到紫外图像时,需要对图像进行预处理,对背景进行有效抑制,去掉图像中大量存在的杂波,可以提高紫外图像的信噪比,减少不必要的数据量,方便后续的处理。常见的背景抑制流程为:对图像进行空域或频域的某种处理或操作,增强符合目标分布特性的像素的灰度,减弱不符合目标分布特性的背景区域的灰度,提高目标检测率,降低虚警率。下面介绍参考自红外告警中常用的空域滤波、频域滤波方法。

(1)空域滤波方法。空域滤波方法是利用紫外图像局部区域的统计、分布特性来实现增强目标,抑制背景的方法。作为一种局部处理方法,首先需要选取一个合适的局部区域,如 $3 \times 3,5 \times 5,7 \times 7$ 像素的窗口等。常用的空域滤波方法有高通滤波、中值滤波、局部标准差滤波等。

1)高通滤波。高通滤波方法,一般是利用设计好的高通模板来对图像中所有区域进行逐一滤波。设计高通滤波模板时必须考虑个原则。

a. 模板内所有元素之和为,如此一来,一个绝对均匀的背景经过高通滤波模板处理之后灰度会被抑制到。

b. 模板必须能较好保留目标的特性,因为抑制背景只是为目标检测、搜索、跟踪服务的预处理部分,一旦破坏了目标原始特性,会对后续研究产生不可估量的影响。一般的做法是:经过高通模板滤波之后的局部区域,如果匹配结果较小,便将其彻底抑制,如清零操作等;如果匹配结果较大,则不进行任何操作,跳往下一个局部区域继续处理。

根据不同的高频分量估计方法,设计各种不同的高通滤波模板,如中心点滤波模板,中心十字滤波模板,中心环形滤波模板等。其具体的模板如下:

$$\frac{1}{8}\begin{bmatrix} -1 & -1 & -1 \\ -1 & 8 & -1 \\ -1 & -1 & -1 \end{bmatrix} \qquad \frac{1}{20}\begin{bmatrix} 1 & 2 & 2 & 1 \\ 2 & -5 & -5 & 2 \\ 2 & -5 & -5 & 2 \\ 1 & 2 & 2 & 1 \end{bmatrix}$$

$$\frac{1}{20}\begin{bmatrix} -1 & -1 & -1 & -1 & -1 \\ -1 & -1 & 4 & -1 & -1 \\ -1 & 4 & 4 & 4 & -1 \\ -1 & -1 & 4 & -1 & -1 \\ -1 & -1 & -1 & -1 & -1 \end{bmatrix} \qquad \frac{1}{24}\begin{bmatrix} -1 & -1 & -1 & -1 & -1 \\ -1 & -1 & -1 & -1 & -1 \\ -1 & -1 & 24 & -1 & -1 \\ -1 & -1 & -1 & -1 & -1 \\ -1 & -1 & -1 & -1 & -1 \end{bmatrix}$$

2)中值滤波。中值滤波的实质则是取邻域的灰度分布中间值,相比于高通滤波,中值滤波能有效地避免单个坏点的影响。中值滤波过程分为两步,第一步是对邻域内像素的灰度进行排序,第二步是按照排序之后的灰度分布进行挑选,常见的方法是挑选分布在最中间的灰度,亦有学者指出可以挑选灰度分布递增方向处的灰度。利用中值滤波方法估计出原始图像的背景后,在对应像素位置处求原始图像与背景图像的差即可滤除背景。

(2)频域滤波方法。与空域滤波方法良好的时效性不同的是,频域滤波的典型特点就是计算量较大。频域滤波方法通常需要对原始图像进行某种变换,对变换之后的图像进行处理之后再进行反变换得到空域处理结果。

在频域滤波方法中,首先对图像进行傅里叶变换。假设 $f(m,n)$ 是一个离散空间中的二维函数,则函数的二维傅里叶变换为

$$F(\omega_1,\omega_2) = \sum_{-\infty}^{+\infty}\sum_{-\infty}^{+\infty} f(m,n)e^{-j\omega_1 m}e^{-j\omega_2 n} \qquad (10-9)$$

对应的傅里叶反变换为

$$f(m,n) = \int_{\omega_1=-\pi}^{\pi}\int_{\omega_2=-\pi}^{\pi} F(\omega_1,\omega_2)e^{-j\omega_1 m}e^{-j\omega_2 n}\mathrm{d}\omega_1\mathrm{d}\omega_2 \qquad (10-10)$$

二维图像为一离散的二维矩阵,因此紫外图像处理采用离散傅里叶变换,即

$$F(p,q) = \sum_{m=0}^{M-1}\sum_{n=0}^{N-1} f(m,n)e^{-j(2\pi/M)pm}e^{-j(2\pi/N)qn} \qquad (10-11)$$

相应的傅里叶反变换为

$$f(m,n) = \sum_{p=0}^{M-1}\sum_{q=0}^{N-1} F(p,q)e^{-j(2\pi/M)pm}e^{-j(2\pi/N)qn} \qquad (10-12)$$

类似于空域高通滤波方法而设计的频域滤波器,在图像的频域进行滤波处理后,可以达到抑制背景、提高信噪比的效果。常用的频域高通滤波器有理想高通滤波器、高斯高通滤波器等。

理想高通滤波器:$H(p,q) = \begin{cases} 0, & F(p,q) \leqslant F_0 \\ 1, & F(p,q) > F_0 \end{cases}$。

高斯高通滤波器:$H(p,q) = 1 - \exp(-F^2(p,q)/2F_0^2)$。

10.4.3 单帧内点目标处理

(1)自适应门限。每幅紫外点目标场景图像中所包含的背景图像总是有差别的,从不同的

角度分析背景与目标像素之间的差别,可以得出不同的背景抑制方法。大部分情况下,背景是大面积平缓变化场景,像素之间有强相关性,占据图像空间频域的低频分量。为了抑制这种背景,在图像空间首先应进行自适应门限处理。

检测门限高得足以抑制背景起伏,低得足以使目标信号通过的方法称为背景归一化。当门限的选取随局部背景分布而变化时,则称该门限是空间自适应的。通常的实现方法是用一个滑动窗口对背景分布进行变换,简单的背景归　化采用以下掩模($5×5$),即

$$W = \frac{1}{16}\begin{bmatrix} 1 & 1 & 1 & 1 & 1 \\ 1 & 0 & 0 & 0 & 1 \\ 1 & 0 & 0 & 0 & 1 \\ 1 & 0 & 0 & 0 & 1 \\ 1 & 1 & 1 & 1 & 1 \end{bmatrix} \tag{10-13}$$

设 $f(i,j)$ 表示某一帧图像中 i,j 点的灰度,通过上述的掩模 W 处理后,可得以下结果:

$$g(i,j) = \begin{cases} f(i,j) & f(i,j) \geqslant T(i,j) \\ 0 & f(i,j) < T(i,j) \end{cases} \tag{10-14}$$

式中, $T(i,j) = \sum\limits_{x=-2}^{2}\sum\limits_{y=-2}^{2} W(x+2,y+2) f(i+x,j+y)$

(2)似然比检测。紫外图像中的运动小目标主要包含高频分量,为了增强小目标,将原始图像进行高通滤波,这样可以滤除图像中缓慢变化的背景部分,剩下目标点和高频噪声点。假设得到的噪声图为 $D(m,n)$,则目标点和强噪声点的 $D(m,n)$ 较大。为了从噪声图中分割出可能目标,采用经典的似然比检测理论进行分析。

如果 $D(m,n)$ 是背景噪声,则其统计分布类似零均值高斯分布;如果 $D(m,n)$ 是目标,则其统计分布不同,可假设目标灰度的统计分布是一种均匀分布。用 $P(z|m_1)$ 和 $P(z|m_2)$ 来分别表示背景噪声和目标的概率密度函数,即

$$\left.\begin{array}{l} P(z \mid m_1) = \dfrac{1}{\sqrt{2\pi}\,\delta}\exp\left(\dfrac{-z^2}{2\delta^2}\right) \\[3mm] P(z \mid m_2) = \dfrac{1}{k} \end{array}\right\} \tag{10-15}$$

式中,z 为 $D(m,n)$ 一个观察值;m_1 为背景噪声出现;m_2 为目标出现;k 为 z 的分布范围(原图灰度级为 255 时,$-255 < z < 255, k = 511$)。

根据似然比检测理论有:$\dfrac{P(z|m_1)}{P(z|m_2)} < \lambda$ 时,该点为目标;$\dfrac{P(z|m_1)}{P(z|m_2)} > \lambda$,该点为背景噪声。式中,λ 为决策门限。若选择 $\lambda = 0.003$,即认为经过高通滤波后的图像的任一灰度 z ,目标与背景噪声出现的先验概率之比为 $1\,000 : 3$ 。

将前式带入 $\dfrac{P(z|m_1)}{P(z|m_2)} < \lambda$,并化简得到判断该点为目标点的限制条件:

$$z^2 > -2\delta^2\left[\ln(\sqrt{2\pi}\delta\lambda) - \ln k\right] \tag{10-16}$$

因为目标在图像中只占有极少几个像素故背景噪声的均值和方差可通过对所有 $D(m,n)$ 统计得到。

过上述处理后,得到一个去除背景的可能目标图像序列,可能目标的点保留其灰度值,其余点的灰度值置零。

10.4.4 多帧间点目标处理

紫外探测中需要检测的大都是机动目标，如运动的导弹等。运动是它们的共同特性。另一方面，用于成像探测的设备是紫外传感器，从传感器记录的紫外图像序列中可以获得视场中的变化情况，因此利用目标在时空上的变化来检测目标就成为解决问题的可能途径。

由于探测过程中整个视场在不停地移动，首先需要将不同时刻的图像进行场景配准。复杂背景下紫外图像的目标检测算法由场景配准、目标候选区域检测、连续性判断等几部分组成。在这些运算中，通常使用定义在样本空间上的广义距离来衡量不同样本之间的差异，定义如下：

记 R^2 上的二元函数全体 $F=\{f:R^2 \rightarrow R\}$，类似地，记定义在 $\Omega(\subseteq R^2)$ 上的二元函数全体为 $F_\Omega=\{f \,|\, f:\Omega \rightarrow \mathbf{R}, \Omega \subseteq \mathbf{R}^2\}$，在 F_Ω 上定义广义距离 D_Ω 为

$$D_\Omega(f_1, f_2) = \frac{d^2[f_1(x,y) - f_2(x,y)]}{dxdy} \qquad (10-17)$$

可以看出，D_Ω 是 F_Ω 上的一种广义距离。测量的是两个二维函数之间的差异。因为 D_Ω 将定义域在 $\Omega(\subseteq \mathbf{R}^2)$ 的面积归一化，所以对于不同的在 Ω_1，$\Omega_2(\subseteq \mathbf{R}^2)$ 行得到的距离之间具有可比性。

(1)场景的配准。为了便于有效地提取目标，需要配准不同时刻图像中的场景。场景是与传感器的成像位置和角度一一对应的。不同的成像位置及角度会接收到不同的场景。传感器在探测过程中不断运动导致紫外图像的背景也会随着移动。配准场景的过程就是消除运动对图像序列影响的过程。在探测过程中传感器大视场接收场景，成像距离远远大于传感器的焦距。图像中场景的移动可以近似为二维平移。

基于以上特点，要求最大相关的方法来配准临近帧的场景：平移其中的一幅图像后与另一幅图像作相关。当两幅图像在空间上对准同一个场景时，则会出现最大相关。这里要考虑三个问题：

1)配准的主体。在图像中目标的成像面积远远小于背景的面积，因此，配准的主体应该是占图像绝大部分相对静止的背景。

2)为了得到最大相关，需要对相关程度进行度量。相关度量的形式有很多种，考虑到计算量和算法的要求，这里选择上面定义的广义距离作为相关程度的度量。

3)克服噪声的影响。在场景中不仅有运动的目标，还有各种随机运动的景物。这就形成了配准时的噪声。噪声的出现会导致相关程度的下降。鉴于噪声是局部的，使用全局的相关程度作为度量可以从一定程度上克服噪声的影响。

数学描述如下。假设相隔时间 T 的两幅紫外图像表示为灰度函数 $f_i(x,y)$ 和 $f_{i+1}(x,y)$。它们的帧间差值图像表示为 $\Delta f_i(x,y)$。由于目标的成像面积通常情况下远小于背景的成像面积，所以在配准场景的过程中，认为帧间差值图像中的主体是由背景产生的，目标成像区域的效果可以忽略。基于这种近似，如果 $f_i(x,y)$ 和 $f_{i+1}(x,y)$ 中的场景是完全配准的，则 $\Delta f_i(x,y)$ 的取值应该恒为 0。由定义知 $D_\Omega(f_i, f_{i+1})=0$。但实际中，由于目标区域的存在和各种噪声的联合作用，$D_\Omega(f_i, f_{i+1})=0$ 始终不会为 0。只能通过将 $f_i(x,y)$ 进行坐标的偏移求得 $D_\Omega(f_i, f_{i+1})$ 的极小值。因此，场景的配准问题就转化成偏置矢量 $\boldsymbol{\Delta}$，使得

$$D_\Omega(f_{i,\Delta},f_{i+1}) = \min[D_\Omega(f_{i,\delta},f_{i+1})], \quad \delta \in \phi \qquad (10-18)$$

式中，$f_{i,\delta}$ 为偏置矢量 δ 对 $f_i(x,y)$ 作用产生的新函数；ϕ 为偏置变量的允许范围。

（2）目标候选区域检测。运动信息有速度场形式、位移场形式和灰度变化描述等几种不同的表示方法。相应的目标运动信息的提取方法包括：基于灰度梯度确定速度场的方法和基于记号的检测方法等。紫外探测中的目标检测需要较高的实时性和可靠性，这些方法存在运算量大或稳定性差的缺点，不适合于应用。考虑到目标检测的实际需要，可以选择灰度变化来描述运动信息，并基于图像序列的帧间差图像来提取运动信息。

提取运动信息的直接目的是提取图像中候选的目标区域。分两个步骤来提取候选目标区域：第一阶段，用一个边长为 a 的正方形对目标进行定位；第二阶段，压缩正方形区域的边界使其更接近于目标的外轮廓。

第一阶段：经过场景配准，背景的运动基本被抵消，可以认为视场中只有目标在作较大的运动。若设候选目标区域为 Ω_0（边长为 a 的正方形），则在 Ω_0 中，两帧图像 f_1 与 f_2 间的距离 $D_{\Omega_0}(f_1,f_2)$ 较大。寻找候选目标区域的工作，可近似数学化为：寻找边长为 a 的正方形区域 Ω_0，使得

$$D_{\Omega_0}(f_1,f_2) = \max[D_\Omega(f_1,f_2)] \qquad (10-19)$$

式中，Ω 为边长为 a 的正方形。

第二阶段：确定 Ω_0 之后，可以进一步压缩候选目标区域的边界，使其更接近目标的像斑。首先，对帧间差值图像进行自适应门限分割，突出目标。用帧间差值图像的平均灰度作为分割的自适应门限，将图像分为两部分。门限分割滤除了背景中微动景物导致的灰度变化在帧间差值图像中产生的噪声，突出运动强烈的部分。其次，压缩目标成像区域。压缩目标区域边界，直至在经过门限分割的帧间差值图像中，每条边界的内侧都与运动目标形成整块区域接壤。以上方的边界为例，判断是否上方的边界达到目标运动形成的整块区域的标准是：边界下方邻接点集中是否至少存在一个（一个以上）点 A，在 A 的下方有 n（或多于 n）个连续点都被分割到运动强烈的部分中。其中，n 通常取 $3\sim4$。提取出候选目标区域之后，可以对机动目标进行初步的检测。利用在帧间差图像中候选目标区域的平均灰度与图像的总体平均灰度之间的关系进行检测。由于目标的运动，真实目标区域的平均灰度应该远远大于图像的总体平均灰度。设定门限 η，当目标候选区域的平均灰度与图像的总体平均灰度的比值大于 η 时，判断为候选目标。

（3）运动连续性判断。经过单帧处理和两帧图像的候选区域检测，数字图像中仍可能混杂有大量的强噪声点，噪声引起灰度变化的区域混同于目标的区域，会使虚警率增大。为了克服这一弱点，必须作进一步的检测。噪声引起灰度变化的区域是不稳定的，这是由于噪声的不稳定性造成的。噪声包括：背景随机辐射、紫外辐射在空气中传播时引入的噪声、成像和传输过程中的电子系统噪声等。它们都是不稳定的，在时间和空间上相关性差。目标的运动是有规律的，因此成像后的目标区域也应具有某种稳定性。这主要反映在：目标成像区域在帧间差图像中总是具有一定幅度的，并且会持续一段时间；目标成像区域在图像中的移动是相对稳定的。

根据以上分析，利用目标成像区域在时间和空间上的相关性，作进一步的相关检测，降低虚警概率。

1）运动强度检测。帧间差图像中目标区域平均灰度必须达到一定的门限，并保持一段

时间。

假设 i 时刻帧间差图像中目标候选区域的平均灰度为 ET_i，帧间差图像的平均灰度为 ED_i。

定义：第 i 时刻检测的运动强度系数为

$$R_i = \sum a_k r_{i-k}, \quad i = 1, 2, \cdots, \infty \tag{10-20}$$

式中，$r_i = \dfrac{ET_i}{ED_i}$；a_k 为加权系数，通常 $a_k = 2^{-k}$，$k = 0, 1, \cdots, \infty$。

设定门限为 η_R，当 $R_i \geqslant \eta_R$ 是，认为候选区域可能是真实的目标区域；反之，认为候选目标区域不可能是真实的目标区域。

2)位移相关检测。由于小目标的运动具有运动的连续性和轨迹的一致等特征，即目标点的运动是有规律的，具有连续的运动轨迹，而噪声点的运动是随机的，不能形成连续的运动轨迹。因此将上一步分离所得到的可能目标点在此判别准则下进行筛选，实现目标点与噪声点的进一步分离。

判别准则：目标区域质心位置的移动是相对稳定的，质心的移动不会出现大的跳跃。如果候选目标点在下一帧图像同一位置的某一邻域内仍然出现，则判断该点为目标点，予以保留；否则记为噪声点，予以剔除。

第 i 时刻候选目标区域的质心位置为 P_i。

定义：第 i 时刻的位移系数为

$$p_i = \sum_{k=0}^{i-1} b_k \mid p_{i-k}, p_{i-k-1} \mid \quad i = 1, 2, \cdots, \infty \tag{10-21}$$

式中，b_i 为加权系数，通常可以取 $b^i = 2^{-1}$，$i = 0, 1, \cdots, \infty$。

设定门限为 η_p，当 $p_i \geqslant \eta_p$ 时，认为候选目标区域可能是真实目标区域；反之，认为候选目标区域不可能是真实的目标区域。η_p 的取值是根据紫外传感器的性能和探测任务的要求来决定的，实验证明对 10 次/s 的检测频率来说，可以取经验值 5，即认为目标区域的质心在两次检测位移不会超过 10 个像素点。对于真的目标区域来说，这个门限是相当宽松的，同时可以滤掉噪声引起灰度变化的区域影响。

在整个相关检测中，候选区域必须经过以上两种检测才被认为是真正的目标区域。在视场中能否检测出运动目标，与目标的距离、运动速度和目标面积密切相关。在一定距离上能检测的目标的运动速度和大小都是一个确定的范围。成功的检测必须做到：正确检测到运动目标，并对其准确定位；不但能检测出所有的运动目标，还给出目标的成像区域及目标的方位（图像坐标系），为进一步目标识别和跟踪提供条件。

（4）图像流分析。图像流是指图像平面上的速度场，它是由于场景中的运动模式投影到图像平面上产生的。图像流分析法是一种小区域视觉处理方法，它比基于图像特征的匹配法更加局部化，但又不及基于像素的差分图像法。通过对序列图像进行图像流分析，可以有效地检测出图像中目标的运动轨迹。

图像流分析法的基本模型时图像流束方程。设 $E(x, y, t)$ 表示在时刻 t 图像平面中 (x, y) 点上的图像辐射，则图像流束方程如下：

$$E_x u + E_y v + E_t = 0 \tag{10-22}$$

式中，E_x、E_y、E_t 分别为灰度函数 E 关于 x、y、t 轴的偏导；u、v 分别为目标 x、y 在轴上的速度。

式(10-22)建立了图像上任意一点(x,y)的图像辐射的时空梯度变化与该点瞬时速度(u,v)之间的相互关系。它要求景物的灰度函数处处可导,否则会由于其本身的不连续或阻塞遮挡造成灰度的不连续,在偏导计算中会导致冲激函数的出现,使该式不成立。

由式(10-22)可得,图像流约束方程实际是速度平面(u,v)上的直线方程。如果考虑图像序列中连续的$J(J\geqslant2)$帧图像,并假定目标的运动速度在这J帧图像里近似保持不变,则对于真正的运动目标点米来说,其在连续的J帧图像里的J条运动约束直线必定在速度平面上近似相交于一点,而对于噪声点来说,由于其出现的随机性,因此即使某些噪声点能够在少数的连续几帧中形成速度聚合点,但随着序列长度的增加,这些噪声点既不可能在图像平面上形成连续的运动轨迹,也不可能在速度平面上形成速度聚合点。这样,就可以在候选目标点集合中有效地去除噪声干扰点,检测出真正的运动目标。

10.4.5　图像几何畸变的数字矫正

图像的几何畸变给从图像中提取的数据带来不准确。图像畸变一般分系统畸变和非系统畸变,系统畸变分光学畸变和扫描畸变,非系统畸变是由平台姿态、高度和速度变化引起的不稳定和不可预测的几何畸变。对于本系统主要是系统畸变,畸变的主要机制是紫外物镜的桶形畸变。在紫外物镜视场很大时,桶形畸变可达30%以上。

若设原图像(未畸变图像)用(x,y)坐标系,畸变图像坐标系为

$$\left.\begin{aligned}x' &= h_1(x,y)\\y' &= h_2(x,y)\end{aligned}\right\}\tag{10-23}$$

则两个坐标系间的关系如下:

设$f(x',y')$为待校正的畸变图像,$g(x',y')$为校正后所得的图像,f和g是数字图像两坐标系关系,h_1和h_2已知。对$g(x,y)$中的每一点,根据式(10-23)找出在$f(x',y')$中的对应点,再由对应点的灰度值按一定规则表示$g(x',y')$中的每一点:

设(x_0,y_0)为g中任一点,在f中的对应点为α,β,根据式(10-23)求出点α,β的坐标:

$$\left.\begin{aligned}\alpha &= h_1(x_0,y_0)\\\beta &= h_2(x_0,y_0)\end{aligned}\right\}\tag{10-24}$$

若点α,β正好是f中数字化网格上的点,则

$$g(x_0,y_0) = f(x_1,y_1)\tag{10-25}$$

但在一般情况下,α,β不是整数,因此需要找出最接近于α,β数字化网格,设为(x'_1,y'_1),则由(x'_1,y'_1)点灰度值来表示g中(x_0,y_0)点值,即

$$g(x_0,y_0) = f(x'_1,y'_1)\tag{10-26}$$

作为更精确的近似,可用α,β点周围四邻的网格点灰度值加权内插作为$g(x_0,y_0)$,这4个点一般选用(x'_1,y'_1),(x'_1+1,y'_1),(x'_1,y'_1+1),(x'_1+1,y'_1+1),图像的几何校正如图10-9所示,则

$$\begin{aligned}g(x_0,y_0) &= (1-\alpha')(1-\beta')f(x'_1+y'_1) + \alpha'(1-\beta')f(x'_1+1,y'_1) +\\&\quad (1-\alpha')\beta'f(x'_1,y'_1+1) + \alpha'\beta'f(x'_1+1,y'_1+1)\end{aligned}\tag{10-27}$$

式中,$\alpha' = \alpha - x'_1$;$\beta' = \beta - y'_1$。

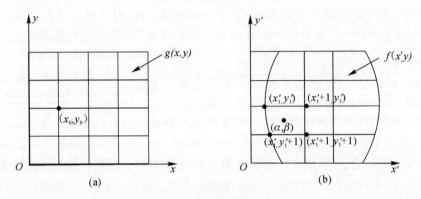

图 10-9　图像的几何校正

10.5　紫外告警系统相关指标分析

（1）告警距离。在紫外告警系统中，告警距离是重要的性能指标之一。告警距离主要与目标的辐射亮度、紫外辐射的大气的传输特性以及探测器的性能有关。下面基于成像型紫外探测器的结构和性能，结合目标辐射源的亮度及目标辐射源的大气传输特性，从紫外探测器的能量传递与接收特性出发，对告警系统的告警距离进行分析。

探测器的主要性能参数包括物镜的相对孔径和透过率、紫外滤光片的透过率、像增强器的辐射亮度增益、光纤面板透过率和几何放大率、最小照度值等。当导弹羽烟的辐射亮度一定时，探测器件越灵敏，告警距离越远。从系统能量的传递特性出发，当目标在 CCD 光敏面上的照度值等于 CCD 的最小照度值时，此时目标与探测器之间的距离最远，将该距离定义为紫外告警系统的告警距离。紫外告警系统的告警距离是针对常见的战术导弹而言，对于其他的紫外目标，由于目标辐射亮度的不同，告警距离也会不同。

设目标与探测器之间的距离为 R，由光学系统的像平面照度公式，目标经过物镜和紫外滤光片后在像管光电阴极的辐射照度 E_{eC} 为

$$E_{eC} = \frac{\pi}{4} \frac{I_e}{S} \tau_1 \tau_2 \tau_{(R)} \left[\frac{D}{f}\right]^2 \qquad (10-28)$$

式中，I_e 为目标紫外辐射强度；S 为目标面积；τ_1 为物镜的透率；τ_2 为紫外滤光片的透过率；$\tau_{(R)}$ 为目标辐射传输距离为 R 时的大气透过率；D 为物镜的有效孔径；f 为物镜焦距。

综合像管的辐射亮度增益 G，考虑光纤面板透过率 τ_3 和光纤面板的几何放大率 m，可得目标在 CCD 光敏面上的光照度 E_{vCCD} 为

$$E_{vCCD} = \frac{\pi}{4} \frac{I_e}{S} \tau_1 \tau_2 \tau_3 \tau_{(R)} m^2 \left[\frac{D}{f}\right]^2 \qquad (10-29)$$

在已知目标辐射源的辐射强度和尺寸的条件下，令 E_{vCCD} 为紫外探测器中 CCD 器件的最小照度值，通过式（10-29）可计算出 $\tau(R)$ 的值，然后可推算出 $\tau(R)$ 所对应的目标辐射在大气中的传输距离 R，也即紫外告警系统的告警距离。

（2）探测概率与虚警概率。探测概率是指在探测视场中出现目标时，系统能够将它探测出来的概率；虚警概率是指探测视场内没有目标时，系统却误认为有目标的概率。

统计检测是利用假设检验的方法设计一个最佳检测器，用以判断噪声中是否存在目标信号。目标信号的有无只有两种判别结果，现用 H_1 假设代表目标存在，用 H_0 假设代表目标不存在，并记作：

$$\left.\begin{array}{l} H_1:r(t)=s(t)+n(t) \\ H_0:r(t)=n(t) \end{array}\right\} \tag{10-30}$$

式中，$r(t)$ 为观测到的信号，$n(t)$ 为噪声；$s(t)$ 为预检测的信号。

虚警概率为将 H_0 误认为 H_1 的错误概率，用 $P(D_1|H_0)$ 表示；而将 H_1 误认为 H_0 的错误概率则为漏警概率，用 $P(D_0|H_1)$ 表示；探测概率则相应可表示为：$P(D_1|H_1)=1-P(D_0|H_1)$。

（3）单次探测概率与虚警概率。由于的噪声基本都为泊松分布，因此，探测概率和虚警概率将用泊松分布概率密度进行描述，其表达式为

$$p(m)=\frac{(\overline{N_n})^m}{m!}\exp^{-\overline{N_n}} \tag{10-31}$$

式中，$\overline{N_n}$ 为平均噪声电子数。

虚警概率 P_f 为噪声电子数超过阈值 N_{th} 的概率，即

$$P_f=P(D_1|H_1)=p(m>N_{th})=\sum_{m=N_{th}}^{\infty}\frac{(\overline{N_n})^m}{m!}\exp^{-\overline{N_n}} \tag{10-32}$$

探测概率 P_d 为输出信号加噪声的电子数大于阈值 N_{th} 的概率，即

$$P_f=P(D_1|H_1)=p(m+n>N_{th})=P(m>N_{th}-n)=\sum_{m=N_{th}-n}^{\infty}\frac{(\overline{N_n})^m}{m!}\exp^{-\overline{N_n}} \tag{10-33}$$

式中，n 为输出信号电子数。

（4）累积探测概率与虚警概率。发现概率在传统意义上以瞬时探测概率来定义，只反映单次探测的效果。在有的光电探测系统中，为了降低虚警概率，在次探测中至少有次探测到目标才认为发现目标，这种将探测概率与具体的探测过程联系起来的模型是一种积累模型，累积后的探测概率与单次探测概率乃的关系为二项式分布：

$$P_{dn}=P(D_1|H_1)=\sum_{j=M}^{N}C_N^j P_d(1-P_d)^{N-j} \tag{10-34}$$

并且，累积探测与单次探测的虚警率也服从二项分布，假定对目标进行 N 次探测，至少有 M 次错误才认为是虚警，累积后的虚警概率为

$$P_{fn}=P(D_1|H_0)=\sum_{j=M}^{N}C_N^j P_f(1-P_f)^{N-j} \tag{10-35}$$

10.6　本　章　小　结

紫外告警系统作为对抗的前端，是飞机获取威胁信息、启动红外干扰并进行战术规避的重要前提，它可以连续工作、对相当大空域内的威胁以很低的虚警率明确、快速告警、提示平台采取相应的对抗措施，从而有效提高飞机在地空突防、空中格斗、近距支援、对地攻击、起飞和着陆等情况下对近距红外制导的空空导弹和短程地空导弹的对抗能力。

紫外告警系统主要由探测系统、信息处理单元组成。探测系统通过将多个探测器进行合理布置,实现对空域的 360°探测,并将目标及背景等信息送至此信息处理单元处理,完成对可能的威胁目标的识别与检测,并告知飞行员采取合理措施加以对抗。

由于紫外告警系统面对的为弱小目标,因此需要采用多种有效措施来提高信噪比,方便后续的紫外图像处理,进而可以有效地对目标进行识别与检测。由于目前国内对于紫外告警系统,尤其是紫外成像型告警系统的研究较少,本章根据所能收集的资料,对紫外成像告警系统进行了简单的介绍以及设计分析。

第11章　红外搜索系统与目标识别

由于红外搜索系统(IRST)是利用短波相对于雷达工作,大气的吸收与散射限制了红外搜索系统的作用距离。目前国外报道的地面搜索距离约为 10～30km,机载平台的搜索距离更高,需要注意的是搜索平台和气象条件都会影响探测距离。在这样的距离范围内,红外搜索系统必须尽早地发现目标才能为我方的防空系统赢得反应时间。在云层和地物干扰情况下,要在远距离发现敌方空袭武器,小目标的跟踪和识别是红外搜索系统的关键技术之一。

11.1　红外搜索系统组成与功能

11.1.1　红外搜索系统发展现状

红外搜索系统是指一类基于红外辐射的被动式的探测系统,用于及时地探测和捕获背景中的特定红外辐射目标,并向显示系统或武器控制系统发送目标的方位、威胁度等告警信息。

根据使用平台的不同,红外搜索系统分为机载战斗机型、陆基型、舰载型等类型。机载红外搜索系统通常作为飞机武器火控系统的一种重要的传感器,主要完成对空目标的搜索和跟踪,其主要的要求是体积小、重量轻。地面型红外搜索系统主要完成对地面和低空目标全方位的探测识别与告警,为地面防空系统或武器火控系统提供敌方来袭武器的方位等信息,通过组网可以对战区空域进行严密防控。舰载型则强调对各种反舰导弹的全方位搜索、跟踪和告警功能,与陆基型功能相近。

现有的红外搜索系统多数为舰载系统,其次是机载系统、地面防空系统以及车载系统,工作波段多为 $3～5\mu m$ 或者 $8～12\mu m$。表 11-1 列举了几种比较典型的红外搜索系统型号及主要战术技术指标。

从 20 世纪 60 年代开始,法国、美国、瑞典等国家就陆续开始了红外搜索系统的研制工作,先后发展了第一代基于探测元、第二代基于线阵焦平面探测器的红外搜索系统,第三代基于面阵焦平面探测器的先进红外搜索系统也正处于研发和测试阶段。早期的红外搜索系统只是些具备简单目标指示或跟踪处理功能的前视红外摄像机,作用距离短、虚警率高。之后随着探测器工艺水平、热成像技术和信息处理技术的迅速发展,红外搜索系统的功能不断增多,性能也不断提高。

美国的 F-14D 战斗机上装备了 AAS-42 IRST 搜索系统(见图 11-1)。AAS-42 IRST 搜索系统工作在长波红外波段,晴朗时能在 185km 距离上探测机身摩擦产生的红外信号。系统可以从各种方向探测目标,而不必处在能看到加力燃烧室尾烟的位置。

表 11－1　典型红外搜索跟踪系统型号及主要战术指标

型号	国 家							
	美国/加拿大 AN/SAR-8	以色列 SPIRTAS	荷兰(双波段) IRSCAN	荷兰(单波段) IRSCAN	法国 VAMPIR-MB	法国 SPIRAL	法国 VAMPIRML	瑞典 IRS700
红外探测器	2个480×12元 MCT	2×50元 InSb	InSb2个 MCT1个	1 024元 MCT	红外 CCD288×4	128元 (4×32元)	InSb 或 MCT	—
工作波长/μm	3～5 8～12	3～5	3～5 8～12	8～12	8～12	3～5	3～5 或 8～12	8～12
光学系统	254mm F=1	150mm 垂直视场3.4°	垂直视场 4.3mrad	—	垂直视场 3.4°	200mm 垂直视场 3.4°	垂直视场 6°	—
方位扫描速度/rad/s	0.5	0.8	3.0	1.3	1.5	1.0	2.0	—
扫描头质量/kg	612	120	350	75	150	180	180	—
处理目标能力/个	200	—	—	32	—	—	>50	—
虚警率/(次/min)	—	1/60	—	1/60	—	1/60	—	—

图 11-1　AAS-42 IRST 搜索系统

　　瑞典的萨伯动力公司研制的 IR-OTIS 搜索系统(见图 11-2),安装在"萨伯"JA-37 飞机上,采用大视场和窄视场 2 种工作方式。系统能够提供昼夜被动态势感知,并向飞机的火控系统传送目标数据。

图 11-2　IR-OTIS 搜索系统

　　俄罗斯苏-27SK 装备的 OEPS-29 系统(见图 11-3)采用了 64 元线列锑化铟器件,其对高空目标的迎头探测距离约为 50km,低空约为 15km。目标图像可以在座舱内的 ILS-31 平显或者 SEI-31 垂直情况显示器中显示;OEPS-29 将红外方位仪、激光测距仪、头盔瞄准器综合在一起形成一个完整的系统,其中红外和激光共用一个光学通道,激光测距仪可以精确地照射目标,同时也降低了系统的体积和重量。

图 11-3 OEPS-29 系统

11.1.2 典型红外搜索系统组成与工作原理

1. 系统组成

红外搜索系统通常由红外扫描头(红外传感器和扫描单元)、信号处理装置(包括潜目标提取单元、航迹处理单元)、稳定平台、测角系统、导航单元、电源单元、随动伺服系统和显控台等组成,如图 11-4 所示。

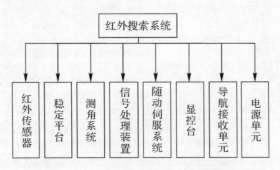

图 11-4 红外搜索系统基本组成框图

(1)信号处理装置。信号处理装置通常包括实时处理和边扫描边跟踪两部分,必要时还需要空间相关、时间相关和光谱相关、完成图像处理、目标处理、数据融合、图像存储转换系统、决策支持及威胁判断报警等功能。在扫描期间实时处理全部像素,有利于获得高的探测灵敏度而又保持低虚警率。这种信号处理方法是把标准阈值与自适应阈值相结合,因而可得到恒虚警。当实时地进行光谱相关时,可在复杂背景条件下降低虚警率。边扫描边跟踪接收在扫描期间的目标数据,完成目标提取,产生跟踪目标,将数据传输到武器系统。边扫描边跟踪要完成目标图像提取所需要的每一个点源目标的自动扫描和跟踪,产生、保持跟踪并进行滤波,对跟踪目标进行识别和相关处理及辐射强度相关,必要时利用光谱信息进行滤波处理。

(2)测角系统。测角系统为扫描头和稳定平台提供角位置反馈信息,为红外传感器提供时序,可分为扫描头测角单元和稳定平台测角单元。

（3）导航接收单元。导航接收单元接收导航单元中平台罗经的纵摇横摇的三相交流轴角信息，并将其转换为数字量，为稳定平台提供导航系统的数字信息。系统使用的导航接收单元应满足总体分配的指标要求。

（4）随动伺服。伺服控制可引导红外图像、电视跟踪处理器的运行，一旦对目标搜索成功，可给予智能化图像处理。在满足图像跟踪的条件下，利用图像跟踪处理器，可获得光轴角误差，当系统跟踪误差低于　定值，且符合激光测距条件时，便能够对激光测距进行发射。伺服控制获取瞄准线偏差量值后，需对其进行处理、解释，然后将其转变为模拟信号，提供至伺服转台电路，驱动伺服执行机构需实施搜索、归零、跟踪等功能。伺服控制具备多种功能，例如要对火控台指令信息进行接收，并且结算信息处理机所提供的数据，还需将目标角位置误差输出，提供至伺服控制电路等。

（5）稳定平台。稳定平台一般由稳定内环和稳定外环组成。内环包括内环轴随动系统执行电机、内环测角系统敏感元件和密封环节等部件。外环包括外环轴随动系统执行电机、外环测角系统敏感元件和密封环节等部件。稳定平台的作用是敏感并消除隔离承载体的摇摆、晃动，使承载的红外扫描头稳定在地理水平面内。

2. 工作原理

在红外系统中红外传感器具有重要的作用，红外搜索系统的一般工作原理是将来自目标和背景的红外辐射以红外光学成像系统聚集于红外探测器，探测器（$1\sim3\mu m$，$3\sim5\mu m$ 等）将目标和背景的红外辐射转换成电信号。该信号输入预处理电路，经过放大后被提供到合适的程度，之后经 A/D 转换后按顺序暂存起来，然后在信号处理机中进行空间鉴别。通过最小均方滤波滑动窗口、自适应阈值和检测电路，将可能使目标的输出控制在一定范围之内，以满足必需的探测概率和低的虚警率。在此基础上再加上红外双波段光谱的相关处理，进一步滤除前面漏掉的虚假目标。

经过空间鉴别处理和光谱鉴别等方法筛选出的有限个含有潜在目标的像素单元被送到航迹（点迹）处理机中。航迹处理机利用时间相关技术跟踪确定潜在目标，并对真实的目标进行威胁判断、计算目标角位置，最后以一定的数据率向火控系统输出目标批号、目标的稳定角坐标。或者直接将最有威胁的目标批号、稳定角坐标指示给武器系统的目标跟踪装置（如雷达指向器、雷达光电指向器和光电跟踪仪等），对目标进行拦截。同时，通过另一数据接口，将目标批号目标的稳定坐标及威胁标志送到显控台显示，供指挥人员决策。

如图 11-5 所示，红外扫描头安装在稳定平台上，在方位伺服系统的驱动下，以某一固定的俯仰角进行方位无限回转，完成连续水平扫描。扫描头内装有红外传感器。红外传感器的红外物镜将景物成像在红外探测器上。探测器是 $m\times n$ 元延时积分（TDI）器件，其长向对应了高低视场，敏感元的横向具有水平瞬时视场。扫描头回转一周，完成水平总视场 360° 的一帧扫描。探测器光电转换产生的信号经信号预处理后通过导电滑环传送给潜目标提取单元，存入帧存储器。

潜目标提取单元对采集的数字图像信号进一步进行处理，实现潜在目标的提取，并把提取后的目标特征参数——角坐标、灰度级等送往航迹（点迹）处理单元。同时，把扫描所得的全部像素经过处理后送往综合显示器稳定显示出全景目标和局部放大图像。为便于操作手掌握必要的信息,综合显示器还以文字和数字形式显示出目标参数和工作参数。

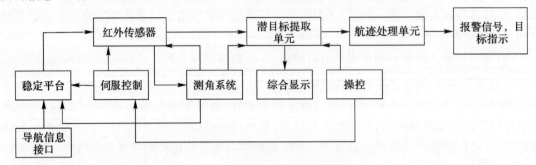

图 11-5　红外搜索系统工作原理框图

航迹处理单元将潜目标提取单元送来的潜在目标数据进行航迹(点迹)处理,滤除静止目标,形成动目标的轨迹数据,将威胁目标上报给作战系统。

11.1.3　典型红外搜索系统功能

红外搜索系统应具有对规定目标(如各种空中、海上或地面红外目标)进行探测、警戒,并测定目标参数(如空间角位置、角速度等)的功能。

(1)探测规定目标,如空中或海上红外目标,尤其是迎头飞行的掠海导弹,实时提供目标的批号及其方位角、高低角目标指示数据,并可发送目标方位高低角速率、视频信号和系统状态信息。

(2)全方位搜索、探测追迹跟踪多批次目标。

(3)全方位目标显示、局部放大图像显示、目标参数与工作参数的文字与数字显示。

(4)自检和故障诊断。

(5)向载体上有关系统输送各种目标数据。

(6)全景录像、打印录取目标指示数据。

(7)其他功能。

11.2　典型红外搜索系统设计分析

11.2.1　探测系统设计分析

红外探测系统接收目标和背景固有的红外辐射,从地面观测空中红外目标时,在红外波段主要有 3 个大气窗口:近红外波段($1\sim3\mu m$)、中波红外波段($3\sim5\mu m$)、长波红外波段($8\sim12\mu m$)。探测系统主要由光学系统、目标调制和探测器等组成。

1.光学系统设计

红外光学系统性能要求包括波长、光谱范围、视场 θ、焦距 f、有效接收口径 D、物镜口径 D_0、物镜的总透过率 τ 等。此外还要求具有接近衍射极限的成像质量、像弥散元尺寸与探测器像素尺寸匹配、光学系统的工作波段与探测器工作波段匹配。

在红外光学系统中,系统的外形尺寸(即系统的轴向尺寸和径向尺寸)、质量和环境适应性也是很重要的。根据系统的使用条件,要求其具有良好的环境适应性(包括稳定性、抗振性、耐热性、耐寒性等),以保证系统在恶劣环境下能正常工作,如高温、高湿、高盐雾的海洋环境,低温、低气压、强辐射的高空环境,这些都与系统结构形式密切相关。

(1)光学系统结构。光学系统结构一般有折射式、反射式、折反式 3 种。要求红外光学系统能远距离观察目标,因此系统的焦距要长。折射系统较反射系统更适合做长焦距的设计。但是长焦折射式系统的口径不能做成很大,这是因为折射式光学系统对玻璃的光性能要求高。

(2)光学材料选择要求。作为红外光学材料,要求其具有良好的红外光学性质,尤其是在特定红外波段具有高的透射率,此外还要求具有较好的力学性能、热学性能及对环境的适应性能。在选择红外光学材料时,根据预定系统的用途,应考虑的材料性质有:①光谱透过率及其随温度的变化;②折射率和色散及其随温度的变化;③机械强度、硬度、密度、弹性模量;④抗腐蚀、防潮解能力;⑤热导率、热膨胀系数、比热容、软化和融化温度。

对于近红外区域,可以采用氟化镁、氟化钙和硅等材料。对于中远红外区域,采用某些特殊玻璃(如含有氧化锆 ZrO_2 和氧化镧 La_2O_3 的锗酸盐玻璃)、晶体(如蓝宝石 Al_2O_3 和石英)、热压多晶等。

(3)光学系统物镜参数选取。

1)视场 θ。红外搜索系统研制要求,系统高低视场 $\theta \geqslant 4°$。

2)焦距 f。焦距 f 应与有效接收口径 D 配合协调设计,一般设计要求 $D/f < 1$。

3)物镜口径 D_0。物镜口径的大小对作用距离的影响较大,大口径的物镜能较大地提高作用距离。但从光学设计来讲,如果物镜的 F 数取得过小,不仅设计加工难度大,而且要增加镜片数量降低光学透过率。因此,综合各个因素考虑,物镜系统选取 $F=1$,$D_0=110\text{mm}$。

4)物镜的总透过率 τ。目前国外的红外光学透镜单片的透过率可高达 99% 以上,国内也可达 98% 以上,通过采用非球面设计,物镜的总透过率可达 95% 以上(在 $7.7 \sim 10.3\mu m$ 波段)。

2.探测器选择

红外探测器是将红外辐射能转变成电能的转换元件,它也是决定红外探测系统性能的关键性器件。相应于红外传输的三个大气窗口,按探测器的响应波段,将其分为短波探测器、中波探测器、长波探测器,以及双波段探测器。

(1)短波探测器。它是指光谱响应在 $0.76 \sim 1.1\mu m$ 波段的探测器。此类探测器对飞机尾喷口的高温辐射响应灵敏,而对飞机的其他区域基本没有响应,所以采用此类探测器的导弹只能探测目标机尾后 120° 左右范围内的红外辐射,如"响尾蛇"AIM-9B 导弹等都采用多晶硫化铅光导探测器。由于这类探测器的探测范围小,不能实现全向探测,目前研制的导弹已不采用这种探测器作为单波段探测器,但为了抗人工诱饵干扰,作为中/短波双模制导,短波器件仍在发挥重要作用。

(2)中波探测器。它是指光谱响应在 $3 \sim 5\mu m$ 波段的探测器,中波探测器可探测飞机的尾焰和蒙皮的红外辐射,从而可实现全方位探测,广泛应用于空空导弹,已用于导弹的有硒化铅探测器、锑化铟探测器、碲镉汞探测器。

(3)长波探测器。它是指光谱响应在 $8 \sim 14\mu m$ 波段的探测器,对于温度较低的近室温目标,长波探测器比中波探测器的探测效率高。碲镉汞(HgCdTe)探测器在长波探测方面有较广泛的应用,如对地面目标探测的红外前视系统、各类导航和瞄准吊舱等。

(4)双波段探测器。它是指光谱响应在两个特定波段的探测器,使用双波探测器可使系统具有光谱探测识别能力,从而提高抗复杂和人工干扰能力。

以下是选择红外探测器需要考虑的性能参数:

(1)光谱效应。探测器的光谱响应是指探测器受不同波长的光照射时,其探测率等特性参数随波长变化的情况,它描述了探测器输出信号随输入信号波长而变化的规律。

(2)噪声等效功率和探测率。

(3)响应时间。由探测器受辐照开始到其输出值经过连续照射达到稳定值所需的时间叫作探测器的响应时间。

(4)响应波段和工作温度。合理地选择探测器,需要根据目标、环境、光学系统的情况和要求,考察各种探测器的性能参数,选出一种与上述因素最协调的探测器,从而构成最佳的红外探测系统。

11.2.2　信息处理系统设计分析

红外搜索系统中的信号处理装置需要进行红外信号预处理、目标航迹(点迹)处理、图像处理、数据融合等,信号预处理的任务是对红外探测器产生的红外信号进行放大、滤波、A/D 转换、多路传输等一系列信号读出处理,最后输出串行信号交给计算机进行图像处理。

1. 红外信号预处理

红外信号预处理电路组成框图如图 11-6 所示。

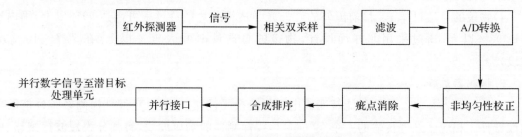

图 11-6　红外信号预处理电路组成框图

(1)相关双采样。对探测器输出的信号进行相关双采样,以滤除探测器读出电路产生的开关噪声。

(2)滤波。滤除低频噪声,抑制高频噪声,提高信噪比。

(3)A/D 转换。对红外信号进行模拟量数字量转换,量化等级为 12b。

(4)非均匀性校正。对探测器 288 个通道中每通道的输出信号逐一进行校正,以保证在相同的红外辐射能量作用下,各个通道所产生信号的非均匀性小于等于 0.5%。对于线性响应的探测器进行响应度和偏置点两点校正,对于非线性响应的探测器需要采用多点分段线性逼近的算法进行校正。

(5)疵点消除。用疵点邻域的两个非疵点通道的信号平均值替代疵点信号,实现疵点消除。

(6)合成排序。使前一列信号延迟相当于相邻两列间隔的时间,两列信号复合处理后形成一列信号,完成合成排序。

(7)并行接口。以并行方式向前处理单元输出数字红外信号、像素同步信号和列同步信号,同时接收来自测角单元的列同步信号。

2.图像处理

图像处理的任务主要是对目标信号预处理形成的数字图像进行滤波、自适应分割等处理,实现潜在目标的提取,目标提取原理框图如图 11-7 所示。用来检测识别弱点目标的可用信息除了目标本身的灰度信息外,还有目标周围的背景灰度分布和灰度起伏特征。由于背景在一个小区域内不会有较大的起伏,目标却总是在它所在的小区域内具有较突出的变化。因此,可采用局域窗口处理方法来提取潜在目标。

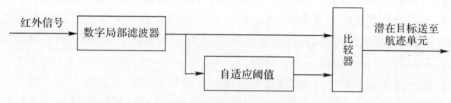

图 11-7 目标提取原理框图

红外搜索系统作全方位、大俯仰范围扫描时,所要探测的是远距离的目标,其目标检测处理一般包括滤波、阈值比较、潜在目标判别等几部分,每一部分都有其自身的特点。由于系统的搜索范围大、背景成分复杂,滤波器首先去除背景中大量的低频成分,然后取适当的阈值,得到少量的过阈值点。通常情况下,目标的飞行方向是不定的,系统接收到的信号也会发生变化,对同一飞机和导弹,探测器会有不同的输出。

对不同宽度的目标经过滤波后的输出变化,不管什么样的目标,大部分都能产生正、负两个脉冲信号。如果有正、负两个脉冲,且宽度间隔很小,则为潜在目标;如果两个脉冲之间的宽度较大或只有一个脉冲(或正或负),则为杂波的边缘。

上述方法比较简单,还不能确定是否为真正目标,因为只检测了方位方向的扩展情况,还必须对俯仰方向的信号关系进行处理,看邻近像元是否也存在潜在目标,对它们进行聚类,聚类的依据是用方位角和俯仰角表示的两两之间的几何距离 d,则有

$$d = \sqrt{(A_i - A_j)^2 + (E_i - E_j)^2} \tag{11-1}$$

式中,A_i、A_j 和 E_i、E_j 分别为像元的方位角和俯仰角。

若 $d < D_0$,则属于同一潜在目标,再检测每个目标块的线度 l,则有

$$l = \sqrt{(A_{max} - A_{min})^2 + (E_{max} - E_{min})^2} \tag{11-2}$$

式中,L_0 为大约几个瞬时视场大小,在不同应用场景下自动调整。当 $l > L_0$ 时,为背景杂波;当 $l \leqslant L_0$ 时,为潜在目标。

3.目标航迹(点迹)处理

在复杂的环境下,从大量杂波及固定目标中将运动目标检测出来后,有必要进行航迹(点迹)相关、平滑、外推,对目标进行可靠的记忆跟踪,以便进一步识别威胁目标。

(1)背景杂波及潜在假目标的进一步删除。经过前面的信号处理后,剩余杂波及潜在假目标(某些固定目标)仍然存在,为了节省点迹处理计算机的时间和空间,利用杂波图对杂波及固

定目标进行相关处理,即将当前的点迹与存储在杂波图中的上一周期的点迹进行比较,差值如小于某一规定差值,则认为是杂波或固定目标,否则将其存入点迹区。

(2)根据速度、灰度级等特性分类处理。利用目标的速度、灰度级等特性,实行慢速目标、高速目标及固定目标的分类及相关处理,并按其速度及位置等信息,设定威胁级判断。

(3)对点迹数据进行平滑、外推综合滤波。经过去除杂波及固定目标等措施,减少了点迹数量,拓展了计算机的计算能力。在从点迹区录取的目标点中建立点迹,对点迹数据进行平滑、外推。

4. 数据融合

红外搜索系统一般采用双波段进行目标探测、跟踪,双波段数据融合是利用计算机技术对按时序获得的双波段传感器的观测信息在一定的准则下加以自动分析综合,以完成估计和决策任务而进行的信息处理过程,它是用于作战期间对付敌方隐身技术、弱红外信号目标及大范围内目标搜索、跟踪、监视的重要手段,可以进一步过滤虚假目标。双波段红外搜索系统具有以下优点:①可扩展系统的空间、时间覆盖范围;②可增加信息的利用率;③可提高合成的可信度和精度;④可提高对目标的检测与识别能力。

在双波段红外搜索系统中,探测器及其数据融合的位置和作用如图11-8所示。其中数据融合功能模块如图11-9所示。整个功能模块分为两个阶段:第一阶段提供目标状态参数和分类识别信息,如目标方位角、俯仰角、强度等;第二阶段推理出目标的最终估计,给出目标的威胁等级、可信度、目标航迹(点迹),并对目标进行编排。

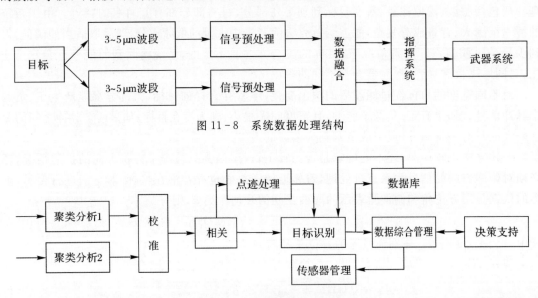

图11-8 系统数据处理结构

图11-9 数据融合功能模块

(1)聚类分析。把经过预处理后大于阈值的信号及其参数存储起来,计算机通过分析这些数据,依据预先指定的相似标准把它们聚类分组,按它们的某些特征确定出哪些最可能是目标信号。

(2)校准。统一两个传感器在时间和空间上的参考点,为相关处理提供必要的前提。

(3)相关。判别不同空间、不同时间的数据是否来自同一目标,只有在确定来自不同传感器的数据属于同一目标的条件下,才能做进一步的识别。

(4)目标识别。根据不同传感器测得的目标特征形成一个多维特征向量,采用判别函数做出对目标的判别。

(5)数据综合管理。根据目标识别、点迹处理及相关参数给出目标的威胁等级、可信度,并进行目标编批等处理。

11.2.3　跟踪与随动系统设计分析

红外搜索跟踪系统需要获取目标的方位信息,并对目标进行跟踪。跟踪稳定系统的主要功用是在红外探测系统和目标信号处理系统的参与、支持下,跟踪目标。跟踪回路由红外探测系统、目标信号处理系统与跟踪稳定系统组成。跟踪回路简要工作原理是:光学系统接收目标的红外辐射,经光学扫描或调制器调制成具有目标方位信息的光信号,红外探测器将光信号变成电信号,经目标信号处理电路识别出目标后检出目标方位信息(误差信号),通过功率放大驱动跟踪稳定系统,从而带动光学系统运动,使光轴对准目标,实现目标跟踪。跟踪回路框图如图 11 - 10 所示。

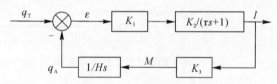

图 11 - 10　跟踪回路框图

K_1—红外探测系统测角斜率;K_2—电路总增益;K_3—力矩器电流与力矩变换系数;τ—电路等效时间常数;M—陀螺进动力矩;H—陀螺转子动量矩;q_T—目标视线与坐标基准线夹角;q_A—光轴与坐标基准线夹角;ε—光轴与目标视线夹角,即跟踪误差角;I—陀螺进动电流信号

为了便于后面处理单元进行目标航迹处理,需得到大地坐标的稳定全景图像,方位伺服单元采用稳定坐标系位置环结构,计算机输入载体的航向信息,控制扫描头跟踪载体航向的变化,以保证得到大地坐标的稳定全景图像。方位伺服系统为闭环控制,其中由测速机和硬件电路构成速度环,测角和控制计算机构成位置环。

俯仰伺服单元框图如图 11 - 11 所示。俯仰单元完成俯仰运动控制接收单杆送来的俯仰指令,由俯仰伺服单元执行该俯仰指令,完成扫描头的俯仰运动控制功能。即单片机可接收来自前处理单元的俯仰定位指令,将俯仰轴控制到要求空间位置,也可以接收单杆操控信号,不断监测俯仰轴角姿态信息,将俯仰角定位在所需位置。本单元由速度回路与位置回路两个控制回路组成,速度回路起动态阻尼作用与抑制负载干扰作用,位置回路主要起定位作用。

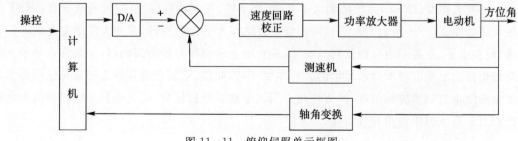

图 11 - 11　俯仰伺服单元框图

稳定平台工作原理框图如图 11-12 所示。接收载体平台发送的自整角数字转换器的变换纵、横摇角信息,与对应平台上测角信息进行比较后得到角误差信号,在由计算机所构成的数字控制器中进行误差校正、前馈补偿等解算与综合处理,处理后的误差控制信号与速率陀螺回路的数字信号进行比较及 PI 运算,根据运算结果对输出作限幅处理,再经功率放大电路后驱动稳定平台执行电动机,建立起承载平台的稳定地理水平基准,使其达到隔离载体摇摆扰动的目的。

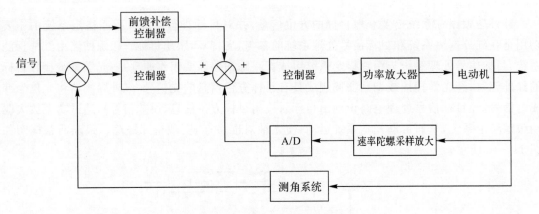

图 11-12 稳定平台工作原理框图

一般情况下,随动系统与跟踪共用一部分回路。跟踪随动系统分成两部分:一部分为预测滤波部分,由接收的测量数据进行滤波预测提供准确的角位置、角速度等信息;另一部分为随动跟踪部分,用于完成伺服驱动任务,以第一部分输出的角位置信号为输入,以角速度及高阶导数信号为辅助,输入控制系统引导跟踪设备跟踪目标。两个部分各自独立互不影响,数据处理部分的带宽可以很窄,以最大限度抑制跟踪噪声和干扰,尽可能减小随机误差。伺服驱动部分有很宽的频带,可以大幅度地降低系统误差以保证跟踪的快速性和准确性。

随动系统设计主要技术指标如下。

(1)随动范围。随动过程中系统瞄准线允许达到的最大偏转角。随动范围决定着系统的捕获范围。

(2)随动速度。随动状态下单位时间内系统瞄准线所能达到的最大偏转角。

(3)随动精度。随动式系统瞄准线与光轴之间的误差角。

11.2.4 跟踪原理分析

红外搜索跟踪(IRST)系统机架由垂直轴、水平轴、视准轴构成,且三轴两两垂直,IRST 系统轴线图如图 11-13 所示。水平轴可围绕垂直轴在水平面内旋转,观测镜筒的主光轴即为视准轴,可在水平、垂直面内分别旋转。水平、垂直轴上分别装有轴角编码器,安装在水平轴上的轴角编码器给出视准轴围绕水平轴的旋转角度,即俯仰角,安装在垂直轴上的轴角编码器给出视准轴围绕垂直轴的旋转角度,即方位角。当视准轴瞄准目标时,就可由轴角编码器读出此时目标相对于系统的俯仰角和方位角。

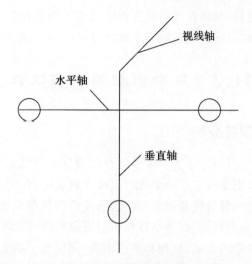

图 11 - 13　IRST 系统轴线图

当红外搜索跟踪系统得到目标的红外辐射信息时，即将该信息转换为电信号，从而得到目标信息。红外跟踪原理框图如图 11 - 14 所示。

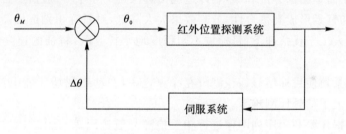

图 11 - 14　红外跟踪原理框图

图 11 - 14 中，θ_M 表示目标相对于 IRST 系统的方向，θ_0 表示 IRST 系统的视轴方向，$\Delta\theta$ 是二者之差。若目标为静止状态，红外自动跟踪系统将探测到的目标与系统间角度差 $\Delta\theta$ 送入伺服系统，在其带动下，朝着 $\Delta\theta$ 减小的方向即目标方向运动，直至 $\Delta\theta$ 减小为 0，系统不再运动。若目标为运动状态，伺服系统不断带动自动跟踪系统朝着 $\Delta\theta$ 减小的方向移动，不断地实现目标自动跟踪。

目标跟踪原理流程图如图 11 - 15 所示。

图 11 - 15　目标跟踪原理流程图

（1）运动目标参数的初始化。将检测到的目标进行初始化，记录运动目标的参数信息，如位置、速度、加速度等，对新检测到的目标提取相关特征建立目标匹配模板。

（2）对象匹配目标匹配的原理。将已经记录下来的运动目标与当前图像中检测到的运动目标对比：若某个阈值范围之内找到了这个目标，则认为该目标匹配成功；若在预测范围内没有找到与记录相应的匹配目标，则对该目标进行相应的操作处理。

（3）运动目标参数的更新：如果在当前的图像中找到了与之相匹配的目标，则利用匹配到的目标信息修正重新被跟踪目标的模板数据。如此反复，可以实现对目标的跟踪。

11.3　目标识别需求与流程

11.3.1　目标识别问题分析

随着作战环境的复杂化，目标、干扰和背景融合图像具有较低的信噪比，同时伴随着目标大机动转弯和快速形变，特别是人工红外干扰对抗技术的发展，投放新型红外人工干扰严重破坏了目标特征提取的完整性、显著性及稳定性。这些复杂的作战环境干扰因素使得红外小目标跟踪技术面临着愈加严峻的挑战，红外小目标识别所面临的主要问题如下。

（1）红外小目标缺乏清晰的形状、纹理和颜色信息，同时抗干扰过程中远距往往仅由几个像素构成，在由远及近的过程中伴随着剧烈的尺度变化，干扰的相似度扰动，使得提取特征时比较困难。

（2）对目标候选区域进行准确提取是识别算法成功的先决条件，目前算法的目标候选区域提取方法基本基于简单图像分割算法，难以适应由远及近的整个对抗过程，且随着作战环境的恶化，目标、干扰和背景形成高耦合性，分割效果大大降低，对目标识别造成新的问题。

（3）在复杂的人工干扰条件下，目标被不同程度地干扰遮蔽，特征的连续性和显著性遭到破坏。

（4）强起伏背景致使目标信号往往淹没在噪声之中，在动态视场环境中，目标运动与视场变化交织其间，增大了信号检测难度。

（5）大容量数据需要利用序列图像进行相关检测与航迹跟踪，且必须实时、快速完成多目标信号处理任务。

11.3.2　目标特性分析

天空背景、云层背景等自然环境会对目标识别带来一定难度，并且空空导弹与目标交汇的过程中，人工干扰、目标机动和相对态势均会造成显著影响。为了实现天空背景下红外弱小目标的准确检测与跟踪，需要对红外图像中的目标、背景特性进行深入的研究。

1. 目标特性

图像的大部分均为连续的地背景，且背景辐射在一定的空域和时域中变化较为缓慢，具有极强的相关性。如果背景中含有比较强烈的边缘或者亮点，则会对目标检测造成影响，引起虚警或者漏检。相对而言，噪声则随机散布在图像整体，灰度和位置都具有随机性。目标则只占据图像非常小的一部分区域，为一个高斯亮斑。

目标成像时所占的像素范围与它和探测器的距离成反比，所以红外原始图像中目标形态较小，一般等于或小于 3×3 个像素区域大小，在红外原始图像中占比小于 0.1%，检测难度极高。同时由于成像质量较差、成像距离过远，目标一般会在图像上退化为一个高斯斑的形态，长宽比一般为 $1:1$，可以使用二维高斯点扩散函数来描述目标，则有

$$\mathrm{PSF}(x, y) = \frac{1}{2\pi\sigma_x\sigma_y}\exp\left\{-\frac{1}{2}\left[\frac{(x-x_0)^2}{\sigma_x^2} + \frac{(y-y_0)^2}{\sigma_y^2}\right]\right\}, (x, y) \in D \quad (11-3)$$

式中，(x_0,y_0)表示目标的中心位置；σ_x、σ_y表示目标在x、y方向上的扩散半径，即扩散函数的标准差；D是目标的扩散域。

同时由于成像背景非常复杂，而辐射能量也会经过长距离的大气衰减，原始图像上目标的强度通常也很弱，与背景差异不大，形成一个微弱的凸起。若目标温度较低，则显示为暗目标；若目标温度较高，则显示为亮目标。

一般情况下，红外弱小目标（见图 11－16）会以一定的速度相对地面运动，在多帧连续红外图像序列中，会存在一个连续的目标运动轨迹。而由于探测器帧频较高，目标的空域特性和时域特性在相邻帧间会具有连续性。

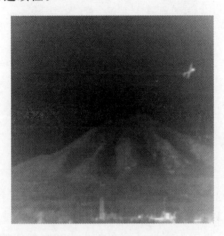

图 11－16　红外弱小目标

红外弱小目标特性总结如下。

（1）小。目标像素非常少，只能提供灰度和位置信息，几乎没有可利用的纹理信息。

（2）弱。目标强度较弱，与背景的对比度较小，信噪比低，常常和噪声、背景混杂在一起，使检测算法产生大量虚警。

（3）灰度缓变特性。由于目标灰度可以用二维高斯函数来描述，所以目标区域的灰度具有缓变特性，是由中心点向边缘缓慢扩散的，而噪声点通常是孤立的亮点或暗点，不具备类高斯斑的缓变特性。而噪声或虚警是随机变化的，不具有相关性。

（4）特征连续性。将目标的灰度、运动位置、运动速度、运动方向等信息汇总为目标特征知识库，在相邻帧的同一个目标特征知识库具有一定的连续性。

（5）位置连续性。目标在连续的帧间具有一定的运动连续性，不具有任何随机性，而噪声或虚警是随机出现的，可通过管道滤波等方法将两者进行区分。

（6）频域特性。一般来说，目标通常为图像中的高频部分，而背景为低频部分，两者的灰度起伏差别较大，可通过空域或频域的滤波方法区分。

（7）相对运动特性。目标一般是飞行中的物体，会有相对于地面的相对运动，且运动状态较为稳定。而噪声是随机出现的，不具有连续、稳定的相对地面的运动，背景是静止的，不会有相对运动，因此可通过图像匹配的方法计算相对运动距离，从而将目标区分出来。

2. 背景特性

在实拍的红外图像中，大部分区域均为连续的背景，如山脉、建筑物等，是复杂地形背景下弱小目标探测的主要干扰源。大片的连续区域在红外原始图像中表现为不同形状和亮度的大块连续分布,而其中的边缘部分也会对目标的检测造成极大干扰。复杂地形背景示意图如图11-17所示。

(1)从空域角度上分析,这种背景的灰度在局部区域内具有强相关性,且具有纹理信息。

(2)从时域角度上分析,这些背景大多固定不动。由于红外成像系统的图像帧频一般较高,所以相邻帧间几乎不会有背景的相对运动和灰度变化。

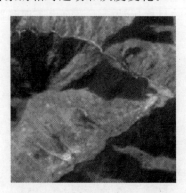

图11-17　复杂地形背景示意图

由图11-17可知,复杂地形背景情况下的原始红外图像会有各种不同的地形干扰目标检测。根据背景的复杂程度,可以将其分为平坦背景、弱起伏背景、强起伏背景、强边缘背景四类。

在平坦的背景下,目标检测较为容易。而在弱起伏和强起伏的背景下,目标检测均会受到不同程度的干扰。强边缘背景也会对目标增强造成干扰,可以通过采用不同的增强方法抑制此种干扰。在背景极为复杂甚至完全淹没、遮挡目标的情况,也会出现不可避免的目标丢失,在后续算法中需要考虑对目标的轨迹预测,提高算法的鲁棒性,增强检测效果。

背景特性总结如下。

(1)在红外图像中占比极高,几乎占据了红外图像绝大多数区域。

(2)由各种特定地形组成,面积较大,具有纹理特征,局部灰度有相关性。

(3)位置固定不动,相邻帧间不会有相对运动,可通过此点与目标区分。

4)在连续的图像序列中,视场中大部分背景是相同且固定的,可用于提取特征做图像配准。

11.3.3　目标识别流程

红外图像目标识别框架如图11-18所示。

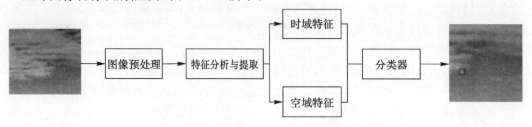

图11-18　红外图像目标识别框架

（1）预处理。红外图像具有较低的信噪比、图像对比度较低、边界模糊等特点，因此在对其进行后续处理之前，应先进行必要的预处理工作。红外图像的预处理工作主要是消除图像中无关的信息，恢复有用的真实信息，增强有关信息的可检测性，最大限度地简化数据，从而改进特征提取、图像分割、匹配和识别的可靠性，便于对图像进行后续的处理。

（2）目标特征提取。目标识别的实质是对图像中提取的待分类物体进行分类，对物体进行分类的依据是不同的物体具有不同的特征，在单幅图像或序列图像中将感兴趣的目标与背景分割开来，从图像中识别和解译有意义的物体实体而提取不同的图像特征的操作。因此，特征提取是对目标进行识别的前提。

（3）目标特征识别。从红外图像数据中可以提取出目标的时域特征和空域特征信息，为消除虚警和判明目标提供了重要依据。利用这些信息，可深入进行特征辨识和类别检验。

11.4　目标识别算法分析

对空红外小目标检出是红外搜索跟踪系统的关键技术，该技术通过对红外探测器输入图像中背景的抑制，目标的增强、确认等处理，提取出图像中的目标，经系统确认后完成对目标的锁定、跟踪和上报。因此，红外小目标的检出性能直接影响着系统的作用距离。

11.4.1　预处理

在对空红外目标检出跟踪时，距离越远，目标的能量越弱，加之起伏云层、地杂波、阳光反射等干扰的影响，远距目标在图像中的信噪比很低，甚至淹没在背景杂波中。由于干扰主要来自于云层，其灰度变化具有一定的连续性，而目标为自身的热辐射，与周围背景的灰度具有突变，其在图像中属于高频部分，因此首先对红外图像进行滤波，增强目标信息以提高目标的信噪比，然后再进行图像分割，得出候选目标信息。在确定要跟踪的目标后通过锁定跟踪目标，输出目标的位置信息。

这里介绍几种常用的红外图像预处理算法，分别是中值滤波算法、高通滤波算法、最小均方误差滤波算法以及基于灰度形态学的 Top‐Hat 算子，并通过实验说明算法对于红外小目标图像预处理的效果。

1. 中值滤波算法

中值滤波是一种常用的红外图像预处理算法，它是一种非线性滤波方法，其基本原理是把图像的每一个像素的灰度值用该点一定大小邻域内的所有像素的灰度值中值进行替代，最终表现为局部亮度奇异点的消除。中值滤波效果图如图 11‐19 所示。

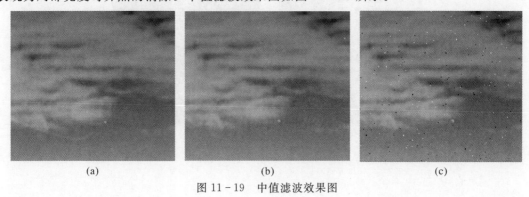

(a)　　　　　　　　　(b)　　　　　　　　　(c)

图 11‐19　中值滤波效果图

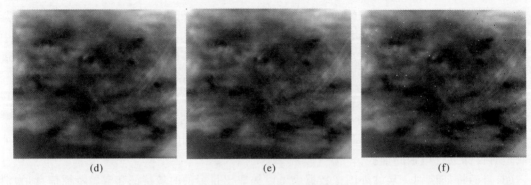

（d） （e） （f）

续图 11-19　中值滤波效果图

(a)原图(一);(b)添加椒盐噪声(一);(c)中值滤波(一);

(d)原图(二);(e)添加椒盐噪声(二);(f)中值滤波(二)

中值滤波常用于消除图像中的椒盐噪声,可以消除探测器局部坏点导致的图像中的亮度奇异点,从而有效地提升图像显示质量,并且避免这些亮度奇异点对目标检测或者跟踪产生影响。

2. 高通滤波算法

小目标在红外图像中常表现为局部高亮区域,在频域中表现为高频成分,而背景则一般表现为低频成分,通过对原图像进行高通滤波有助于增强目标、抑制背景。常用的频域高通滤波器有理想高通滤波器（IHPF）、Butterworth 高通滤波器（BHPF）以及高斯高通滤波器（GHPF）等。

理想高通滤波器定义为

$$H(u,v) = \begin{cases} 0, & D(u,v) \leqslant D_0 \\ 1, & D(u,v) > D_0 \end{cases} \tag{11-4}$$

n 阶 Butterworth 高通滤波器的传递函数为

$$H(u,v) = \frac{1}{1 + (\sqrt{2}-1)\left[D_0/D(u,v)\right]^{2n}} \tag{11-5}$$

高斯高通滤波器的传递函数为

$$H(u,v) = 1 - e^{-D^2(u,v)/2D_0^2} \tag{11-6}$$

以上各式中,u 表示频率域中心点到原点的距离,v 为滤波器的截止频率,通过调节可以改变滤波器的性能以适不同的需求。高通滤波的效果图如图 11-20 所示。

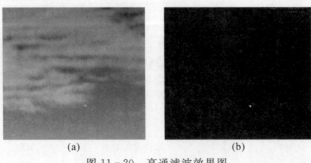

（a） （b）

图 11-20　高通滤波效果图

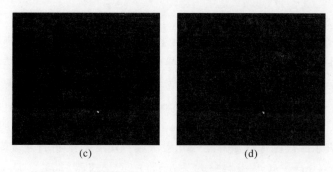

续图 11 - 20　高通滤波效果图

(a)原图；(b)IHPF 结果；(c)BHPF 结果；(d)GHPF 结果

3.最小均方误差滤波算法

最小均方误差滤波算法(Two-Dimensional Least Mean Square,TDLMS)也是一种常用的红外图像预处理算法,作为一种有效的背景估计手段,TDLMS 在红外小目标检测和跟踪中应用广泛。

TDLMS 算法由 HadHoud 等人提出,是一维的最小均方误差(Least Mean Square,LMS)滤波器的扩展,算法通过像素邻域窗口的像素值加权来估计图像的像素值,则有

$$Y(m,n) = \sum_{j=0}^{P-1} W_j(l,k) X(m-1,n-k), \quad (m,n) \in D_X \tag{11-7}$$

式中,X 为输入图像;D_X 为二维图像平面区域,图像大小为 $M \times N$;$Y(m,n)$ 为像素点 $X(m,n)$ 的预测值;W_j 为第 j 次迭代的权值矩阵,W 大小为 $P \times P$。假如预测的过程中,从左向右扫描图像,则有

$$j = mM + n \tag{11-8}$$

第 j 次迭代的预测误差为

$$E(m,n) = e_j = D(m,n) - Y(m,n) \tag{11-9}$$

TDLMS 算法的原则是最小化均方误差,并且使用最快速下降法对权值矩阵 W_j 进行迭代更新,更新方式为

$$W_{j+1}(l,k) = W_j(l,k) + \mu e_j X(m-l,n-k) \tag{11-10}$$

式中,μ 为迭代步长,算法执行结果是对图像中具有较大相关性的背景的估计,通过原图像 X 与预测图像 Y 相减,可以达到背景抑制的目的。

图 11 - 21 为典型的天空背景红外小目标图像使用 TDLMS 算法进行背景抑制的效果图。

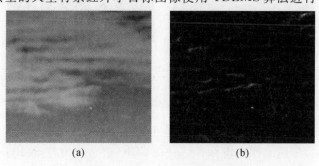

图 11 - 21　TDLMS 算法效果图

(a)原图；(b)TDLMS 算法

4. 基于灰度形态学的 Top‐Hat 算子

基于灰度形态学的 Top‐Hat 算子是一种常用的背景抑制算法,其计算效率高,背景抑制效果好,在很多红外图像预处理场合表现出优异的性能。灰度形态学的基本运算是腐蚀(Erosion)和膨胀(Dilation),定义 f 为灰度图像,g 为结构元素,用 g 对 f 进行灰度腐蚀的定义为

$$(f\Theta g)(x,y) = \min\{f(x+i,y+j) - b(i,j) \mid (x+i,y+j) \in D_f, (i,g) \in D_g\}$$
$$(11-11)$$

式中,D_f,D_g 分别表示二维图像区域和结构元素区域。用 g 对 f 进行灰度膨胀的定义为

$$(f \oplus g)(x,y) = \max\{f(x-i,y-j) - b(i,j) \mid (x-i,y-j) \in D_f, (i,g) \in D_g\}$$
$$(11-12)$$

基于灰度腐蚀和膨胀的开运算和闭运算能够实现红外图像背景的估计,开运算定义如下:

$$f \cdot g = (f\Theta g) \oplus g \qquad (11-13)$$

由式(11‐13)可以看出,开运算是先利用结构元素对图像进行腐蚀,而后利用结构元素对其进行膨胀的过程。对图像进行腐蚀的过程中,能够将尺寸小于结构元素的高亮区域滤除,但是这个操作使得图像的亮度减弱。而随后的膨胀操作则是基于相同的结构元素对图像的亮度进行恢复,不同的是,此时原图中尺寸小于结构元素的高亮区域无法恢复。因此,整个开运算过程表现为小目标的滤除,也就是实现了背景的估计。

相反,闭运算能够滤除图像中的小尺寸低亮度区域,闭运算定义为

$$f \cdot g = (f \oplus g)\Theta g \qquad (11-14)$$

在开运算和闭运算的基础上给出 Top‐Hat 算子形态学算子,即

$$\text{OTH}_{f,g} = f - f \cdot g \qquad (11-15)$$

$$\text{CTH}_{f,g} = f \cdot g - f \qquad (11-16)$$

式中,$\text{OTH}_{f,g}$、$\text{CTH}_{f,g}$ 分别为开 Top‐Hat 算子和闭 Top‐Hat 算子,它们具有高通滤波的特性,能够突出图像中的亮峰和暗谷。典型天空背景下小目标图像经灰度形态学 Top‐Hat 算子背景抑制的效果图如图 11‐22 所示。

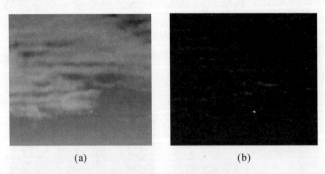

(a)　　　　　　　　(b)

图 11‐22　Top‐Hat 算子效果图

(a)原图;(b)Top‐Hat 算子

上述共介绍了 4 种背景抑制算法用于红外小目标图像的预处理,现在对上述几种背景抑制算法进行性能评估,采用的评价指标有信杂比 SCR、信杂比增益 SCRG 以及背景抑制因子 BSF,定义为

$$\text{SCR} = \frac{|\mu_{\text{T}} - \mu_{\text{B}}|}{\sigma} \tag{11-17}$$

$$\text{SCRG} = \frac{\text{SCR}_{\text{out}}}{\text{SCR}_{\text{in}}} \tag{11-18}$$

$$\text{BSF} = \frac{\sigma_{\text{out}}}{\sigma_{\text{in}}} \tag{11-19}$$

式中，μ_{T}，μ_{B} 分别为目标像素均值和背景像素均值；σ 为背景像素标准差；SCR_{in}，SCR_{out} 分别为原图和处理后图像的信杂比；σ_{in}，σ_{out} 分别为原图的图像标准差和处理后的图像像素标准差。定量的性能评估见表 11-2。

表 11-2　不同预处理算法结果

算　法	指　标		
	BSF	SCR	SCRG
原图	1.08		
IHPF	13.79	12.72	0.47
BHPF	15.48	14.28	0.45
GHPF	12.67	11.69	0.46
TDLMS	6.20	5.72	0.77
Top-Hat	13.09	12.07	0.53

由表 11-2 数据可以看出，这几种预处理算法均能较大程度地提升红外图像的信杂比，对于红外目标跟踪中的图像预处理均有重要价值。这些算法中，Butterworth 高通滤波和基于灰度形态学的 Top-Hat 算子性能更加显著。

11.4.2　特征分析与特征提取

特征是用于区分目标的最基本的属性和依据，定义了对目标的描述，是特征匹配和特征学习的输入。用于识别的图像特征需要具备稳定性和差异性等性质。①稳定性：同一目标特征在不同的成像环境和成像条件下，对光照变化、尺度变化、图像畸变和噪声干扰等需要具备稳定性；②差异性：对于不同的目标对象，它们的特征描述应具备足够的差异；③获取图像特征信息，包括特征检测和特征描述两个步骤。特征检测确定特征的位置和表现形式，特征描述则量化特征的属性和信息。下面对目标的特征进行分析和提取。

根据对图像中不同成分的特性分析可以精准地去除检测过程中的虚警，在算法流程中需要对每一个候选目标建立完备的特征知识库，以达到充分挖掘目标特性的目的，这有助于将目标与背景等进行高效区分，并且时域上的特征有助于后续的多帧检测算法。

目标特征知识库的结构示意图如图 11-23 所示。

每一个候选点的特征可分为空域特征和时域特征。空域特征描述了原始图中邻域内可以提取出的信息，如目标区域的平均灰度、与背景的对比度、信噪比、目标大小等，这些特征代表了目标在某一时刻的形态特征,会在短时间内有一定的连续性。时域特征描述了目标在某一个时间跨度上的特征,如上帧灰度、上帧位置、运动方向、运动速度等。这些特征可以表示目标的运动状态,可以为轨迹关联和预测提供支撑。

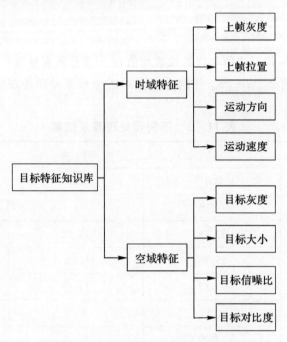

图 11-23 目标特征知识库的结构示意图

在检测过程中,由于目标与背景、噪声的特性差异,空域特征可以用来消除大部分虚警。而在多帧检测算法中,由于目标具有背景和噪声不具有的特征连续性,时域特征可以进一步消除虚警,并且在目标被遮挡时可以通过知识库中的运动信息进行预测跟踪。

因此,可以总结目标特征知识库的应用方法如图 11-24 所示。

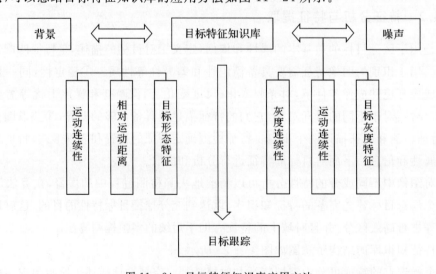

图 11-24 目标特征知识库应用方法

通过对检测算法筛选出的每一个候选目标点建立相应的目标特征知识库：一方面实现了目标与背景、噪声特性上的区分，有效控制了单帧算法和多帧算法中可能出现的虚警；另一方面为多帧算法中的轨迹关联和预测提供了数据支持，增加了算法的鲁棒性。

11.4.3　目标分类与识别

目标分类与识别是根据提取的目标特征向量，分析特征之间的联系，选取合适的分类器，对目标特征向量进行分类，进而完成目标的识别过程。分类器的作用是对提取的目标特征向量进行某种映射，即把目标特征向量按照分类器提供的准则，建立特征空间与目标类别空间的对应关系，从而得到识别结果。目前常用的目标分类器主要有基于模板匹配的最小距离分类算法、最邻近分类算法以及 SVM 分类器等。

在图像处理中对目标图像的模式识别大致可分为两种图像匹配和图像特征的匹配。图像匹配能利用目标图像的所有信息，对目标图像的识别能力高、精度高，但对旋转和缩放目标图像的识别能力较差。它们是建立在对一个区域内部灰度值或者是边界灰度值分析基础上的，是一种统计平均的描述。它是一个全局量的描述，描述的是对象的整体特征。在目标识别系统，当已经选定用某种方法来提取图像的形状特征时，就需要判定在什么条件下两幅图像是相似的，常用到的是距离相似度度量方法。最常用到的相似度度量是欧氏距离。模式样本向量与之间的欧氏距离定义为

$$D(x,y) = \| \boldsymbol{X} - \boldsymbol{Y} \| = \sqrt{\sum_{i=1}^{n}(x_i - y_i)^2} \tag{11-20}$$

式中，n 是特征空间的维数。显然，若样本 $\boldsymbol{X}$ 和 $\boldsymbol{Y}$ 位于同一个类型区域里，欧氏距离 $D(x,y)$ 是比较小的，若它们位于不同的类型区域里，欧氏距离 $D(x,y)$ 则是比较大的。矩特征是一个十分有用的特征，它具有稳定性好、易于实现、匹配效率高等优点。利用图像的矩特征得到图像的 7 个不变矩，对平移、旋转和尺度是不变量。在进行目标识别过程中，可以分别利用基于边界的图像的个矩不变量组成这个图像的特征向量，计算两幅图像的特征向量的欧氏距离作为两幅图像的相似度。因此利用不变矩的目标识别算法可按以下步骤进行：

(1)对初始目标图像和测试图像进行预处理和二值化，将目标从背景中分割出来，实现图像灰度的修正、噪声的去除。经过图像前期处理后，目标被突出，背景被弱化，从而使目标的辨识比较容易。

(2)目标图像根据提出的计算公式进行中心矩的计算。

(3)然后对两者中心矩归一化，在归一化的基础上利用提出的不变矩，计算出个不变矩共同组成目标图像和测试图像中目标的特征向量，用数组进行存储。

(4)计算两个向量即数组变量之间的欧氏距离 D，即为目标图像和测试图像的归一化特征向量的欧氏距离，预先设定一个阈值 L 以确定两者的相似度，如果 $D < L$，则测试图像中的目标是要寻找的目标，反之则不是。

11.4.4　目标跟踪

红外弱小目标的跟踪技术已经被广泛地应用于军事领域当中，与视觉跟踪相似，当目标远离红外系统时，只有少量像素值的红外弱小目标会很容易地被淹没在具有强辐射的背景之中。通常来说，目标跟踪算法要做到实时性和准确性，下面介绍基于 Struck 算法的红外小目标跟

踪和 Mean Shfit 跟踪算法。

1. 基于 Struck 算法的红外小目标跟踪

由于复杂的环境,红外成像的效果往往受到天气、季节、昼夜以及云层等诸多因素的影响,成像效果很大程度上会影响到红外面目标跟踪系统的鲁棒性。而目标在天空背景下飞行,难免出现目标遮挡、尺寸变化等特殊情形,这些困难情形的出现对目标跟踪系统的鲁棒性提出了更高的要求。

Struck 算法是近年来在主要测试数据集综合性能最为优异的算法之一。该算法是一种基于判别式分类器的算法,使用了结构化输出的 SVM 分类器,分类器的学习与更新是在跟踪的过程中动态地进行的。

但与传统判别式跟踪算法不同的是,Struck 算法所使用的结构化输出 SVM 分类器摒弃了传统算法的简单的 ±1 二值样本标注过程,而是通过在线学习的方法维护支持向量集,直接构建预测函数来估计帧间目标位置的变化。

Struck(Structured Output Tracking with Kernels)是 Sam Hare 等人提出的一种基于在线学习的目标跟踪算法。初始帧给定目标框,算法通过粗采样策略生成一定数量的训练样本,构成训练样本集。然后算法通过在线学习的方法构建一个结构化输出的 SVM 分类器,并且在跟踪的过程中进行增量式更新。

通过在前一帧目标位置附近局部区域进行全采样,将分类器判别函数值最高的样本作为跟踪结果,实现当前帧目标定位,具有极高的中心定位准确性。分类器更新过程中,Struck 算法通过分类器自身控制正负支持向量的选择,摒弃了一般分类器的样本标注过程,避免了标注误差引入的错误信息,如图 11 - 25 所示。

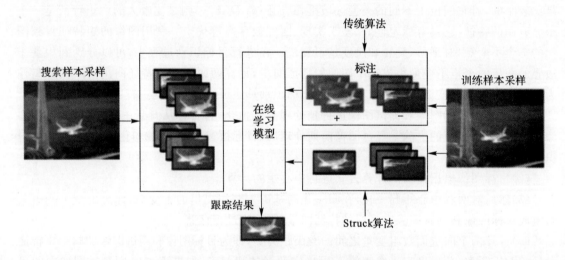

图 11 - 25　Struck 算法与传统算法的区别

由图 11 - 25 可知,Struck 算法在分类器更新的过程中没有进行样本标注,避免了很多传统算法中训练样本标注误差导致的分类器模型准确性下降。

为了实现 SVM 分类器的学习与更新,在跟踪过程中可能不断加入新的支持向量,想要维护一定大小的支持向量集合(Maintain Budget),就需要通过一定方法剔除部分支持向量,

Struck 算法选择了基于 SVM 划分超平面法向量 $\boldsymbol{W}$ 的方法来实现。该方法要求剔除的支持向量的过程中，同时需要保证 $\sum \beta_i = 0$，这意味着在剔除一个支持向量时，需要改变同一个支持模式中另一个支持向量的系数作为补偿。实际算法实现中，每个支持模式（即一帧有辅助信息的历史图像）中仅包含一个正支持向量和若干个负支持向量，因此将待剔除的支持向量仅限于负支持向量，同时对该支持模式包含的正支持向量的系数进行补偿。特殊情况下，支持模式仅包含一个负支持向量时，在剔除负支持向量后也要剔除相应支持模式中的正支持向量。整个过程实现了 Struck 算法的分类器学习与更新。

Struck 算法提供了三种特征提取方式：原始像素灰度特征、Haar 特征以及直方图特征。原始像素灰度特征直接通过将目标图像块缩放至 16×16 大小来获得，对像素灰度值映射至 $[0,1]$ 之后可以得到 256 维的特征向量。Haar 特征通过对目标图像按 2 种尺度进行 4×4 分块后，每个块提取 6 种不同的 Haar 特征（见图 11-26）得到，共提取 192 维的特征向量，Haar 特征向量的值会被映射至 $[-1,1]$。

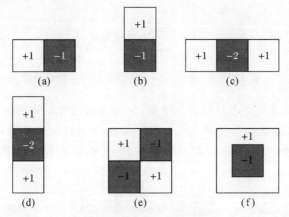

图 11-26　Struck 算法中的 Haar 特征

提取直方图特征首先对目标图像进行构造 4 层的空间金字塔图像，第一层金字塔图像会被分为块，然后对每个块提取 16 级的灰度直方图，最终得到 480 维的特征向量。

不同核函数和特征提取方式的组合对于目标跟踪性能的影响不同，实际中，原始灰度特征与线性核函数共同使用效果最好，Haar 特征与高斯核函数共同使用效果最好，而直方图和交叉核函数则是最佳组合。同样，对于红外小目标跟踪，经过实验测试，Haar 特征与高斯核函数的组合能够保证较好的跟踪性能。

基于 Struck 算法的红外小目标跟踪框架如图 11-27 所示。

Struck 算法每一帧的目标定位实质是一个局部目标检测的过程。局部目标检测的实现是基于一种结构化输出的 SVM 分类器，SVM 分类器的建立是基于初始帧目标框，并且在后续每一帧的跟踪中对分类器进行更新。算法通过每一帧在一定范围内进行全采样，选择具有最高分类器分数的样本作为当前帧的跟踪结果，能够保证跟踪结果与目标模型的最佳匹配。

当 Struck 算法用于小目标跟踪时，尽管此时目标自身特征并不明显，但是其亮度信息使其依然与图像中背景区域以及杂波干扰表现出较高的差异性，经过图像预处理之后，这种差异更加明显，目标与背景的可分离性大大提升。

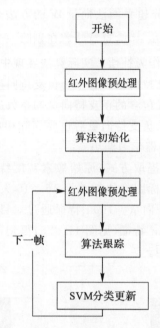

图 11-27　基于 Struck 算法的红外小目标跟踪

选取典型的天空背景红外小目标视频序列,分别对经过预处理和未经过预处理的序列使用 Struck 算法进行跟踪,图像预处理采用 BHPF 算法。当目标信杂比较低时,选择基于模板匹配的相关跟踪进行对比,相关跟踪前同样进行预处理,跟踪结果如图 11-28 和图 11-29 所示。

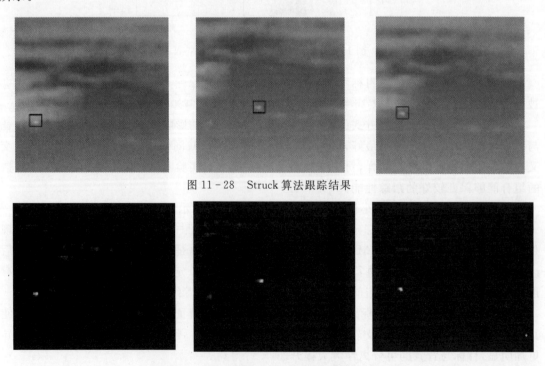

图 11-28　Struck 算法跟踪结果

图 11-29　BHPF+Struck 算法跟踪结果

Struck 算法对于低信杂比情形下的目标跟踪本身具有很强的适应性,以至于在没有对该序列进行预处理时,算法依然能够稳定地跟踪目标。而由跟踪结果可以看出,经过预处理之后,目标区域的信杂比显著提升,目标与背景的差异性更加明显,因而跟踪结果更加可靠。

2. Mean Shift 跟踪算法

Mean Shift 跟踪算法是运动目标跟踪的经典算法之一,具有很高的稳定性,能够适应目标的形状、大小的连续变化,而且计算速度很快,抗干扰能力强,能够保证系统的实时性和稳定性。基于 Mean Shift 跟踪算法的目标跟踪技术采用核概率密度来描述目标的特征,然后利用 Mean Shift 跟踪算法搜寻目标位置实现对目标的跟踪。

假设 $\{z_i\}_{i=1,\cdots,n}$ 表示跟踪目标区域内所有像素位置,对灰度空间均匀划分为 m 个相等区间。目标模型由核概率密度 $q_u(u=1,\cdots,m)$ 表示为

$$q_u = C\sum_{i=1}^{n} K\left(\left\|\frac{z_i - z_0}{h}\right\|^2\right)\delta[b(z_i) - u] \tag{11-21}$$

式中,C 为归一化常数,满足 $\sum_{u=1}^{m} q_u = 1$;z_0 为目标中心坐标;$b(z_i)$ 表示 z_i 像素灰度值所在的直方图区间;$\delta[b(z_i) - u]$ 表示如果 z_i 像素值在直方图的第 u 个区间则等于 1,否则为 0;$K(\cdot)$ 为核函数。

常用的核函数高斯函数和叶帕涅奇尼科夫(Epanechnikov)核函数等,其中 Epanechnikov 核函数及其剖面函数的表达式分别为

$$K(z) = \begin{cases} c(1 - \|z\|^2), & \|z\|^2 < 1 \\ 0, & \text{其他} \end{cases} \tag{11-22}$$

$$g(z) = \begin{cases} c(1 - z), & 0 \leqslant z < 1 \\ 0, & z \geqslant 1 \end{cases} \tag{11-23}$$

同目标模型类似,假设在下一帧中可能的目标中心位置为 y,建立候选模型为

$$P_u(z) = C\sum_{i=1}^{n} K\left(\left\|\frac{y - z_i}{h}\right\|^2\right)\delta[b(z_i) - u] \tag{11-24}$$

对目标模型和候选模型,采用相似性函数度量两者之间的相似性。通常采用巴特查里亚(Bhattacharyya)系数作为相似性函数,表达式为

$$\rho(q, p(y)) = \sum_{u=1}^{m} \sqrt{q_u p_u(y)} \tag{11-25}$$

相似性函数越大表示两个模型越相似,采用 Mean Shift 跟踪算法的目标跟踪过程可转化为相似性函数极大化的迭代过程。对相似性函数 $\rho(q, p(y))$ 进行泰勒展开,根据 Mean Shift 跟踪算法可以得到使得相似性函数极大化的迭代方程,表达式为

$$y_{k+1} = y_k + \frac{\sum_{i=1}^{n} w_i\left(\left\|\frac{y_k - z_i}{h}\right\|^2\right) \cdot (y_k - z_i)}{\sum_{i=1}^{n} w_i g\left(\left\|\frac{y_k - z_i}{h}\right\|^2\right)} \tag{11-26}$$

式中,$w_i = \sum_{u=1}^{m} \sqrt{q_u/p_u(y_k)}\delta[b(z_i) - u]$。

11.5 主要性能指标分析

11.5.1 探测能力指标

(1)探测距离。目标探测距离是红外搜索系统的一项重要指标,由于系统对付威胁目标,当大于一定目标距离(如大于 4km 时),目标在传感器成像面上往往只是一个点状或近似点状的像目标,因而红外搜索系统的目标探测距离实际上是点目标探测距离。具体作用距离方程形式为

$$R = \left[\frac{\pi D_0 (\text{NA}) D^* J_{\lambda_1 \sim \lambda_2} \tau_a \tau_0}{2 (\omega \Delta f)^{1/2} (V_s/V_n)} \right]^{1/2} \tag{11-27}$$

式中,R 为系统的作用距离;$\lambda_1 \sim \lambda_2$ 为系统工作波段;$J_{\lambda_1 \sim \lambda_2}$ 为被测目标在系统工作波段 $\lambda_1 \sim \lambda_2$ 区间的辐射强度;τ_a 为大气在波长 $\lambda_1 \sim \lambda_2$ 范围内的平均透射比;D_0 为光学系统入瞳直径;τ_0 为光学系统的透射比;D^* 为探测器在工作波段上的平均探测度;Δf 为信号处理系统的等效噪声带宽;ω 为系统瞬时视场;NA 为光学系统的数值孔径;V_s/V_n 为系统输出的电压信噪比。

为了估算各个参数变化的影响,可将 $V_s/V_n = 1$ 时的距离定义为理想作用距离,即

$$R = \left[\frac{\pi D_0 (\text{NA}) D^* J_{\lambda_1 \sim \lambda_2} \tau_a \tau_0}{2 (\omega \Delta f)^{1/2}} \right]^{(1/2)} \tag{11-28}$$

通常认为,由于入射到探测器上的功率与孔径面积成正比,则信噪比必然与入射孔径的平方成正比。这种推论漠视了一个事实,既按比例放大某一光学设计时,一般必须保持数值孔径的值不变。因此,放大光学系统的直径,就需要按比例地放大焦距。

(2)虚警时间。虚警时间是指噪声电压超过门限阈值电平 V_b 时,出现一次虚警的平均时间间隔。

(3)虚警概率和探测概率。噪声电压超过门限阈值电平的概率,即虚警概率。虚警概率 P_{fa} 与探测概率 P_d 是红外搜索系统的重要技术指标。平均虚警间隔时间 t_{fa} 与虚警概率 P_{fa} 之间的关系式为

$$P_{fa} = \frac{1}{\Delta f \cdot t_{fa}} \tag{11-29}$$

式中,Δf 为放大器频带宽。

设噪声与信号的输出电压的概率密度函数分别为 $P_0(U)$ 和 $P_1(U)$,则探测概率 P_d 与虚警概率 P_{fa} 相应为

$$P_d = \int_{V_b}^{\infty} P_1(U) \, dU \tag{11-30}$$

$$P_{fa} = \int_{V_b}^{\infty} P_0(U) \, dU \tag{11-31}$$

式中,V_b 为阈值电平。

11.5.2 识别能力指标

目标识别正确率是红外搜索系统的重要指标之一,假设正确识别目标的数目为 m,目标总数为 N,目标识别的正确率为 P_c,则

$$P_c = \frac{m}{N} \qquad\qquad (11-32)$$

即 P_c 值越大,目标识别准确率越高。

11.5.3　跟踪能力指标

(1)跟踪精度。跟踪精度指系统稳定跟踪目标时,系统光轴与目标之间的角度误差。

(2)最大跟踪角速度。最大跟踪角速度是指跟踪时允许视线偏转的最大角速度。它一般受跟踪系统执行机构角速度的限制。追求大的跟踪角速度主要是为了满足全向攻击和攻击高机动目标的要求。

(3)跟踪角加速度。跟踪角速度是指跟踪机构能够输出的最大角速度,它表明了系统的快速响应能力。

11.6　本 章 小 结

红外搜索跟踪系统可以提供目标和背景之间的对比度,有较好的大气窗口,能够在夜间和能见度较差的情况下搜索到目标,而且是被动探测,具有隐蔽性好、抗电子干扰性强等特点。本章主要介绍了红外搜索系统的组成与功能,并从探测系统、信息处理系统以及跟踪与随动系统三方面进行设计分析,随后介绍红外小目标识别流程、算法分析以及目标跟踪算法。随着科技的发展,红外搜索系统将在所有依赖于监视优势的军事领域中发挥重要的作用。

参 考 文 献

[1] 周维虎,韩晓泉,吕大旻,等.军用光电系统总体技术研究[J].红外与激光工程,2006(增刊1):9-14.

[2] 王雅琴.军用激光技术点滴[J].现代物理知识,1999(1):29-30.

[3] 何勇.同孔径脉冲激光探测系统关键技术研究[D].南京:南京理工大学,2019.

[4] 郑海晶,白廷柱.紫外告警技术现状及发展分析[J].红外技术,2017,39(9):773-779.

[5] 王玺,方晓东,聂劲松.军用紫外技术[J].红外与激光工程,2013,42(增刊1):58-61.

[6] 张自发,孙建楠,孙勇,等.电视制导技术应用研究[C]//第九届全国光电技术学术交流会论文集:下册.北京:中国宇航学会光电技术专业委员会,2010:3.

[7] 吴迪,王乃康.光电侦察技术及其应用研究初探[J].全国商情(经济理论研究),2009(3):139-140.

[8] 薛丹.光电侦察平台的技术发展概况和发展趋势综述[J].教练机,2011(3):42-46.

[9] 张元生.机载光电告警系统技术发展分析[J].电光与控制,2015,22(6):52-55.

[10] 李喜来,徐军,曹付允,等.导弹紫外预警技术研究[J].战术导弹技术,2008(3):70-72,88.

[11] 周峰,郑国宪,闫锋,等.天基紫外预警技术发展现状及思考[J].航天返回与遥感,2012,33(6):39-44.

[12] 王力民,张蕊,林一楠,等.红外探测技术在军事上的应用[J].红外与激光工程,2008,37(增刊2):570-574.

[13] 邱丽娟.红外对抗技术[J].中国战略新兴产业,2017(32):108.

[14] 张元生.机载定向红外对抗系统的最新进展[J].电光与控制,2014,21(12):53-56.

[15] 葛炜,曹东杰,郝宏旭.红外制导技术在精确打击武器中的应用[J].兵工学报,2010,31(增刊2):117-121.

[16] 马晓平,赵良玉.红外导引头关键技术国内外研究现状综述[J].航空兵器,2018(3):3-10.

[17] 钱志鸿,李桂成.红外探测器的选择和使用[J].测控技术,1991(1):38-39.

[18] 翟尚礼,白俊奇.红外搜索跟踪系统的关键技术和解决途径[J].指挥信息系统与技术,2013,4(6):59-64.

[19] 刘忠领,于振红,李立仁,等.红外搜索跟踪系统的研究现状与发展趋势[J].现代防御技术,2014,42(2):95-101.

[20] 陈华础.军用红外探测系统的基本要素分析[J].现代雷达,2008(9):12-15.

[21] 周伟,吴晗平,吕照顺,等.空间紫外目标探测系统技术研究[J].现代防御技术,2011,39(6):172-178,190.

［22］ 晋培利.红外探测光学系统设计研究［D］.开封:河南大学,2007.

［23］ 王哲.激光与红外复合探测技术研究［D］.西安:西安工业大学,2013.

［24］ 胡玮通.探测光学系统设计研究［D］.长春:长春理工大学,2008.

［25］ 耿天琪,牛燕雄,张颖,等.激光主动侦测系统探测能力分析［J］.激光技术,2015,39(6): 829－833.

［26］ 冯莉,马彩义,朱少岚.激光探测信号处理电路研究［J］.现代电子技术,2008(15):155－156.

［27］ 孔庆珊.光电跟踪系统的设计与实现［D］.哈尔滨:哈尔滨工程大学,2010.

［28］ 高钰涵.红外搜索系统作用距离的研究［D］.长春:长春理工大学,2014.

［29］ 刘丽.医学图像分割算法研究及应用［D］.南京:东南大学,2019.

［30］ 朱捷.图像视频与图形的分割与表达及其应用研究［D］.南京:南京大学,2018.

［31］ 王亚飞.带注意力机制的车辆目标检测与识别［D］.上海:华东师范大学,2020.

［32］ 王颖.多尺度相关滤波目标跟踪算法的研究与实现［D］.西安:西安科技大学,2020.

［33］ 王娜.基于变分和偏微分方程的图像降噪方法研究及应用［D］.太原:中北大学,2020.

［34］ SORI W J.基于卷积神经网络的医学图像去噪和肺癌检测的研究［D］.哈尔滨:哈尔滨工业学,2019.

［35］ 朱秀昌,刘峰,胡栋.数字图像处理与图像信息［M］.北京:北京邮电大学出版社.2016.

［36］ 谭洪涛.视频图像降噪关键技术研究［D］.重庆:重庆大学,2010.

［37］ 刘行.视频监控的图像增强技术研究与应用［D］.成都:电子科技大学,2019.

［38］ PREETHI S. A Survey on Image Denoising Techniques［J］. International Journal of Computer Applications, 2012, 58(6):27－30.

［39］ ZHANG M, GUNTURK B K. Multiresolution Bilateral Filtering for Image Denoising［J］. IEEE Transactions on Image Processing, 2008, 17(12):2324－2333.

［40］ ZHANG K, ZUO W, CHEN Y, et al. Beyond a Gaussian Denoiser:Residual Learning of Deep CNN for Image Denoising［R］. IEEE Transactions on Image Processing, 2017.

［41］ LIU P, FANG R. Wide Inference Network for Image Denoising via Learning Pixel-distribution Prior［J］. 2017.

［42］ TASSANO M, DELON J, VEIT T. DVDnet:A Fast Network for Deep Video Denoising［R］. IEEE International Conference on Image Processing. IEEE, 2019.

［43］ 苗雨晴.导弹电视导引头图像匹配算法研究［D］.南京:南京理工大学,2012.

［44］ 邓宏伟.电视导引头图像处理系统研究［D］.南京:南京理工大学,2006.

［45］ 马晓楠.电视导引头相关滤波跟踪算法研究［D］.南京:南京理工大学,2017.

［46］ 罗华.电视导引头中目标识别技术的研究［D］.西安:西北工业大学,2007.

［47］ 贺柏根.电视末制导自动目标识别研究［D］.长春:中国科学院研究生院(长春光学精密机械与物理研究所),2012.

［48］ 王芳.电视制导目标跟踪算法的研究［D］.哈尔滨:哈尔滨工业大学,2007.

［49］ 秦大云.电视制导目标跟踪系统的研究［D］.哈尔滨:哈尔滨工业大学,2007.

［50］ 王喆.基于DSP的电视图像跟踪系统［D］.长春:吉林大学,2006.

［51］ 孙小玲.无热化电视导引头变焦光学系统设计研究［D］.哈尔滨:哈尔滨工业大

学,2012.

[52] 徐一鸣.小灵巧炸弹末制导关键技术研究[D].南京:南京理工大学,2011.

[53] 卢晓东,周军,刘光辉.导弹制导系统原理[M].北京:国防工业出版社,2015.

[54] 葛致磊,王红梅,王佩,等.导弹导引系统原理[M].北京:国防工业出版社,2016.

[55] 方斌,陈天如.空空导弹红外成像制导关键技术分析[J].红外技术,2003,25(4):45-48.

[56] 郑之位,白晓东,胡功衔,等.空空导弹红外导引系统设计[M].北京:国防工业出版社,2007.

[57] PETER FLACH.机器学习[M].北京:人民邮电出版社,2016.

[58] 焦健彬,叶齐祥,韩振军.视觉目标检测与跟踪[M].北京:科学出版社,2016.

[59] 杜鹏,苏统华.深度学习目标检测[M].北京:电子工业出版社,2020.

[60] 杨杰,张翔.视频目标跟踪检测和跟踪及其应用[M].上海:上海交通大学出版社,2012.

[61] REFACL C GONZALEZ.图像处理[M].北京:电子工业出版社,2006.

[62] 李鹏程,杨锁昌,李宝晨,等.红外成像导引头随动系统建模与仿真研究[J].现代防御技术,2015,43(3):83-88.

[63] 樊英平,王民钢,裴晓龙,等.红外成像导引头随动系统建模及仿真[J].计算机仿真,2010,27(2):76-79,263.

[64] 马贤杰,李国平,王洪静,等.国外红外导引头及红外诱饵发展历程与展望[J].航天电子对抗,2020,36(3):58-64.

[65] 郑海晶,白廷柱.紫外告警技术现状及发展分析[J].红外技术,2017,39(9):773-779.

[66] 周湘一.导弹紫外告警系统图像处理技术研究[D].哈尔滨:哈尔滨工业大学,2008.

[67] 谭晓宇.复杂环境下弱小目标检测与识别技术研究[D].南京:南京航空航天大学,2008.

[68] 于远航.日盲紫外导弹告警光学系统设计[D].长春:长春理工大学,2012.

[69] 曹慧.紫外成像告警技术的研究[D].长春:长春理工大学,2010.

[70] 李炳军.紫外探测技术在导弹来袭告警系统中的应用[D].长沙:国防科学技术大学,2007.

[71] 吴晗平.红外搜索系统[M].北京:国防工业出版社,2013.

[72] 刘忠领,于振红,李立仁,等.红外搜索跟踪系统的研究现状与发展趋势[J].现代防御技术,2014,42(2):95-101.

[73] 赵宇庭.关于光电跟踪系统信息处理技术的几点思考[J].电子技术与软件工程,2016(2):107.

[74] 晋培利.红外探测光学系统设计研究[D].开封:河南大学,2007.

[75] 管志强.红外搜索系统中目标探测与识别技术研究[D].南京:南京理工大学,2009.

[76] 王卫华,黄宗福,何艳,等.一种基于线阵扫描成像的红外搜索跟踪一体化系统设计[J].信号处理,2010,26(9):1312-1317.

[77] 王峰.红外搜索跟踪伺服平台测控技术研究[D].南京:南京理工大学,2011.

[78] 孙刚,黄宗福,王卫华.基于双DSP的红外目标信息处理机设计[A].2009:4.

[79] 王文娟.红外搜索跟踪的测试技术研究[D].南京:南京理工大学,2012.

[80] 赵大恒.红外图像目标特征提取与分类算法研究[D].西安:西安电子科技大学,2010.

[81] 李玉珏,颜景龙.多特征联合匹配的目标图像稳定跟踪算法[J].兵工学报,2011,32(5): 574－579.

[82] 王元斌,王立,陈世友,等.一种目标综合识别能力评估方法[J].舰船电子工程,2006 (5):68－70.

[83] 李雪琦.复杂背景弱小目标特征分析与识别策略研究[D].武汉:华中科技大学,2019.

[84] 唐善军,土枫,陈晓东.红外导弹抗干扰能力指标体系和评估研究[J].上海航天,2017, 34(4):144－149.

[85] 白学福,梁永辉,江文杰.红外搜索跟踪系统的关键技术和发展前景[J].国防科技,2007 (1):34－36

图 2-1　颜色环

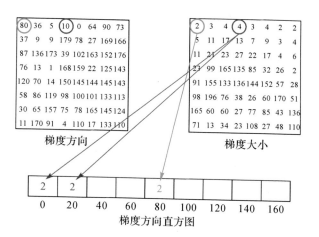

图 8-28　角度小于 160°的情况

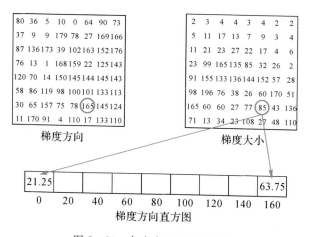

图 8-29　角度大于 160°的情况

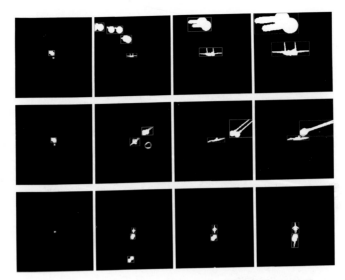

图 9-51　基于朴素贝叶斯分类器的识别算法测试结果

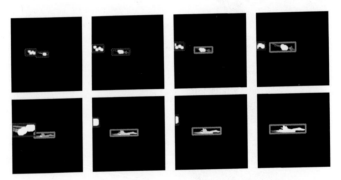

图 9-55　测试结果（蓝色为干扰，绿色为目标）

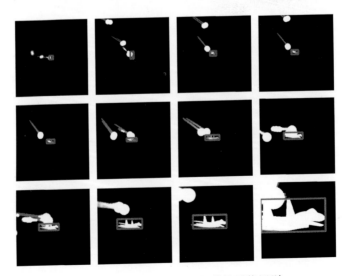

图 9-56　基于 Yolors 的红外抗干扰识别